高等学校电子信息类系列教材

短距离无线通信及组网技术

主　编　孙　弋

副主编　韩晓冰　张衡伟　陈　旸

西安电子科技大学出版社

内 容 简 介

本书主要介绍短距离无线通信技术和通信网络的技术及应用，内容涉及短距离无线通信技术及移动自组织网络领域的几个热点：Wi-Fi 技术、蓝牙技术、ZigBee 技术、移动 Ad hoc 网络技术及相应的 NS2 仿真技术。本书全面分析了 Wi-Fi 技术、蓝牙技术、ZigBee 技术三种短距离无线通信技术的基本理论、基本技术、基本方法，并兼顾具体实际应用。通过本书的学习，有助于读者在短时间内掌握短距离无线通信技术及其组网技术的基本理论和研究方法，并为其应用提供了很好的技术参考。

本书可作为通信与信息系统、计算机科学与技术、电子与信息等相关专业的大学本科高年级学生和研究生的教材、参考书，也可作为以上专业工程技术人员的自学参考书。

★本书配有电子教案，需要的老师可与出版社联系，免费提供。

图书在版编目(CIP)数据

短距离无线通信及组网技术/孙弋主编. —西安：西安电子科技大学出版社，2008.3
(2024.7 重印)
ISBN 978-7-5606-1964-4

Ⅰ. 短…　Ⅱ. 孙…　Ⅲ. 无线电通信—高等学校—教材　Ⅳ. TN92

中国版本图书馆 CIP 数据核字(2007)第 204880 号

责任编辑　张　玮　戚文艳　刘小莉
出版发行　西安电子科技大学出版社(西安市太白南路 2 号)
电　话　(029)88202421　88201467　邮　编　710071
http://www.xduph.com　　　　E-mail: xdupfxb@pub.xaonline.com
经　销　新华书店
印刷单位　广东虎彩云印刷有限公司
版　次　2008 年 3 月第 1 版　2024 年 7 月第 4 次印刷
开　本　787 毫米×1092 毫米　1/16　印 张　19.25
字　数　456 千字
定　价　48.00 元
ISBN 978 - 7 - 5606 - 1964 - 4
XDUP　2256001-4
如有印装问题可调换

前　　言

自 20 世纪末到 21 世纪初，无线技术和移动通信网络得到了迅猛的发展，各种无线与移动通信技术层出不穷。特别是近年来，以蓝牙、无线局域网为代表的短距离无线通信技术结合无线自组网络技术，在军事、工业、科学及医学领域得到了巨大的发展。

随着短距离无线通信技术的快速发展，各种针对不同应用环境的短距离无线通信技术不断推出，如专门针对低速无线数据业务的 ZigBee 技术等，但是目前缺少一本专门针对各种主流短距离无线通信技术及组网应用的书籍，而本书正好填补了此项空白。

本书共分为 6 章，介绍了目前主流的无线局域网、蓝牙技术和 ZigBee 无线通信技术，它们的主要特点是：均工作在 ISM 频段，覆盖距离在百米左右；主要应用于数据领域，组网简单、灵活等。同时介绍了无线组网技术及其在短距离无线通信中的应用及仿真。

各章的主要内容如下：

第 1 章主要介绍了主流的短距离无线通信技术的概念和分类，并对无线局域网技术、蓝牙技术、IRDA 技术、UWB 技术、NFC 技术及 ZigBee 技术等短距离无线技术做了简单的介绍和特点对比，最后简单介绍了无线自组网络技术及其在短距离无线中的组网应用。

第 2 章介绍了 IEEE 802.11 无线局域网技术的基本概念和原理，介绍了 IEEE 802.11 无线局域网的媒体访问控制 MAC 层基本原理、物力层的基本结构、无线局域网的网络构成及操作，并通过 802.11b、802.11a、802.11g 等几个标准详细介绍了 IEEE 802.11 标准族的发展变化过程，最后探讨了无线局域网的关键技术和协议比较。

第 3 章介绍了蓝牙技术的基本概念及相关协议组织，并从蓝牙的基带与链路控制规范、蓝牙的主控接口规范、蓝牙逻辑链路控制与适配规范、蓝牙服务发现规范、蓝牙串口仿真协议规范及蓝牙的组网技术等几个方面对蓝牙的技术协议进行了详细的分析。

第 4 章介绍了用于低速无线数据业务的 ZigBee 协议，详细介绍了 ZigBee 技术的体系结构、网络结构、协议栈和应用等有关内容。通过对本章的学习，读者会更详细地了解 ZigBee 技术的技术细节和特点。

第 5 章主要介绍了基于 Ad hoc 的无线自组网络技术，并通过对无线自组网络的基本概念、Ad hoc 网络 MAC 协议、Ad hoc 网络路由协议的分析，介绍了 Ad hoc 的一些基本研究范畴和相关的算法，并分析了用于 Ad hoc 网络的 TCP 协议，为应用短距离无线技术做无线自组网络应用提供了理论依据。

第 6 章主要介绍了开源的网络仿真软件 NS2，详细介绍了该软件的基本原理和运行机制，并介绍了相关的工具软件，最后，就现场工业应用的一个实例介绍了短距离无线自组网络的仿真及其结果。

本书由孙弋博士主编，韩晓冰、张衡伟、陈旸参编，同时研究生周伟、徐瑞华、汪亚东、陈丹阳、刘丽萍等协助编写。本书尽量准确客观地介绍了短距离无线通信领域的一些成熟技术，并对相关组网技术作了相关描述，参考了该领域的相关通信协议和很多学者的研究成果。

由于本书编者学术水平有限，错误疏漏在所难免，希望读者明鉴并予以指正。

编　者
2007 年 11 月

目　　录

第 1 章 绪 论

随着电子技术的发展和各种便携式个人通信设备及家用电器等消费类电子产品的增加，人们对于各种消费类电子产品之间及其与其他设备之间的信息交互有了强烈的需求，对于使用便携式设备并需要经常流动工作的人们，希望通过一个小型的、短距离的无线网络为移动的商业用户提供各种服务，实现在任何时候、任何地点、与任何人进行通信并获取信息的个人通信要求，从而促使以蓝牙、Wi-Fi 为代表的短距离无线通信技术应运而生。这些短距离无线通信技术主要应用于家庭、办公室、机场、商场等室内场所，在提高人们生活和工作质量的同时，也对现有的蜂窝移动通信技术和卫星移动通信技术等相对长距离无线通信技术提供了有益的补充。因此，实现低价位、低功耗、可替代电缆的无线数据和语音链路的短距离无线通信(SDR)技术正在成为被关注的焦点。

1.1　短距离无线通信技术

作为有线通信的补充和发展，无线通信系统自 20 世纪，特别是 21 世纪初以来得到了迅猛的发展。其中蜂窝移动通信从模拟无线通信到数字无线通信，从早期的大区制蜂窝系统，支持很少的用户，很低的数据速率，但是有较远的传输距离，到目前的宏蜂窝、微蜂窝，通信半径越来越小，支持用户越来越多，数据传输速率越来越高；从 2 G、2.5 G 到目前将要在国内应用的 3 G，毫无疑问，蜂窝移动通信技术的产生、发展及应用是通信领域最伟大的成就之一。目前 4 G 系统的研究也在积极地展开，通信对于国民经济和国家安全具有越来越重要的意义，和人们生活紧密相关的短距离无线通信技术与系统也得到了迅速的发展。

近年来，在计算机等相关技术的快速进步，高性能、高集成度的 CMOS 和 GaAs 半导体技术和超大规模集成电路技术的发展及低功耗、低成本消费类电子产品对数据通信的强烈需求的推动下，使得短距离无线通信技术得到了快速提高，无线局域网(WLAN)、蓝牙技术、ZigBee 技术及移动自组织网络技术、无线网格网络(WMN)技术取得了巨大进展，各种无线网络技术的相互融合也进入了研究者的视野，未来包括蜂窝移动通信网络、卫星网络、公共交换网络(PSTN)、WLAN/WPAN、蓝牙技术及 ZigBee 技术，均将融合集成到因特网的骨干网中。

什么是短距离无线通信网络？到目前为止学术界和工程界对此并没有一个严格的定义。一般来讲，短距离无线通信的主要特点为通信距离短，覆盖距离一般在 10～200 m；另外，无线发射器的发射功率较低，发射功率一般小于 100 mW，工作频率多为免付费、免申请的全球通用的工业、科学、医学(Industrial，Scientific and Medical，ISM)频段。

　　短距离无线通信技术的范围很广，在一般意义上，只要通信收发双方通过无线电波传输信息，并且传输距离限制在较短的范围内，通常是几十米以内，就可以称为短距离无线通信。

　　低成本、低功耗和对等通信，是短距离无线通信技术的三个重要特征和优势。

　　低功耗是相对其他无线通信技术而言的一个特点，这与其通信距离短这个先天特点密切相关。由于传播距离近，遇到障碍物的几率也小，因而发射功率普遍都很低，通常在1毫瓦量级。

　　对等通信是短距离无线通信的重要特征，有别于基于网络基础设施的无线通信技术。终端之间对等通信，无须网络设备进行中转，因此空中接口设计和高层协议都相对比较简单，无线资源的管理通常采用竞争的方式(如载波侦听)。

　　一般来讲，短距离无线通信技术从数据速率可分为高速短距离无线通信和低速短距离无线通信两类。高速短距离无线通信的最高数据速率高于100 Mb/s，通信距离小于10 m，典型技术有高速UWB；低速短距离无线通信的最低数据速率低于1 Mb/s，通信距离小于100 m，典型技术有ZigBee、低速UWB、蓝牙。

　　高速短距离无线通信技术，目前主要应用于连接下一代便携式消费电器和通信设备。它支持各种高速率的多媒体应用、高质量声像配送、多兆字节音乐和图像文档传送等。

　　低速短距离无线通信技术，主要用于家庭、工厂与仓库的自动化控制、安全监视、保健监视、环境监视、军事行动、消防队员操作指挥、货单自动更新、库存实时跟踪以及游戏和互动式玩具等方面的低速应用。

1.2　各种短距离无线通信技术的发展状况

1.2.1　蓝牙技术

　　早在1994年，瑞典的爱立信(Ericsson)公司便已经着手蓝牙技术的研究开发工作，意在通过一种短程无线连接替代已经广泛使用的有线连接。1998年2月，Ericsson、Nokia、Intel、Toshiba和IBM共同组建特别兴趣小组。在此之后，3Com、Lucent、Microsoft和Motorola等公司也相继加盟蓝牙计划。它们的共同目标是开发一种全球通用的小范围无线通信技术，即蓝牙技术。它是针对目前近距离的便携式器件之间的红外线链路(Infrared Link，简称IrDA)而提出的，应用红外线收发器连接虽然能免去电线或电缆的连接，但是使用起来有许多不便，不仅距离只限于1～2 m，而且必须在视线上直接对准，中间不能有任何阻挡，同时只限于在两个设备之间进行连接，不能同时连接更多的设备。

　　蓝牙不是用于远距离通信的技术，它是低成本、短距离的无线个人网络传输(Wireless Personal Area Network，WPAN)应用，其主要目标是提供一个全世界通行的无线传输环境，通过无线电波来实现所有移动设备之间的信息传输服务。这些移动设备包括手机、笔记本电脑、PDA、数字相机、打印机等等。具体地说，蓝牙的目标是提供一种通用的无线接口标准，用微波取代传统网络中错综复杂的电缆，在蓝牙设备间实现方便快捷、灵活安全、低成本、低功耗的数据和语音通信。因此，其载频选用在全球都可用的2.45 GHz ISM频带。

　　蓝牙收/发信机采用跳频扩谱(Frequency Hopping Spread Spectrum，FHSS)技术。根据蓝牙规范 1.0B 规定，在 2.4~2.4835 GHz 之间 ISM 频带上以 1600 跳/s 的速率进行跳频，可以得到 79 个 1 MHz 带宽的信道。跳频技术的采用使得蓝牙的无线链路自身具备了更高的安全性和抗干扰能力。除采用跳频扩谱的低功率传输外，蓝牙还采用鉴权和加密等措施来提高通信的安全性。

　　在发射带宽为 1 MHz 时，蓝牙的有效数据速率为 721 kb/s，并采用低功率时分复用方式发射，适合 10 cm~10 m 范围内的通信，若是增加功率或是加上某些外设(如专用的放大器)，目前可达到 100 m 的距离。根据蓝牙协议数据包在某个载频上的某个时隙内传递，不同类型的数据(包括链路管理和控制消息)占用不同信道，并通过查询(Inquiry)和寻呼(Paging)过程来同步跳频频率和不同蓝牙设备的时钟。蓝牙宽带协议结合电路开关和分组交换机，适用于语音和数据传输，每个声道支持 64 kb/s 同步(语音)链接，而异步信道支持任一方向上高到 721 kb/s 和回程方向 57.6 kb/s 的非对称链接。因此，它可以足够快地应付蜂窝系统上非常大的数据传输率。

　　蓝牙支持点到点和点到多点的连接，可采用无线方式将若干蓝牙设备连成一个微微网，多个微微网又可互联成特殊分散网，形成灵活的多重微微网的拓扑结构，从而实现各类设备之间的快速通信。它能在一个微微网内寻址 8 个设备(实际上互联的设备数量是没有限制的，只不过在同一时刻只能激活 8 个，其中 1 个为主设备，7 个为从设备)。

　　蓝牙技术标准 1.0 的版本已由该蓝牙特殊利益集团于 1999 年 7 月 26 日正式向全世界发布。这是一个经过精心设计的、完整而全面的技术规范，它可以使计算机、通信和信息家电的生产厂家按照此技术规范真正能够开始设计和制造嵌入蓝牙技术的产品。

　　作为一种电缆替代技术，蓝牙具有低成本、高速率的特点，它可把内嵌有蓝牙芯片的计算机、手机和多种便携通信终端互联起来，为其提供语音和数字接入服务，实现信息的自动交换和处理，并且蓝牙的使用和维护成本据称要低于其他任何一种无线技术。目前蓝牙技术开发的重点是多点连接，即一台设备同时与多台(最多 7 台)其他设备互联。今后，市场上不同厂商的蓝牙产品将能够相互联通。

　　蓝牙技术的应用主要有以下三类：

　　(1) 语音/数据接入，指将一台计算机通过安全的无线链路连接到通信设备上，完成与广域网的连接。

　　(2) 外围设备互联，指将各种设备通过蓝牙链路连接到主机上。

　　(3) 个人局域网(PAN)，主要用于个人网络与信息的共享与交换。

　　蓝牙技术出众的特点和优点如下：

　　(1) 蓝牙工作在全球开放的 2.4 GHz ISM 频段。

　　(2) 使用跳频频谱扩展技术，把频带分成若干个跳频信道(Hop Channel)，在一次连接中，无线电收发器按一定的码序列不断地从一个信道"跳"到另一个信道。

　　(3) 一台蓝牙设备可同时与其他 7 台蓝牙设备建立连接。

　　(4) 数据传输速率可达 1Mb/s。

　　(5) 低功耗、通信安全性好。

　　(6) 在有效范围内可越过障碍物进行连接，没有特别的通信视角和方向要求。

　　(7) 组网简单方便。采用"即插即用"的概念，嵌入蓝牙技术的设备一旦搜索到另一蓝牙设备，马上就可以建立连接，传输数据。

(8) 支持语音传输。

1.2.2 Wi-Fi 技术

Wi-Fi(Wireless Fidelity，无线高保真)属于无线局域网的一种，通常是指符合 IEEE 802.11b 标准的网络产品，是利用无线接入手段的新型局域网解决方案。Wi-Fi 的主要特点是传输速率高、可靠性高、建网快速便捷、可移动性好、网络结构弹性化、组网灵活、组网价格较低等。

与蓝牙技术一样，Wi-Fi 技术同属于短距离无线通信技术。虽然在数据安全性方面 Wi-Fi 技术比蓝牙技术要差一些，但在电波的覆盖范围方面却略胜一筹，可达 100 m 左右，不用说家庭、办公室，就是小一点的整栋大楼也可使用。

Wi-Fi 技术标准按其速度和技术新旧可分为：IEEE 802.11b、IEEE 802.11a、IEEE 802.11g。

IEEE 802.11b 标准发布于 1999 年 9 月，主要目的是提供 WLAN 接入，也是目前 WLAN 的主要技术标准，它的工作频率也是 2.4 GHz，与无绳电话、蓝牙等许多不需要频率使用许可证的无线设备共享同一频段，且采用加强版的 DSSS，传输率可以根据环境的变化在 11 Mb/s、5.5 Mb/s、2 Mb/s 和 1 Mb/s 之间动态切换。目前 IEEE 802.11b 标准是当前应用最为广泛的 WLAN 标准，其缺点是速度还是不够高，且所在的 2.4 GHz 的 ISM 频段的带宽比较窄(仅有 85 MHz)，同时还要受到微波、蓝牙等多种干扰源的干扰。

IEEE 802.11a 标准使用 5 GHz-NII 频率，总带宽达到 300 MHz，远大于 IEEE 802.11b 标准所在的 ISM 频段，且这个频段比较干净，干扰源较少。它使用 OFDM(Orthogonal Frequency Division Multiplexing，正交频分多路复用)调制技术，传输速率为 54 Mb/s，比 IEEE 802.11b 标准采用的补码键控(Complementary Code Keying，CCK)调制方案快。但是，因为 IEEE 802.11a 标准采用的设备的制造成本比较高，且与目前市场早已广泛部署的 IEEE 802.11b 标准设备不兼容，所以，虽然推出很久，但是却一直无法挑战 IEEE 802.11b 标准的主流地位。

速度更快的 IEEE 802.11g 标准使用与 IEEE 802.11b 标准相同的 2.4 GHz 的 ISM 免特许频段，采用了两种调制方式：IEEE 802.11a 标准采用的 OFDM 和 IEEE 802.11b 标准采用的 CCK。通过采用这两种分别与 IEEE 802.11a 标准和 IEEE 802.11b 标准相同的调制方式，使 IEEE 802.11g 标准不但达到了 IEEE 802.11a 标准的 54 Mb/s 的传输速率，同时也实现了与现在广泛采用的 IEEE 802.11b 标准设备的兼容。IEEE 802.11g 标准虽然还在草稿阶段，但是根据最近国际消费电子产品的发展趋势判断，IEEE 802.11g 标准将有可能被大多数无线网络产品制造商选择作为产品标准。

Wi-Fi 技术的优势在于：

其一，无线电波的覆盖范围广，基于蓝牙技术的电波覆盖范围非常小，半径大约只有 15 m，而 Wi-Fi 的半径则可达 100 m 左右。最近，Vivato 公司推出了一款新型交换机，据悉，该款产品能够把目前 Wi-Fi 无线网络接近 100 m 的通信距离扩大到约 6500 m。

其二，虽然由 Wi-Fi 技术传输的无线通信质量不是很好，数据安全性能比蓝牙差一些，传输质量也有待改进，但传输速度非常快，可以达到 11 Mb/s，符合个人和社会信息化的需求。

其三，厂商进入该领域的门槛比较低。厂商只要在机场、车站、咖啡店、图书馆等人员较密集的地方设置"热点"，并通过高速线路将 Internet 接入上述场所。这样，由于"热点"所发射出的电波可以达到距接入点半径数十米至 100 米的地方，用户只要将支持无线 LAN 的笔记本电脑或 PDA 拿到该区域内，即可高速接入 Internet。也就是说，厂商不用耗费资金来进行网络布线接入，从而节省了大量的成本。

Wi-Fi 是由 AP(Access Point)和无线网卡组成的无线网络。AP 一般称为网络桥接器或接入点，它是当作传统的有线局域网络与无线局域网络之间的桥梁，因此任何一台装有无线网卡的 PC 均可透过 AP 去分享有线局域网络甚至广域网络的资源，其工作原理相当于一个内置无线发射器的 Hub 或者是路由；而无线网卡则是负责接收由 AP 所发射信号的 CLIENT 端设备。Wi-Fi 与有线相比有许多优点，具体如下：

(1) 无须布线。Wi-Fi 最主要的优势在于不需要布线，可以不受布线条件的限制，因此非常适合移动办公用户的需要，具有广阔的市场前景。目前它已经从传统的医疗保健、库存控制和管理服务等特殊行业向更多行业拓展开去，甚至开始进入家庭以及教育机构等领域。

(2) 健康安全。IEEE 802.11 规定的发射功率不可超过 100 mW，实际发射功率约为 60～70 mW，这是一个什么样的概念呢？手机的发射功率约为 200 mW～1 W 之间，手持式对讲机的发射功率高达 5 W，而且无线网络使用方式并非像手机一样直接接触人体，应该是绝对安全的。

(3) 简单的组建方法。一般架设无线网络的基本配备就是无线网卡及一台 AP，如此便能以无线的模式，配合既有的有线架构来分享网络资源，架设费用和复杂程序远远低于传统的有线网络。如果只是几台电脑的对等网，也可不用 AP，只需为每台电脑配备无线网卡。特别是对于宽带的使用，Wi-Fi 更显优势，有线宽带网络(ADSL、小区局域网(LAN)等)到户后，连接到一个 AP，然后在电脑中安装一块无线网卡即可。普通的家庭有一个 AP 已经足够，甚至用户的邻里得到授权后，无须增加端口，也能以共享的方式上网。

(4) 长距离工作。虽然无线 Wi-Fi 的工作距离不大，但是在网络建设完备的情况下，IEEE 802.11b 标准的真实工作距离可以达到 100 m 以上，解决了高速移动时数据的纠错问题、误码问题，Wi-Fi 设备与设备、设备与基站之间的切换和安全认证都得到了很好的实现。

1.2.3　IrDA 技术

红外线数据协会(Infrared Data Association，IrDA)成立于 1993 年，是致力于建立红外线无线连接的非营利组织。起初，采用 IrDA 标准的无线设备仅能在 1 m 范围内以 115.2 kb/s 的速率传输数据，很快发展到 4 Mb/s 的速率，后来，速率又达到 16 Mb/s。

IrDA 技术是一种利用红外线进行点对点通信的技术，它也许是第一个实现无线个人局域网(PAN)的技术。目前它的软硬件技术都很成熟，在小型移动设备(如 PDA、手机)上广泛使用。事实上，当今每一个出厂的 PDA 及许多手机、笔记本电脑、打印机等产品都支持 IrDA 技术。

IrDA 的主要优点是无须申请频率的使用权，因而红外通信成本低廉。它还具有移动通信所需的体积小、功耗低、连接方便、简单易用的特点；由于数据传输率较高，因而适于传输大容量的文件和多媒体数据。此外，红外线发射角度较小，传输安全性高。

IrDA 的不足在于它是一种视距传输，2 个相互通信的设备之间必须对准，中间不能被其他物体阻隔，因而该技术只能用于 2 台(非多台)设备之间的连接。IrDA 目前的研究方向是如何解决视距传输问题及提高数据传输率。

1.2.4　UWB 技术

超宽带技术(Ultra Wideband，UWB)是另一个新发展起来的无线通信技术。UWB 通过基带脉冲作用于天线的方式发送数据。窄脉冲(小于 1ns)产生极大带宽的信号。脉冲采用脉位调制(Pulse Position Modulation，PPM)或二进制移相键控(BPSK)调制。UWB 被允许在 3.1～10.6 GHz 的波段内工作，主要应用在小范围、高分辨率，能够穿透墙壁、地面和身体的雷达和图像系统中。除此之外，这种新技术适用于对速率要求非常高(大于 100Mb/s)的 LAN 或 PAN。

军事部门已对 UWB 进行了多年研究，开发出了分辨率极高的雷达。直到 2002 年 2 月 14 日，美国 FCC(联邦通信委员会)才准许该技术进入民用领域。所以对于商业和消费领域，UWB 还是新鲜事物。但据报道，一些公司已开发出 UWB 收发器，用于制造能够看穿墙壁、地面的雷达和图像装置，这种装置可以用来检查道路、桥梁及其他混凝土和沥青结构建筑中的缺陷，可用于地下管线、电缆和建筑结构的定位。另外，在消防、救援、治安防范及医疗、医学图像处理中都大有用武之地。

UWB 的一个非常有前途的应用是汽车防撞系统。戴姆勒克莱斯勒公司已经试制出用于自动刹车系统的雷达。在不久的将来，这种防撞雷达将成为高级汽车的一个选件。UWB 最具特色的应用将是视频消费娱乐方面的无线个人局域网(PAN)。考察现有的无线通信方式，IEEE 802.11b 标准和蓝牙的速率太慢，不适合传输视频数据；54 Mb/s 速率的 IEEE 802.11a 标准可以处理视频数据，但费用昂贵；而 UWB 有可能在 10 m 范围内，支持高达 110 Mb/s 的数据传输率，不需要压缩数据，可以快速、简单、经济地完成视频数据处理。

1.2.5　NFC 技术

NFC(Near Field Communication，近距离无线传输)是由 Philips、Nokia 和 Sony 公司主推的一种类似于 RFID(非接触式射频识别)的短距离无线通信技术标准。和 RFID 不同，NFC 采用了双向的识别和连接。在 20 cm 距离内工作于 13.56 MHz 频率范围。

NFC 最初仅仅是遥控识别和网络技术的合并，但现在已发展成无线连接技术。它能快速自动地建立无线网络，为蜂窝设备、蓝牙设备、Wi-Fi 设备提供一个"虚拟连接"，使电子设备可以在短距离范围进行通信。NFC 的短距离交互大大简化了整个认证识别过程，使电子设备间互相访问更直接、更安全和更清楚，不会再听到各种电子杂音。

NFC 通过在单一设备上组合所有的身份识别应用和服务，帮助解决记忆多个密码的麻烦，同时也保证了数据的安全保护。有了 NFC，多个设备如数码相机、PDA、机顶盒、电脑、手机等之间的无线互联、彼此交换数据或服务都将有可能实现。

此外，NFC 还可以将其他类型无线通信(如 Wi-Fi 和蓝牙)"加速"，实现更快和更远距离的数据传输。每个电子设备都有自己的专用应用菜单，而 NFC 可以创建快速安全的连接，而无须在众多接口的菜单中进行选择。与知名的蓝牙等短距离无线通信标准不同的是，NFC

的作用距离进一步缩短且不像蓝牙那样需要有对应的加密设备。

同样，构建 Wi-Fi 家族无线网络需要多台具有无线网卡的电脑、打印机和其他设备。除此之外，还得有一定技术的专业人员才能胜任这一工作。而 NFC 被置入接入点之后，只要将其中两个靠近就可以实现交流，比配置 Wi-Fi 连接容易得多。

1.2.6 ZigBee 技术

ZigBee 可以说是蓝牙的同族兄弟，它使用 2.4 GHz 波段，采用跳频技术。与蓝牙相比，ZigBee 更简单，速率更慢，功率及费用也更低。它的基本速率是 250 kb/s，当降低到 28 kb/s 时，传输范围可扩大到 134 m，并获得更高的可靠性。另外，ZigBee 可与 254 个节点联网，比蓝牙能更好地支持游戏、消费电子、仪器和家庭自动化应用。人们期望能在工业监控、传感器网络、家庭监控、安全系统和玩具等领域继续拓展 ZigBee 的应用。

1.3 各种短距离无线通信技术的特点比较

上面简单地介绍了各种无线通信技术的特征，同时对近年来相关短距离无线通信技术的性能进行了简要的介绍。表 1-1 为几种短距离无线通信技术在通信速率、通信特点和应用场合的比较。

表 1-1 几种短距离无线通信技术的比较

规范	ZigBee	红外	蓝牙	802.11b	802.11a	802.11g
工作频率	868/915 MHz 2.4 GHz	820 nm*	2.4 GHz	2.4 GHz	5.2 GHz	2.4 GHz
传输速率/(Mb/s)	0.25	1.521/4/16	1/2/3	11	54	54
数据/话音	数据	数据	话音/数据	数据	数据	数据
最大功耗/mW	1～3	数个	1～100	100	100	100
传输方式	点到多点	点到点	点到多点	点到多点	点到多点	点到多点
连接设备数	216～264	2	7	255	255	255
安全措施	32、64、128 位密钥	靠短距离、小角度传输保证	1600 次/s 跳频、128 位密钥	WEP 加密	WEP 加密	WEP 加密
支持组织	ZigBee 联盟	IrDA	Bluetooth	IEEE 802.11b	IEEE 802.11a	IEEE 802.11g
主要用途	控制网络、家庭网络、传感器网络	透明可见范围、近距离遥控	个人网络	无线局域网	无线局域网	无线局域网

* 820 nm 为波长。

1.4　无线自组织网络技术

由于有线通信方式对应用范围的限制，无线通信技术得到了迅猛的发展，但是一般来说，移动无线通信网络通常以蜂窝移动通信网络或无线局域网的形式存在，也就是说，需要以通信基站或者无线局域网接入点作为网络基础。在蜂窝移动通信中，移动通信基站负责终端的接入，路由和交换功能通过移动交换机提供，同时通过移动交换机接入公用固定网络；在无线局域网中，具备无线网卡的移动节点通过无线接入点连接到局域网络中，无线网桥可以连接两个距离较远并且不方便进行网络布线的局域网，无线局域网设备通过数据链路层和物理层完成桥接和信号中继功能。从网络层协议来看，无线局域网是一个单跳网络。随着互联网技术应用的快速发展与普及，在 Internet 环境下，移动 IP 协议可以支持主机的移动性，移动节点可以通过连接到存在外地代理的固定有线网络、无线链路或拨号网络等各种方式接入 Internet。在移动 IP 协议中，为支持节点的移动性引入了地址管理机制，但是在 Internet 骨干网中，仍然采用原有的路由协议(RIP、OSPF 等)进行 IP 数据分组的逐跳转发。

总体来讲，蜂窝移动通信网络和无线局域、移动 IP 协议都属于现有网络基础设施范畴，它们需要类似基站、访问服务点或外地代理这样的中心控制设备。但是，在很多特殊环境(如动态环境下)和应急情况下，没有可用的网络基础设施如何通信？这就要求能够动态的、可以快速部署的、不依赖或者很少依赖现有的有线网络，也就是无线自组织网络，也称 Ad hoc 网络。

Ad hoc 网络中信息流采用分组数据格式，传输采用包交换机制，基于 TCP/IP 协议族。若干个移动终端组成一个独立的 IP 网络，与固定的互联网并行，需要时也可以与固定的互联网互联。根据底层采用的无线通信技术而有所不同，网络部署速度从数秒到数个小时。

1.4.1　无线自组织网络的基本概念

无线自组织网络(Ad hoc Network)是由一组带有无线通信收发装置的移动终端节点组成的一个多跳临时性无中心网络，可以在任何时刻、任何地点快速构建起一个移动通信网络，并且不需要现有信息基础网络设施的支持，网络中的每个终端可以自由移动，地位相等，也称为多跳无线网(Multi-hop Wireless Network)。

Ad hoc 网络是一种移动通信和计算机网络相结合的网络，是移动计算机通信网络的一种类型，它是移动通信技术和计算机网络技术的交叉和结合。一方面，网络的信息交换采用了计算机网络中的分组交换机制，而不是电话交换网中的电路交换机制；另一方面，用户终端是可以移动的便携式终端，如笔记本计算机、PDA、车载机等，并配置有相应的无线收发装置，用户可以随意移动或处于静止状态。在自组网中，用户终端不仅可以移动，而且兼有路由器和主机两种功能。一方面作为主机，终端具有运行各种面向用户的应用程序的能力；同时，作为路由器，终端可以运行相应的路由协议，根据路由策略和路由表完成数据的分组转发和路由维护工作。在部分通信网络遭到破坏后，这种分布式控制和无中心的网络结构能维持剩余的通信能力，确保重要的通信指挥畅通，因而具有很强的鲁棒性和抗毁性。

作为一种无中心分布控制网络，自组网是一种自治的无线多跳网，整个网络没有固定的基础设施，可以在不能利用或不方便利用现有网络基础设施的情况下，提供通信支撑环境，拓宽移动网络的应用场合。自组网中没有固定的路由器，所有节点都是移动的，并且都可以以任意的方式动态地保持与其他节点的联系。在这种环境中，由于终端的无线覆盖范围的有限性，两个无法直接进行通信的用户终端可以借助于其他节点进行分组转发。每个节点均可以充当路由器，完成发现和维持到其他节点路由的功能。

短距离无线通信的主要局限性就在于其发射功率低带来的覆盖范围有限，借助于无线自组织网络就可以扩展短距离无线通信网络的覆盖范围和应用领域。

1.4.2　无线自组织网络的分类

根据节点是否移动，无线自组织网络可以分为无线传感器网络和移动 Ad hoc 网络。

1. 无线传感器网络

随机分布的集成有传感器、数据处理单元和通信模块的微小节点通过自组织的方式构成网络，借助于节点中内置的形式多样的传感器测量所在周边环境中的热、红外、声纳、雷达和地震波信号，从而探测包括温度、湿度、噪声、光强度、压力、土壤成分、移动物体的大小、速度和方向等众多我们感兴趣的物质现象。在通信方式上，虽然可以采用有线、无线、红外和光等多种形式，但一般认为短距离的无线低功率通信技术最适合传感器网络使用，为明确起见，一般称做无线传感器网络。

无线传感器网络与传统的无线网络(如 WLAN 和蜂窝移动电话网络)有着不同的设计目标，后者在高度移动的环境中通过优化路由和资源管理策略最大化带宽的利用率，同时为用户提供一定的服务质量保证。在无线传感器网络中，除了少数节点需要移动以外，大部分节点都是静止的。因为它们通常运行在人无法接近的恶劣的甚至危险的远程环境中，能源无法替代，设计有效的策略延长网络的生命周期成为无线传感器网络的核心问题。当然，从理论上讲，太阳能电池能持久地补给能源，但工程实践中生产这种微型化的电池还有相当的难度。在无线传感器网络的研究初期，人们一度认为成熟的 Internet 技术加上 Ad hoc 路由机制对传感器网络的设计是足够充分的，但深入的研究表明：传感器网络有着与传统网络明显不同的技术要求，前者以数据为中心，后者以传输数据为目的。为了适应广泛的应用程序，传统网络的设计遵循着"端到端"的边缘论思想，强调将一切与功能相关的处理都放在网络的端系统上，中间节点仅仅负责数据分组的转发，对于传感器网络，这未必是一种合理的选择。一些为自组织的 Ad hoc 网络设计的协议和算法未必适合传感器网络的特点和应用的要求。节点标识(如地址等)的作用在传感器网络中就显得不是十分重要，因为应用程序不怎么关心单节点上的信息；中间节点上与具体应用相关的数据处理、融合和缓存也显得很有必要。在密集型的传感器网络中，相邻节点间的距离非常短，低功耗的多跳通信模式节省功耗，同时增加了通信的隐蔽性，也避免了长距离的无线通信易受外界噪声干扰的影响。这些独特的要求和制约因素为传感器网络的研究提出了新的技术问题。

无线传感器网络和无线 Ad hoc 网络相比有以下差异：

(1) 无线传感器网络的节点数量较多。

(2) 无线传感器网络的节点密度较大。

(3) 无线传感器网络节点通信主要采用广播和组播。

(4) 无线传感器网络节点的能量、计算能力和存储空间有限。

1) 传感器网络的体系结构

(1) 节点组成。在不同应用中，传感器网络节点的组成不尽相同，但一般都由数据采集、数据处理、数据传输和电源这四部分组成。被监测物理信号的形式决定了传感器的类型。处理器通常选用嵌入式 CPU，如 Motorola 的 68HC16、ARM 公司的 ARM7 和 Intel 的 8086 等。数据传输单元主要由低功耗、短距离的无线通信模块组成，比如 RFM 公司的 TR1000 等。因为需要进行较复杂的任务调度与管理，系统需要一个微型化的操作系统，UC Berkeley 为此专门开发了 TinyOS，当然，μCOS-II 和嵌入式 Linux 等也是不错的选择。图 1-1 描述了传感器网络节点的组成，其中箭头的方向表示数据在节点中的流动方向。

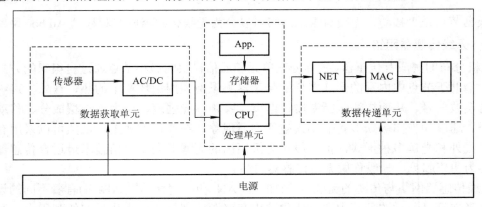

图 1-1　传感器网络节点的组成

(2) 网络体系结构。在传感器网络中，节点任意散落在被监测区域内，这一过程是通过飞行器撒播、人工埋置和火箭弹射等方式完成的。节点以自组织形式构成网络，通过多跳中继方式将监测数据传到 Sink 节点，最终借助长距离或临时建立的 Sink 链路将整个区域内的数据传送到远程中心以进行集中处理。卫星链路可用作 Sink 链路，借助游弋在监测区上空的无人飞机回收 Sink 节点上的数据也是一种方式。传感器网络的体系结构如图 1-2 所示。

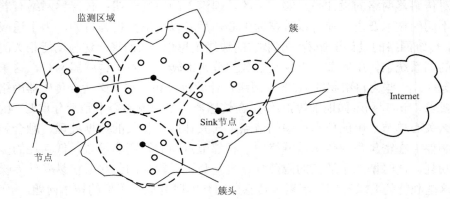

图 1-2　传感器网络的体系结构

2) 传感器网络的应用

MEMS 支持下的微小传感器技术和节点间的无线通信能力为传感器网络赋予了广阔的应用前景，主要体现在军事、环境、健康、家庭和其他商业领域。当然,在空间探索和灾难拯救等特殊的领域中，传感器网络也有其得天独厚的技术优势。

(1) 军事应用。在军事领域中，传感器网络将会成为 C4ISRT(Command，Control，Communication，Computing，Intelligence，Surveillance，Reconnaissance and Targeting)系统不可或缺的一部分。C4ISRT 系统的目标是利用先进的高新技术，为未来的现代化战争设计一个集命令、控制、通信、计算、智能、监视、侦察和定位于一体的战场指挥系统，这受到了军事发达国家的普遍重视。因为传感器网络是由密集型、低成本、随机分布的节点组成的，自组织性和容错能力使其不会因为某些节点在恶意攻击中的损坏而导致整个系统的崩溃，这一点是传统的传感器技术所无法比拟的，也正是这一点，使传感器网络非常适合应用于恶劣的战场环境中，包括监控我军兵力、装备和物资，监视冲突区，侦察敌方地形和布防，定位攻击目标，评估损失，侦察和探测核、生物和化学攻击。

在战场上，指挥员往往需要及时准确地了解部队、武器装备和军用物资供给的情况。铺设的传感器将采集相应的信息，并通过汇聚节点将数据送至指挥所，再转发到指挥部，最后融合来自各战场的数据形成我军完备的战区态势图。在战争中，对冲突区和军事要地的监视也是至关重要的，通过铺设传感器网络，以更隐蔽的方式近距离地观察敌方的布防；当然，也可以直接将传感器节点撒向敌方阵地，在敌方还未来得及反应时迅速收集利于作战的信息。传感器网络也可以为火控和制导系统提供准确的目标定位信息。在生物和化学战中，利用传感器网络及时、准确地探测爆炸中心，将会为我军提供宝贵的反应时间，从而最大可能地减小伤亡。传感器网络也可避免核反应部队直接暴露在核辐射的环境中。在军事应用中，与独立的卫星和地面雷达系统相比，传感器网络的潜在优势表现在以下几个方面：

① 分布节点中多角度和多方位信息的综合有效地提高了信噪比，这一直是卫星和雷达这类独立系统难以克服的技术问题之一。

② 传感器网络低成本、高冗余的设计原则为整个系统提供了较强的容错能力。

③ 传感器节点与探测目标的近距离接触大大消除了环境噪声对系统性能的影响。

④ 节点中多种传感器的混合应用有利于提高探测的性能指标。

⑤ 多节点联合，形成覆盖面积较大的实时探测区域。

⑥ 借助于个别具有移动能力的节点对网络拓扑结构的调整能力,可以有效地消除探测区域内的阴影和盲点。

(2) 环境科学。随着人们对于环境的日益关注，环境科学所涉及的范围越来越广泛。通过传统方式采集原始数据是一件困难的工作，传感器网络为野外随机性的研究数据获取提供了方便，比如，跟踪候鸟和昆虫的迁移，研究环境变化对农作物的影响，监测海洋、大气和土壤的成分等。ALERT 系统中就有数种传感器来监测降雨量、河水水位和土壤水分，并依此预测爆发山洪的可能性。类似地，传感器网络对准确、及时地预报森林火灾也是有帮助的。此外，传感器网络也可以应用在精细农业中，以监测农作物中的害虫、土壤的酸碱度和施肥状况等。

(3) 医疗健康。如果在住院病人身上安装特殊用途的传感器节点，如心率和血压监测设备，利用传感器网络，医生就可以随时了解被监护病人的病情，进行及时处理。还可以利用传感器网络长时间地收集人的生理数据，这些数据在研制新药品的过程中是非常有用的，而安装在被监测对象身上的微型传感器也不会给人的正常生活带来太多的不便。此外，在药物管理等诸多方面，它也有新颖而独特的应用。总之，传感器网络为未来的远程医疗提供了更加方便、快捷的技术实现手段。

(4) 空间探索。探索外部星球一直是人类梦寐以求的理想，借助于航天器布撒的传感器网络节点实现对星球表面长时间的监测，应该是一种经济可行的方案。NASA 的 JPL(Jet Propulsion Laboratory)研制的 Sensor Webs 就是为将来的火星探测进行技术准备的，已在佛罗里达宇航中心周围的环境监测项目中进行测试和完善。

(5) 其他商业应用。自组织、微型化和对外部世界的感知能力是传感器网络的三大特点。这些特点决定了传感器网络在商业领域也会有不少的机会。比如，嵌入家具和家电中的传感器与执行机构组成的无线网络与 Internet 连接在一起，将会为我们提供更加舒适、方便和具有人性化的智能家居环境；德国某研究机构正在利用传感器网络技术为足球裁判研制一套辅助系统，以减小足球比赛中越位和进球的误判率。此外，在灾难拯救、仓库管理、交互式博物馆、交互式玩具、工厂自动化生产线等众多领域，无线传感器网络都将会孕育出全新的设计和应用模式。

2. 移动 Ad hoc 网络

在移动 Ad hoc 网络中，各个无线节点都可以自由移动，因此事实上很多文献均将无线 Ad hoc 网络等同于移动 Ad hoc 网络，本书中讨论的也均为移动 Ad hoc 网络的相关范畴。

移动 Ad hoc 网络是一种动态变化的基于无线信道的自组织网络，它的体系结构、QoS 保障和应用等问题比较复杂并难以实现。传统固定网络和蜂窝移动通信网中使用的各种协议和技术无法被直接使用，因此需要为 Ad hoc 网络设计专门的协议和技术。

1) 移动 Ad hoc 网络的特点

Ad hoc 网络是一种动态变化的基于无线信道的自组织网络，它的体系结构、QoS 保障和应用等问题比较复杂并难以实现，传统固定网络和蜂窝移动通信网中使用的各种协议和技术无法被直接使用，因此需要为 Ad hoc 网络设计专门的协议和技术。

(1) 信道接入技术。信道接入技术控制着节点如何接入无线信道，对 Ad hoc 网络的性能起着决定性的作用。Ad hoc 网络的无线信道不同于普通网络的共享广播信道、点对点无线信道和蜂窝移动通信系统中由基站控制的无线信道，它是多跳共享的多点信道。此外，Ad hoc 网络还存在隐终端、暴露终端和入侵终端等问题。

(2) 路由协议。路由协议是 Ad hoc 网络的重要组成部分。要实现无线多跳路由，必须要有专用路由协议的支持。IETF 成立的 MANET 工作组目前主要负责 Ad hoc 网络 IP 层路由的标准化工作。

(3) 网络体系结构。早期的 Ad hoc 网络主要是为数据业务设计的，没有对体系结构作过多考虑，但是当 Ad hoc 网络需要提供多种业务和支持一定的服务质量保障时，就应当考虑如何选择最为合适的体系结构，并需要对原有的协议栈进行重新设计。

(4) 服务质量保证。Ad hoc 网络出现初期主要用于传输少量的数据信息。随着应用的不断扩展，需要在 Ad hoc 网络中传输多媒体信息。多媒体信息对带宽、时延、时延抖动等都提出了很高的要求，这就需要提供一定的服务质量保证。Ad hoc 网络中的服务质量保证是个系统性问题，不同层都要提供相应的机制，它的研究至今仍是一个开放性问题。

(5) 广播和多播。由于 Ad hoc 网络的特殊性，广播和多播问题也变得非常复杂，它们需要链路层和网络层的支持。目前这个问题的研究已经取得了阶段性进展。

(6) 安全问题。Ad hoc 网络的特点之一就是安全性较差，易受窃听和攻击。因此，需要研究适用于 Ad hoc 网络的安全体系结构和安全技术。

(7) 网络管理。网络管理的范围较广，包括 Ad hoc 网络中的移动性管理、地址管理、服务管理等。要有相应的机制解决节点定位、地址自配置等问题。

(8) 能耗节省机制。可以采用自动功率控制机制来调整移动节点的功率，以便在传输范围和干扰之间进行折衷；还可以通过切换到休眠模式、采用功率意识路由、使用功耗很小的硬件来减少节点的能量消耗。

2) Ad hoc 网络的体系结构

(1) 节点结构。Ad hoc 网络的节点不仅要具备普通移动终端的功能，还要具有报文转发能力，即要具备路由器的功能。因此，就完成的功能而言，可以将节点分为主机、路由器和电台三部分。其中主机部分完成普通移动终端的功能，包括人机接口、数据处理等应用软件；而路由器部分主要负责维护网络的拓扑结构和路由信息，完成报文的转发功能；电台部分为信息传输提供无线信道支持。

从物理结构上分，节点可以如图 1-3 所示分为以下几类：单主机单电台、单主机多电台、多主机单电台和多主机多电台。一般的 Ad hoc 网络中的节点，如 PDA、笔记本、无线传感器节点等大都采用图 1-3(a)所示的单主机单电台的简单结构。作为复杂的车载台，一个节点可能包括通信车内的多个主机，它可以采用图 1-3(c)所示的结构，以实现多个主机共享一个或多个电台。多电台不仅可以用来构建叠加(Overlay)的网络，还可用作网关节点来互联多个 Ad hoc 网络。

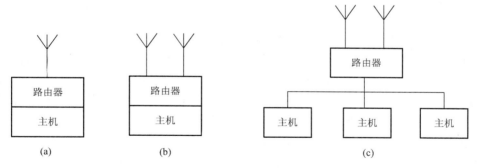

图 1-3　Ad hoc 网络节点的结构

(a) 单主机单电台；(b) 单主机多电台；(c) 多主机单/多电台

(2) Ad hoc 网络结构。Ad hoc 网络一般有两种结构：平面结构(见图 1-4)和分级结构(见图 1-5 和图 1-6)。在平面结构中，所有节点的地位平等，所以又可以称为对等式结构。而分级结构中，网络被划分为簇(Cluster)。每个簇由一个簇头(Cluster Header)和多个簇成员(Cluster Member)组成。

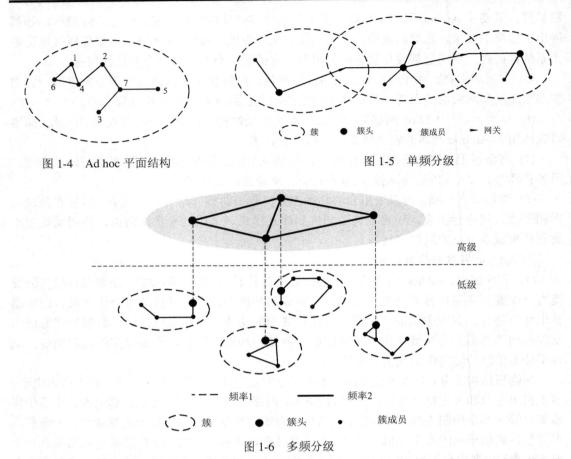

图 1-4　Ad hoc 平面结构　　　　　　　　图 1-5　单频分级

图 1-6　多频分级

　　这些簇头形成了高一级的网络。在高一级网络中，又可以分簇，再次形成更高一级的网络，直至最高级。在分级结构中，簇头节点负责簇间数据的转发，它可以预先指定，也可以由节点使用算法选举产生。

　　根据不同的硬件配置，分级结构的网络又可以分为单频分级和多频分级两种。单频分级网络(见图 1-5)所有节点使用同一个频率通信，为了实现簇头之间的通信，要有网关节点(同时属于两个簇的节点)的支持。簇头和网关形成了高一级的网络，称为虚拟骨干。在多频分级网络(见图 1-6)中，不同级采用不同的通信频率，低级节点的通信范围较小，而高级节点则覆盖较大的范围。高级的节点同时处于多个级中，有多个频率，用不同的频率实现不同级的通信。在图 1-6 所示的两级网络中，簇头节点有两个频率。频率 1 用于簇头与簇成员的通信，而频率 2 用于簇头之间的通信。分级网络的每个节点都可以成为簇头，所以需要适当的簇头选举算法，算法要能根据网络拓扑的变化重新分簇。平面结构的网络比较简单，网络中所有节点是完全对等的，原则上不存在瓶颈。它的缺点是可扩充性差：每一个节点都需要知道到达其他所有节点的路由。维护这些动态变化的路由信息需要大量的控制消息。当平面结构网络的规模增加到某个程度时，所有的带宽都可能会被路由协议消耗掉。在分级结构的网络中，簇成员的功能比较简单，不需要维护复杂的路由信息，这大大减少了网络中路由控制信息的数量。因此它具有很好的可扩充性，网络规模不受限制，可以简单地通过增加簇的个数和网络的级数来增加网络的规模。簇头节点要维护到达其他簇头的路由信息，它还要知道网络中所有节点与簇的所属关系。由于簇头节点可以随时选举产生，因而分级结构也具有很强的抗毁性。分级结构也有它的缺点。首先，维护分级结构需要节点执行簇头选举算法。其次，簇间的信息都要经过簇头寻路，不一定能使用最佳路由。比如在不同簇中但互为邻居的节点，在平面结构中可以直接通信，但分簇后需要通过两个簇的簇头转交。最后，簇头节点可能会成为网络的瓶颈。总之，当网络的规模较小时，可以采用简单的平面式结构；而当网络的规模增大时，应采用分级结构。美军在其战术互联网中使用近期数字电台 NTD(Near Term Digital Radio)组网时采用的就是如图 1-6 所示的双频分级结构。

3) Ad hoc 网络的应用

Ad hoc 网络的许多优良特性为它在民用和军事通信领域占据一席之地提供了有利的依据。首先，网络的自组织性提供了廉价而且快速部署网络的可能。其次，多跳和中间节点的转发特性可以在不降低网络覆盖范围的条件下减少每个终端的发射范围，降低了设计天线和相关发射/接收部件的难度，也降低了设备的功耗，从而为移动终端的小型化、低功耗提供了可能。从共享无线信道的角度来看，Ad hoc 网络降低了信号冲突的几率，提高了信道利用率；从对使用者的保护来看，高功率的无线电波产生的电磁辐射对用户的身体健康也有影响。另外，网络的鲁棒性、抗毁性满足了某些特定应用需求。

Ad hoc 网络的应用场合可以归纳为以下几类：

(1) 军事应用。军事应用是 Ad hoc 网络技术的主要应用领域。因其特有的无须架设网络设施、可快速展开、抗毁性强等特点，Ad hoc 网络成为数字化战场通信的首选技术，并已经成为战术互联网的核心技术。为了满足信息战和数字化战场的需要，美军研制了大量的无线自组织网络设备，用于单兵、车载、指挥所等不同的场合，并大量装备部队。美军的近期数字电台 NTDR 和无线互联网控制器等通信装备都使用了 Ad hoc 网络技术。

(2) 紧急和突发场合。在发生了地震、水灾、火灾或遭受其他灾难后，固定的通信网络设施都可能无法正常工作。此时 Ad hoc 网络能够在这些恶劣和特殊的环境下提供通信支持，对抢险和救灾工作具有重要意义。此外，当刑警或消防队员执行紧急任务时，可以通过 Ad hoc 网络来保障通信指挥的顺利进行。

(3) 偏远野外地区。当处于偏远或野外地区时，无法依赖固定或预设的网络设施进行通信。Ad hoc 网络技术具有单独组网能力和自组织特点，是这些场合通信的最佳选择。

(4) 临时场合。Ad hoc 网络的快速、简单组网能力使得它可以用于临时场合的通信。比如会议、庆典、展览等场合，可以免去布线和部署网络设备的工作。

(5) 动态场合和分布式系统。通过无线连接远端的设备、传感节点和激励器，Ad hoc 网络可以方便地用于分布式控制，特别适合于调度和协调远端设备的工作，减少分布式控制系统的维护和重配置成本。Ad hoc 无线网络还可以用于在自动高速公路系统(AHS)中协调和控制车辆，对工业处理过程进行远程控制等。

(6) 个人通信。个人局域网(PAN)是 Ad hoc 网络技术的又一应用领域，用于实现 PDA、手机、掌上电脑等个人电子通信设备之间的通信，并可以构建虚拟教室和讨论组等崭新的移动对等应用(MPZP)。考虑到电磁波的辐射问题，个人局域网通信设备的无线发射功率应尽量小，这样 Ad hoc 网络的多跳通信能力将再次展现它的独特优势。

(7) 商业应用。组建家庭无线网络、无线数据网络、移动医疗监护系统和无线设备网络，开展移动和可携带计算以及无所不在的通信业务等。

(8) 其他应用。考虑到 Ad hoc 网络具有很多优良特性，它的应用领域还有很多，这需要我们进一步去挖掘。比如它可以用来扩展现有蜂窝移动通信系统的覆盖范围，实现地铁和隧道等场合的无线覆盖，实现汽车和飞机等交通工具之间的通信，用于辅助教学和构建未来的移动无线局域网和自组织广域网等。

第 2 章 IEEE 802.11 技术

　　无线局域网络是 20 世纪 90 年代计算机网络与无线通信技术相结合的产物，它使用无线信道来接入网络，为通信的移动化、个人化和多媒体应用提供了潜在的手段，并成为宽带接入的有效手段之一。它利用射频(RF)技术，取代旧式的双绞铜线构成局域网络，提供传统有线局域网的所有功能，网络所需的基础设施不需再埋在地下或隐藏在墙里，也能够随需要移动或变化。无线局域网络能利用简单的存取构架，让用户透过它达到"信息随身化、便利走天下"的理想境界。

　　1997 年 IEEE 802.11 标准的制定是无线局域网发展的里程碑，它是由大量的局域网以及计算机专家审定通过的标准。IEEE 802.11 标准定义了两种类型的设备，一种是无线站，通常是通过一台 PC 机器加上一块无线网络接口卡构成的；另一种称为无线接入点(Access Point，AP)，它的作用是提供无线和有线网络之间的桥接。一个无线接入点通常由一个无线输出口和一个有线的网络接口(IEEE 802.3 接口)构成，桥接软件符合 IEEE 802.1d 桥接协议。接入点就像是无线网络的一个无线基站，将多个无线的接入站聚合到有线的网络上。无线的终端可以是 IEEE 802.11PCMCIA 卡、PCI 接口、ISA 接口或者是在非计算机终端上的嵌入式设备(例如 IEEE 802.11 手机)。无线局域网采用的传输媒体或介质分为射频(Radio Frequency，RF)无线电波(Radio Wave)和光波两类。射频无线电波主要使用无线电波和微波(Microwave)，光波主要使用红外线(Infrared)。因此，无线局域网可分为基于无线电的无线局域网(RLAN)和基于红外线的无线局域网两大类。

　　IEEE 802.11 标准定义了单一的 MAC 层和多样的物理层，其物理层标准主要有 IEEE 802.11b、IEEE 802.11a 和 IEEE 802.11g。IEEE 已经成立 IEEE 802.11n 工作小组，以制定一项新的高速无线局域网标准 IEEE 802.11n。IEEE 802.11n 计划将 WLAN 的传输速率从 IEEE 802.11a 和 IEEE 802.11g 的 54 Mb/s 增加至 108 Mb/s 以上，最高速率可达 320 Mb/s，成为继 802.11b、802.11a、802.11g 之后的另一场重头戏。

　　IEEE 802.11 标准的制定对于 WLAN 的发展具有非常重要的作用，主要有以下几个方面：

　　(1) 设备互操作性。使用 IEEE 802.11 标准，可以使多厂家设备之间具备互操作性。这意味着用户可以从 Cisco 购买一个符合 IEEE 802.11 标准的 AP，而从 Lucent 购买无线网卡，从而增强了价格的竞争，使公司能以更低的研究和发展经费开发 WLAN 组件，同时也使一批较小的公司能够开发无线网络组件。设备的互操作性避免了对某一个厂家设备的依赖性。例如，如果没有标准，那么一个拥有非标准专有网络的公司就须购买在该公司网络上运行的设备，而其他公司设备不能在该公司的网络上运行。有了 IEEE 802.11 标准以后，可以使用任何符合 lEEE 802.11 标准的设备，从而具备更大的选择性。

　　(2) 产品的快速发展。IEEE 802.11 标准受到无线网络专家严格的论证和检测，开发者可以大胆采用该标准来开发无线网络。因为制定标准的专家组已经倾注了大量的时间和精力，消除了在执行应用技术上的障碍，利用该标准可以使厂家少走学习专门技术的弯路，这大大减少了开发产品的时间。

(3) 便于升级，保护投资。利用标准的设备有助于保护投资，可以避免专有产品将来被新产品代替后造成系统的损失。WLAN 的变革应该类似于 IEEE 802.3 以太网。开始时以太网的标准为 10 Mb/s，采用同轴电缆，后来 IEEE 802.3 工作组增加了双绞线、光纤作为传输介质，速度提高到 100 Mb/s 和 1000 Mb/s，几年时间使标准得到了完善和提高。正如 IEEE 802.3 标准那样，无线网络标准也有未来的升级和产品更新问题，采用 IEEE 802.11 标准可以保护在网络基础结构上的安排和投资。所以，当性能更高的无线网络技术出现时，如 IEEE 802.11b 等，IEEE 802.11 技术将毫无疑问能确保从目前的无线 LAN 上稳定迁移。

(4) 价格的降低。设备价格一直困扰着 WLAN 行业，当更多的厂家和终端用户都采用 IEEE 802.11 标准时，价格大幅下降，厂家将不再需要发展和支持低质量的专有组件以及制造和配套设备的开支。这与以前 IEEE 802.3 标准的有线网络相似，经历了一个价格迅速降低的过程。

2.1　IEEE 802.11 技术概要

2.1.1　概述

1. IEEE 802.11 标准的逻辑结构

IEEE 802.11 标准的逻辑结构如图 2-1 所示，每个站点所应用的 IEEE 802.11 标准的逻辑结构包括一个单一媒体访问控制(MAC)层和多个物理(PHY)层中的一个。

图 2-1　IEEE 802.11 标准的逻辑结构

1) IEEE 802.11 MAC 层

MAC 层的目的是在 LLC(逻辑链路控制)层的支持下为共享介质物理层提供访问控制功能(如寻址方式、访问协调、帧校验序列生成的检查，以及 LLCPDU 定界等)。MAC 层在 LLC 层的支持下执行寻址方式和帧识别功能。IEEE 802.11 标准 MAC 层采用 CSMA/CA(载波侦听多址接入/冲突检测)协议控制每一个站点的接入。

2) IEEE 802.11 物理层

1992 年 7 月，IEEE 802.11 工作组决定将无线局域网的工作频率定为 2.4 GHz 的 ISM 频段，用直接序列扩频和跳频方式传输。因为 2.4 GHz 的 ISM 频段在世界大部分国家已经放开，无须无线电管理部门的许可。

1993 年 3 月，IEEE 802.11 标准委员会制定了一个直接序列扩频物理层标准。经过多方讨论，直接序列物理层规定为以下两个数据速率：

- 利用差分四相相移键控(DQPSK)调制的 2 Mb/s。
- 利用差分二相相移键控(DBPSK)调制的 1 Mb/s。

在 DSSS 中，将 2.4 GHz 的频宽划分成 14 个 22 MHz 的信道(Channel)，邻近的信道互相重叠，在 14 个信道内，只有 3 个信道是互相不覆盖的，数据就是从这 14 个信道中的一个进行传送而不需要进行信道之间的跳跃。在不同的国家，信道的划分是不相同的。

与直接序列扩频相比，基于 IEEE 802.11 标准的跳频 PHY 利用无线电从一个频率跳到另一个频率发送数据信号。跳频系统按照跳频序列跳跃，一个跳频序列一般被称为跳频信道(Frequency Hopping Channel)。如果数据在某一个跳跃序列频率上被破坏，系统必须要求重传。

IEEE 802.11 委员会规定跳频 PHY 层利用 GFSK 调制，传输的数据速率为 1 Mb/s。该规定描述了已在美国被确定的 79 个信道的中心频率。

红外线物理层描述了采用波长为 850～950 nm 的红外线进行传输的无线局域网，用于小型设备和低速应用软件。

2．IEEE 802.11 拓扑结构

在 IEEE 802.11 标准中，有以下四种拓扑结构：

- 独立基本服务集(Independent Basic Service Set，IBSS)网络。
- 基本服务集(Basic Service Set，BSS)网络。
- 扩展服务集(Extend Service Set，ESS)网络。
- ESS(无线)网络。

这些网络使用一个基本组件，IEEE 802.11 标准称之为基本服务集(BSS)，它提供一个覆盖区域，使 BSS 中的站点保持充分的连接。一个站点可以在 BSS 内自由移动，但如果它离开了 BSS 区域内就不能够直接与其他站点建立连接了。

1) IBSS 网络

IBSS 是一个独立的 BSS，它没有接入点作为连接的中心。这种网络又叫做对等网(Peer to Peer)或者非结构组网(Ad hoc)，其网络结构如图 2-2 所示。

该方式连接的设备之间都能直接通信而不用经过一个无线接入点与有线网络进行连接。在 IBSS 网络中，只有一个公用广播信道，各站点都可竞争公用信道，采用 CSMA/CAMAC 协议。

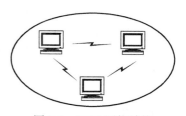

图 2-2　IBSS 网络结构

这种结构的优点是网络抗毁性好、建网容易且费用较低。但当网络中用户数(站点数)过多时，信道竞争成为限制网络性能的要害。为了满足任意两个站点可直接通信，网络中站点布局受环境限制较大。因此这种拓扑结构适用于用户相对减少的工作群网络规模。IBSS 网络在不需要访问有线网络中的资源，而只需要实现无线设备之间互相通信的环境中特别有用，如宾馆、会议中心或者机场等。

2) BSS 网络

在 BSS 网络中，有一个无线接入点充当中心站，所有站点对网络的访问均由其控制。因此，当网络业务量增大时网络吞吐性能及网络时延性能的恶化并不剧烈。由于每个站点只需在中心站覆盖范围之内就可与其他站点通信，因此网络中心站的布局受环境限制亦小。此外，中站为接入有线主干网提供了一个逻辑接入点。

BSS 网络拓扑结构的弱点是抗毁性差，中心点的故障容易导致整个网络瘫痪，并且中心站点的引入增加了网络成本。在实际应用中，WLAN 往往与有线主干网络结合起来使用。

这时，无线接入点充当无线网与有线主干网的转接器。

　　3) ESS 网络

　　为了实现跨越 BSS 范围，IEEE 802.11 标准中规定了一个 ESS LAN，也称为 Infrastructure 模式，如图 2-3 所示。该配置满足了大小任意、大范围覆盖的网络需要。在该网络结构中，BSS 是构成无线局域网的最小单元，近似于蜂窝移动电话中的小区，但和小区有明显的差异。

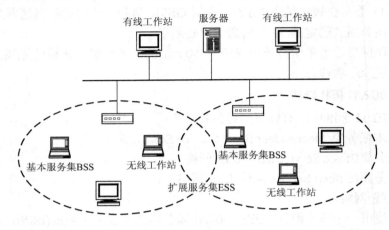

图 2-3　ESS 网络结构

　　在 Infratructure 模式中，无线网络有多个和有线网络连接的无线接入点，还包括一系列无线的终端站。一个 ESS 是由两个或者多个 BSS 构成的一个单一子网。由于很多无线的使用者需要访问有线网络上的设备或服务(如文件服务器、打印机、互联网连接)，他们都会采用这种 Infrastructure 模式。

　　根据站的移动性，无线局域网中的站点可以分为以下三类：

　　(1) 固定站，指固定使用的计算机和在局部 BSS 内移动的站点，有线局域网中的站均为固定站。

　　(2) BSS 移动站(BSS-Transition)，指站点从 ESS 中的一个 BSS 移动到相同 ESS 中的另一个 BSS。

　　(3) ESS 移动站(ESS-Transition)，指站点从一个 ESS 中的一个 BSS 移动到另一个 ESS 中的一个 BSS。这种站像移动电话一样，在移动中也可保持与网络的通信，是有线局域网所没有的，如掌上型计算机、车载计算机等。

　　IEEE 802.11 标准支持固定站和 BSS 移动站两种移动类型，但是当进行 ESS 移动时不能继续保证连接。

　　IEEE 802.11 标准定义分布式系统为通过 AP 在 ESS 内不同 BSS 之间的相互连接，即移动站点在一个网段内。当站点在 ESS 之间移动时，此时需要重新设置 IP 地址或者采用下面两种方法：

　　(1) 使用 DHCP。在高层打开 DHCP 服务，每一个站点选择自动获得 IP 地址。

　　(2) 移动 IP。在 IPv6 协议中支持移动 IP，在高层需要使用 IPv6 协议。

　　IEEE 802.11 标准没有规定分布式系统的构成，因此，它可能是符合 IEEE 802 标准的网络，或是符合非标准的网络。如果数据帧需要在一个非 IEEE 802.11 LAN 间传输，那么这些数据帧格式要和 IEEE 802.11 标准定义的相同，它们可以通过一个称为入口(Portal)的逻辑点进出，该入口在现存的有线 LAN 和 IEEE 802.11 LAN 之间提供逻辑集成。当分布式系统被 IEEE 802 型组件如 IEEE 802.3(以太网)或 IEEE 802.5(令牌环)集成时,该入口集成在 AP 内。

4) ESS(无线)网络

无线方式的 ESS 网络如图 2-4 所示。这种方式与 ESS 网络相似,也是由多个 BSS 网络组成的,所不同的是网络中不是所有的 AP 都连接在有线网络上,而是存在 AP 没有连接在有线网络上。该 AP 和距离最近的连接在有线网络上的 AP 通信,进而连接在有线网络上。

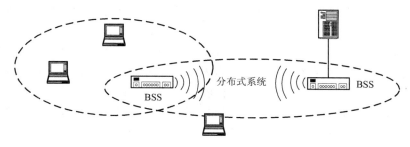

图 2-4　ESS(无线)网络结构

当一个地区有 WLAN 的覆盖盲区,且在附近没有有线网络接口时,采用无线的 ESS 网络可以增加覆盖范围。但是需要注意的是,当前大部分的 AP 不支持无线的 ESS 网络,只有一部分支持该功能。

3. IEEE 802.11 服务

IEEE 802.11 标准给 LLC 层在网络中两个实体间要求发送 MSDU(MAC 服务数据单元)的服务下了定义。MAC 层执行的服务分为站点服务和分布式系统服务两种类型。

1) 站点服务

IEEE 802.11 标准定义了为各站点所提供的站点服务功能。站点可以是 AP,可以是安装有无线网卡的笔记本计算机,也可以是装有 CF 网卡的手持式设备,如 PDA 等。为了发挥必要的功能,这些站点需要发送和接收 MSDU,以及保持较高的安全标准。

(1) 认证。因为无线 LAN 对于避免未经许可的访问来说,物理安全性较低,所以 IEEE 802.11 规定了认证服务以控制 LAN 对无线连接相同层的访问。所有 IEEE 802.11 站点,不管它们是独立的 BSS 网络还是 ESS 网络的一部分,在与另一个想要进行通信的站点建立连接(IEEE 802.11 标准术语称结合)之前,都必须利用认证服务。执行认证的站点发送一个管理认证帧到一个相应的站点。

IEEE 802.11 标准详细定义了以下两种认证服务:

① 开放系统认证(Open System Authentication)。该认证是 IEEE 802.11 标准默认的认证方式。这种认证方式非常简单,分为两步:首先,向认证另一站点的站点发送一个含有发送站点身份的认证管理帧;然后,接收站发回一个提醒它是否识别认证站点身份的帧。

② 共享密钥认证(Shared Key Authentication)。这种认证先假定每个站点通过一个独立于 IEEE 802.11 网络的安全信道,已经接收到一个秘密共享密钥,然后这些站点通过共享密钥进行加密认证,所采用的加密算法是有线等价加密(WEP)。

这种认证使用的标识码称为服务组标识符(Service Set Identifier, SSID),它提供一个最底层的接入控制。一个 SSID 是一个无线局域网子系统内通用的网络名称,它服务于该子系统内的逻辑段。因为 SSID 本身没有安全性，所以用 SSID 作为允许/拒绝接入的控制是危险的。接入点作为无线局域网用户的连接设备，通常广播 SSID。

(2) 不认证。当一个站点不愿与另一个站点连接时，它就调用不认证服务。不认证是发出通知，而且不准对方拒绝。站点通过发送一个认证管理帧(或一组到多个站点的帧)来执行不认证服务。

(3) 加密。有线局域网是通过局域网接入到以太网的端口来管理的，在有线局域网上的数据传输是通过线缆直接到达特定的目的地。除非有人切断线缆中断传输，否则是不会危及安全的。

在无线局域网中，数据传输是通过无线电波在空中广播的，因此在发射机覆盖范围内数据可以被任何无线局域网终端接收。因为无线电波可以穿透天花板、地板和墙壁，所以它可以到达不同的楼层甚至室外等不需要接收的地方。安装一套无线局域网好像在任何地方都放置了以太网接口，因此无线局域网使数据的保密性成为真正关心的问题，因为无线局域网的传输不只是直接到达一个接收方，而是覆盖范围内的所有终端。

IEEE 802.11 标准提供了一个加密服务选项解决了这个问题，将 IEEE 802.11 网络的安全级提高到与有线网络相同的程度。IEEE 802.11 标准规定了一个可选择的加密，称为有线对等加密，即 WEP(Wired Equivalent Privacy)。WEP 提供了一种保证无线局域网数据流安全性的方法。WEP 是一种对称加密，加密和解密的密钥及算法相同。该算法能对信息加密，如图 2-5 所示。WEP 的目标如下：

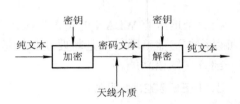

图 2-5　WEP 算法产生加密文本，防止偷听者"听到"数据传输

(1) 接入控制。防止未授权用户接入网络，他们没有正确的 WEP 密钥。

(2) 加密。通过加密和只允许有正确 WEP 密钥的用户解密来保护数据流。

该加密功能应用于所有数据帧和一些认证管理帧，可以有效地降低被窃听的危险。

2) 分布式系统服务

IEEE 802.11 标准定义的分布式系统服务为整个分布式系统提供服务功能。为保证 MAC 服务数据单元(MSDU)正确传输，提供的分布式系统服务主要有下面几种。

(1) 结合。结合指每个站点与 AP 建立连接，站点通过分布式系统传输数据之前必须先通过 AP 调用结合服务。结合服务通过 AP 将一个站点映射到分布式系统。每个站点只能与一个 AP 连接，而每个 AP 却可以与多个站点连接。结合是每一个站点进入无线网络的第一步。

(2) 分离。当站点离开网络或 AP 用于其他方面需要终止连接时应调用分离服务。分离服务就是指站点与无线网络断开连接，站点或 AP 可以调用分离服务终止一个现存的结合。结合是一种标志信息，任何一方都不能拒绝终止。

(3) 分布。站点每次发送 MAC 帧经过分布式系统时都要利用分布式系统服务。IEEE 802.11 标准没有指明分布式系统如何发送数据。分布式服务仅向分布式系统提供了足够的信息去判明正确的目的地 BSS。

(4) 集成。集成服务使得 MAC 帧能够通过分布式系统和一个非 IEEE 802.11 LAN 间的入口发送。集成功能执行所有必须的介质和地址空间的变换，具体情况依据分布式系统而实施，而且不在 IEEE 802.11 标准的范围之内。

(5) 重新结合。重新结合服务(Reassociation Service)能使一个站点改变它当前的结合状态，也就是我们通常说的漫游功能。当一个站点从一个 AP 到另一个 AP 的覆盖范围时，可以从一个 BSS 移动到另一个 BSS。当多个站点与同一个 AP 保持连接时，重新结合还能改变已确定结合的结合属性。移动站点总是启动重新结合服务。

在 IEEE 802.11 标准中，由 MAC 层负责解决客户端工作站和访问接入点之间的连接。当一个 IEEE 802.11 客户端进入一个或者多个接入点的覆盖范围时，它会根据信号的强弱以及包错误率来自动选择一个接入点来进行连接(这个过程就是加入一个基本服务集 BSS，即结合)。一旦被一个接入点接受，客户端就会将发送接收信号的频道切换为接入点的频道。在随后的时间内，客户端会周期性地轮询所有的频道以探测是否有其他接入点能够提供性能更高的服务。如果它探测到了的话，它就会和新的接入点进行协商，然后将频道切换到新的接入点的服务频道中。这种重新协商通常发生在无线工作站移出了它原连接的接入点的服务范围，信号衰减之后。其他的情况还发生在建筑物造成的信号变化或者仅仅由于原有接入点中的拥塞。在拥塞的情况下，这种重新协商实现了"负载平衡"的功能，它能够使得整个无线网络的利用率达到最高点。

动态协商连接的处理方式使得网络管理员可以扩大无线网络的覆盖范围。

2.1.2　媒体访问控制(MAC)层

IEEE 802.11 标准无线局域网的所有工作站和访问节点都提供了媒体访问控制(MAC)层服务，MAC 服务是指同层 LLC(逻辑链路控制层)在 MAC 服务访问节点(SAP)之间交换 MAC 服务数据单元(MSDU)的能力。总的来说，MAC 服务包括利用共享无线电波或红外线介质进行 MAC 服务数据单元的发送。

1. MAC 层的功能

MAC 层具有以下三个主要功能：

(1) 无线介质访问。

(2) 网络连接。

(3) 提供数据认证和加密。

下面具体分析这三个功能。

1) 无线介质访问

在 IEEE 802.11 标准中定义了两种无线介质访问控制的方法，它们是：分布协调功能(Distributed Coordination Function，DCF)和点协调功能(Point Coordination Function，PCF)，如图 2-6 所示。DCF 是 IEEE 802.11 最基本的媒体访问方法，其核心是 CSMA/CA。它包括载波检测(CS)机制、帧间间隔(IFS)和随机退避(Random Back-off)规程。每一个节点使用 CSMA 机制的分布接入算法，让各个站通过争用信道来获取发送权。DCF 在所有的 STA 上都进行实

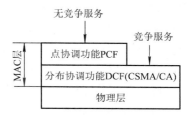

图 2-6　无线介质访问控制方法

现，用于 Ad hoc 和 Infrastructure 网络结构中。由图 2-6 可知，DCF 向上提供争用服务。PCF 是可选的(Optional)媒体访问方法，用于 Infrastructure 网络结构中。PCF 使用集中控制的接入算法(一般在接入点 AP 实现集中控制)，用类似于轮询的方法将发送数据权轮流交给各个站，从而避免了碰撞的产生。对于时间敏感的业务，如分组语音，就应该使用提供无争用服务的点协调功能 PCF。

(1) 分布协调功能(DCF)。分布是物理层兼容的工作站和访问节点(AP)之间自动共享无线介质的主要的访问协议。IEEE 802.11 网络采用 CSMA/CA 协议进行无线介质的共享访问，该协议与 IEEE 802.3 以太网标准的 MAC 协议(CSMA/CD)类似。DCF 有两种工作方式：一种是基本工作方式，即 CSMA/CA 方式；另一种是 RTS/CTS 机制。

① CSMA/CA 方式采用两次握手机制，又称 ACK 机制，是一种最简单的握手机制。当接收方正确地接收帧后，就会立即发送确认帧(ACK)，发送方收到该确认帧，就知道该帧已成功发送，如图 2-7 所示。由图可见，如果媒体空闲时间大于或等于 DIFS(DCF 的帧间隔)，就传输数据，否则延时传输。

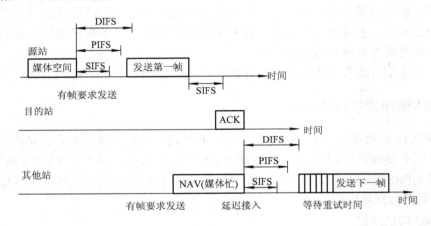

图 2-7　两次 CA 握手机制

CSMA/CA 的基础是载波侦听。载波侦听(CS)由物理载波监测(PhysicalCS)和虚载波监测(VirtualCS)两部分组成。物理载波监测在物理层完成，物理层对接收天线接收的有效信号进行监测，若探测到这样的有效信号，物理载波监测认为信道忙；虚载波监测在 MAC 子层完成，这一过程体现在网络分配向量(Network Allocation Vector，NAV)更新之中，NAV 中存放的是介质信道使用情况的预测信息，这些预测信息是根据 MAC 帧中 Duration(持续时间字段)声明的传输时间来确定的。NAV 可以看做一个以某个固定速率递减的计数器，当值为 0 时，虚载波监测认为信道空闲；不为 0 时，认为信道忙。载波监测(CS)最后的状态指示是在对物理载波监测和虚载波监测综合后产生的，只要有一个指示为“忙”，则载波监测(CS)指示为“忙”；只有当两种方式都指示为信道“空闲”时，载波监测(CS)才指示信道“空闲”，这时才能发送数据。如果信道繁忙，CSMA/CA 协议将执行退避算法，然后重新检测信道，这样可以避免各工作站间共享介质时可能造成的碰撞。

MAC 控制机制利用帧中持续时间字段的保留信息实现虚拟监测协议，这一保留信息发布(向所有其他工作站)本工作站将要使用介质的消息。MAC 层监听所有 MAC 帧的持续时间字段，如果监听到的值大于当前的网络分配矢量(NAV)值，就用这一信息更新该工作站的

NAV。NAV 工作起来就像一个减法计数器，开始值是最后一次发送帧的持续时间字段值，然后倒计时到 0。当 NAV 的值为 0，且 PHY 控制机制表明有空闲信道时，这个工作站就可以发送帧了。

在 NAV 有效定时时间内，站点认为介质毫无疑问地将处于忙状态，所以，在此期间内，没有必要再去检测介质，看其中是否有载波来判定介质的状态。只有在 NAV 定时器的定时结束后，站点才通过真正的载波检测方法来判定当前介质的状态(忙或空闲)。

介质繁忙状态刚刚结束的时间窗口是碰撞可能发生的最高峰期，尤其是在利用率较高的环境中。因为此时许多工作站都在等待介质空闲，所以介质一旦空闲，大家就试图在同一时刻进行数据发送。而 CSMA/CA 协议在介质空闲后，利用随机退避时间控制各工作站发送帧的进行，从而使各工作站之间的碰撞达到最小。

退避时间的设置：退避时间按下面的方法选择后，作为递减退避计数器的初始值。

$$退避时间=INT[CW×Random()]×Slot\ Time$$

式中：CW(竞争窗)表示在 MIB 中 CWmin～CWmax 中的一个整数；Random()表示 0～1 之间的伪随机数；Slot Time 表示 MIB 中的时隙值。

图 2-8 中，SIFS 是标准定义的时间段，比 DIFS 时间间隔短。A、B 两个站点共享信道。A 站点检测到信道空闲时间大于 DIFS 时发送数据报，B 站点此时立刻停止退避时间计数，直到又检测到信道空闲时间大于 DIFS 时，继续开始计数。当 B 站点的退避时间计数器为 0 时，则 B 站点开始发送数据报。

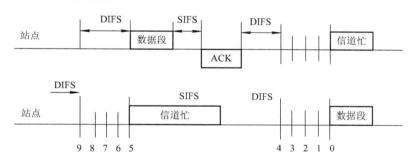

图 2-8　BEB 二进制指数退避算法示意图

在 IEEE 802.11 标准无线局域网中，所有节点都能够进行载波侦听。当一个节点侦听信道忙状态持续了一个包的传输时间，但该节点并未收到或侦听到一个成功传输包时，那该节点即可断定包发生了冲突。

当包第一次企图发送时，BEB 选择一个随机时隙(CW=CWmin)进行等概率传输，CWmin 是最小竞争窗口。每当节点传送数据包发生冲突时，竞争窗口的大小都会成为原来的两倍，直到它的上限 CWmax。可以这样来表示：CW=min[2*CW，CWmax]。

新的竞争窗口是用来表示传输企图的，在一次成功传输之后，或当一个包企图传输的次数到达极限 m(对于基本访问机制 m=7，对于 RTS/CTS m=4)时，这个节点就将它的竞争窗口重设成它的最小竞争窗口。然而，竞争窗口重设机制会引起竞争窗口大小的很大变化，每个包在重新传输之前都将它们的竞争窗口值设为 CWmin。这对于重负载网络来说，会造成它的 CW 太小，导致更多的冲突发生，降低了这个重负载网络的性能。

关于竞争窗 CW 参数的选择，初始值为 CWmin，如果发送 MPDU(MAC Protocol Data

Unit)不成功,则逐步增加 CW 的值,直到 CWmax 呈指数增加,以适应高负载的情况。具体过程如下:

● 检测到媒体空闲时,退避计时器递减计时。

● 检测到媒体忙时,退避计时器停止计时,直到检测到媒体空闲时间大于 DIFS 后重新递减计时。

● 退避计时器减少到 0 时,媒体仍为空,则该终端就占用媒体。

● 退避时间值最小的终端在竞争中获胜,取得对媒体的访问权;失败的终端会保持在退避状态,直到下一个 DIFS。

● 保持在退避状态下的终端,比第一次进入的新终端具有更短的退避时间,易于接入媒体。

应当指出,当一个站要发送数据帧时,仅在下面的情况下才不使用退避算法:检测到信道是空闲的,并且这个数据帧是它想发送的第一个数据帧。除此以外的所有情况,都必须使用退避算法。具体来说有:

a. 在发送它的第一个帧之前检测到信道处于忙态。

b. 在每次的重传后。

c. 在每一次的成功发送后。

图 2-9 表述了工作站持续重发数据时的 CW 值变化。图中 CW 呈指数增长,使得无论在高网络利用率还是低网络利用率的情况下,都可以将碰撞降低到最低程度,同时最大化网络吞吐量。

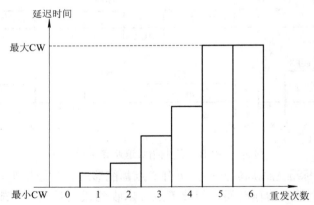

图 2-9　退避时间在最小 CW 和最大 CW 之间呈指数增长

在网络低利用率情况下,工作站无须在发送帧前等待很长时间,一般只需很短的时间(第一次或第二次试发)就能成功地完成发送任务;而在网络利用率很高的情况下,协议会将工作站的发送延迟一个相对较长的时间,以避免多个工作站同时发送帧而造成的阻塞。

在高利用率下,CW 的值在成功发送帧之后增长得相当高,为需要发送帧的工作站之间提供足够的发送间隔。虽然在高利用率的网络环境中,工作站在发送帧之前等待时间相对较长,但是这种机制在避免碰撞方面表现得非常出色。

② RTS/CTS 机制是为了更好地解决隐蔽站带来的碰撞问题,发送站和接收站之间以握手的方式对信道进行预约的一种常用方法。RTS/CTS 机制采用四次(Four-way)握手机制。如图 2-10 所示,四次握手机制包括 RTS—CTS—DATA—ACK 四个过程,发送者在发送数据

帧之前，首先发送一个 RTS 帧来预约信道，接收者发回一个 CTS 帧，之后开始进行数据帧的发送和 ACK 确认。

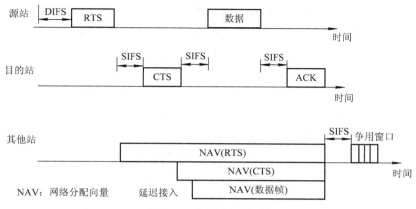

图 2-10　四次握手机制

如果发送者没有接收到返回的 ACK，则会认为之前的传输没有成功，会重新传输；但是如果只是返回的 ACK 丢失了，之前的 RTS—CTS 传输非常成功，则重新发送的 RTS 到达接收者后，接收者只会重新发送 ACK 而不是 CTS，且退避时间量并不会增加；如果发送了 RTS 后，在接收超时之前都没有接收到 CTS 或 ACK，那么退避时间量就会增加；当接收到 ACK 后，退避时间量就会减少。

RTS/CTS 帧包含有"期间域"。"期间域"用来表明从 RTS 帧尾或 CTS 帧尾到 ACK 帧尾的 MPDU 所占用媒体的时间。源站 A 在发送数据帧之前发送一个短的"请求发送(RTS)"控制帧，它包括源地址、目的地址和这次通信(包括相应的确认帧)所需的持续时间(期间域)。若媒体空闲，则目的站 B 就发送一个"允许发送(CTS)"的响应控制帧，它也包括这次通信所需的持续时间(从 RTS 帧中将此持续时间复制到 CTS 帧中)。源站 A 收到 CTS 帧后，就可发送其数据帧。下面分析在 A 和 B 两个站附近的一些站将作出的反应。如图 2-11 所示。

图 2-11　RTS/CTS 两次握手过程

(a) A 发送 RTS 帧；(b) B 响应 CTS 帧，D 在一段时间内不发送数据

站 C 处于站 A 的传输范围内，但不在站 B 的传输范围内，那么 C 能够收到 A 发送的 RTS，但经过一小段时间后，C 不会收到 B 发送的 CTS 帧。这样，在 A 向 B 发送数据时，C 也可以发送自己的数据给其他的站而不会干扰 B。需要注意的是，C 收不到 B 的信号表示 B 也收不到 C 的信号。

站 D 收不到站 A 发送的 RTS 帧，但能收到站 B 发送的 CTS 帧，那么 D 知道 B 将要和 A 通信，所以 D 在 A 和 B 通信的一段时间内不能发送数据，因而不会干扰 B 接收 A 发来的数据。

站 E 能收到 RTS 和 CTS，因此它在 A 发送数据帧和 B 发送确认帧的整个过程中都不能发送数据。

应当指出，虽然协议使用了 RTS/CTS 的握手机制，但碰撞仍然会发生。例如，B 和 C 同时向 A 发送 RTS 帧。这两个 RTS 帧发生碰撞后，使得 A 收不到正确的 RTS 帧，因而 A 就不会发送后续的 CTS 帧。这时，B 和 C 像以太网发生碰撞那样，各自随机地推迟一段时间后重新发送其 RTS 帧。推迟时间算法也是用二进制指数退避。

使用 RTS 和 CTS 帧会使整个网络的效率有所下降。但这两种控制帧都很短，其长度分别为 20 字节和 14 字节，与数据帧(最长可达 2346 字节)相比开销不算大。相反，若不使用这种控制帧，则一旦发生碰撞而导致数据帧重发，则浪费的时间就更多。虽然如此，但协议还是设有三种情况供用户选择：一种是使用 RTS 和 CTS 帧；另一种是只有当数据帧的长度超过某一数值时才使用 RTS 和 CTS 帧(显然，当数据帧本身就很短时，再使用 RTS 和 CTS 帧只能增加开销)；还有一种是不使用 RTS 和 CTS 帧(基本工作方式)。

IEEE 802.11 标准采用 RTS 和 CTS 的握手机制，同时也引入 ACK 确认机制确保传输的正确性。非被访问的站侦听到 RTS、CTS 和 ACK 等帧并置变量 NAV。NAV 根据 RTS/CTS 帧中的"期间域"来假定在当前时间之后的"期间域"中的时间媒体都是忙的(即虚载波检测)，它用来和物理载波检测机制一起判断媒体的状态，当其中之一为忙时，就认为"媒体忙"；若 NAV 结束(即其计数器的值为 0)，则虚载波检测认为"媒体闲"。RTS 和 CTS 帧以及数据帧和 ACK 帧的传输时间关系参见图 2-12。在除源站和目的站以外的其他站中，有的在收到 RTS 帧后就设置其网络分配向量 NAV，有的则在收到 CTS 帧或数据帧后才设置其 NAV。

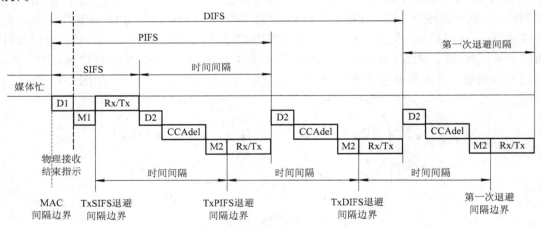

D1＝RxRF时延＋RxPLCP时延

D2＝D1＋空间传播时间

Rx/Tx＝RxTx往返时间(以PHYTxSTART.request开始)

M1＝M2＝MAC进程时延

CCAdel＝CCA时间－D1

图 2-12　几种 IFS 的传输时间关系

RTS/CTS 交换可以完成快速碰撞推断与传输信道校验。如果发送 RTS 的源站没有检测到返回的 CTS(可能是因为与另一个发送过程发生了碰撞)，或者由于在 RTS 或 CTS 帧的发送期间信道存在干扰，或者因为接收 RTS 帧的站具有激活的虚载波侦听条件(指示媒体为忙的时间周期)，则源站会较快地重复该过程(重传)，直到发送成功或者达到重传极限为止。重复的速度相对于长数据帧已被发送且返回的 ACK 帧未被检测到的情况要快得多。为站点的每个等待发送的 MSDU 或 MMPDU(Management Protocol Data Unit，MAC)维持一个短重传计数器和一个长重传计数器，这些计数器的增加与复位过程是相互独立的。

由于引入了确认和重传机制，因此在接收站可能会产生重帧现象。协议利用帧中的 MPDU-ID 域来防止重帧。由于同一 MPDU 中的帧具有相同的 MPDU-ID 值，在不同 MPDU 中的帧的 MPDU-ID 值不同，因此，接收站只需保持一个 MPDU-ID 缓存区，即可接收那些与缓存区中 MPDU-ID 值相同的重传帧。

RTS/CTS 机制的另一个优点体现在多个 BSS 使用同一信道并有交叠。媒体保留机制会穿越 BSS 边界起作用。RTS/CTS 机制还可以改善一种典型情况下的工作，即所有站可以接收 AP 的信息但不能接收 BSA 中其他站的信息。

RTS/CTS 机制不能用于具有广播或多播地址的 MPDU，因为 RTS 帧具有多个目的地址，相应地，会有多个 CTS 帧来进行对应。RTS/CTS 机制不需要用于每个数据帧的传输。因为额外的 RTS 和 CTS 帧会增加冗余，降低效率，尤其是对于短数据帧，该机制并不合理，所以引入以下方法对 RTS/CTS 机制加以改进：

● 差错控制机制。由于干扰和碰撞等使发送数据造成差错，可能会对帧序列产生破坏。为了解决这个问题，在 MAC 层中加入了差错控制功能。

工作站在进行帧交换的同时，要完成差错控制任务。差错控制采用自动反馈重发(ARQ)，即在一段时间间隔之后，如果收不到来自目的工作站的响应信息或响应错误，则对帧进行重发。

● 访问间隔。在 IEEE 802.11 协议中定义了工作站对介质访问的几种时间间隔标准，并提供了多种访问优先级。通过适当设定系统的帧间隔，就能为不同的应用请求来设定不同的帧间隔，这样就能实现不同的优先级。

● 短 IFS(SIFS，Short IFS)。SIFS 是最短的帧间隔，为某些帧提供最高的介质优先访问级别。SIFS 被用来分隔开属于一次对话的各帧，其长度为 28 μs。一个站应当能够在这段时间内从发送方式切换到接收方式。使用 SIFS 的帧类型有 ACK 帧、CTS 帧、过长的 MAC 帧分片后的数据帧，以及所有应答 AP 探询的帧和在 PCF 方式中 AP 发送出的任何帧。

● PCF 的 IFS(PIFS)。PIFS 只能由工作在 PCF 方式下的站使用，AP 利用该帧间隔在无竞争期(Contention Free Period，CFP)开始时获得对媒体访问的优先权。如果在 CFP 期间发生接收/发送错误，AP 就在媒体空闲时间达到 PIFS 后控制媒体。在无竞争期，AP 检测到媒体空闲时间长达 PIFS 后，会在 CFP 突发时期发送下一个 CFP 帧。

为了在开始使用 PCF 方式时(在 PCF 方式下使用没有争用)优先接入媒体，PIFS 比 SIFS 要长，它是 SIFS 加上一个时隙长度(其长度为 50 μs)，即 78 μs。时隙长度是这样确定的：在一个基本服务集 BSS 内当某个站在一个时隙内开始接入到媒体时，那么在下一时隙开始时，其他站就都能检测出信道已转变为忙态。

● DCF 的 IFS(DIFS)。DIFS 由工作在 DCF 方式下的站使用，以发送数据帧 MPDU 和管理帧(MMPDU)。在网络分配向量 NAV 和物理载波检测指示媒体空闲后，想发送 RTS 帧或数据帧的站监听媒体以保证媒体空闲时间至少达到 DIFS。若媒体忙，DFWMAC 将迟延，直到检测到一个长达 DIFS 的媒体空闲期后，启动一个随机访问退避过程。DIFS 的长度比 PIFS 多一个时隙长度，为 128 μs。

● 扩展的 IFS(EIFS)。只要 PHY 向 MAC 指示帧已开始发送，并且此帧会引起具有正确 FCS 值的完整 MAC 帧的不正确接收，那么 DCF 就使用 EIFS。EIFS 由 SIFS、DIFS 和以 1Mb/s 的速率发送 ACK 控制帧所需的时间得到，具体见下式：

$$EIFS=aSIFSTime+(8*ACKSize)+aPreambleLength+aPLCPHeaderLength+DIFS$$

式中，ACKSize 是 ACK 帧的以字节计数的长度；(8*ACKSize)+ aPreambleLength + aPLCPHeaderLength 表示以 PHY 的最低必备速率发送所需的毫秒数。EIFS 的间隔不考虑虚拟载波机制，而从检测到错误帧后 PHY 指示媒体空闲时开始。在站开始发送前，EIFS 为另一站提供了足够的时间，在此时间内该站用于向源站确认哪些是不正确的接收帧。EIFS 期间正确帧的接收将使站重新同步到媒体的实际忙/闲状态，此时 EIFS 结束，并在此帧接收后继续正常的媒体访问。(利用 DIFS，如果必要则进行退避。)

图 2-12 为上述几种 IFS 之间的关系，不同的 IFS 与站的比特速率无关。IFS 定时定义为媒体的时间间隔，并且对于每个 PHY 固定不变(即使在具有多速率的 PHY 中)。IFS 的值由 PHY 定义的属性确定。

以上这些帧间隔的长度实际上就决定了它们的优先级，即 EIFS<DIFS<PIFS<SIFS。当很多站都在监听信道时，使用 SIFS 可具有最高的优先级，因为它的时间间隔最短。

(2) 点协调功能(PCF)。PCF 提供可选优先级的无竞争的帧传送。PCF 是一种 AP 独有的控制功能，它以 DCF 控制机制为基础，提供了一种无冲突的介质访问方法。在这种工作方式下，由中心控制器控制来自工作站的帧的传送，所有工作站均服从中心控制器的控制，在每一个无竞争期的开始时间设置它们的 NAV(网络分配矢量)值。当然，对于无竞争的轮询(CF-Poll 帧)，工作站可以有选择地进行回应。

在无竞争期开始时，中心控制器首先获得介质的控制权，并遵循 PIFS 对介质进行访问，因此，中心控制器可以在无竞争期保持控制权，等待比工作在分布式控制方式下更短的发送间隔。

中心控制器在每一个无竞争期开始，对介质进行监测。如果介质在 PIFS 间隔之后空闲，中心控制器就发送包含 CF 参数设置元素的信标(Beacon)帧，工作站接收到信标后，利用 CF 参数设置中的 CFPMaxDuration 值更新它们的 NAV。这个值向所有工作站通知无竞争期的长度，直到无竞争期结束才允许工作站获得介质的控制权。

发送信标帧之后，中心控制器等待至少一个 SIFS 间隔，开始发送下面的某一种帧：

① 数据帧。数据帧直接从访问节点的中心控制器发往某个特定的工作站。如果中心控制器没有收到接收端的应答(ACK)帧，它就会在无竞争期内的 PIFS 间隔之后重发这个未确认帧。中心控制器可以向工作站发送单个的、广播的和多点传送的帧，包括那些处于可轮询的节能模式的工作站。

② CF 轮询帧。中心控制节点向某个特定工作站发送此帧，授权该工作站可以向任何目的端发送一个帧。如果被轮询的工作站没有帧需要发送，那么它必须发一个空数据帧。如果发帧工作站没有收到任何应答帧，那么它只有等到被中心控制器再次轮询才能再重发此帧。如果无竞争发送的接收工作站不是可轮询的 CF，它将采用分布式控制方式响应帧的接收。

③ 数据+CF 轮询帧。在这种情况下，中心控制器向一个工作站发送一个数据帧，并发送无竞争帧轮询该站。这是一种可以降低系统开销的捎带确认模式。

④ CF 结束帧。这种帧用于确定竞争期的结束。

工作站可以选择是否被轮询，在 Association Request(连接请求)帧的功能信息字段的 CF-Portable(可轮询 CF)子字段中表明希望轮询与否。一个工作站通过发布 Reassociation Request 帧来改变自身的可轮询性。中心控制器维护着一个轮询队列，轮询队列中的工作站在无竞争期可能会受到轮询。

中心控制方式并不是只在分布式控制方式的退避时间里工作，因此，当相互覆盖的中心控制器使用一个物理信道时，会有碰撞发生。由多个访问节点组成的基础网络设施中就存在这类问题。为了减少碰撞，如果进行初始信标发送时遇到介质忙，中心控制器会利用随机退避时间。PCF 这种无竞争的通信控制方式额外提供了 QoS(Quality of Service)的可能。

2) 网络连接

当工作站接通电源之后，首先通过被动或主动扫描方式检测有无现成的工作站和访问节点可供加入。加入一个 BSS 或 ESS 之后，工作站从访问节点接收 SSID、时间同步函数 (Timer Synchronization Function，TSF)、计时器的值和物理(PHY)安装参数。一个站点有以下两种模式来建立网络连接：

(1) 被动扫描模式。在这种模式下，工作站对每一个信道都进行一段时间的监听，具体时间的长短由 Channeltime 参数确定。该工作站只寻找具有本站希望加入的 SSID 的信标帧，搜索到这个信标后，继而便分别通过认证和连接过程建立起连接。

(2) 主动扫描模式。在这种模式下，工作站发送包含有该站希望加入的 SSID 信息的探询(Probe)帧，然后开始等待探询响应帧(Probe Response Frame)，探询响应帧将标识所需网络的存在。

工作站也可以发送广播探询帧，广播探询帧会引起所有包含该站的网络的响应。在物理网络中，访问节点会向所有的探询请求响应；而在独立的 BSS 网络中，最后生成信标帧的工作站将响应探询请求。探询响应帧明确了希望加入的网络的存在，继而工作站可以通过验证和连接过程来完成网络连接。

3) 认证和加密

IEEE 802.11 标准提供以下两种认证服务，以此来增强网络的安全性：

(1) 开放系统认证(Open System Authentication)。这是系统缺省的认证服务。不需要对发送工作站进行身份认证时，一般采用开放系统认证。如果接收工作站通过 MIB 中的 AuthenticationType 参数指明其采用开放系统认证模式，那么采用开放系统认证模式的发送工作站可认证任何其他工作站和 AP。

(2) 共享密钥认证(Shared Key Authentication)。与开放系统认证相比，共享密钥认证提供了更高的安全检查级别。采用共享密钥认证的工作站必须执行 WEP。IEEE 802.11 标准采用共享密钥认证的过程如下：

① 请求工作站向另一个工作站发送认证帧。

② 当一个站收到开始认证帧后，会返回一个认证帧，该认证帧包含有线等效保密(WEP)服务生成的 128 字节的质询文本。

③ 请求工作站将质询文本复制到一个认证帧中，用共享密钥加密，然后再把帧发往响应工作站。

④ 接收站利用相同的密钥对质询文本进行解密，将其和早先发送的质询文本进行比较。如果相互匹配，响应工作站返回一个表示认证成功的认证帧；如果不匹配，则返回失败认证帧。

(3) 加密。IEEE 802.11 标准定义了可选的 WEP，以使无线网络具有和有线网络相同的安全性。WEP 生成共用加密密钥，发送端和接受端工作站均可用它改变帧位，以避免信息的泄漏。这个过程也称为对称加密。工作站可以只实施 WEP 而放弃认证服务。但是如果要避免网络受到安全威胁的攻击，就必须同时实施 WEP 和认证服务。WEP 加密的过程如图 2-13 所示。

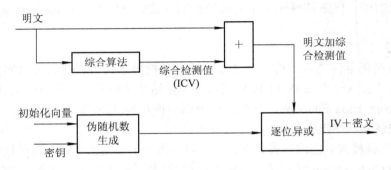

图 2-13　WEP 加密过程

① 在发送端，WEP 首先利用一种综合算法，对 MAC 帧中未加密的帧体(Frame Body)字段进行加密，生成 4 字节的综合检测值。检测值和数据一起发送，在接收端对检测值进行检查，以检测非法的数据改动。

② 将共享密钥和 24 位的初始化向量(IV)输入伪随机数生成器生成一个键序(伪随机码)，键序的长度等于明文加综合检测值的长度。

③ 伪随机码对明文和综合检测值逐位进行异或运算，生成密文，完成对数据的加密。IV 和密文同时送往信道传输。

④ 在接收端，WEP 利用 IV 和共用密钥对密文进行解密，复原成原先用来对帧进行加密的键序。

⑤ 工作站计算综合检测值，随后确认计算结果与随帧一起发送来的值是否匹配。如综合检测失败，工作站不会把 MSDU(媒体服务数据单元)交给 LLC 层，并向 MAC 管理程序发回失败声明。

2. MAC 帧的结构

IEEE 802.11 标准定义了 MAC 帧结构的主体框架，如图 2-14 所示。

帧控制 2字节	持续时间/ 标志2字节	地址1 6字节	地址2 6字节	地址3 6字节	序列控制 2字节	地址4 6字节	帧体	帧校验 4字节

图 2-14　IEEE 802.11MAC 帧结构

MAC 帧中包括的各主要字段如下：

(1) 帧控制(Frame Control)。该字段是在工作站之间发送的控制信息，在帧控制字段中定义了该帧是管理帧、控制帧还是数据帧。

(2) 持续时间/标志(Duration/ID)。大部分帧中，这个域内包含持续时间的值，值的大小取决于帧的类型。通常每个帧一般都包含表示下一个帧发送的持续时间信息。例如，数据帧和应答帧中的 Duration/ID 字段表明下个分段和应答的持续时间。网络中的工作站就是通过监视这个字段，依据持续时间信息来推迟发送的。

只在节能-轮询控制帧中，Duration/ID 字段载有发送端工作站 14 bit 重要的连接特性，置两个保留位为 1。这个标识符的取值范围一般为 1~2007(十进制)。

(3) Address 1/2/3/4(地址 1/2/3/4)。地址字段包含不同类型的地址，地址的类型取决于发送帧的类型。这些地址类型可以包含基本服务组标识(BSSID)、源地址、目标地址、发送站地址和接收站地址。IEEE 802.11 标准定义了这些地址的结构。地址分为每一个站点的单独地址和组地址。组地址又有两种：组播地址和广播地址。广播地址的所有位均为 1。

(4) 序列控制(Sequence Control)。该字段最左边的 4 bit 由分段号子字段组成。这个子字段标明一个特定 MSDU 的分段号。第一个分段号为 0，后面发送分段的分段号依次加 1。下面 12 bit 是序列号子字段，从 0 开始，对于每一个发送的 MSDU 子序列依次加 1。一个特定 MSDU 的第一个分段都拥有相同的序列号。

(5) 帧体(Frame Body)。这个字段的有效长度可变，为 0~2312 字节。该字段信息取决于发送帧。如果发送帧是数据帧，那么该字段会包含一个 LLC 数据单元(也叫 MSDU)。MAC 管理和控制帧会在帧体中包含一些特定的参数，这些参数由该帧所提供的特殊服务所决定。如果帧不需要承载信息，那么帧体字段的长度为 0。接收工作站从物理层适配头的一个字段判断帧的长度。

(6) 帧校验序列(FCS)。发送工作站的 MAC 层利用循环冗余码校验法(Cyclic Redundancy Check，CRC)计算一个 32 bit 的 FCS，并将结果存入这个字段。

3. MAC 帧类型

为了实现 MSDU 在对等逻辑链路层(LLC)之间的传送，MAC 层用到了多种帧类型，每种类型的帧都有其特殊的用途。IEEE 802.11 标准将 MAC 帧分为三种类型，分别在工作站及 AP 之间提供管理、控制和数据交换功能。下面详细介绍这三种帧的结构。

1) 管理帧

管理帧负责在工作站和 AP 之间建立初始的通信，提供连接和认证等服务。在无竞争期(由集中控制方式所规定的)，管理帧的 Duration(持续时间)字段被设置为 32768D(8000H)，从而管理帧。在其他工作站获得介质访问权之前，有足够的时间建立通信连接。在竞争期(由基于 CSMA 的分布式控制方式所规定的)，管理帧的 Duration 字段设置如下：

(1) 目标地址是成组地址时，Duration 字段置 0。

(2) More Fragment 位设置为 0，且目标地址是单个地址时，Duration 字段的值是发送一个响应(ACK)帧和一个短帧间隔 Interframe Space 所需的微秒数。

(3) More Fragment 位设置为 1，且目标地址是单个地址时，Duration 字段的值是发送下一个分段、两个 ACK 帧和三个短帧间隔所需的微秒数。

工作站接收管理帧时，首先根据 MAC 帧地址 1 字段中的目标地址(DA)进行地址比较。如果目标地址和该工作站相匹配，则该站完成帧的接收，并把它交给 LLC 层；如果地址不匹配，工作站将忽略这个帧。

下面介绍管理帧的子类型：

(1) 连接请求帧(Association Request Frame)。如果某工作站想连接到一个 AP 上，那么它就向这个 AP 发送连接请求帧。得到 AP 的许可后，工作站就连到了 AP 上。

(2) 连接响应帧(Association Response Frame)。AP 收到一个连接请求帧之后，返回一个连接响应帧，指明是否允许和该工作站建立连接。

(3) 再次连接请求帧(Reassociation Request Frame)。如果工作站想和一个 AP 再次连接，就向 AP 发送此帧。当一个工作站离开一个 AP 的覆盖范围而进入另一个 AP 的范围时，可能会产生再次连接。工作站需要和新的 AP 再次连接(不仅仅是连接)，以使 AP 知道，它要对从原来的 AP 转交过来的数据帧进行处理。

(4) 再次连接响应帧(Reassociation Response Frame)。AP 收到再次连接请求帧之后，返回一个再次连接响应帧，指明是否和发送工作站再次连接。

(5) 轮询请求帧(Probe Request Frame)。工作站通过发送轮询请求帧，以得到来自另一个工作站或 AP 的信息。例如：一个工作站可发送一个轮询请求帧，来确定某个 AP 是否可用。

(6) 轮询响应帧(Probe Response Frame)。工作站或 AP 收接轮询请求帧之后，会向发送工作站返回一个包含自身特定参数(如：跳频和直接序列扩频的参数)的轮询响应帧。

(7) 信标帧(Beacon Frame)：在一个基础结构网络中，AP 定期地发送信标帧(根据 MIB 中的 aBeaconPeriod 参数)，保证相同物理网中的工作站同步。信标帧中包含时戳(Timestamp)，所有工作站都利用时戳来更新计时器，IEEE 802.11 定义其为时间同步功能(Timing Synchronization Function，TSF)计时器。

如果 AP 支持集中控制方式，那么它就利用信标帧声明一个无竞争期的开始。在独立的 BSS(是指无 AP)网络中，所有的工作站定期发送信标帧，确保网络同步。

(8) 业务声明指示信息帧(ATIM Frame)。有的工作站负责缓存发向其他工作站的帧，前者会向后者发送 ATIM(Announcement Traffic Indication Message)帧，接收端立即发送一个信标帧。随后，负责缓存的工作站将缓存的帧发往对应的接收者。ATIM 帧的发送使工作站从睡眠转向唤醒，并保持足够长的"清醒"时间来接收各自的帧。

(9) 分离帧(Diassociation Frame)。如果工作站或 AP 想终止一个连接，只需向对方工作站发一个分离帧即可。广播地址全部为 1 时，仅仅一个分离帧就可以终止和多个工作站的连接。

(10) 认证帧(Authenhcation Frame)。工作站通过发送认证帧，可以实现对工作站或 AP 的认证。认证序列由一个或多个认证帧组成，帧的多少由认证类型决定(开放系统还是公用密钥)。

(11) 解除认证帧(Deauthentication Frame)。当工作站欲终止安全通信时，就向工作站或 AP 发送一个解除认证帧。

管理帧帧体的内容由所发送的管理帧的类型决定。

IEEE 802.11 标准描述了管理帧的帧体元素。如果需要详细的字段格式等信息，请参看相关标准。下面对各元素进行概括的介绍：

(1) 认证算法号(Authentication Algorithm Number)。本字段指明被认证工作站和 AP 所

采用的认证算法。0 表示开放系统认证法，1 表示公用密钥认证法。

(2) 认证处理序列号(Authentication Transaction Sequence Number)。该字段表明认证过程进行的状态。

(3) 信标间隔(Beacon Interval)。本字段表示发送两个信标之间间隔的时间单元个数。

(4) 能力信息(Capability Information)。工作站用本字段声明自己的能力信息。例如：它可以在这个元素中标明自己希望被轮询。

(5) 当前 AP 地址(Current AP Address)。本字段用于标明目前和工作站相连的 AP 的地址。

(6) 监听间隔(Listing Interval)。以信标间隔为时间单位，表明工作站每隔多少个时间单位就被唤醒，以监听信标管理帧。

(7) 原因代码(Reason Code)。以一个被编号的代码表明工作站断开连接或解除认证的原因。常有以下几种原因：

- 刚刚进行的认证不再有效。
- 休止状态而导致断开连接。
- 工作站的连接请求遭到响应工作站的拒绝。

(8) 连接标识(Association ID：AID)。在连接中，由 AP 分配的这个 ID 是从一个工作站响应给另一工作站的 16 bit 的标识符。

(9) 状态码(Status Code)：该码表明某一特定操作的状态。常有以下几种状态：

- 成功。
- 不明原因的失败。
- 由于 AP 所能提供连接的工作站数量有限，而造成的连接被拒绝。
- 由于等待序列中的下一个帧超时，而造成的认证失败。

(10) 时戳(Timestamp)。这个字段包含工作站发送帧时的时钟值。

(11) 服务组标识(Service Set Identify：SSID)。本字段包含扩展服务组(ESS)的标识符。

(12) 支持速率(Supported Rates)。本字段指明某工作站所能接收的所有数据率。其值以 500 kb/s 为单位增加。MAC 机制可以通过调整数据率来优化帧的发送操作。

(13) 跳频参数设置(FH Parameter Set)。本字段指明利用跳频 PHY 同步两个工作站时必须用到的延迟时间和跳频模式。

(14) 直接序列扩频参数设置(DS Parameter Set)。该字段指明使用直接序列扩频 PHY 的工作站的信道数。

(15) 无竞争参数设置(CF Parameter)。本字段包含集中控制方式(PCF)的一系列参数。

(16) 业务指示表(TIM)。这个元素指明工作站是否有 MSDU 缓存在 AP 中。

(17) 独立基本服务组参数设置(IBSS Parameter Set)。本字段包含独立基本服务组 (Independent Basic Service Set：IBSS)网络的参数。

(18) 质询文本(Challenge Text)。本字段包含公用密钥认证序列的质询文本。

2) 控制帧

当工作站和 AP 之间建立连接和认证之后，控制帧为帧数据的发送提供辅助功能。图 2-15 示意了常见的控制帧流。

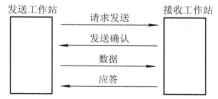

图 2-15　控制帧提供发送和接受工作站
　　　　　之间的同步

(1) 控制帧子类型的结构。

① 请求发送(RTS)：工作站向某接收工作站发送 RTS 帧，以协商数据帧的发送。通过 MIB 中的 aRTSThreshold 属性，可以将工作站加入 RTS 帧序列，将帧设置成一般、从不或者仅仅比一个特定的长度长。

图 2-16 是 RTS 帧的格式示意图。Duration 字段的值以微秒为单位，是发送工作站发送一个 RTS 帧、一个 CTS 帧、一个 ACK 帧和三个短帧间隔(SIFS)所需的时间。

2Octets	2Octets	6Octets	6Octets	4Octets
帧控制	持续时间	接收地址	发送地址	帧校验序列

图 2-16　RTS 帧的格式

② 清除发送(CTS)：收到 RTS 后，接收工作站向发送工作站返回一个 CTS 帧，以确认发送工作站享有发送数据帧的权力。工作站一直都留意 Duration 信息并响应 RTS 帧，即使该工作站没有在 RTS 帧序列中。

③ 应答(ACK)：工作站收到一个无误的帧之后，会向发送工作站发送一个 ACK 帧，以确认帧已被成功地接收。

Duration 字段的值以微秒为单位，当前述的数据帧或管理帧的帧控制字段中更多分段 bit(More Fragment bit)为 0 时，该 Duration 字段的值也为 0；当前述的数据帧或管理帧的帧控制字段中更多分段 bit 为 1 时，该 Duration 字段的值等于前述的数据帧或管理帧的 Duraion 字段的值减去发送 ACK 帧和 SIFS 间隔的时间。

④ 节能轮询(PS Poll)：当工作站收到 PS Poll 帧后，会更新网络分配矢量(NAV)。NAV 用于表明工作站多长时间内不能发送信息，它包含对介质未来通信量的预测。图 2-17 是 PS Poll 帧的格式示意图。

2Octets	2Octets	6Octets	6Octets	4Octets
帧控制	AID	BSSID	发送地址	帧校验序列

图 2-17　PS Poll 帧的格式

⑤ 无竞争终点(CF End)：CF End 标明集中控制方式的无竞争期的终点。图 2-18 是 CF End 帧的格式示意图。这类帧的 Duration 字段一般设置为 0，接收地址(RA)包含广播组地址。

2Octets	2Octets	6Octets	6Octets	4Octets
帧控制	持续时间	接收地址	BSSID	帧校验序列

图 2-18　CF End 帧的格式

⑥ CF End+CF ACK：该帧用于确认 CF End 帧。图 2-18 是 CF End+CF ACK 帧格式的示意图。这类帧的 Duration 字段一般设置为 0，而且接收地址(RA)包含广播组地址。

(2) RTS/CTS 的使用。由于网络有时只能实现部分连通，因此无线局域网协议必须考虑可能存在的隐藏工作站。这时可以通过 AP 的安装程序激活 RTS/CTS 模式。

当存在隐藏工作站的可能性较高时，RTS/CTS 的性能比基本访问优越得多。另外，当网络使用率增加时，RTS/CTS 性能的降低速度比基本访问慢得多。但是，如果隐蔽工作站存在的可能性很低，RTS/CTS 反而会导致网络吞吐量的降低。

　　在如图 2-19 所示的网络中，工作站 A、B 都可以和 AP 直接通信，但障碍物阻止了 A 和 B 之间的直接通信。如果 B 正在发送信息的时候，A 也准备访问介质，而 A 检测不到 B 正在发送信息，这时碰撞就会发生。

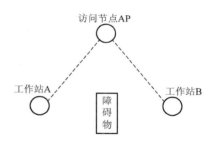

图 2-19　工作站 A、B 之间的障碍物会引发访问碰撞

　　为了防止由于隐藏网点和高利用率所带来的碰撞，正在发送信息的工作站 B 应该向 AP 发送一个 RTS 帧，请求占有一段时间的服务。如果 AP 接收这个请求，它会在这段时间内向所有工作站广播 CTS 帧，则这段时间内，包括 A 在内的所有工作站都不会企图访问介质了。

　　使用 RTS/CTS 功能时，可以通过 AP 或无线电卡的配置文件来设置信息包的最小长度，其值一般在 100～2048 字节之间。值得注意的是：信息包的长度设置得过小，会极大地增加网络的系统开销。

　　RTS/CTS 交换的同时进行快速的碰撞推断和传送线路检测。如果发送 RTS 的工作站没有探测到返回的 CTS，它就会重复发送操作(遵守其他的介质使用规则)，其重发速度远比发送长数据帧之后无 ACK 帧返回时快。RTS/CTS 介质访问机制并不适合所有的数据帧发送，因为附加的 RTS 和 CTS 帧会增大系统开销，降低效率。RTS/CTS 尤其不适合短的数据帧。

　　3) 数据帧

　　数据帧的主要功能是传送信息(如介质服务数据单元)到目标工作站，转交给 LLC 层(见图 2-20 和表 2-1)。数据帧可以从 LLC 层承载特定信息、监督未编号的帧。

2Octets	2Octets	6Octets	6Octets	6Octets	2Octets	6Octets	0～2312 Octets	4Octets
Frame Control	Duration/ ID	Address1	Address2	Address3	Sequence Control	Address4	Frame Body	FCS

图 2-20　数据帖的格式

表 2-1　帧控制字段的 To DS 和 From DS 子字段决定了数据帧地址字段的有效内容

To Ds	From DS	Address 1	Address 2	Address 3	Address 4
0	0	DA	SA	BSSID	N/A
0	1	DA	BSSID	SA	N/A
1	0	BSSID	SA	DA	N/A
1	1	RA	TA	DA	SA

　　MAC 层只是 IEEE 802.11 标准的一部分，要设计完全满足要求的无线网络，还必须选择适当的物理层。

2.1.3　物理层

　　无线局域网物理层是空中接口(Air Interface)的重要组成部分，它为 WLAN 系统提供无线通信链路。无线局域网系统的物理层主要解决适应 WLAN 信道特性的高效而可靠的数据传输问题，并向上层提供必要的支持与响应。可利用传输媒介属于 UHF 频段至 SHF 频段的电波和空间传播用的红外线传播方式。红外线传播方式是电波法规以外的方式，可以自由设计。但对于利用无线电波的传输方式而言，主要有 2.4 GHz 和 5 GHz 两个较为通用的频段以及其他专用频段。数据传输方式可以是窄带的，也可以是宽带甚至超宽带(UWB)的。

1．物理层结构

无线局域网物理层由以下三部分组成(见图 2-21)：

(1) 物理层管理(Physicallayer Management)：为物理层提供管理功能，它与 MAC 层管理相连。

(2) 物理层汇聚子层(PHY Convergence Procedure，PLCP)：MAC 层和 PLCP 通过物理层服务访问点(SAP)利用原语进行通信。MAC 层发出指示后，PLCP 开始准备需要传输的介质协议数据单元(MAC Sublayer Protocol Data Unit，MPDU)。PLCP 也从无线介质向 MAC 层传递引入帧。PLCP 为 MPDU 附加字段，字段中包含物理层发送和接收所需的信息，IEEE 802.11 标准称这个合成帧为 PLCP 协议数据单元(PLCP Protocol Data Unit，PPDU)。PLCP 将 MAC 协议数据单元映射成适合被 PMD 传送的格式，从而降低 MAC 层对 PMD 层的依赖程度。PPDU 的帧结构提供了工作站之间 MPDU 的异步传输，因此，接收工作站的物理层必须同步每个单独的即将到来的帧。

| MAC层 |
| PLCP子层 |
| PMD子层 |

图 2-21　无线局域网物理层结构

(3) 物理介质依赖(Physical Medium Dependent，PMD)子层：在 PLCD 下方，PMD 支持两个工作站之间通过无线介质实现物理层实体的发送和接收。为了实现以上功能，PMD 需直接面向无线介质(大气空间)，并对数据进行调制和解调。PLCP 和 PMD 之间通过原语通信，控制发送和接收功能。

2．物理层功能

每一种网络物理层的功能大体相同。在 IEEE 802.11 标准中规定了无线局域网物理层实现的功能：

- 载波侦听：判断介质的状态是否空闲。
- 发送：发送网络要传输的数据帧。
- 接收：接收网络传送过来的数据帧。

1) 载波侦听

无线局域网的物理层通过 PMD 子层检查介质状态来完成载波侦听功能。如果工作站没有传送或接收数据，PLCP 子层将完成下面的侦听工作。

(1) 探测信号是否到来：工作站的 PLCP 子层持续对介质进行侦听。介质繁忙时，PLCP 将读取 PLCP 前同步码和适配头，并使接收端和发送端进行同步。

(2) 信道评价：测定无线介质繁忙还是空闲。如果介质空闲，PLCP 将发送原语到 MAC 层表明信道为空闲；如果介质繁忙，PLCP 将发送原语到 MAC 层表明介质繁忙。MAC 层根据 PLCP 层的信息决定是否发送帧。

2) 发送

PLCP 在接收到 MAC 层的发送请求(PHY-TXSTART.request 原语)后将 PMD 转换到传输

模式。同时，MAC 层将与该请求一道发送字节数(0～4095)和数据率指示。然后，PMD 通过天线在 20 μm 内发射帧的前同步码。

发送器以 1 Mb/s 的速率发送前同步码和适配头，为接收器的收听提供特定的通用数据率。适配头的发送结束后，发送器将数据率转换到适配头确定的速率。发送全部完成后，PLCP 向 MAC 层发送确认一个 MPDU 传送结束(PHY-TXEND.confirm 原语)关闭发送器，并将 PMD 电路转换到接收模式。

3) 接收

如果载波侦听检测到介质繁忙，同时有合法的即将到来帧的前同步码，则 PLCP 就开始监视该帧的适配头。当 PMD 监听到的信号能量超过 −85 dBm 时，它就认为介质忙。如果 PLCP 测定适配头无误，目的接收地址是本地地址，它将向 MAC 层通知帧的到来(发送 PHY-RXSTART.indication 原语)，同时还发送帧适配头的一些信息(如字节数、RSSI 和数据率)。

PLCP 根据 PSDU(PLCP Service Data Unit，PLCP 服务数据单元)适配头字段长度的值，来设置字节计数器。计数器跟踪接收到的帧的数目，使 PLCP 知道帧什么时间结束。PLCP 在接收数据的过程中，通过 PHY-DAT.indication 信息向 MAC 层发送 PSDU 的字节；接收到最后一个字节后，它向 MAC 层发送一条 PHY-RXEND.indication 原语，声明帧的结束。

3. 跳频扩频物理层

跳频扩频(FHSS)物理层是 IEEE 802.11 标准规定的三种物理层之一。实际上，在选用无线局域网产品时是根据实际的要求来确定选择什么样的物理层的。与直接序列扩频物理层相比，跳频扩频物理层的抗干扰能力强，但是覆盖范围小于直接序列扩频，同时大于红外线物理层。FHSS 具有以下特性：

- 成本最低。
- 能量耗费最低。
- 抗信号干扰能力最强。
- 单物理层数据传输率具有最小的电压。
- 多物理层具有最大的集成能力。
- 发送范围小于直接序列扩频(DSSS)，但大于红外线物理层(IR)。

1) 跳频扩频 PLCP 子层

跳频扩频 PLCP 帧(PLCP 协议数据单元，PPDU)格式见图 2-22。FHSS PPDU 由 PLCP 前同步码、PLCP 适配头(提供帧的有关信息)和 PLCP 服务数据单元组成。

帧同步 80字节	SFD 16字节	PLW 16字节	PSF 4字节	帧校验 16字节	漂白 PSDU

图 2-22　跳频扩频 PLCP 帧格式

图中各部分的功能如下：

帧同步(SYNC)：由 0 和 1 交替组成。接收端检测到帧同步信号后，就开始与输入信号同步。

SFD(Start Frame Delimiter，开始帧定界符)：表示一个帧的开始，数据通常为 0000110010111101。

PLW(PSDU 字长)：表示 PSDU 的长度，单位为字节。接收端用该信息来测定帧的结束。

PSF(PLCP 发信号字段)：表示漂白 PSDU 的数据速率。PPDU 的前同步码和适配头以速率 1 Mb/s 发送，而其他部分可以不同的数据率发送，数据率由 PSF 字段给出。当然，PMD 必须能支持给出的数据率。

帧校验：对适配头中的数据进行差错检测，采用 CRC-16 循环冗余校验，生成多项式是 $G(x) = x^{16} + x^{12} + x^5 + 1$。PSDU 中是否存在差错不在物理层检测，而是在 MAC 层由 FCS 字段进行差错检测。

CRC-16 可以检测所有单位和双位差错，检测率达所有可能差错的 99.998%，非常适合小于 4 KB 的数据块传送。

漂白 PSDU(Whitened PSDU)：PSDU 的长度为 0～4095 字节。在发送之前，物理层对 PSDU 进行"漂白"。所谓漂白，实际上是一个扰码的过程。通过扰码使数据信号传输的"1"、"0"码等概率。这样可以减小直流分量，有利于提取稳定的时钟以及降低电路非线性而产生的交调噪声。PSDU 的漂白过程是用一个 127 bit 扰码器和一个 32/33 偏差压制编码算法来实现的。

2) 跳频扩频 PMD 子层

PMD 子层在 PLCP 子层下方，完成数据的发送和接收，实现 PPDU 和无线电信号之间的转换。因此 PMD 直接与无线介质(大气空间)接口，并为帧的传送提供 FHSS 调制和解调。FHSSPMD 通过跳频功能和频移键控(FSK)技术来实现数据的收发。

(1) 跳频功能。IEEE 802.11 标准定义了无线局域网在 2.4 GHz ISM 频带所采用的信道，信道的具体个数与不同的国家有关。北美洲和大多数欧洲国家采用 IEEE 802.11 标准，定义的工作频率为 2.402～2.480 GHz，总信道数为 79；而在日本定义的工作频率为 2.473～2.495 GHz，每个信道所占用的带宽也是 1 MHz，总信道数为 23。

基于 FHSS 的 PMD 通过跳频的方式发送 PPDU，当在 AP 上设置完跳频序列后，工作站会自动与跳频序列同步。IEEE 802.11 标准定义了一组特殊的跳频序列，北美洲和大多数国家为 78 个，而日本为 12 个。序列之间避免了长时间的相互干扰，从而可以在一个区域放置多个 AP 而不互相干扰。

跳频的速率是可变的，但是有一个最小值。不同的国家有不同的规定，美国规定 FHSS 的最小跳距是 6 MHz，最小跳频速率为 2.5 跳/秒。日本规定的最小跳距是 5 MHz。

安装无线局域网时，需要选择跳频组和跳频序列。IEEE 802.11 标准定义了三个独立的跳频组(Set)，称为 Set1、Set2 和 Set3，每组都包含多个互不干扰的跳频序列。如美国为

Set1：[0, 3, 6, 9, 12, 15, 18, 21, 24, 27, 30, 33, 36, 39, 42, 45, 48, 51, 54, 57, 60, 63, 66, 69, 72, 75]

Set2：[l, 4, 7, 10, 13, 16, 19, 22, 25, 28, 31, 34, 37, 40, 43, 46, 49, 52, 55, 58, 61, 64, 67, 70, 73, 76]

Set3：[2, 5, 8, 11, 14, 17, 20, 23, 26, 29, 32, 35, 38, 41, 44, 47, 50, 53, 56, 59, 62, 65, 68, 71, 74, 77]

如果网络只有一个基本服务集(或者只有一个 AP)，那么我们可以任意选择跳频组和跳频序列，因为这个时候不存在干扰问题，例如可以直接使用商家提供的默认设置。但是如果要在同一个区域安装几个基本服务集，那么就必须在公用跳频组中为每一个 AP 选择不同

的跳频序列，以减小不同 BSS 之间的干扰。

(2) FHSS 调制。FHSS PMD 数据传输的速率为 1 Mb/s 或 2 Mb/s。对 1 Mb/s 的速率采用高斯频移键控(GFSK)调制。所谓 GFSK，就是在 2FSK 调制的前面加一个高斯滤波器，使频率按照高斯特性变化。系统的噪声和干扰一般只会影响信号的振幅，而不会影响到频率，所以，使用 GFSK 可以减少干扰的影响。

对 2 Mb/s 的数据速率，采用的调制方式为 4GFSK。也就是有四个不同的载波频率，每一个频率表示不同的两比特组合(00，01，10，11)。所以，如果数据信号的波特率相同，4GFSK 调制传输的数据率将比 GFSK 提高一倍。

IEEE 标准 C95.1—1991 对 FHSS 无线电设备的发射功率做出了具体的规定。IEEE 802.11 标准还限制发送器的最大输出功率产生的各向同性辐射功率(测量一个无增益天线所得的值)不超过 100 mW。很显然，该限制使 IEEE 802.11 无线电产品符合欧洲的发射功率限制。在真正使用中，通过采用高方向性(即增益)天线而得到的功率比这个限制值要高得多。

IEEE 802.11 标准还规定所有的 PMD 必须支持至少 10 mW 的发射功率。AP 和无线网卡通过初始化参数，可以提供多个发射功率级别。

4．直接序列扩频物理层

直接序列扩频(DSSS)物理层是 IEEE 802.11 标准定义的无线局域网的三种物理层之一。在实际应用中，我们可以考虑 DSSS 的特点，在合适的场合应用。与跳频扩频物理层相比，直接序列扩频物理层传输的数据速率高(在 IEEE 802.11 标准中跳频扩频和直接序列扩频的速率相同；但是在以后的标准中，如 IEEE 802.11b、IEEE 802.11a，因为 DSSS 比 FHSS 传输的速率高而选择 DSSS)，传输距离比跳频扩频和红外线物理层都大，但是在同一个区域内能够提供的无干扰的信道数小。DSSS 具有以下特点：

- 成本最高。
- 能量消耗最大：$N_{PAD} = N_{DATA} - (16 + 8*LENGTH + 6)$。
- 和跳频扩频相比，其来自各个物理层的数据率最高。
- 和跳频扩频相比，它的多物理层集成能力最低。
- 其可支持的不同地理位置无线电小区的个数最小，所以限制了可提供的信道数。
- 其发送距离比跳频扩频和红外线物理层都大。

1) DSSSPLCP 子层

图 2-23 是 DSSS PLCP 帧(PLCP 协议数据单元，PPDU)格式示意图。DSSS PLCP 由一个 PLCP 前同步码、PLCP 适配头和 MPDU 组成。

图 2-23　DSSS PLCP 帧结构

每一字段的含义如下：

帧同步(SYNC)：该字段由 0 和 1 交替组成。开始后与输入信号同步。

SFD(Start Frame Delimiter，开始帧定界符)：接收端检测到帧同步信号后，就表示一个帧的开始，对于 DSSSPLCP 子层，SFD 数据通常为 1111001110100000。

信号(Signal)：表示接收器所采用的调制方式。其取值等于数据速率除以 100 kb/s。1997 年 6 月版 IEEE 802.11 标准规定该字段的取值是：1 Mb/s 速率时为 00001010；2 Mb/s 速率时为 00010100。PLCP 前同步码和适配头都以 1 Mb/s 发送。

服务(Service)：IEEE 802.11 标准保留该字段为以后应用；目前的值用 00000000 表示，符合 IEEE 802.11 标准。

长度(Length)：取值是一个无符号的 16 位整数，用来表示发送 MPDU 所需的微秒数。接收端利用该字段提供的信息确定帧的结束。

帧校验序列(Frame Check Sequence)：采用和 FHSS 相同的 CRC-16 循环冗余校验，生成的多项式是 $G(x) = x^{16} + x^{12} + x^5 + 1$。PSDU 中是否存在差错不在物理层检测，而是在 MAC 层由 FCS 字段进行差错检测。

PSDU：PSDU 实际上是 MAC 层发来的 MPDU，它的大小可以从 0 位到最大尺寸，最大尺寸由 MIB 中的 aMPDUMaxLength 参数设定。

2) DSSS PMD 子层

DSSS PMD 子层完成的功能与 FHSS PMD 子层相同，即实现 PPDU 和无线电信号之间的转换，提供调制和解调功能。

DSSS 物理层工作频带为 2.4～2.4835 GHz。在 IEEE 802.11 标准中，DSSS 最多有 14 个信道，每个信道的中心频率不同。目前在世界上不同的国家工作的信道数会有所不同。

(1) DSSS 扩频。直接序列扩频的过程是首先数字化扩展基带数据(指 PPDU)，然后将扩展数据调制到一个特定的频率。

发送器通过二进制加法器将 PPDU 和一个伪噪音(PN)码组合起来，从而达到扩展 PPDU 的目的。直接序列系统的 PN 序列是一个正负 1 的序列。IEEE 802.11 DSSS 的特殊 PN 码是如下的 11-chip Barker 序列，从左到右依次为

$$+1, \quad -1, \quad +1, \quad +1, \quad -1, \quad +1, \quad +1, \quad +1, \quad -1, \quad -1, \quad -1$$

二进制加法器输出的 DSSS 信号具有比输入的原始信号更高的速率。例如，1 Mb/s 的输入 PPDU，加法器会输出 11 Mb/s 的扩展信号。调制器将基带信号转换成基于选定信道的发送操作频率的模拟信号。

DSSS 与 CDMA(码分多路访问：Code Division Multiple Access)有所不同。CDMA 与 DSSS 的工作模式基本相似，它利用多路正交扩展序列使多个用户能够在同一频率上工作。它们之间的区别是 IEEE 802.11 DSSS 一般使用相同的扩展序列，允许用户从多个频率中为当前的操作选择一个频率。

DSSS 系统的一个众所周知的优点是"处理增益"(有时也称为扩展比率)，处理增益的值等于扩展 DSSS 信号的数据率除以原始 PPDU 的数据率。为了将可能的信号干扰降到最低程度，IEEE 802.11 标准规定 DSSS 的最小处理增益是 11。美国 FCC 和日本 MKK 规定的最小处理增益是 10。

(2) DSSS 调制。DSSS PMD 对 1 Mb/s 或 2 Mb/s 的速率采用不同的调制方式，具体的调制模式由所选的数据率决定。对于 1 Mb/s 速率，采用差分二进制相移键控(DBPSK)调制。DBPSK 是利用前后码之间载波相位的变化来表示数字基带信号的。IEEE 802.11 标准中规定

的相位变化和输入二进制码元的对应关系见表 2-2。

表 2-2　1 Mb/s DBPSK 调制相位编码表

输入二进制码元	相位变化
0	0
1	π

对于 2 Mb/s 数据速率，PMD 使用差分四相相移键控(DQPSK)调制。在 DQPSK 调制中，共有四种相位状态，每组状态对应一组码元，因此，四种载波相位就表征了四种二进制码元的组合(00，01，10，11)。在 IEEE 802.11 标准中规定采用 "/2" 调相系统，输入的二进制码元组合与相位变化的对应关系见表 2-3。

表 2-3　2 Mb/s DQPSK 相位编码表

输入二进制码元组合	相位变化
00	0
01	π/2
11	π
10	3π/2(−π/2)

2.1.4　IEEE 802.11 无线局域网的网络构成

WLAN 网络产品的多种使用方法可以组合出适合各种情况的无线联网设计，可以方便地解决许多以线缆方式难以联网的用户需求。例如，数十公里远的两个局域网相联：其间或有河流、湖泊相隔，拉线困难且线缆安全难保障；或在城市中敷设专线要涉及审批复杂、周期很长的市政施工问题，WLAN 能以比线缆低几倍的费用在几天内实现，WLAN 也可方便地实现不经过大的施工改建而使旧式建筑具有智能大厦的功能。

WLAN 的设备主要包括无线网卡、无线访问接入点、无线集线器和无线网桥。几乎所有的无线网络产品中都自带无线发射/接收功能，且通常是一机多用。WLAN 的网络结构主要有两种类型：无中心网络和有中心网络。

1. 无中心网络

无中心网络(无 AP 网络)也称对等网络或 Ad hoc 网络，它覆盖的服务区称为 IBSS。对等网络用于一台无线工作站(STA)和另一台或多台其他无线工作站的直接通信，该网络无法接入有线网络中，只能独立使用。这是最简单的无线局域网结构，如图 2-24 所示。一个对等网络由一组有无线接口的计算机组成，这些计算机要有相同的工作组名、服务区别号(ESSID)和密码。

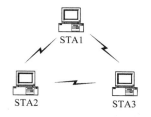

图 2-24　无中心网络结构

对等网络组网灵活，任何时间，只要两个或更多的无线接口互相都在彼此的范围之内，它们就可以建立一个独立的网络。这些根据要求建立起来的典型网络在管理和预先调协方面没有任何要求。

对等网络中的一个节点必须能同时"看"到网络中的其他节点，否则就认为网络中断，因此对等网络只能用于少数用户的组网环境，比如 4～8 个用户，并且它们离得足够近。

2．有中心网络

有中心网络也称结构化网络，它由无线 AP、无线工作站(STA)以及 DSS 构成，覆盖的区域分 BSS 和 ESS。无线访问点也称无线 AP 或无线 Hub，用于在无线 STA 和有线网络之间接收、缓存和转发数据。无线 AP 通常能够覆盖几十至几百个用户，覆盖半径达上百米。有中心网络的结构如图 2-25 所示。

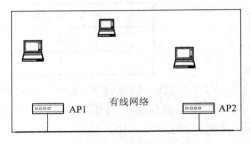

图 2-25　有中心网络结构

BSS 由一个无线访问点以及与其关联(Associate)的无线工作站构成，在任何时候，任何无线工作站都与该无线访问点关联。换句话说，一个无线访问点所覆盖的微蜂窝区域就是基本服务区。无线工作站与无线访问点关联采用 AP 的 BSSID，在 IEEE 802.11 标准中，BSSID 是 AP 的 MAC 地址。

扩展服务区 ESS 是指由多个 AP 以及连接它们的分布式系统组成的结构化网络，所有 AP 必须共享同一个 ESSID，也可以说，扩展服务区 ESS 中包含多个 BSS。分布式系统在 IEEE 802.11 标准中并没有定义，但是目前大都是指以太网。扩展服务区只包含物理层和数据链路层，网络结构不包含网络层及其以上各层。因此，对于高层协议比如 IP 来说，一个 ESS 就是一个 IP 子网。ESS 网络结构如图 2-26 所示。

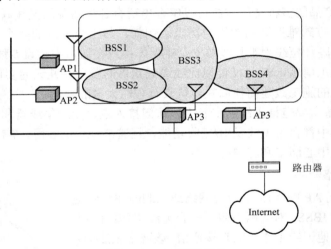

图 2-26　ESS 网络结构

2.1.5　IEEE 802.11 无线局域网的操作

WLAN 网络的操作可分为两个主要工作过程：第一个过程是工作站加入一个 BSS；第二个过程是工作站从一个 BSS 移动到另一个 BSS，实现小区间的漫游。一个站点访问现存的 BSS 时，工作站开机加电后开始运行，然后进入睡眠模式或者进入 BSS 小区。站点始终需要获得同步信号，该信号一般来自 AP 接入点。站点则通过主动和被动扫频来获得同步。

主动扫频是指 STA 启动或关联成功后扫描所有频道，一次扫描中，STA 采用一组频道作为扫描范围，如果发现某个频道空闲，就广播带有 ESSID 的探测信号，AP 根据该信号做响应。被动扫频是指 AP 每 100 毫秒向外传送灯塔信号，包括用于 STA 同步的时间戳，支持速率以及其他信息，STA 接收到灯塔信号后启动关联过程。

WLAN 为防止非法用户接入，在站点定位了接入点，并取得了同步信息之后，就开始交换验证信息。验证业务提供了控制局域网接入的能力，这一过程被用来建立合法介入的身份标志。

站点经过验证后，关联(Associate)就开始了。关联用于建立无线访问点和无线工作站之间的映射关系，实际上是把无线变成有线网的连线。分布式系统将该映射关系分发给扩展服务区中的所有 AP。一个无线工作站同时只能与一个 AP 关联。在关联过程中，无线工作站与 AP 之间要根据信号的强弱协商速率，速率变化包括 11 Mb/s、5.5 Mb/s、2 Mb/s 和 1 Mb/s (以 IEEE 802.11b 为例)。

工作站从一个小区移动到另一个小区需要重新关联。重关联(Reassociate)是指当无线工作站从一个扩展服务区中的一个基本服务区移动到另外一个基本服务区时，与新的 AP 关联的整个过程。重关联总是由移动无线工作站发起的。

IEEE 802.11 无线局域网的每个站点都与一个特定的接入点相关。如果站点从一个小区切换到另一个小区，这就是处在漫游(Roaming)过程中。漫游指无线工作站在一组无线访问点之间移动，并提供对于用户透明的无缝连接，包括基本漫游和扩展漫游。基本漫游是指无线 STA 的移动仅局限在一个扩展服务区内部。扩展漫游指无线 SAT 从一个扩展服务区中的一个 BSS 移动到另一个扩展服务区的一个 BSS，IEEE 802.11 标准并不保证这种漫游的上层连接。近年来，无线局域网技术发展迅速，但无线局域网的性能与传统以太网相比还有一定距离，因此如何提高和优化网络性能显得十分重要。

2.2　IEEE 802.11b 技术

1999 年 9 月，电子和电气工程师协会(IEEE)批准了 IEEE 802.11b 标准，这个标准也称为 Wi-Fi。IEEE 802.11b 标准定义了用于在共享的无线局域网(WLAN)中进行通信的物理层和媒体访问控制(MAC)子层。

在物理层，IEEE 802.11b 标准采用 2.45 GHz 的无线频率，最大的位速率达 11 Mb/s，使用直接序列扩频(DSSS)传输技术。在数据链路层的 MAC 子层，IEEE 802.11b 标准使用"载波侦听多点接入/冲突避免(CSMA/CA)"媒体访问控制(MAC)协议。

2.2.1　IEEE 802.11b 标准简介

IEEE 802.11b 标准在无线局域网协议中最大的贡献就在于它在 IEEE 802.11 标准的物理层中增加了两个新的速度：5.5 Mb/s 和 11 Mb/s。为了实现这个目标，DSSS 被选作该标准的唯一的物理层传输技术，这是由于 FHSS 在不违反 FCC 原则的基础上无法再提高速度了。这个决定使得 IEEE 802.11b 标准可以和 1 Mb/s 和 2 Mb/s 的 IEEE 802.11 DSSS 系统互操作，但是无法和 1 Mb/s 和 2 Mb/s 的 FHSS 系统一起工作。

利用 IEEE 802.11b 标准，移动用户能够获得同 10 Mb/s 有线以太网相近的性能、网络吞吐率、可用性。这种基于标准的技术使得管理员可以根据环境选择合适的局域网技术来构造自己的网络，满足他们的商业用户和其他用户的需求。

IEEE 802.11b 标准的基本结构、特性和服务都在 IEEE 802.11 标准中进行了定义，IEEE 802.11b 标准主要在物理层上进行了一些改动，加入了高速数字传输的特性和连接的稳定性。

IEEE 802.11 的 DSSS 标准使用 11 位的 Barker 序列将数据编码并发送，每一个 11 位的码片(Chipping)代表一个一位的数字信号 1 或者 0，这个序列被转化成波形(称为一个 Symbol)，然后在空气中传播。这些 Symbol 以 1 Mb/s(每秒 1 Mb 的 Symbols)的速率进行传送时，调制方式为 DBPSK；在传送速率为 2 Mb/s 时，使用了一种更加复杂的调制方式，即 DQPSK。

在 IEEE 802.11b 标准中，一种更先进的编码技术被采用了，在这个编码技术中，抛弃了原有的 11 位 Barker 序列技术，而采用了 CCK(Complementary Code Keying，补偿编码键控)技术，它的核心编码中有一个由 64 个 8 位编码组成的集合，这个集合中的数据有特殊的数学特性，使得它们能够在经过干扰或者由于反射造成的多径接收问题后还能够被正确地互相区分。5.5 Mb/s 使用一个 CCK 串来携带 4 位的数字信息，而 11 Mb/s 的速率使用一个 CCK 串来携带 8 位的数字信息。两个速率的传送都利用 DQPSK 作为调制的手段，不过信号的调制速率为 1.375 Mb/s。这也是 IEEE 802.11b 标准获得高速的机理。

1. 多速率支持

IEEE 802.11b 物理层具有支持多种数据传输速率的能力，速率有 1 Mb/s、2 Mb/s、5.5 Mb/s 和 11 Mb/s 四个等级。为了确保多速率支持能力的共存和互操作性，同时也为了支持在有噪声的环境下能够获得较好的传输速率，IEEE 802.11b 标准采用了动态速率调节技术，允许用户在不同的环境下自动使用不同的连接速度来补充环境的不利影响。在理想状态下，用户以 11 Mb/s 的速率运行。然而，当用户移出理想的 11 Mb/s 速率传送的位置或者距离时，或者潜在地受到了干扰的话，就把速率自动按顺序降低为 5.5 Mb/s、2 Mb/s、1 Mb/s。同样，当用户回到理想环境时，连接速率也会反向增加直至 11 Mb/s。速率调节机制是在物理层自动实现的，而不会对用户和其他上层协议产生任何影响。

所有的控制信令应该按照同样的一种速率在 BSS 基本服务集中传输，这就是 1 Mb/s。BSS 的速率设置，或者说以某一个速率传输的物理层强制速率设置，它们都将被 BSS 中的所有 STA(用户站点)所接受。另外所有的携带组播和广播 RA(源地址)的帧将被以一个固定速率在 BSS 中传输。

带有一个不广播地址 RA 的数据和/或管理 MPDU 将被以一个任意的支持数据速率发送，这个数据速率包含在每帧的持续时间/ID 域。一个 STA 将不会以一个目的 STA 不支持的速率传输，就像在管理帧中支持速率元素表示的那样。

为了允许接收 STA 来计算持续时间/ID 域的内容，响应 STA 将传输它的控制响应和管理响应帧(CTS 或 ACK)，并以 BSS 中最高的速率传输。这种速率属于物理层强制传输速率或者 BSS 中属于物理层的其他可能最高速率。另外，控制响应帧发送的速率应该和其他已接收的帧相同。

2．发送

当数据按照帧格式封装好以后，就可以进入 PPDU(PLCP 协议数据单元)数据包发送过程了。IEEE 定义了一系列原语，用这些原语对 MAC 层管理实体(MLME)和物理层管理实体(PLME)进行控制，即通过修改、更新管理信息库 MIB，实现 MAC 层和物理层的动作，从而实现 PPDU 数据包的发送和接收。

MAC 层通过发送一个"请求开始发送"(PHY_TXSTART.request 原语)来启动 PPDU 的发送。除 DATARATE(数据传输速率)和 LENGTH(数据长度)两个参数外，其他像 PREAMBLE-TYPE(前导序列类型)和 MODULATION(调制类型)等参数也与 PHY_TXSTART.request 原语一起，经由物理层服务访问点(PHY-SAP)被设定。物理层的 PLCP 子层在收到 MAC 层的发送请求后，就向 PMD 子层发出"天线选择请求"(PMD_ANTSEL.request 原语)、"发送速率请求"(PMI_RATE.request 原语)和"发射功率请求"(PMD_TXPWRLVL.request 原语)对物理层进行配置。

配置好物理层后，PLCP 子层立即向 PMD 子层发出"请求开始发送"(PMD_TXSTART.request 原语)，同时 PLME 开始对 PLCP 前导序列进行编码并发送。发射功率上升所需的时间应该包括在 PLCP 的同步字段中。一旦 PLCP 前导序列发送完毕，数据将在 MAC 层和物理层之间通过一系列"数据发送请求"(PHY_DATA.request 原语)和"数据发送确认"(PHY_DATA.confirm 原语)完成频繁的数据交换。

从 PSDU 数据包中第一个数据符号发送开始，数据传输速率及调制方式就有可能根据 PLCP 适配头信息的定义而发生改变。随着 MAC 层的数据字节不断流入，物理层持续以 8 位一组按由低到高的顺序把 PSDU 数据包发送出去。

发送过程也可以被 MAC 层用 PHY_TXEND.request 原语提前终止。只有在 PSDU 最后一个字节被发送出去后，发送才算正常结束。PPDU 数据包发送结束后，物理管理实体就立即进入接收状态。

3．接收

讨论 PPDU 的接收时，就必须介绍一个重要概念 CCA(Clear Channel Assessment，空闲信道评估)，它的作用是物理层根据某种条件来判断当前无线介质是处于忙还是空闲状态，并向 MAC 层通报。高速物理层至少应该按照下面三个条件中的一个来进行信道状态评估：

CCA 模式 1：根据接收端能量是否高于一个阈值进行判断。如果检测到超过 ED(Energy Detection，能量检测)阈值的任何能量，CCA 都将报告介质当前状态为忙。

CCA 模式 2：定时检测载波。CCA 启动一个 3.65 ms 长的定时器，在该定时范围内，如果检测到高速载波信号，就认为信道忙。如果定时结束仍未检测到高速载波信号，就认为信道空闲。3.65 ms 是一个 5.5 Mb/s 速率的 PSDU 数据帧可能持续的最长时间。

CCA 模式 3：上述两种模式的混合。当天线接收到一个超过预设电平阈值 ED 的高速 PPDU 帧时，认为当前介质为忙。

当接收机收到一个 PPDU 时，必须根据收到的 SFD(开始帧定界符)字段来判断当前数据包是长 PPDU 还是短 PPDU。如果是长 PPDU，就以 1 Mb/s 的速率按 BPSK 调制方式对长 PLCP 适配头信息进行解调，否则以 2 Mb/s 的速率按 QPSK 调制方式对短 PLCP 适配头信息进行解调。接收机将按照 PLCP 适配头信息中的信号(SIGNAL)字段和服务(SERVICE)字段确定 PSDU 数据的速率和采用的调制方式。

为了接收数据，必须禁止 PHY_TXSTART.request 原语的使用，以保证 PLME 处于接收状态。此外，通过 PLME 将站点的物理层设置到合适的信道并指定恰当的 CCA 规则。其他接收参数，如接收信号强度指示(RSSI)、信号质量(SQ)及数据速率(DATARATE)可经由物理层服务访问点(PHY-SAP)获取。

当接收到发射能量后，按选定的 CCA 规则，随着 RSSI 强度指示逐渐达到预设阈值，PMD 子层将向 PLCP 子层发出 PMD_ED 指令，意思是通知 PLCP，介质上的能量已到达可接收水平，并且/或者在锁定发射信号的调制方式后，PMD 继续向 PLCP 发出一个 PMD_CS 指令，即通知 PLCP 已检测到信号载波。在正确接收发射信号的 PLCP 适配头信息之前，这些当前已被物理层探知的接收条件都将被 PLCP 子层用 PHY_CCA.indicate(BUSY)原语通报 MAC 层。PMD 子层还将用 PMD_SQ 和 PMD_RSSI 指令刷新通报给 MAC 的 SQ(接收信号质量)和 RSSI(接收信号的强度)参数。

在发出 PHY_CCA.indicate 消息后，PLME 就将开始搜索发射信号的 SFD 字段。一旦检测到 SFD 字段，就立即启动 CRC-16 循环冗余校验处理，然后开始接收 PLCP 的信号(SIGNAL)、服务(SERVICE)和长度(LENGTH)字段。如果 CRC 校验出错，接收机将返回接收空闲状态(RXIDLEState)，CCA 状态也回到空闲。

如果 PLCP 适配头信息接收成功(并且信号字段的内容完全可识别，且被当前接收机支持)，接收机 PLCP 子层就向 MAC 层发出一个带接收参数的请求开始接收(PHY_RXSTART.indicate 原语)，通知 MAC 层准备开始接收数据。此后，物理层不断将收到的 PSDU 的 bit 按 8 bit 一组重组后，通过与 MAC 层之间不断交换一系列的 PHY_DATA.indicate(DATA)原语，完成数据向 MAC 层的传递。当接收完 PSDU 的最后一位后，接收机返回空闲状态，物理层向 MAC 层发出一个接收完成(PHYRXEND.indicate 原语)，通知 MAC 层接收信息已完成，最后向 MAC 层发出一个信道空闲指示 PHY_CCA. indicate(IDLE)。

2.2.2　IEEE 802.11b PLCP 子层

在 PLCP 子层中，PSDU(物理层服务数据单元)转换为 PPDU(PLCP 协议数据单元)，在传输过程中，PSDU 将被附加一个 PLCP 前导序列和适配头来创建 PPDU。在 IEEE 802.11b 标准中定义了两种不同的前导序列和适配头：强制性长前导序列和适配头，与 IEEE 802.11 标准中 1 Mb/s 和 2 Mb/s 速率具有互操作性；可选的短前导序列和适配头。在接收时，PLCP 前导序列和适配头帮助处理解调和传送 PSDU。

在 IEEE 802.11b 标准中定义短前导序列和适配头的目的是获得最大的吞吐量，并且与不具备短前导序列的设备具有可互操作性。也就是说，它可以与其他设备一样在网络中使用，由用户选择工作模式。

1. PLCP 帧结构

1) 长前导序列 PPDU 帧格式

长前导序列 PPDU 帧格式如图 2-27 所示。其中前导序列由 128 bit 同步码(SYNC)和 16 bit 开始帧界定符(SFD)构成。同步码(SYNC)是 128 bit 经过扰码后的"1"(扰码器的种子码为"1101100")，它被用于唤醒接收设备，使其与接收信号同步。开始帧界定符(SFD)用于通知接收机，在 SFD 结束后紧接着就开始传送与物理介质相关的一些参数。

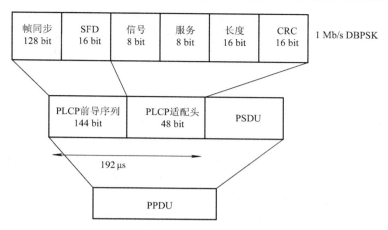

图 2-27　长前导序列 PPDU 帧格式

　　前导序列结束后就是 PLCP 适配头信息(PLCP Header)，这些信息中包含了与数据传输相关的物理参数。这些参数包括信号(SIGNAL)、服务(SERVICE)、将要传输的数据的长度(LENGTH)和 16 bit 的 CRC 校验码。接收机将按照这些参数调整接收速率、选择解码方式、决定何时结束数据接收。SIGNAL 字段长 8 bit，用来定义数据传输速率，它有四个值：0Ah、14h、37h 和 6Eh，分别指定传输速率为 1 Mb/s、2 Mb/s、5.5 Mb/s 和 11 Mb/s，接收机将按此调整自己的接收速率。SERVICE 字段长度也是 8 bit，它指定使用何种调制编码(CCK 还是 PBCC)。LENGTH 字段长 16 bit，用于指示发送后面的 PSDU 需用多长时间(单位为微秒)。16 bit 的 CRC 校验码用于校验收到的信令、业务和长度字段是否正确。

　　前导序列和 PLCP 适配头信息以固定的 1 Mb/s 速率发送，而 PSDU 数据部分则可以 1 Mb/s(DBPSK 调制)、2 Mb/s(DQPSK 调制)、5.5 Mb/s(CCK 或 PBCC)和 11 Mb/s(CCK 或 PBCC)速率进行传送。

　　2) 短前导序列 PPDU 帧格式

　　短前导序列 PPDU 帧格式如图 2-28 所示。其前导序列长度为 72 bit，其中同步码(SYNC)为 56 bit 经过扰码的"0"(扰码种子码为"0011011")，开始帧界定符(SFD)长 16 bit，其码值是长 PPDU 格式 SFD 的时间反转码。

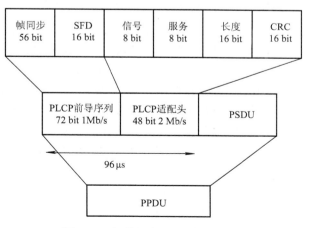

图 2-28　短前导序列 PPDU 帧格式

SIGNAL 字段长 8 bit，只有三个值：14h、37h、6Eh，分别指定传输速率为 2 Mb/s、5.5 Mb/s、11 Mb/s。SERVICE 字段、LENGTH 字段和 CRC 校验字段与长 PPDU 格式定义相同。

短 PPDU 帧结构的前导序列传输速率为 1 Mb/s(DBPSK 调制)，整个 PLCP 适配头信息的传输速率为 2 Mb/s，PSDU 数据的传输速率为 2 Mb/s、5.5 Mb/s、11 Mb/s。

2．PLCP PPDU 域定义

1) 长前导序列 PPDU 域定义

SYNC(同步)：SYNC 由 128 bit 交替的 1 码和 0 码构成，接收方接收到 SYNC 后执行同步操作。扰码器的初始状态(种子)是 1101100，这里最左边 bit 的值在扰码器的第一个寄存器中，最右边 bit 的值在扰码器最后一个寄存器中。为了使接收方能够接收到其他 DSSS 信号的响应，接收方还要能够与任何一个非零初始状态的扰码器同步。

SFD(开始帧定界符)：SFD 用来表示指示 PLCP 前导序列中物理参数的起始，即表示一帧数据的开始。SFD 由一个 16 bit 的域[1111001110100000]组成，在这里，最右边的 bit 将最先发送。

SIGNAL(信号)：一共由 8 bit 组成，指示了 PSDU 发送和接收数据的物理调制方式。数据速率等于 SIGNAL 域指示的值乘以 100 kb/s，在 IEEE 802.1lb 标准高速物理层中支持 4 个强制速率，因此共有 4 个值："0A" 表示传输速率为 1 Mb/s；"14" 表示传输速率为 2 Mb/s；"37" 表示传输速率为 5.5 Mb/s；"6E" 表示传输速率为 11 Mb/s。这个域将被 CCITTCRC-16 帧校验序列保护。

SERVICE(服务)：在 SERVICE 域中定义了 3 bit 来表示 IEEE 802.11b 扩展的高速率，见表 2-4。最右边的 bit7 用于对 LENGTH 域的支持；bit3 用于指示调制方式，其中"0"为 CCK 调制，"1"为 PBCC 调制；bit2 用来显示表示发射频率和符号时钟来自同一个振荡器，这个锁定时钟比特由物理层设置，这种设置是基于它的执行设置的。服务域中 bit0 将被首先传输，并且用 CCITTCRC-16 帧校验保护。

表 2-4　服 务 域 定 义

bit0	bit1	bit2	bit3	bit4	bit5	bit6	bit7
保留	保留	锁定时钟 0=不锁定，1=锁定	调制方式 0=CCK，1=PBCC	保留	保留	保留	长度扩展比特

LENGTH(长度)：LENGTH 的值由 PHY_TXSTART.request 原语中指示的 TXVECTOR 参数中 LENGTH 和 DataRate 的值所决定。这是一个 16 bit 无符号整数，表示 PSDU 传输所需的微秒数。TXVECTOR 中的长度以字节为单位，需要转换成 PLCPLENGTH 中的微秒数，计算方法如下：当数据速率超过 8 Mb/s 时，用整数微秒表示的字节长度不够精确，此时需要用 SERVICE 中的长度扩展比特进行修正，用来表示不够整数微秒的字节数。

(1) 5.5 Mb/s CCK 调制：LENGTH=字节数×8÷5.5，取比该数大的或者相等的最小整数值，也就是说只要有小数部分就进位。

(2) 11 Mb/s CCK 调制：LENGTH=字节数×8÷11，取值方法同上，即取比该数大的或者相等的最小整数值。同时当小数部分取整数后差值小于 8/11 时，SERVICE 中的 bit7 等于 0；如果差值大于或等于 8/11，则 SERVICE 中的 bit7 等于 1。

（3）5.5 Mb/s PBCC 调制：LENGTH=（字节数+1）×（8÷5.5），取比该数大的或者相等的最小整数值。

（4）11 Mb/s PBCC 调制：LENGTH=（字节数+1）×8÷11，取比该数大的或者相等的最小整数值。同时当小数部分取整数后差值小于 8/11 时，SERVICE 域中的 bit7 等于 0，如果差值大于或等于 8÷11，则 SERVICE 中的 bit7 等于 1。

在接收端，MPDU 中的字节数计算方法如下：

（1）5.5 Mb/s CCK 调制：字节数=LENGTH×5.5÷8，只取整数部分，小数部分删掉。

（2）11 Mb/s CCK 调制：字节数=LENGTH×11÷8，只取整数部分，如果 SERVICE 域中的 bit7 等于 1，则字节数再减去 1。

（3）5.5 Mb/s PBCC 调制：字节数=（LENGTH×5.5÷8）−1，只取整数部分。

（4）11 Mb/s PBCC 调制：字节数=（LENGTH×11÷8）−1，只取整数部分。如果 SERVICE 域中的 bit7 等于 1，则字节数再减去 1。

在 11 Mb/s 速率时，一个实际的计算实例如下：

LENGTH'x=((number of octets+P)*8)/R
LENGTH=Ceiling(LENGTH')
If
(R=11)and(LENGTH-LENGTH')>=8/11
then Length Extension=1
else Length Extension=0

在该程序中，R 表示传输速率，单位为 Mb/s。当 CCK 调制时，P=0；当 PBCC 调制时，P=1。Ceiling(x)表示取小于或等于 x 的最大整数。

表 2-5 所示为 11 Mb/s 速率 CCK 调制方式计算 LENGTH 的实例。

表 2-5　CCK 调制方式计算 LENGTH 的实例

发送字节数	字节数*8/11	LENGTH	长度扩展 bit	LENGTH*11/8	Floor(x)	接收字节数
1023	744	744	0	1023	1023	1023
1024	744.7273	745	0	1024.375	1024	1024
1025	745.4545	746	0	1025.75	1025	1025
1026	746.1818	747	1	1027.125	1027	1026

表 2-6 所示为 11 Mb/s 速率时 PBCC 调制方式下计算 LENGTH 的实例。

表 2-6　PBCC 调制方式计算 LENGTH 的实例

发送字节数	(字节数+1)*8/11	LENGTH	长度扩展 bit	(LENGTH*11/8)−1	Floor(x)	接收字节数
1023	744.7273	745	0	1023.375	1023	1023
1024	744.4545	746	0	1024.75	1024	1024
1025	745.1818	747	1	1026.125	1026	1025
1026	746.9091	747	0	1026.125	1026	1026

这个例子说明正常的取整数值将会产生不正确的结果，LENGTH 的定义以微秒为单元，它必须符合实际长度，需要用 SERVICE 域中的 bit7 进行修正。

CRC(CCITTCRC-16)：SIGNAL、SERVICE 和 LENGTH 域字段采用 CCITTCRC-16 帧校验序列(FCS)进行校验，来确保数据正确。CCITTCRC-16FCS 进行循环冗余校验的生成多项式为

$$G(x) = x^{16} + x^{12} + x^5 + 1 \tag{2-1}$$

数据调制和调制速率的改变：长 PLCP 前导序列和适配头将以 1 Mb/s 的速率采用 DBPSK 调制方式传输。SIGNAL 和 SERVICE 域表示出用于传输 PSDU 的调制方式，SIGNAL 域表示传输速率，SERVICE 域表示调制方式。发送方和接收方按照 SIGNAL 和 SERVICE 域表示的调制方式和速率进行收发数据。PSDU 的传输速率设置在 TXVECTOR 中的 DATARATE 参数中，并且在 PHYTX_START.request 原语中描述。

2) 短前导序列 PPDU 域定义

SYNC(同步)：短前导序列 SYNC 由 56 bit 交替的 1 码和 0 码组成，用于使接收方进行同步操作。扰码器的初始状态(种子)是[0011011]，这里最左边 bit 的值在扰码器的第一个寄存器中，最右边 bit 的值在扰码器最后一个寄存器中。

SFD(开始帧定界符)：长度为 16 bit，表示一帧实际有用数据的开始，与长前导序列中 SFD 的 16 bit 前后顺序完全相反，即 0000010111001111。接收方如果监测不到这个 SFD 就不配置短适配头。

SIGNAL(信号)：信号域的长度为 8 bit，表示发送和接收 PSDU 的速率。IEEE 802.11b 标准高速直接序列扩频物理层的短前导序列支持三种强制速率，由 SIGNAL 域的值乘以 100 kb/s："14" 表示传输速率为 2 Mb/s；"37" 表示传输速率为 5.5 Mb/s："6E" 表示传输速率为 11 Mb/s。

SERVICE(服务)：短前导序列中 SERVICE 的定义与长前导序列中 SERVICE 的定义完全相同。

LENGTH(长度)：与长前导序列中 LENGTH 的定义完全相同。

CRC-16：与长前导序列中 CRC-16 的定义完全相同，只不过是基于短前导序列中的 SIGNAL、SERVICE 和 LENGTH 域中的 bit 进行的运算。

数据调制和调制速率的改变：短 PLCP 前导序列以 1 Mb/s 的速率采用 DBPSK 调制方式传输，适配头以 DQPSK 调制和 2 Mb/s 的速率传输。SIGNAL 和 SERVICE 域表示出用于传输 PSDU 的调制方式，SIGNAL 域表示传输速率，SERVICE 域表示调制方式。发送方和接收方按照 SIGNAL 和 SERVICE 域表示的调制方式和速率进行收发数据。PSDU 的传输速率设置在 TXVECTOR 中的 DATARATE 参数中，并且在 PHY_TXSTART.request 原语中描述。

3. 扰码和解扰码

在 IEEE802.11b 标准中，扰码的多项式为 $G(z) = z^7 + z^4 + 1$，这是一个自同步式的扰码器，在接收处理时不需要知道扰码器和解扰器同步式。

对于长前导序列和短前导序列，PLCP 扰码器都需要初始化。对于长前导序列，扰码器中的 $z_1 \sim z_7$ 寄存器的初值是[1101100]；对于短前导序列，扰码器中的 $z_1 \sim z_7$ 寄存器的初值是[0011011]。

2.2.3　PMD 子层

在 IEEE 802.11b 标准中，信道分配和功率标准等都与 IEEE 802.11 标准相同，为了在相同的带宽(22 MHz)条件下传输更高的速率，在 IEEE 802.11b 标准中引入了一种新的调制方式——CCK(补偿编码键控)，两种新的速率等级——5.5 Mb/s 和 11 Mb/s。在这两种速率的情况下采用 CCK 调制，而在 1 Mb/s 和 2 Mb/s 的速率下，规定和 IEEE 802.11 标准完全相同。CCK 调制的基本原理在前面已经讲过，下面我们再介绍一下在 IEEE 802.11b 标准中 CCK 的独特之处。

在 IEEE 802.11b 标准中使用带有补码的 Walsh 码来传输多进制正交数据，这种传输模式使用的前同步码和适配头与现有的 1 Mb/s 和 2 Mb/s 网络相同，因此可以与现有的这些网络之间进行互操作。故 IEEE 802.11b 标准也很容易集成到 IEEE 802.11 标准的 DSSS 调制解调器中。

我们知道 CCK 把输入的 8 bit 数据块映射成 8-QPSK 复数符号(Symbol)块，从而在同样的 11 Mb/s 码片传输速率下获得比特率为 11 Mb/s 的数据传输系统。映射功能是由一个 CCK 编码器完成的，编码器利用一个 8 bit 的输入数据保存要发射的符号的地址，这个符号是 256 个正交 8-QPSK 符号序列式中的一个。这种映射的公式为

$$c=\{e^{j(\varphi_1+\varphi_2+\varphi_3+\varphi_4)},e^{j(\varphi_1+\varphi_3+\varphi_4)},e^{j(\varphi_1+\varphi_2+\varphi_4)},-e^{j(\varphi_1+\varphi_4)},e^{j(\varphi_1+\varphi_2+\varphi_3)},e^{j(\varphi_1+\varphi_3)},-e^{j(\varphi_1+\varphi_2)},e^{j\varphi_1}\} \quad (2-2)$$

式中，φ_1，φ_2，φ_3，φ_4 是与到达的 8 bit 数据块相关联的四个相位。数据块的 8 bit 数据中每两位组成一个四相位的复数。找到与到达的数据块相对应的四个复数相位之后，在公式(2-2)中进行替换就可以得到 256 个正交的 CCK 编码中的一个。在公式(2-2)中每一项都具有相同的第一相位 φ_1，因此如果我们把公因子提取出来，公式就变成了下面的形式

$$c=\{e^{j(\varphi_2+\varphi_3+\varphi_4)},e^{j(\varphi_3+\varphi_4)},e^{j(\varphi_2+\varphi_4)},-e^{j(\varphi_4)},e^{j(\varphi_2+\varphi_3)},e^{j(\varphi_3)},-e^{j(\varphi_2)},1\}e^{j\varphi_1} \quad (2-3)$$

从上面的变换过程可以知道，256 转换矩阵可以分解成两个转换矩阵：一个是直接映射成两位(一个复数相)的单位转换矩阵，另外一个把剩下的 6 bit(3 相)映射成有 8 个元素的复矢量，根据公式(2-3)的内部函数可以知道这 8 个复数矢量有 64 种可能的组合。上面分解导出的 CCK 系统的一个简化应用如图 2-29 所示，这就是 IEEE 802.11b 标准中 CCK 调制的简化方框图。在发送器上串行的数据流中增加 8 bit 地址数据，其中的 6 bit 用来选择 64 个正交代码中的一个，这些正交的代码是 8 bit 复数码中的一个，其余的 2 bit 直接调制在按序传送的代码元素中，它们的相位编码关系见表 2-7(在该表中，+jω 定义为逆时针旋转)。表 2-7 中 φ_1 的相位改变是相对于前一个符号的 φ_1。在短前导序列 PLCP 帧结构中，PLCP 适配头的传输速率是 2 Mb/s，调制方式是 DQPSK，此时 CCK 调制的 φ_1 就是相对于适配头中最后一个相位的改变量，也就是说，CRC-16 符号的最后一个相位就是 PSDU 第一个字节符号调制相位的参考相位。

表 2-7　3DQPSK 相位编码表

输入 bit	偶数符号相位改变(+jω)	奇数符号相位改变(+jω)
00	0	π
01	π/2	3π/2(−π/2)
11	π	0
10	3π/2(−π/2)	π/2

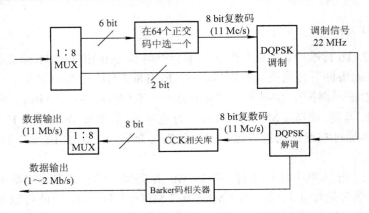

图 2-29　CCK 在 IEEE 802.11b 标准中的简化应用

所有 PSDU 产生的奇数符号在上面相位的基础上再旋转 180°。为了区分奇数和偶数相位，定义 PSDU 的第一个符号以"0"开始，也就是说，PSDU 的传输以偶数符号开始。

接收器实际上由两部分组成：一部分是针对 Barker 码的译码器，主要用于 IEEE 802.11 DSSS 标准的译码；另一部分也是一个译码器，但这个译码器带有一个用于正交码的 64 bit 的相关器和一个 DQPSK 解调器，这个译码器主要针对 IEEE 802.11b 标准。信号接收器通过检查 PLCP 的数据速率来选择不同的译码器对接收的分组进行译码。这个方案为实现能同时使用 IEEE 802.11 标准和 IEEE 802.11b 标准设备的无线局域网提供了条件。

IEEE 802.11b 标准也支持 5.5 Mb/s 的速率，并以此作为 11 Mb/s 的后备运行方案。图 2-30 是 5.5 Mb/s 时 CCK 调制的简化方框图。从图中可以看出，5.5 Mb/s 时数据块是 4 bit 而不是 8 bit，这 4 bit 的数据中 2 bit 直接用于 DQPSK 调制中，相位编码关系与 11 Mb/s 时 CCK 调制完全相同，另外 2 bit 用于在可能的 4 种复数正交矢量中选择一种，它们的对应关系见表 2-8。该表是由上面的公式中设置 $\varphi_2 = (d_2 \times \pi) + \pi/2$，$\varphi_3 = 0$，$\varphi_4 = 0$ 而得到的。

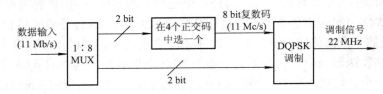

图 2-30　5.5 Mb/s 时 CCK 调制的简化方框图

表 2-8　45.5 Mb/s CCK 编码表

$d_2 d_3$	c_1	c_2	c_3	c_4	c_5	c_6	c_6	c_8
00	j	1	j	−1	j	1	−j	1
01	−j	−1	−j	1	j	1	−j	1
10	−j	1	−j	−1	−j	1	j	1
11	−j	−1	j	1	−j	1	j	1

2.2.4　IEEE 802.11b 的运作模式

IEEE 802.11 标准定义了两种运作模式：特殊(Ad hoc)模式和基础(Infrastructure)模式。

在 Ad hoc 模式(也称为点对点模式)下，无线客户端直接相互通信(不使用无线 AP)。使用 Ad hoc 模式通信的两个或多个无线客户端形成了一个独立基础服务集(Independent Basic Service Set，IBSS)。Ad hoc 模式用于在没有提供无线 AP 时连接无线客户端。

在 Infrastructure 模式下，至少存在一个无线 AP 和一个无线客户端。无线客户端使用无线 AP 访问有线网络的资源。有线网络可以是一个机构的 Intranet 或 Internet，具体情况取决于无线 AP 的布置。

支持一个或多个无线客户端的单个无线 AP 称为一个基础服务集(Basic Service Set，BSS)。一组连接到相同有线网络的两个或多个 AP 称为一个扩展服务集(Extended Service Set，ESS)。一个 ESS 是单个逻辑网段(也称为一个子网)，并通过它的服务集标识符(Service Set Identifier，SSID)来识别。如果某个 ESS 中的无线 AP 的可用物理区域相互重叠，那么无线客户端就可以漫游，或从一个位置(具有一个无线 AP)移动到另一个位置(具有一个不同的 AP)，同时保持网络层的连接。

2.2.5　IEEE 802.11b 的运作基础

当一个无线适配器打开时，便开始扫描无线频率，查找无线 AP 和其他特殊模式下的无线客户端。假设将无线客户端配置为运作于特殊模式，无线适配器将选择一个要与之连接的无线 AP，这种选择是通过使用 SSID 和信号强度以及帧出错率信息自动完成的。接着，无线适配器将切换到所选择的无线 AP 的指定通道，开始协商端口的使用，这称为建立关联。

如果无线 AP 的信号强度太低，出错率太高，或者在操作系统的指示下(在使用 Windows XP 的情况下)，无线适配器将扫描其他无线 AP，以确定是否有某个无线 AP 能够提供更强的信号或更低的出错率。如果找到这样一个无线 AP，无线适配器将切换到该无线 AP 的通道，然后开始协商端口的使用。这称为重新关联。

与一个不同的无线 AP 重新建立关联的原因有许多：信号可能随着无线适配器远离无线 AP 而减弱，或者无线 AP 可能因为流量太高或干扰太大而变得拥堵。通过切换到另一个无线 AP，无线适配器能够将负载分散到其他无线 AP 上，从而提高其他无线客户端的性能。通过设置无线 AP，可以实现信号在大面积区域内的连贯覆盖，从而使得信号区域只产生轻微重叠。随着无线客户端漫游到不同的信号区域，就能与不同的无线 AP 关联或重新关联，同时维持对有线网络的连续性逻辑连接。

2.2.6　802.11b WLAN 的优缺点分析

1．802.11b WLAN 的优点

迄今为止，大多数无线局域网还是建立在 IEEE 802.11b 标准上的，该标准也叫 Wi-Fi(Wireless Fidelity)或无线以太网标准。符合该标准的网络之所以得到了广泛发展，是因为其自身所具备的几个明显优点，分别如下：

(1) IEEE 802.11b 标准规定了 2.4 GHz 的较低频段，使得符合该标准的网络可以达到一个较大的覆盖范围(通常情况下在室外可达到 300 m，在室内也可达 100 m 左右)，这就减少了很多无线接点，简化了网络结构，降低了成本。同时，该频段正好处于 ISM 频带之内，无须任何许可证，任何人都可以免费使用，这进一步降低了网络成本。

(2) 802.11b WLAN 具有良好的可伸缩性，允许最多三个访问点同时定位于有效使用范围中，以支持上百个用户同时进行语音和数据传输。

(3) 从硬件方面看，已经有越来越多的芯片和设备贴上了 Wi-Fi 商标，即符合 IEEE 802.11b 标准，这使得设备之间的兼容性大大提高，网络的组建更为方便。

2. 802.11b WLAN 的不足之处

作为标准较低的一个网络，802.11b WLAN 在有些方面存在着明显的不足，最明显的缺点就是网络速率较低。首先，802.11b WLAN 的理论容量只有 11 Mb/s(与原始以太网速率相当)，而且这个数字还是指整个物理层的容量。若除去用于协议本身的一部分，实际上 802.11b 网络在最优条件下(短距离传输且没有干扰)的最大速率就只有 6 Mb/s；而当数据包冲突或者有其他错误发生时，它的速率更会下降到 2 Mb/s 甚至 1 Mb/s。

其次，正因为该标准所使用的频段是免费的，这使得 802.11b WLAN 非常容易受到干扰。这一频段的设备和系统相当"拥挤"，包括很多工业、医疗、科研等部门的蓝牙无线通信设备和无绳电话通信系统在内。

另外，802.11b WLAN 的安全问题也不容忽视。它不能提供和有线通信一样的隐私保护，并且为了用户的使用方便，甚至取消了身份验证，更不要说采取其他一些复杂的安全措施了。这样做的结果是网络区域中的任何人都可以接入网络，既不需要身份验证也不需要对信号解码，使得 802.11b 无线局域网已经成为最容易受到黑客攻击的网络之一。

2.3　IEEE 802.11a 技术

1999 年 IEEE 802.11a 标准制定完成，IEEE 802.11a 标准开始制定的时间要早于 IEEE 802.11，只是因为 IEEE 802.11 标准采用了相对简单的技术，完成得较早，而 IEEE 802.11a 标准采用了较复杂的正交频分复用(OFDM)技术，反而完成得晚。

IEEE 802.11a 标准规定无线局域网工作频段为 5.15～5.825 GHz，数据传输速率达到 54 Mb/s 或 72 Mb/s，传输距离控制在 10～100 m。该标准是 IEEE 802.11 标准的一个补充，扩充了标准的物理层；采用正交频分复用(OFDM)的独特扩频技术和调制方式，可提供 25 Mb/s 的无线 ATM 接口和 10 Mb/s 的以太网无线帧结构接口，支持多种业务如话音、数据和图像等；一个扇区可以接入多个用户，每个用户可带多个用户终端。虽然 IEEE 802.11a 标准在技术上占有优势，但由于技术成本偏高，产品缺乏价格竞争力，另外 5 GHz 频段在一些国家和地区不是开放频段，面临频谱管制的问题。除了成本问题，IEEE 802.11a 标准最大的缺陷就是无法与较早出现的 IEEE 802.11b 标准兼容，使它在市场上的扩展大受限制，这使得 IEEE 802.11b 标准产品占据了较大的市场份额。

IEEE 802.11 标准对于促进无线局域网的发展起到了非常重要的作用。但是 2 Mb/s 的速率对于一些终端用户来说太慢了。例如视频传输，如果应用程序必须大幅提高带宽的帧速率、像素深度和分辨率，那么它可能要求高的数据速率。另外巨大的数据块传输也要求高的数据速率以保持传输延迟在合理范围内。为解决 IEEE 802.11 标准的这个问题，IEEE 802.11a 标准(支持的最高速率为 54 Mb/s)和 IEEE 802.11b 标准(支持的最高速率是 11 Mb/s)应运而生，它们是 IEEE 在 IEEE 802.11 标准上增强了物理层功能的快速以太网，IEEE 802.11a 标准使用不同的物理层编码方案和不同的频段。由于目前 2.4 GHz 的 ISM 频带比较拥挤。且带宽比较窄(83.5 MHz)，因此 IEEE 802.11a 标准选择工作在 5 GHz 的 UNII 频带上。

2.3.1　IEEE 802.11a 标准简介

1. IEEE 802.11a 标准描述

IEEE 802.11a 标准工作在 5 GHz 的频率范围内。FCC 已经为无执照运行的 5 GHz 频带内分配了 300 MHz 的频带，为 5.15～5.25 GHz、5.25～5.35 GHz 和 5.725～5.825 GHz。这个频带被切分为三个工作"域"。第一个 100 MHz(5.15～5.25 GHz)位于低端，限制最大输出功率为 50 mW。第二个 100 MHz(5.25～5.35 GHz)允许输出功率为 250 mW。最高端分配给室外应用，允许最大输出功率为 1 W。

虽然是分段的，但是 IEEE 802.11a 标准可用的总带宽几乎是 ISM 频带的 4 倍，ISM 频带只提供 2.4 GHz 范围内的 83.5 MHz 的频谱。同时 IEEE 802.11b 标准的频谱受到了来自无绳电话、微波炉和其他融合了无线技术的产品(如蓝牙产品)的干扰。

目前 2.4 GHz 的频带在世界各国几乎普遍适用，但是 5 GHz 的频谱还没有达到这种程度。在日本只有比较低的 100 MHz 的频谱。在欧洲，低端的 200 MHz 是与 HiperLAN2 共用的，使用的是高端的 100 MHz(为室外应用保留的)。IEEE 802.11a 标准在 54 Mb/s 上运行需要大约 20 MHz 的频谱。这样一来，美国和欧洲的用户将有多达 10 个频道可以选择，而日本用户则只能有 5 个。中国在 2002 年 7 月开放了 5.725～5.85 GHz ISM 频带，但是没有按照 UNII 频带开放。

IEEE 802.11a 标准由于工作频率较高而使其性能得到了改进。因为频率越高，在空间传播的损耗越大，在相同的发射功率和编码方案的情况下，IEEE 802.11a 标准产品比 IEEE 802.11b 标准产品发射距离短。为此 IEEE 802.11a 标准产品把 EIRP(有效全向辐射功率)增加到了最大的 50 mW，克服了一些距离上的损失。

然而，光靠功率是不足以在 IEEE 802.11a 标准环境中维持像 IEEE 802.11b 标准那样的距离的。为此 IEEE 802.11a 标准规定和设计了一种新的物理层编码技术，称为 COFDM(即编码 OFDM)。COFDM 是专为室内无线应用而开发的，而且性能大大超过了广谱解决方案的性能。COFDM 的工作方式是将一个高速的载波波段分解为几个子载波，然后以并行方式传输。每个高速载波波段是 20 MHz 宽，被分解为 52 个子载波，每个大约是 300 kHz 宽。COFDM 使用了 52 个子载波中的 48 个传输数据，其余的 4 个用于纠错。由于 C0FDM 的编码方案和纠错技术，使其具备了较高的速率和高度的多路径反射恢复性能。

OFDM 物理层的主要目的是在 IEEE 802.11a MAC 层的引导下传送 MAC 协议数据单元(MPDUs)。IEEE 802.11a 标准中的 OFDMPHY 分为两部分：物理层汇聚(PLCP)子层和 PMD 子层。

在 PLCP 的引导下，PMD 通过无线媒介提供两个站点向 PHY 实体的实际发送和接收。为了实现这个功能，PMD 必须有无线接口，还要能为帧传送进行调制和解调。PLCP 和 PMD 用服务原语相联系以控制发送和接收功能。

经过 IEEE 802.11a 标准 OFDM 调制，二进制序列信号根据所选数据率的不同，被分成 1、2、4、6 bit 的组，并被转换成复杂的数字以表示可用的星座图上的点。例如，如果选定

24 Mb/s 的传输速率，那么 PLCP 就将数字比特映射到 16 位正交调幅的星座图中。

映射以后，PLCP 将复杂的数字规范到 IEEE 802.11a 标准，这样所有的映射都有了同样的平均功率，每个符号的持续时间为 4 μs。PLCP 为每个符号分配一个专门的子载波，在传送前通过快速傅里叶反变换(IFFT)将这些子载波进行合成。

和其他基于物理层的 IEEE 802.11 标准一样，在 IEEEE 802.11a 标准中 PLCP 通过指示介质繁忙或空闲完成 CCA(空闲信道分配)协议，或通过服务访问点经由服务原语与 MAC 保持透明。MAC 层利用这一信息来决定是否发送指令进行 MPDU 的实际传输。IEEE 802.11a 标准要求接收机的灵敏度根据所选速率的不同应该在 -82～65 dBm 之间。

IEEE 802.11a 标准中的 MAC 层通过物理层的服务访问点(SAP)经由专门的原语与 PLCP 建立联系。当 MAC 层下达指令时，PLCP 就为传输准备 MPDUs，同时将从无线媒介引入的帧转至 MAC 层。PLCP 子层通过将 MPDUs 映射为适合 PMD 传输的帧结构，以减小 MAC 层对 PMD 子层的依赖。

IEEE 802.11a 标准使用与 IEEE 802.11b 标准相同的 MAC 协议(CSMA/CA)，这意味着从 IEEE 802.11b 标准升级到 IEEE 802.11a 标准在技术上没有太大的影响，同时需要设计的部件更少。但是 IEEE 802.11a 标准继承了 IEEE 802.11b 标准的 MAC 协议也带来了相同的低效率问题。IEEE 802.11b 标准的 MAC 协议只有大约 70% 的效率，目前 IEEE 802.11b 网络的吞吐率大约是 5 Mb/s(跟不同的厂家有关)。所以在 54 Mb/s 下，IEEE 802.11a 标准所能达到的最大吞吐率也只能是接近 38 Mb/s，另外考虑驱动程序的低效率和物理层上的一些附加的开销等因素，实际可期望达到的吞吐率大约是 25 Mb/s。与 IEEE 802.11b 标准不同的是，IEEE 802.11a 标准不必以 1 Mb/s 的速率发射适配头，因而 IEEE 802.11a 标准在理论上可以获得超过 IEEE 802.11b 标准的效率。

2. 多速率支持

IEEE 802.11a 标准的传输速率为 6、9、12、18、24、36、48 或 54 Mb/s。在 6 Mb/s 速率时，采用 BPSK 调制，每个子载波的速率为 125 kb/s，结果得到了 6000 kb/s，即 6 Mb/s 的数据速率。采用 QPSK 调制可实现双倍数据量编码，达到每个子载波 250 kb/s。输出 12 Mb/s 的数据速率。采用 16QAM(正交调幅)调制，可以达到 24 Mb/s 的数据速率。IEEE 802.11a 标准规定，所有适应 IEEE 802.11a 标准的产品都必须支持这些基本数据速率。标准也允许厂商扩充超过 24 Mb/s 的调制方式。但是，每 Hz 带宽编码的 bit 数越多，信号就越容易受到干扰和衰减，最终发射范围变短。采用 64QAM(64 级正交调幅)可以达到 54 Mb/s 的数据速率，此时每个周期输出 8 bit，每个 300 kHz 的子载波总输出达到 1.125 Mb/s。使用 48 个子载波，最终达到 54 Mb/s 的数据速率。

3. 主要描述

IEEE 802.11a 标准的一些主要参数如表 2-9 所示。标准采用 OFDM 技术来抵抗频率选择性衰落，并采用交织技术使宽带衰落信道导致的突发错误随机化。根据信道的传输条件来选择最佳的编码速率和调制方案，收发机的简化方框图如图 2-31 所示。输入的二进制数据首先使用 127 bit 的伪随机序列进行扰码，然后进行卷积编码、交织、调制和 IFFT(Inverse Fast Fourier Transform，快速傅里叶反变换)，复用器实现串/并变换操作，解复用器完成并/串变换操作。

表 2-9   IEEE 802.11a 主要参数

数据速率	6，9，12，18，24，36，48，54 Mb/s
调制	BPSK，QPSK，16QAM，64QAM
编码速率	1/2，2/3，3/4
子载波数	52
导频数	4
OFDM 符号间隔	4 μs
IFFT/FFT 间隔	3.2 μs
保护间隔	0.8 μs
子载波间隔	312.5 kHz
信号带宽	16.66 MHz
信号间隔	20 MHz

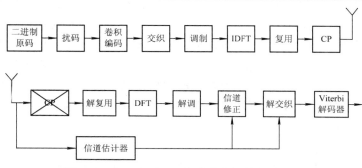

图 2-31   IEEE 802.11a 标准收发机简化方框图

在 6 Mb/s 时，扰码后的数据序列采用(2，1，7)卷积编码器进行编码。而在其他速率时，是通过对该编码器的输出进行删除而获得的，删除是从输出数据中删除编码的比特以使得未编码的比特与编码比特的比值大于原来的码(1/2)。例如，为了获得一个 2/3 的编码速率，需要在编码后的序列中从每四个比特中删除一个比特。编码后的比特再进行交织以避免突发错误进入卷积解码器中，因为存在突发错误时解码器将不能很好地工作。交织后的编码比特组合在一起形成符号，针对不同的数据速率，根据表 2-10 给出的方案之一对这些符号进行调制。

表 2-10   IEEE 802.11a 标准中的速率和调制参数

速率 /(Mb/s)	调制	编码 R	每个子载波上数据的位数 N_{BPSC}	每个 OFDM 符号中已编码的位数 N_{CBPS}	每个 OFDM 符号中将包含的数据的位数 N_{DBPS}
6	BPSK	1/2	1	48	24
9	BPSK	3/4	1	48	36
12	QPSK	1/2	2	96	48
18	QPSK	3/4	2	96	72
24	16QAM	1/2	4	192	96
36	16QAM	3/4	4	192	144
48	64QAM	2/3	6	288	192
54	64QAM	3/4	6	288	216

调制后的符号映射到 64 点离散傅里叶反变换(IDFT)的子载波上,从而形成一个 OFDM 符号。由于带宽的限制,只有 48 个子载波可用于调制数据,另外的 48 个子载波预留给导频使用,剩余的 12 个子载波并没有使用。在接收机使用导频是为了估计残余的相位误差,IDFT 的输出变换成一个串行序列,并添加了一个保护间隔或周期前缀(CP),这样 OFDM 总的持续时间是周期前缀或保护持续时间和有用的符号持续时间之和,保护或周期前缀与前同步信号一起被认为是 OFDM 的帧头,在添加了周期前缀后,整个 OFDM 符号将在信道上传输。只要周期前缀的持续时间长于信道的冲激响应,就可以去除码间干扰(ISI)。

在去除周期前缀之后,接收机还要进行与发射机正好相反的逆操作,在采用任何接收机算法之前首先要恢复时钟。也就是说,接收机的系统时钟必须要与发射机的系统时钟同步,同时要考虑在信道中传输所造成的延时。

除了恢复时钟之外,接收机还要为 A/D 变换器实行自动增益控制(AGC),AGC 的目的是要为 A/D 变换器保持固定的信号功率,以避免 A/D 变换器输出信号的饱和或切断。由于 OFDM 是一种频域的调制技术,因此在接收机中,本质上能够精确地估计由振荡器的不稳定所导致的频率偏移,需要采用信道估计来解调这些符号。在前同步信号中提供了训练序列以实现上述功能。为了减小信道估计中的不确定性,提供了两个携带训练序列的 OFDM 符号:短训练序列用于对时间及频率误差粗略的和精确的估计,长训练序列用来估计信道脉冲响应或信道状态信息(CSI)。采用 CSI 后,可以对接收到的信号进行解调、解交织,再送到 Viterbi 译码器中。

4. 发射

在 IEEE 802.11a 标准系统中为了进行发送,MAC 层向 PLCP 发出一个请求开始发送(PHY_TXSTART. request 原语)以通知物理层进入发射状态。物理层在收到该请求后,经 PLME 通过站点管理把物理层设置到合适的工作频率上。其他发射参数,如数据速率和发射功率,则由 PHY_TXSTART. request(TXVECTOR)原语通过物理层服务访问点(PHY-SAP)进行设置。

当然,物理层事先已经通过一个 CCA 指令(PHY_CCA.request 原语)向 MAC 层通报了信道空闲的指示。MAC 层只有在确认 CCA 指示的信道空闲后才会向 PLCP 发出"请求开始发送"的消息 PHY_TXSTART.request,而物理层也只有在确认收到 PHY_TXSTART.request(TXVECTOR)原语后才有可能发送 PPDU 数据。该指令的参数 TXVECTOR 中的元素将构成 PLCP 适配头信息的数据速率(RATE)字段、数据长度(LENGTH)字段和服务(SERVICE)字段,并向 PMD 提供发射功率参数(TXPWR_LEVEL)。

PLCP 子层向 PMD 子层传递"发射功率电平"(PMD-TXPWRLVL)和"发射数据速率"(PMDRATE)指令完成对物理层的配置。一旦开始发送前导序列,物理层实体就立即开始对数据进行扰码和编码。此后,MAC 层向物理层发出一系列请求发送数据 PHY_DATA.request(DATA)原语,物理层也向 MAC 层发出一系列数据发送确认消息,这样,已被扰码和编码后的数据就可在 MAC 和物理层之间进行交换。

物理层把 MAC 送来的数据按一次 8 bit 进行处理。PLCP 适配头信息、服务域和 PSDU 被卷积编码器编码。在 PMD 子层,每 8 bit 数据以 bit0~bit7 的顺序发送。发送过程能够被 MAC 层用 PHY_TXEND.request 原语提前终止。当 PSDU 最后一位数据 bit 发送出去后,发送过程正常终止。

PMD 在每一个 OFDM 符号中，都会插入一个保护间隔 GI，这是一种应对多径传输时产生的延迟扩展的一种有效策略。

5．接收

为了接收数据，必须禁止 PHY_TXSTART.request 原语，以使物理层实体处于接收状态，而且站点管理(通过 PLME)将物理层设置在合适的频率上。其他的接收参数，如 RSSI(接受信号强度指示)和数据速率(RATE)可通过物理层服务点(PHY-SAP)取得。

收到 PLCP 前导序列后，PMD 子层用 PMD_RSSI.request 原语告知 PLCP 当前信号的强度值。同样，PLCP 子层用 PHY_RSSI.request 原语向 MAC 告知这一强度值。在正确接收 PLCP 帧之前，物理层还必须用 PHY_CCA.indicate(BUSY)原语告知 MAC：当前介质上有信号正在传输。PMD 用指令 PMD_RSSI 刷新通报给 MAC 的 RSSI 参数。

在发出 PHY_CCA.indicate 原语后，物理层实体开始接收“训练序列”符号并搜索信号域，以便得到正确的数据流长度、解调方式和译码码率。一旦检测到信号(SIGNAL)，而且奇偶校验也没有错误，就将开始卷积译码，而且 PLCP 服务域也将开始被接收和译码(推荐使用 Viterbi 译码器)并按 ITU-TCRC-32 进行冗余校验。如果 ITU-TCRC-32 进行的帧校验(FCS)失败，物理层接收机就进入接收空闲态(RX_IDLE)。如果在接收 PLCP 的过程中，CCA 进入了空闲态，那么 PHY 也将进入接收空闲态。

如果 PLCP 适配头信息接收成功(信号域字段完全可识别，也被当前设备支持)，那么，物理层就将向 MAC 层发出一个 PHY_RXSTART.indicate(RXVECTOR)原语。与该原语相关的 RXVECTOR 参数包括信号域(SIGNAL)、服务(SERVICE)域、以字节为单位的 PSDU 长度(LENGTH)域和 RSSI。此时，OFDM 物理层将保证 CCA 在信号持续时间内，一直指示介质状态为忙。

将收到的 PSDU 数据 bit 按 8 位进行重组、解码，并用一系列 PHY_DATA.indicate(DATA)原语传给 MAC 层。当开始接收服务(SERVICE)域时，接收速率将按照由信号域指定的接收速率开始改变。此后物理层将持续接受 PSDU 数据，直到 PSDU 的最后 8 位数据为止。接收完成后，物理层向 MAC 层发出一个 PHY_RXEND.indicate(NoError)原语，接收机进入接收空闲态。

有些情况下，在完成 PSDU 接收前，RSSI(接收信号强度指示)的改变会导致 CCA 状态返回空闲态。此时，物理层向 MAC 层发出一个 PHY_RXEiXID.indicate(CarrierLost)原语通报出错原因。

如果信号域指定的速率是不可接收的，物理层就不会向 MAC 层发出“请求接收”PHY_RXSTART.request 原语，而是发出一个接收错误通知 PHY_RXEND.indicate(Unsupported Rate)，告知 MAC 站点不支持当前数据速率。如果当前 PLCP 适配头信息是可接收的，但 PLCP 适配头信息的奇偶校验无效，也不会发出“请求接收”的 PHY_RXSTART.request 原语，而是代之以一个出错通知 PHY_RXEND.indicate(FormatViolation)原语，告知 MAC 层当前数据格式不对。

任何在规定的数据长度之后接收到的数据都被认为是填充 bit 而被放弃。

2.3.2　IEEE 802.11a PLCP 子层

PLCP 子层通过物理层服务访问点(SAP)利用原语和 MAC 层进行通信。物理层服务数据单元(PSDU)附加 PLCP 的前导序列等物理层发送和接收所需的信息形成 PLCP 协议数据单元(PPDU)。IEEE 802.11a 标准的接收设备中，PLCP 的前导序列和适配头对于 PSDU 解调和传输是必不可少的。PLCP 将 MAC 协议数据单元映射成适合被 PMD 传送的格式，从而降低 MAC 层对 PMD 层的依赖程度。

1. PLCP 帧结构

IEEE 802.11a PLCP 子层帧结构如图 2-32 所示，它的 PPDU 格式是 OFDM 物理层所特有的，包括以下几个部分：

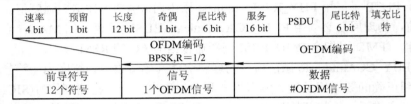

图 2-32　IEEE 802.11a PLCP 帧格式

PLCP 前导序列(PLCP Preamble)：这一部分用于获得引入的 OFDM 信号和序列，并使解调同步。PLCP 前导序列由 12 个训练序列组成，包括 10 个短训练序列和 2 个长训练序列。短训练序列用于接收机的自动增益控制，并粗略估计载波的频率偏移；长训练序列用于精确估计频率偏移。12 个子载波用于短训练序列，53 个子载波用于长训练序列。一个 OFDM 周期为 16 ms。PLCP 前导序列采用 BPSK-OFDM 的调制方式，卷积编码率为 1/2，速率可达 6 Mb/s。

信号(SIGNAL)：这一部分占 24 bit，包含速率 4 bit、预留 1 bit、长度 12 bit、奇偶校验 1 bit、6 bit 尾比特。前 4 个(R1～R4)是表示速率的编码，信息包括分组中使用的调制方式和编码速率；接下来的 1 bit 是保留比特；12 bit 是长度域，规定了 PSDU 中的字节数，取值范围为 1～4095；最后是 1 bit 的奇偶校验和 6 bit 尾比特，尾比特用来刷新卷积编码器和终止解码器中的码网格。

数据(DATA)：这一部分包含服务域、PSDU 数据、6 bit 尾比特和填充比特。服务域的前 7 bit 为 0，是用来初始化解扰码器的，剩余的 9 bit 保留作将来使用。6 bit 尾比特全部是加在 PPDU 后的 0，以保证卷积编码器能回归到零状态。信号域指定了分组中数据部分的传输速率。

PLCP 适配头包含 4 bit 速率比特、1 bit 保留比特、12 bit 长度比特、1 bit 奇偶校验、6 bit 尾比特和 16 bit 业务比特。

IEEE 802.11a 标准中数据部分的比特数是每 OFDM 符号的编码比特数(48、96、192 或 288 bits)的整数倍，为此，信息的长度必须扩展为每 OFDM 符号的数据比特数的整数倍。因为还要添加尾比特，所以信息后面至少还要附加 6 bit。IEEE 802.11a 标准中的 OFDM 符号数 N_{SYM}、数据部分的比特数 N_{DATA} 和填充比特数 N_{PAD} 可以从 PSDU 的长度计算得到：

$$N_{SYM} = \left\lceil \frac{16 + 8 * LENGTH + 6}{N_{DBPS}} \right\rceil \tag{2-4}$$

$$N_{DATA} = N_{SYM} \times N_{DBPS} \tag{2-5}$$

$$N_{PAD} = N_{DATA} - (16 + 8 \times LENGTH + 6) \qquad (2\text{-}6)$$

速率、保留比特、长度、奇偶校验位和 6 个 0 尾比特单独构成了一个 OFDM 符号——标志符号,采用 BPSK 调制方式的 1/2 编码率传输。

PLCP 适配头的服务部分和 PSDU(包括 6 个 0 尾比特和附加比特)以适配头中指定的速率传输,并且是 OFDM 符号的整数倍。

尾比特的作用是在接收到尾比特后可以立即对适配头中表示速率和长度的部分译码。速率和长度信息是对包的数据部分解码时所必须的,另外,CCA(Clear Channel Association,空闲信道分配)系统可以根据速率和长度部分的内容确定包的持续时间。

1) PPDU 编码过程

IEEE 802.11a 标准 PPDU 的编码过程非常复杂,下面将介绍其详细步骤。

(1) 生成前导序列。先是重复 10 次的短训练序列(用于接收机的自动增益控制 AGC 收敛、分集接收选择、定时捕捉和粗频捕捉),然后插入一个保护间隔(GI),再加上 2 个重复的长前导序列(用于接收机的信道评估、精频捕获)。

(2) 生成 PLCP 适配头信息。从 TXVECTOR(来自 PHY_TXSTART.request 原语所带的参数)中取出速率(RATE)、信息长度(LENGTH)和服务(SERVICE)字段,将其填入正确的位字段中。PLCP 适配头信息中的 RATE 和 LENGTH 字段用 R=1/2 码率的卷积码编码,然后映射为一个单独的 BPSK 编码的 OFDM 符号,称做信号(SIGNAL)。为了便于可靠及时地检测到 RATE 和 LENGTH 字段,还要在 PLCP 适配头信息中插入 6 个 "0" 尾比特。把信号字段转变为一个 OFDM 符号的过程为:卷积编码、交织、BPSK 调制、导频插入、傅里叶变换以及预设保护间隔(GI)。注意,信号域的内容未进行扰码处理。

(3) 根据 TXVECTOR 中的 RATE 字段,计算出每个 OFDM 符号中将包含的数据的位数(N_{DBPS})、码率(R)、每个 OFDM 子载波上数据的位数(N_{BPSC})和每个 OFDM 符号中已编码的位数(N_{CBPS})。

(4) 将 PSDU 加在服务(SERVICE)域的后面形成比特串,并在该比特串中加入至少 6 位 "0" bit 使得最终长度为 N_{DBPS} 的倍数。这个比特串就构成了 PPDU 包的数据部分。

(5) 用一个伪随机非零种子码进行扰码,产生一个不规则序列,然后与上述的已扩展数据比特串进行逻辑异或(XOR)处理。

(6) 用一个已经过扰码处理的 6 bit "0" 替换未经扰码处理的 6 bit "0"(这些 bit 叫做尾比特,它们使卷积编码器返回 "零状态")。

(7) 用卷积编码器对已扰码的数据串进行编码。按照特定的删除模式从编码器的输出串中剔掉一部分 bit,以获得需要的码率。

(8) 把已编码的比特串分组,每组含 N_{DBPS} 个 bit。按照所需速率对应的规则,对每组中的 bit 进行交织处理。

(9) 再把已编码并做过重新排序处理的数据串进行分组,每组含 N_{DBPS} 个 bit。对每一个组,都按 IEEE802.11a 标准文本中给定的编码表转换为一个复数。

(10) 把复数串进行分组,每组有 48 个复数,如此处理后的每个组对应为一个 OFDM 符号。在每个组中,复数值分别为 0～47,并分别被映射到已用数字标号的 OFDM 的子载波上。这些子载波的号码是: -26～-22, -20～-8, -6～-1, 1～6, 8～20, 22～26。剩

下的 –21、–7、7 和 21 被跳过，它们将被用作插入导频的子载波。中心频率对应的子载波 0 被剔除，并被填上了一个零值。

(11) 在 –21、–7、7 和 21 四个位置对应的子载波上，插入四个导频，这样全部子载波数就是 52(48+4)。

(12) 对每个组中 –26～26 的子载波，用傅里叶反变换将其变换到时域。将傅里叶变换后的波形做循环扩展，形成保护间隔(GI)。用时域窗技术从这个周期性波形中截出长度等于一个 OFDM 符号长度的一段。

(13) 在表示速率和数据长度的信号(SIGNAL)域后面，把 OFDM 符号一个接一个加上。

(14) 按照所需信道的中心频率，把得到的"复数基带"波形向上变频到射频并发射。

2) 速率和调制参数

速度和调制参数根据表 2-10 的数据率而定。

3) PLCP 时间参数

表 2-11 是 IEEE 802.11a 标准相关的时间参数。

表 2-11　IEEE 802.11a 标准相关的时间参数

参　数	数　值
N_{SD}：数据子载波数量	48
N_{SP}：导频子载波数量	4
N_{ST}：子载波数量	52($N_{SD}+N_{SP}$)
ΔF：子载波频率间隔	0.3125 MHz(=20 MHz/64)
T_{FFT}：IFFT/FFT 周期	3.2 μs (1/ΔF)
$T_{前导}$：PLCP 前导序列长度	16 μs ($T_短+T_长$)
$T_{信号}$：BPSK-OFDM 符号信号长度	4.0 μs ($T_{GI}+T_{FFT}$)
T_{GI}：GI 长度	0.8 μs (T_{FFT}/4)
T_{GI2}：GI 训练符号长度	1.6 μs (T_{FFT}/2)
T_{SYM}：符号间隔	4 μs ($T_{GI}+T_{FFT}$)
$T_短$：短训练序列长度	8 μs (10*T_{FFT}/4)
$T_长$：长训练序列长度	8 μs ($T_{GI2}+2*T_{FFT}$)

2. PLCP 前导序列

PLCP 前导序列用于使系统同步，它由 10 个短符号和 2 个长符号组成，如图 2-33 所示。

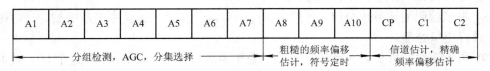

图 2-33　IEEE 802.11a 标准前导序列

A1～A10 为短训练符号，同为 16 取样的长度。CP 为 32 取样循环前缀以保证长训练符号 C_1、C_2 不受短训练符号间干扰(ISI)的影响。长训练符号同为 64 取样长的 OFDM 符号。

一个 OFDM 短训练符号由 12 个子载波组成，并根据 S 序列元素进行调制，如下所示：

$$S_{(-26, 26)} = \sqrt{(13/6)} \times \{0, 0, 1+j, 0, 0, 0, -1-j, 0, 0, 0, 1+j, 0, 0, 0,$$
$$-1-j, 0, 0, 0, -1-j, 0, 0, 0, 1+j, 0, 0, 0, 0, 0, 0, 0, -1-j, 0, 0,$$
$$0, -1-j, 0, 0, 0, 1+j, 0, 0, 0, 1+j, 0, 0, 0, 1+j, 0, 0, 0, 1+j, 0, 0\}$$

乘积因子 $\sqrt{(13/6)}$ 是为了规范所得到的 OFDM 信号的平均功率，是从 52 个子载波中选出 12 个子载波构成的。

OFDM 的长序列符号由 53 个子载波构成(包括直流的零分量)，根据 L 序列原理进行调制，如下所示：

$$L_{(-26, 26)} = \{1, 1, -1, -1, 1, 1, -1, 1, -1, 1, 1, 1, 1, 1, 1, -1, -1, 1, 1,$$
$$-1, 1, -1, 1, 1, 1, 1, 0, 1, -1, -1, 1, 1, -1, 1, -1, 1, -1, -1, -1, -1, -1,$$
$$1, 1, -1, -1, 1, -1, 1, -1, 1, 1, 1, 1\}$$

3. 信号域

OFDM 训练符号后面是信号(SIGNAL)域，由 TXVECTOR 中的速率(RATE)和长度(LENGTH)域组成。RATE 域传送应用在数据分组中其余部分的调制类型和编码速率的信息。SIGNAL 单一 OFDM 码元的编码将采用子载波的 BPSK 调制和使用 R=1/2 的卷积编码。编码过程包括了卷积编码、交织、映射、导频插入和 OFDM 调制，使用 6 Mb/s 的传输数据速率。

信号域由 24 个 bit 组成，4 个 bit(0～3)将编码生成 RATE，bit 4 将保留将来使用，bit 5～bit 16 将编码为 TXVECTOR 中的 LENGTH 域，并且首先传输最小信号比特(LSB)。

4. 数据域

数据(DATA)域包含服务(SERVICE)域、PSDU、尾比特域和填充比特。

服务域：IEEE 802.11a 标准的服务域有 16 bit，显示为 0～15。bit0 应该首先传输。服务域中的 bit 0～bit 6 首先传输，用来初始化解扰码器。剩下的服务域中的 9 个 bit(7～15)将保留为将来使用。所有的保留比特都被置为零。

尾比特域(TAIL)：PPDU 尾比特域应该是 6 个 "0"，用于使卷积编码器回到 "零状态"，提高了卷积解码器的误码性能。PLCP 尾比特域将通过替代遵循 6 个非量化 "0" bit 结束消息的 6 个量化 "0" 比特生成。这里的 6 个 bit "0" 是扰码后的，而前面的 6 bit "0"(即信号域中的尾比特)是没有经过扰码的。

填充比特(PAD)：数据域比特的数目应该是 N_{CBPS} 的整数倍，即是一个 OFDM 编码符号(48、96、192 或 288 bit)的整数倍。为了满足这个要求，至少要填充 6 个 bit。

1) 扰码和解扰码

由 SERVICE、PSDU、尾比特域和填充比特组成的数据域应该进行长度为 127 bit 的帧同步扰码。帧同步扰码器的伪随机码生成多项式为

$$S(x) = x^7 + x^4 + 1$$

通过扰码器产生的 127 bit 伪随机序列为(最左边的为第一位)：00001110 11110010 11001001 00000010 00100110 11110011 11010100 11100111 10110100 00101010 11111010 01010001 10111000 11111111。

解扰码使用和扰码器相同的伪随机序列。当发送时，扰码器的原始状态将被设定为伪随机非零状态，服务域最低的 7 个 bit 被置为 0，接收端可以用来判断扰码器的初始状态。

2) 卷积编码

在任何一个现代通信系统中，信道编码都是一个非常重要的部分，并且它还使当今有效而可靠的无线通信成为可能。如在 IEEE 802.11a 标准中 6 Mb/s 速率时采用 1/2 卷积编码和 BPSK 调制，为了达到 12 Mb/s 的速率，我们可以采取两种方法。最简单的方法是不采用信道编码，而在每个子载波上对未编码的数据进行 BPSK 调制，这样每个 OFDM 符号携带 48 bit 信息，这个符号的时间为 4 μs，或者每秒 250 000 个符号，所以全部数据速率是 250 000×48=12 Mb/s。

另外一种方法就是现在 IEEE 802.11a 标准中采用的方法，它可以在使用信道编码的同时获得同样的传输速率。这种方法就是采用 1/2 卷积编码和 QPSK 调制，它可以以非常低的 SNR(信噪比)获得好的 BER(误码率)性能。在误码率为 10^{-5} 时它的编码增益接近 5.5 dB，这意味着要获得同样的性能，没有使用信道编码的系统要比使用信道编码的系统对于每一个传输比特多花费 5.5 dB 的能量。

卷积码是目前系统中应用最广泛的一种信道编码，目前使用的主要数字蜂窝移动通信系统都使用卷积信道编码。IEEE 802.11a 标准也采用卷积码，而在 IEEE 802.11b 标准中把它作为一种可选模式。

图 2-34 为 IEEE 802.11a 标准中使用的卷积编码器，这是效率为 1/2、连接为 133_8 和 171_8 的编码，这些连接是以八进制来定义的，它的二进制表示为 001011011_2 和 001111001_2，当进行不同卷积码的连接列表时，通常使用八进制以缩短表示。根据二进制表示可以很容易地构建该编码器的结构，这些连接是与移位寄存器的末端对齐的，1 表示移位寄存器的输出与编码器的输出比特相连，该编码使用二进制异或运算。在图 2-34 中 133_8 定义了偶次比特 b_{2n} 的值，而连接 171_8 则定义了奇次比特 b_{2n+1} 的值。

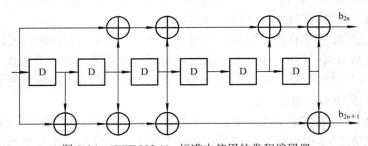

图 2-34　IEEE 802.11a 标准中使用的卷积编码器

为了定义连接值而用来对齐移位寄存器的末端的方法不常用，有些文献显示是把连接值与移位寄存器输入的始端对齐，那么图 2-34 中的编码连接是 554_8 和 744_8，或二进制表示为 101101100_2 和 111100100_2。二进制表示的长度是在其后面增加零的个数使之成为 3 的倍数，这样可以很方便地得到八进制数。

移位寄存器单元的数量决定了卷积码所能获得的编码增益大小。移位寄存器越长，码的功能就越强，但是在译码时最大似然 Viterbi 算法的复杂性随着移位寄存器的数量呈指数增加，复杂性的增加规律把目前采用的卷积码限制在 8 个移位寄存器单元。在 IEEE 802.11a 标准中只使用 6 个移位寄存器单元，这是因为它具有非常高的数据量。

卷积码的性能由码的自由距离决定，任意长编码序列之间的最小汉明距离称为自由距离。卷积码在高信噪比(SNR)处的渐进编码增益可以通过自由距离和码率来计算得到，如式：

$$编码增益 = 10 \cdot \lg(码率 \times 自由距离)$$

例如，IEEE 802.11a 标准中采用的卷积码的自由距离是 10、码率为 1/2，其渐进编码增益为 $10 \cdot \lg\left(\dfrac{1}{2} \times 10\right) = 7.0 \text{ dB}$。但是这是渐进的结果，$\dfrac{E_b}{n_0}$ 越低，编码增益也越小。渐进结果只有在很高的 SNR 处得到，而实际系统通常不会工作在如此高的 SNR 环境中。

通信系统通常提供一系列可能的数据速率，如 IEEE 802.11a 标准有 8 个不同的速率：6、9、12、18、24、36、48 和 54 Mb/s。如果不改变编码速率，只通过调整调制的星座图(即不同的多进制调制)来改变数据速率是很困难的，因为星座的数量和最大星座中的点数增加得非常快。另一种解决方法是实现具有不同码率的几个不同卷积编码器，并且改变卷积编码速率和星座，但是这种方法用于接收机时具有很多困难，因为接收机对其采用的所有编码要使用几种不同的解码器。

在此情况下，使用删除型卷积码可以从单一的卷积码来生成另外的编码速率，它采用在编码速率 R=k/n 的卷积码中删除某些信道比特的方法产生 R=(k+1)/(n+1) 的卷积码，使编码率上升，以改善编码的功率和频谱利用率。删除卷积码的基本思想是不传输卷积编码器输出的一些比特，这样提高了编码的速率，这种编码速率的提高减小了码组间的自由距离，但是通常所获得的自由距离与为删除速率所特别设计的卷积码所能达到的最优距离很接近。在接收机中将插入一些虚假比特来取代删除的比特，因此只需要一对编码器/译码器就可以生成几个不同的编码速率。

在某一比特周期中没有被传输的比特是由删除模式定义的。在 IEEE 802.11a 标准中有两种不同的删除模式，第一种模式是用来从速率为 1/2 的母卷积码中产生速率为 3/4 的编码，这种删除模式具有的周期是 6bit，每个周期的第 3 和第 4 个 bit 是删除的(即不被传输)，删除率等于 4/6=2/3，总的编码速率等于 $\dfrac{1/2}{2/3} = \dfrac{3}{4}$，这是由于最初编码比特只有 2/3 从删除器输出；另一种删除编码的编码速率是 2/3，这种删除模式具有的周期是 4 个 bit，每个周期的第 4 个 bit 被删除，删除速率是 3/4，所以总的编码速率是 $\dfrac{1/2}{3/4} = \dfrac{2}{3}$。

删除型卷积码的一个突出特点是，由同一个码率为 1/2 的卷积码可以变换产生各种 (n−1)/n 卷积码，它们的编码器具有类似的结构形式，因而可以适合于多重码率应用。研究表明，这种删除型卷积码的性能与已知的最好码的性能相当接近，但由于它易于实现，在许多情况下更为适宜。

表 2-12 是 IEEE 802.11a 标准中所采用的三种编码速率的自由距离和渐进编码增益，同时还列出了最优的速率为 3/4 和 2/3 的编码。从表中可见，采用删除型编码而不采用最优编码所得到的性能损失是很小的。速率是 1/2 的编码自然是最优编码，这是因为它没有进行删除，最初的编码速率就是 1/2，因此表中没有列出这种速率下的自由距离和编码增益。

表 2-12　IEEE 802.11a 标准中 64 状态卷积码的自由距离

编码速率	删除汉明距离	删除编码增益	最优汉明距离	最优编码增益
1/2	—	—	10	7.0 dB
2/3	6	6.0 dB	7	6.7 dB
3/4	5	5.7 dB	6	6.5 dB

在删除型卷积码被解码前,被去除的比特需要被插回到比特流中。反删除是简单地把虚假比特插入到在发射机中被删除的位置上,虚假比特的值取决于系统使用的是硬判决还是软判决。硬判决系统应该随机地把 1 和 0 比特插入到被删除的位置上,软判决接收机要插入一个软判决值 0。在通常带有 Viterbi 算法码中的解码中,值为 0 的虚假比特对解码器的结果没有任何影响。

3) 交织

采用卷积编码只能用来纠正随机错误,但是在实际通信系统中常常出现突发错误。所谓突发错误是指一个错误序列,错误序列的长度称为突发长度。交织是一种纠正突发错误的方法,它的目的是在时域或频域或同时在时域频域上分步传输比特,以便把突发错误变为随机错误,然后再通过卷积编码等信道编码方法进行纠错。

需要什么样的交织模式取决于信道特性。如果系统工作在一个高斯白噪声环境下就不需要交织,因为在这种环境下重新分配比特的位置无法改变误码的分布。通信信道分为快衰落信道和慢衰落信道两种,WLAN 系统通常假定工作环境是衰落非常慢的信道,也称准平稳信道,在一个数据包的持续时间上都没有什么变化。通信信道的另一种分法是平坦或频率选择性衰落信道。如果信道频率响应在传输信号的全部带宽内不变,则此信道是平坦衰落信道;频率选择性信道的频率响应在信号的带宽内则有相当大的变化。WLAN 系统是宽带系统,因此通常是频率选择性信道。OFDM 对慢的频率选择性衰落信道的通信系统是非常合适的。

交织必定在系统中引入了延时,这是因为接收到的比特顺序与信息源发射时的顺序是不相同的,在发射和接收时各有一次变换的过程。总的通信系统通常规定这个系统所能容忍的最大延时,因此也限制了所使用的交织深度。交织深度是分组交织中一组比特的数量。

交织是 IEEE 802.11a 标准中一个非常重要的组件,它采用的是分组交织,选择的交织深度等于一个 OFDM 符号的长度。在 IEEE 802.11a 标准中交织对系统性能的影响是因为频率分集的结果,IEEE 802.11a 标准是宽带通信系统,几乎没有平滑衰落信道,这是能采用频率分集的一个基本要求。交织和卷积编码对系统性能的共同影响是通过频率分集来实现的,频率分集是传输信号的带宽特性所提供的。

交织深度仅有一个 OFDM 符号,这是因为假定信道是准静态的,也就是说,在一个传输数据包的持续时间内假定信道是相同的,因此使用及时的交织不能获得额外的分集增益。此外增加交织深度将增加基带处理的延时,最大可能的延时是由 IEEE 802.11 MAC 协议中最短帧间隔(SIFS)的定时要求限制的。SIFS 的时间是 16 μs,因此在一个数据包结束后,对它的处理必须要在很短的时间内完成,这是 IEEE 802.11a 标准中最严格的要求之一。

用比特来衡量的交织深度是根据所采用的调制而变化的:BPSK、QPSK、16QAM 和 64QAM 调制的交织深度分别是 48、96、192 和 288 个 bit,每种调制方式的交织深度是通过数据子载波的数量与每个符号中 bit 的个数相乘而得到的。

4) 调制和映射

数字调制只有三种方法：幅度调制、相位调制和频率调制。对于 OFDM 系统不能采用频率调制的方法，这是因为 OFDM 子载波的频率是正交的，并且携带独立的信息，调制子载波频率会破坏这些子载波的正交性。

设计调制的主要问题是采用什么样的星座图。星座是一系列的点，这些点可以在单个符号上传输，所采用的星座会影响到一个通信系统的许多重要的特性，例如，比特误码率、功率峰值和平均值的比(PAPR)以及射频频谱的形状。星座的一个很重要的参数是最小距离，最小距离是指星座中任意两点的最小距离，它决定了系统所能容忍的噪声的最大量。

最小距离的大小取决于多个因素：星座中点的个数、平均功率和星座的形状。其中最重要的是星座中点的个数，它直接由一个符号中传输的 bit 数 k 来决定。平均功率使星座放大还是缩小取决于传输的功率大小。

在 IEEE 802.11a 标准系统中，根据传输速率的不同，分别采用 BPSK、QPSK、16QAM 和 64AM 调制方式。经过卷积编码和交织的二进制数字序列按照每个子载波编码 bit 数进行分组，每组为 1、2、4 或 6 bit。然后映射到 BPSK、QPSK、16QAM 或 64QAM 调制的星座点，映射按照格雷码进行。

在每个 OFDM 符号中，四个子载波将作为导频信号，以便能连续监控频率-偏移和相位噪声。这些导频信号在 21、−7、7 和 21 子载波上。它们采用伪随机二进制序列的 BPSK 调制，以防止产生频谱扩散。

PLCP 前导序列利用 OFDM 调制过的固定波形传送。以 BPSKOFDM 调制的信号部分，传输速率为 6 Mb/s，则表明了传输 MPDU 所使用的调制和编码速率。发射机(接收机)根据信号部分的速率参数来初始化调制(解调)星座图和编码速率。MPDU 的传输速率则由 TXVECTOR 中的速率参数设置，命令是由 PHY-TXSTART 原语发出的。

2.3.3 PMD 子层

PMD 子层实现 PPDU 和无线电信号之间的转换，提供调制和解调功能。同 IEEE 802.11 标准一样，IEEE 802.11a 标准系统受各个国家和地区的无线电管理部门的政策限制，IEEE 制定了满足互操作性的 PMD 子层的最小技术指标。

IEEE 802.11a 标准中采用的 OFDM 技术及其具体的调制方式(BPSK、QPSK、16QAM 和 64QAM)的原理在前面已经讲过，这里就不再重复了。

1. 信道分配

根据 IEEE 规定 5 GHz 频段相邻信道的中心频率相差 5 MHz。中心频率和信道号码间的关系由下列等式给出：

$$信道中心频率 = 5000 + 5n \quad (MHz)$$

式中，n 为信道号，n = 0，1，…，200。

这个定义为所有 5～6 GHz 频段的信道，以 5 MHz 为间隔提供了一个惟一的编号系统，同时也灵活地为所有现在和将来的限定范围定义了信道划分方式。

IEEE 802.11a 标准中有效的工作信道号和工作频率见表 2-13。

表 2-13　有效的工作信道号和工作频率

频段	信道号	频率/MHz	最大输出功率
UNII 低频段 5.15～5.25 MHz	36	5180	40 mW(2.5 mW/MHz)
	40	5200	
	44	5220	
	48	5240	
UNII 中频段 5.25～5.35 MHz	52	5260	200 mW(12.5 mW/MHz)
	56	5280	
	60	5300	
	64	5320	
UNII 高频段 5.725～5.825 MHz	149	5745	800 mW(50 mW/MHz)
	153	5765	
	157	5785	
	161	5805	

注意，在表 2-13 中规定的最大输出功率只是针对 WLAN，如果不是应用于 WLAN，则最大输出功率按照本章前面讲过的标准，即 UNII 低频段为 50 MW，中频段为 250 mW，高频段为 1 W。

在总共 200 MHz 的带宽中，较低和中间的 UNII 频段提供了 8 个信道。较高的 U-NII 频段在 100 MHz 带宽中提供了 4 个信道。较低和中间 UNII 频段信道的中心频率和频段的截止频率相差 30 MHz，而较高的 UNII 频段相差 20 MHz。

2．接收性能

在 1EEE 802.11a 标准中规定了不同速率的最小接收电平，即接收灵敏度，在表 2-14 中规定的是传输数据包的长度为 1000 字节，PSDU 中的丢包率(PER)小于 10%时的灵敏度。

表 2-14　IEEE 802.11a 标准最低接收性能

速率/(Mb/s)	最小灵敏度/dBm	邻道干扰抑制/dB	间隔信道抑制/dB
6	−82	16	32
9	−81	15	31
12	−79	13	29
18	−77	11	27
24	−74	8	24
36	−70	4	20
48	−66	0	16
54	−65	−1	15

邻道抑制的测量要求为信号强度比表 2-14 中列出的最小灵敏度高 3 dB，并且增加干扰信号的功率直到在数据包长度为 1000 字节时 PSDU 的丢包率达到 10%。

为了使接收机在长度为 1000 字节的 PSDU 时最大丢包率小于 10%，对于任何基带调制，在天线上测量到的最大输入电平应小于 −30 dBm。

2.3.4　802.11a WLAN 的优缺点

与 802.11b WLAN 相比，802.11a WLAN 最主要的优势在于它的高速率、多信道和安全性。802.11a WLAN 标准使用较高频段(5 GHz)及先进的 OFDM 调制方式，可实现更高的信道带宽和更有效的数据传输。802.11a WLAN 的传输速率达到了 54 Mb/s，几乎是 802.11b WLAN 的 5 倍。802.11a WLAN 工作在更加宽松的 5 GHz 频段上，拥有 12 条非重叠信道，能给接入点提供更多的选择，能有效降低各信道之间的"冲突"问题，在信道可用性方面更具优势。而 IEEE 802.11b 有 11 条信道，并且只有 3 条是非重叠的(信道 1、信道 6、信道 11)，IEEE 802.11b 标准在协调邻近接入点的特性上也不如 IEEE 802.11a 标准。另外，在抗干扰性方面，IEEE 802.11a 标准专用的 5 GHz 工作频段优于 IEEE 802.11b 标准使用的公用 ISM 频段，故 802.11a WLAN 因使用专用频段及更先进的加密算法而具有更高的安全性.

同时，802.11a WLAN 也存在以下弊端：

(1) 由于使用的 5 GHz 较高频段的电磁波，在遭遇墙壁、地板、家具等障碍物时的反射与衍射效果均不如 2.4 GHz 频段的效果好，使得 802.11a WLAN 的传输距离大打折扣。例如，802.11b WLAN 网络无线接入点(AP)的覆盖范围为 100 m 左右(室内)，而 802.11a WLAN 网络只有 30～50 m。

(2) 由于标准较高，且使用需付费的 5 GHz 频段，基于 IEEE 802.11a 标准的无线产品的成本要比基于 IEEE 802.11b 标准的无线产品高得多，在这个前提下，IEEE 802.11a 很难替代已成主流的 IEEE 802.11b 标准。

(3) IEEE 802.11a 标准网络的兼容性问题，即 IEEE 802.11a 标准的 5 GHz 频段无法与 IEEE 802.11b 标准的 2.4 GHz 频段兼容。目前全球有几千万个采用 IEEE 802.11b 标准的 WLAN，如果从现有的 802.11b WLAN 过渡到 802.11a WLAN，仅是更换无线 AP 的费用就十分可观，更不用说数量更为庞大的无线网卡了。

2.4　IEEE 802.11g 技术

2003 年 6 月 12 日，正式批准 IEEE 802.11g 标准，随后通过认证的 IEEE 802.11g 产品上市。IEEE 802.11g 标准在 2.4 GHz 频段使用正交频分复用(OFDM)调制技术，使数据传输速率提高到 20 Mb/s 以上，能够与 IEEE 802.11b 标准的 Wi-Fi 系统互联互通，保障了与 Wi-Fi 的兼容性；并且该标准达到了与 IEEE 802.11a 标准相同的传输速率，安全性较 IEEE 802.11b 标准好。IEEE 802.11g 标准采用两种调制方式：IEEE 802.11a 标准中采用的与 IEEE 802.11b 标准中采用的补码键控(Complementary Code Keying, CCK)技术，做到了兼顾 IEEE 802.11a 标准和 IEEE 802.11b 标准。

IEEE 802.11g 标准的兼容性和高数据速率弥补了 IEEE 802.11a 标准和 IEEE 802.11b 标准各自的缺陷，一方面使得 IEEE 802.11b 标准产品可以平稳地向高数据速率升级，满足日益增加的带宽需求；另一方面使得 IEEE 802.11a 标准实现了与 IEEE 802.11b 标准的互通，克服了 IEEE 802.11 标准一直难以进入市场主流的尴尬，因此 IEEE 802.11g 标准一出现就得到了众多厂商的支持。

1. IEEE 802.11g 标准

IEEE 802.11g 标准定义了一个工作在 2.4 GHz ISM 频段、数据传输率达 54 Mb/s 的 OFDM 物理层。

　　在 IEEE 802.11g 标准草案作为无线局域网的一个可选方案之前，市场上同时并存着两个互不兼容的标准：IEEE 802.11b 标准和 IEEE 802.11a 标准。很多终端用户为此感到困惑，他们无法确定究竟哪种技术能够满足未来的需要。而且，就连许多网络设备生产商也不确定究竟哪种技术是他们未来的开发方向。针对这种情况，2000 年 3 月，IEEE 802.11 标准工作组成立了一个研究小组，专门探讨如何将上述的两个互不兼容的标准进行整合，取两者之所长，从而产生一个新的统一的标准。到 2000 年 7 月，该研究小组升级为正式任务组，叫做 G 任务组(TGg)，其任务是制定在 2.4 GHz 频段上进行更高速率通信的新一代无线局域网标准。

　　TGg 任务组考察了许多可用于 IEEE 802.11g 标准的潜在技术方案，最后在 2001 年 5 月的会议上，把选择范围缩小到两个待选方案上。这两个方案一个是 TexasInstrument 公司提出的被称为 PBCC-22 的方案，它能在 2.4 GHz 频段上提供 22 Mb/s 的数据传输速率，并能与现有的 Wi-Fi 设备无缝兼容；另一个方案是 InterSil 公司提出的被称为 CCK-OFDM 的方案，它采用与 IEEE 802.11a 类似的 OFDM 调制，以便在 2.4 GHz 频段上获得更高的数据传输率。

　　2001 年 11 月 15 日，一个结合了 TI 方案和 InterSil 方案的折中方案获得了 76.3% 的赞成票，从而成为了 IEEE 802.11g 标准草案。2003 年，继 IEEE 802 标准运行委员会、IEEE 修订委员会分别在 6 月初及 11 日完成 IEEE 80211g 标准的投票程序后，IEEE 标准复审委员会也在 12 日通过 IEEE 802.11 标准，使得 IEEE 802.11g 标准完成了所有规范的制订程序，从而成为正式官方标准。

　　在这几轮的投票中，并未对相关规范做任何修改，基本维持工作小组在 2003 年 4 月通过的 8.2 草案版本，这使得已在市场上先期推出支持 IEEE 802.11g 标准草案的无线局域网产品制造商对此无不松了一口气，其客户只要通过软件升级的方式就能使产品符合 IEEE 802.11g 标准。

　　IEEE 802.11g 标准利用了 CCK-OFDM 和 PBCC-22 两种方案中的现有基础。两者都要求把真正的 IEEE 802.11a OFDM 用于 2.4 GHz 频段，而 CCK-OFDM 和 PBCC-22 两种调制方式作为可选模式。IEEE802.11g 标准使 OFDM 成为一种强制执行技术，以便在 2.4 GHz 频段上提供 IEEE 802.11a 的数据传输速率，同时还要求实现 IEEE 802.11b 标准模式，并将 CCK-OFDM 和 PBCC-22 作为可选模式。这种折中反而在 IEEE 802.11b 标准和 IEEE 802.11a 标准两者之间架起了一座清晰的桥梁，提供了一种开发真正意义上的多模无线局域网产品的更简便的手段。

　　OFDM 是一种经过验证的高速调制技术，在 UNII 频段提供最高可达 54 Mb/s 的吞吐量，覆盖范围大。然而，CCK 系统不能识别 OFDM 网络交换的信号，因此若将 IEEE 802.11b 标准和基于 2.4 GHz 的 OFDM 的版本混合安装就会破坏 CSMA/CA 协议。在此情况下，一种改进的 OFDM 方案可以解决这种信号交换问题，这就是 CCK-OFDM。CCK-OFDM 将 CCK 调制用于包头，而将 OFDM 用于有效信息，这样可以解决 IEEE 802.11b 标准和 IEEE 802.11g 标准混合的兼容性问题，但却会降低吞吐速率。这种组合调制的数据速率在所有的通信距离上依然比 IEEE 802.11b 标准快得多，但不如 PBCC 快。

　　像 CCK-OFDM 一样，PBCC 为了与 IEEE 802.11b 标准系统兼容，使用了 CCK 包头。PBCC 的吞吐量比 CCK-OFDM 大 20%～25% 不等，这取决于传输距离。与 IEEE 802.11b 标准的 CCK 调制方式相比，PBCC 的处理增益也高出 3 dB。

　　IEEE 802.11g 标准结合了 IEEE 802.11a 标准和 IEEE 802.11b 标准的基本特点，它解决了对于那些已安装了 IEEE 802.11b 标准无线局域网设备而又想获得更高数据速率，但

IEEE 802.11a 标准又不兼容现有网络的用户的问题。

2．802.11g WLAN 的特点

与 IEEE 802.11b 标准和 IEEE 802.11a 标准相比，IEEE 802.11g 标准比较新，它同时具备了 IEEE 802.11b 标准和 IEEE 802.11a 标准的很多优点：

(1) 在数据传输速率方面，IEEE 802.11g 标准达到了 54 Mb/s，与 IEEE 802.11 标准速率相当，并且 IEEE 802.11g 标准支持视频数据流应用，这使它的应用范围更大。

(2) IEEE 802.11g 标准使用了与 IEEE 802.11b 标准网络相同的 2.4 GHz 较低频带，提供约 100 m 左右的传输距离(室内)，优于 IEEE 802.11a 标准网络，意味着 IEEE 802.11g 标准在一定的覆盖区域中需要数量更少的接入点，降低了成本。

(3) 符合 IEEE 802.11g 标准的产品能够兼容 IEEE 802.11b 标准产品。当用户从 802.11b WLAN 过渡到 802.11g WLAN 时，只需购买相应的无线 AP 即可，原有的 IEEE 802.11b 标准无线网卡仍可继续使用，灵活性较 IEEE 802.11a 标准强，而成本比 IEEE 802.11a 标准低，这对那些已在 IEEE 802.11b 标准做出投资的单位或部门更有吸引力。

3．802.11g WLAN 的主要缺陷

802.11g WLAN 的主要缺陷如下：

(1) 总带宽偏低。虽然 802.11g WLAN 和 802.11a WLAN 都拥有最高 54 Mb/s 的传输速率，但它们的总数据带宽却因为非重叠信道的不同而不同。由前面介绍可知，802.11a WLAN 支持 12 条非重叠信道，因此其总带宽为 54 Mb/s×12=648 Mb/s，而 IEEE 802.11g 标准只支持 3 条非重叠信道，其总带宽仅为 54 Mb/s×3=162 Mb/s。这就是说，当接入的客户端数目较少时，也许分辨不出 IEEE 802.11a 标准网络和 IEEE 802.11g 标准网络速度的差别，但随着客户端数目的增加，数据流量的增大，IEEE 802.11g 标准网络便会越来越慢，直至带宽耗尽。

(2) 802.11g WLAN 的 54 Mb/s 高速率和向下兼容。IEEE 802.11b 标准设备的两大优点并不能同时实现。IEEE 802.11 标准的无线局域网是一个"争用型"网络，所有客户端对媒介的使用机会都是相等的。只有当 IEEE 802.11g 标准网络处于"纯 g 模式"时，网络客户端与接入点之间的连接速度才能达到 54 Mb/s，而当 IEEE 802.11g 标准客户端与 IEEE 802.11b 标准客户端连接到运作在"b/g 混合模式"的 IEEE 802.11g 标准同一接入点时，IEEE 802.11g 标准客户端所获得使用媒介的机会并不比 IEEE 802.11b 标准客户端多，使 IEEE 802.11g 标准的传输速度会受到极大的影响，即一旦接入点中有 IEEE 802.11b 标准客户端接入，IEEE 802.11g 标准客户端的连接速度立刻会下降到与 IEEE 802.11b 标准同一水准。因此对于期望享受 54 Mb/s 高速的用户来说，除了购买 IEEE 802.11g 标准无线 AP 外，还必须将接入点设置成"802.11g only"模式，以防 IEEE 802.11b 标准客户端接入时影响整个网络的运行速度。

2.5　IEEE 802.11 标准系列比较

IEEE 802.11 标准系列规范了 OSI 模型的物理层和 MAC 层，物理层确定了数据传输的信号特征和调制方法，不同的标准采用了不同的调制方式。MAC 层都是利用 CSMA/CA 协议让用户共享无线媒体。

IEEE 802.11、IEEE 802.11b、IEEE 802.11g 标准都工作在 2.4 GHz 的 ISM 频段，并且能

够做到向后兼容。在 IEEE 802.11 标准中，规定了三种物理层：FHSS、DSSS 和红外线。在 FHSS 物理层中采用了 GFSK 的调制方式；在 DSSS 物理层中采用了 DBPSK 和 DQPSK 的调制方式和 11 位 Barker 码进行直接序列扩频；在红外线物理层中，采用了 16 PPM 和 4 PPM 的调制方式。为了提高传输速率，在此基础上对物理层进行了扩展，才出现了其他后来的 IEEE 802.11a、IEEE 802.11b 和 IEEE 802.11g 标准。

IEEE 802.11b 标准在速率较高时(5.5 Mb/s 和 11 Mb/s)，采用了 8 bit CCK 调制方式。CCK 采用互补序列的正交的复数码组。码片速率与原来的 IEEE 802.11 标准相同，即 11 Mc/s，而数据速率是可变的，随信道条件而定，调整的方法是改变扩频系数和调制方式。

为了获得 5.5 Mb/s 和 11 Mb/s 的传输速率，先要把扩频长度从 11 chip 减少到 8 chip，把符号速率从 1 Msymbol/s 提高到 1.375 Msymbol/s。对于 5.5 Mb/s 的速率，每个符号传输 4 个 bit，对于 11 Mb/s 的速率，每个符号传输 8 个 bit。

IEEE 802.11g 标准中规定的调制方式有两种，包括 CCK-OFDM 与 PBCC。通过规定两种调制方式，既达到了用 2.4 GHz 频段实现 IEEE 802.11a 标准水平的数据传送速度，也确保了与 IEEE 802.11b 标准产品的兼容。IEEE 802.11g 标准其实是一种混合标准，它既能适应传统的 IEEE 802.11b 标准，在 2.4 GHz 频率下提供 11 Mb/s 数据传输率，也符合 IEEE 802.11a 标准，在 5 GHz 频率下提供 54 Mb/s 数据传输率。

目前，在世界上大部分国家 2.4 GHz ISM 频段只有 83.5 MHz 带宽，占用这一频带的还有许多其他产品，如无绳电话、微波炉、蓝牙、非 IEEE 802.11 标准的无线局域网等，所以如何防止它们之间的干扰是一个大问题。

IEEE 802.11a 标准工作在 5 GHz 的 UNII 频段，在 UNII 频段的两个低频段(5.15～5.35 GHz)部分，IEEE 802.11a 标准网络可以提供 8 个速率高达 54 Mb/s 的独立信道，在 UNII 的高频段(5.725～5.825 GHz)，可以提供 4 个独立的非重叠信道。

在 IEEE 802.11a 标准中采用 OFDM(正交频分复用)技术和 BPSK、QPSK、16QAM 和 64QAM 调制方式，而不采用 DSSS，速率从 6 Mb/s 到 54 Mb/s 动态可调，支持语音、数据、图像业务，能满足室内、室外的各种应用场合。OFDM 发射机生成多个已调制的窄带副载波。一个 IFFT 和一个 FFT 分别对频域中的数据进行编码和解码。

从物理层上看，IEEE 802.11a 标准工作在 5 GHz 频段，其他三个标准工作在 2.4 GHz 频段，5 GHz 频段由于波长较短，办公室内的家具、墙、地板等物理障碍物引起的传播问题较为严重。

在 IEEE 802.11a 标准和 IEEE 802.11g 标准中由于采用了 OFDM 技术，使它们具有处理时延扩散和多径效应的能力。由于符号率较低，各符号间的保护间隔较长，采用循环延长 (Cyclical Extension)技术还能减少符号间的干扰。而 IEEE 802.11b 标准的覆盖距离通常主要受多径干扰的限制，而不是信号强度随距离降低来决定。

IEEE 802.11a 标准还有一个优点，就是不重叠信道数多，所以在组成蜂窝系统时频率规划容易，在给定地区内允许放置更多的接入点而互不干扰，有利于支持移动性和信道切换。

另外 IEEE 802.11a 标准不必像 IEEE 802.11b 标准一样与大量的竞争设备共用频段，但 IEEE 802.11a 标准没有属于自己的 UNII 频段，它必须与某些雷达共用 UNII 频段，这样可能造成在不同地域具有不同的性能，因而该波段在世界各地的使用情况也各不相同。

IEEE 802.11 标准系列的传输速率见表 2-15。

表 2-15　IEEE 802.11 标准系列传输速率

速率 Mb/s	单/多载波	IEEE802.11b@2.4 GHz		IEEE802.11g@2.4 GHz		IEEE802.11a@5 GHz	
		规定	可选	规定	可选	规定	可选
1	单	Barker		Barker			
2	单	Barker		Barker			
5.5	单	CCK	PBCC	CCK	PBCC		
6	多			OFDM	CCK-OFDM	OFDM	
9	多				OFDM，CCK-OFDM		OFDM
11	单	CCK	PBCC	CCK	PBCC		
12	多			OFDM	CCK-OFDM	OFDM	
18	多				OFDM，CCK-OFDM		OFDM
22	单				PBCC		
24	多			OFDM	CCK-OFDM	OFDM	
33	单				PBCC		
36	多				OFDM，CCK-OFDM		OFDM
48	多				OFDM，CCK-OFDM		OFDM
54	多				OFDM，CCK-OFDM		OFDM

但是在互操作性方面，IEEE 802.11a 标准存在一个严重的缺憾。IEEE 802.11a 标准只在北美地区获准在 UNII 频段工作，而 IEEE 802.11b 标准在北美、欧洲和亚洲则全都可以使用 2.4 GHz ISM 波段；另外 IEEE 802.11a 与 IEEE 802.11 标准现在已经普遍应用的 IEEE 802.11b 标准不兼容。IEEE 802.11、IEEE 802.11g、IEEE 802.11a、IEEE 802.11b 标准构成了目前无线局域网的全系列标准，每一个标准的传输速率以及相应的扩频和调制方式见表 2-16。

表 2-16　IEEE 802.11、IEEE 802.11b、IEEE 802.11g 和 IEEE 802.11a 标准的比较

标准	IEEE 802.11		IEEE 802.11b	IEEE 802.11g	IEEE 802.11a
网络拓扑	Ad hoc，Infrastructure				
LLC 协议	IEEE 802.2LLC				
MAC 协议	IEEE 802.11 MAC 协议(CSMA/CA)				
安全机制	WEP 加密				
工作频段	2.4 GHz ISM 频段				5 GHz UNII 频段
通信机制	DSSS/FHSS/IR		DSSS(CCK)	PBCC，CCK-OFDM	OFDM
信道带宽	FHSS 75 个，每个 1 MHz	DSSS 14 个，每个 22 MHz	14 个，每个 22 MHz	14 个，每个 22 MHz	14 个，每个 22 MHz
数据速率	1，2 Mb/s		1，2，5.5，11 Mb/s	1，2，5.5，6，9，11，12，18，22，24，36，48，54 Mb/s	6，9，12，18，24，36，48 和54Mb/s
发射功率	100 mW				40 mW(5.15~5.25 GHz)，200 mW(5.25~5.35 GHz)，800 mW(5.725~5.825 GHz)

2.6　IEEE 802.11 无线局域网的物理层关键技术

随着无线局域网技术的应用日渐广泛，用户对数据传输速率的要求越来越高。但是在室内，这个较为复杂的电磁环境中，多径效应、频率选择性衰落和其他干扰源的存在使得实现无线信道中的高速数据传输比有线信道中困难，WLAN 需要采用合适的调制技术。

IEEE 802.11 无线局域网络是一种能支持较高数据传输速率(1～54 Mb/s)，采用微蜂窝结构的自主管理的计算机局域网络。其关键技术大致有三种：DSSS、PBCC 和 OFDM。每种技术皆有其特点，目前，扩频调制技术正成为主流，而 OFDM 技术由于其优越的传输性能成为人们关注的新焦点。

1. DSSS 调制技术

基于 DSSS 的调制技术有三种。最初 IEEE 802.11 标准制定在 1 Mb/s 数据速率下采用 DBPSK。第二种技术是在提供 2 Mb/s 的数据速率时，要采用 DQPSK，这种方法每次处理两个比特码元，成为双比特。第三种是基于 CCK 的 QPSK，是 IEEE 802.11b 标准采用的基本数据调制方式，它采用了补码序列与直序列扩频技术，是一种单载波调制技术，通过 PSK 方式传输数据，传输速率分为 1、2、5.5 和 11 Mb/s。CCK 通过与接收端的 Pake 接收机配合使用，能够在高效率传输数据的同时有效地克服多径效应。IEEE 802.11b 使用了 CCK 调制技术来提高数据传输速率，最高可达 11 Mb/s。但是传输速率超过 11 Mb/s，CCK 为了对抗多径干扰，需要更复杂的均衡及调制，实现起来非常困难。因此，IEEE 802.11 工作组为了推动无线局域网的发展，又引入新的调制技术。

2. PBCC 调制技术

PBCC 调制技术是由 TI 公司推出的，已作为 IEEE 802.11g 标准的可选项被采纳。PBCC 也是单载波调制，但它与 CCK 不同，它使用了更多复杂的信号星座图。PBCC 采用 8PSK，而 CCK 使用 BPSK/QPSK；另外 PBCC 使用了卷积码，而 CCK 使用区块码。因此，它们的解调过程是十分不同的。PBCC 可以完成更高速率的数据传输，其传输速率为 11、22、33 Mp/s。

3. OFDM 技术

OFDM 技术是一种无线环境下的高速多载波传输技术。无线信道的频率响应曲线大多是非平坦的，而 OFDM 技术的主要思想就是在频域内将给定信道分成许多正交子信道，在每个子信道上使用一个子载波进行调制，并且各子载波并行传输，从而有效地抑制无线信道的时间弥散所带来的 ISI。这样就减少了接收机内均衡的复杂度，有时甚至可以不采用均衡器，仅通过插入循环前缀的方式消除 ISI 的不利影响。

由于在 OFDM 系统中各个子信道的载波相互正交，于是它们的频谱是相互重叠的，这样不但减小了子载波间的相互干扰，同时又提高了频谱利用率。OFDM 信号与 FDM 信号的频谱比较如图 2-35 所示。在各个子信道中的这种正交调制和解调可以采用 IFFT 和 FFT 方法来实现，随着大规模集成电路技术与 DSP 技术的发展，IFFT 和 FFT 都是非常容易实现的。FFT 的引入，大大降低了 OFDM 的实现复杂性，提升了系统的性能。OFDM 发送接收机系统结构如图 2-36 所示。

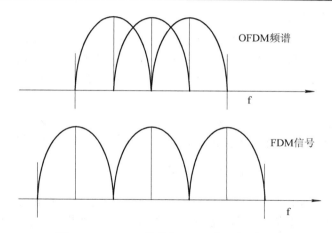

图 2-35　OFDM 信号与 FDM 信号频谱比较

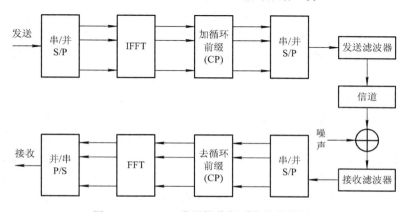

图 2-36　OFDM 发送接收机系统结构框图

无线数据业务一般都存在非对称性，即下行链路中传输的数据量要远远大于上行链路中的数据传输量。因此无论从用户高速数据传输业务的需求，还是从无线通信自身来考虑，都希望物理层支持非对称高速数据传输，而 OFDM 容易通过使用不同数量的子信道来实现上行和下行链路中不同的传输速率。

由于无线信道存在频率选择性，所有的子信道不会同时处于比较深的衰落情况中，因此可以通过动态比特分配以及动态子信道分配的方法，充分利用信噪比高的子信道，从而提升系统性能。由于窄带干扰只能影响一小部分子载波，因此 OFDM 系统在某种程度上抵抗这种干扰。

另外，同单载波系统相比，OFDM 还存在一些缺点，易受频率偏差的影响，存在较高的 PAR。

OFDM 技术有非常广阔的发展前景，已成为第 4 代移动通信的核心技术。IEEE 802.11a/g 标准为了支持高速数据传输都采用了 OFDM 调制技术。目前，OFDM 结合时空编码、分集、干扰(包括符号间干扰 ISI 和邻道干扰 ICI)抑制以及智能天线技术，最大程度地提高物理层的可靠性。如再结合自适应调制、自适应编码以及动态子载波分配、动态比特分配算法等技术，可以使其性能进一步优化。

4．MIMO OFDM 技术

MIMO(多入多出)技术能在不增加带宽的情况下成倍地提高通信系统的容量和频谱利用率。它可以定义为发送端和接收端之间存在多个独立信道。也就是说，天线单元之间存在充分的间隔，因此消除了天线间信号的相关性，提高了信号的链路性能，增加了数据吞吐量。

现代信息论表明：对于发射天线数为 N、接收天线数为 M 的多入多出(MIMO)系统，假定信道为独立的瑞利衰落信道，并设 N、M 很大，则信道容量 C 近似为公式

$$C = \left[\min(M, N)B \, \mathrm{lb} \frac{\rho}{2} \right] \tag{2-4}$$

其中 B 为信号带宽，ρ 为接收端平均信噪比，min(M，N)为 M、N 的较小者。

上式表明，MIMO 技术能在不增加带宽的情况下成倍地提高通信系统的容量和频谱利用率。研究表明，在瑞利衰落信道环境下，OFDM 系统非常适合使用 MIMO 技术来提高容量。采用多输入多输出(MIMO)系统是提高频谱效率的有效方法。我们知道，多径衰落是影响通信质量的主要因素，但 MIMO 系统却能有效地利用多径的影响来提高系统容量。系统容量是干扰受限的，不能通过增加发射功率来提高系统容量。而采用 MIMO 结构不需要增加发射功率就能获得很高的系统容量。因此将 MIMO 技术与 OFDM 技术相结合是下一代无线局域网发展的趋势。

在 OFDM 系统中采用多发射天线实际上就是根据需要在各个子信道上应用多发射天线技术。每个子信道都对应一个多天线子系统。一个多发射天线的 OFDM 系统目前正在开发的设备由 2 组 IEEE 802.11a 收发器、发送天线和接收天线各 2 个(2×2)和负责运算处理过程的 MIMO 系统组成，能够实现最高 108 Mb/s 的传输速度；支持 AP 和客户端之间的传输速度为 108 Mb/s，客户端不支持该技术时(IEEE 802.11a 客户端的情况)，通信速度为 54 Mb/s。

2.7　无线局域网的优化方式

近年来，无线局域网技术发展迅速，但无线局域网的性能与传统以太网相比还有一定差距，因此如何提高和优化网络性能显得十分重要。

2.7.1　网络层的优化——移动 IP

1．移动 IP 概述

由于 Internet 使用域名来转换成 IP 地址，一个发给一个地址的分组总是路由到同一个地方，因此，IP 地址与一个物理网络的位置相对应，传统的 IP 链接方式不能经受任何地址的变化。移动 IP 的引入解决了 WLAN 跨 IP 子网漫游的问题，是网络层的优化方案。可以把移动 IP 归结为一句话：如果用户可以凭一个 IP 地址进行不间断跨网漫游，就是移动IP(RFC2002)。如前文所述，IEEE 802.11 无线局域网只规定了 MAC 层和物理层。为了保证移动站在扩展服务区之间的漫游，需要在其 MAC 层之上引入 Mobile IP 技术。

2．移动 IP 的无线局域网

移动主机(MN)在外地通过外地代理(FA)向位于本地的代理(HA)注册，从而使 HA 得知 MN 当前的位置，从而实现了移动性。有了移动 IP，主机就可以跨越 IP 子网实现漫游。如图 2-37 所示，IP 子网的网关路由器旁连接一个 FA，FA 负责其下无线网段用户的注册认证。FA 不断地向本地子网发送代理通告，当移动终端进入子网时，接收到 FA 的代理广播，获得当地 FA 的信息，通过当地 FA 向 HA 注册，经过认证后可以被授权接入，访问 Internet。终端在本子网内部移动时，不断监测 AP 和 FA 的信号质量，通过一定的算法得出当前所有 FA 的优先级，再根据指定的切换策略适时发起切换。如果只是在同一网段的 AP 间切换，因所处 IP 子网未变，不需要重新注册，AP 的功能可以支持这种二层的漫游。当终端在跨网段的 AP 间切换时，所处 IP 子网发生改变，此时必须通过新的 FA 向 HA 重新注册，告知当前位置，以后的数据就会被 HA 转发至新的位置。移动 IP 技术大大扩展了 WLAN 接入方案的覆盖范围，提供大范围的移动能力，使用户在移动中时刻保持与 Internet 连接。

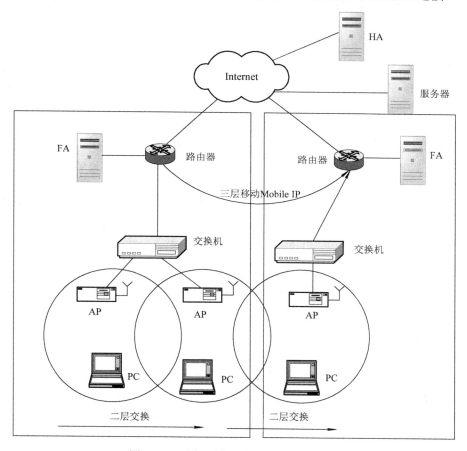

图 2-37　无线局域网移动 IP 的网络结构

3．WLAN 实现移动 IP 的问题

为实现移动 IP，无线局域网要解决以下一些技术问题：

(1) IP 地址分配：用户将获得唯一的 IP 地址，如同使用移动电话时只有唯一的号码一样。

(2) 应用透明性：无论上层应用采用何种上层协议都感觉不到移动的影响，这要求在 IP 层实现无缝移动性。

(3) 基础设施：为保证服务品质不受影响，用户在漫游时，带宽和服务质量要有保证。

(4) 协议软件：包括网络侧和用户侧的软件，客户端软件须向服务器端软件报告自己的信息，网络侧软件则负责解析用户的实际位置，鉴定用户身份，分配权限，并提供预定的业务。

2.7.2　MAC 层的优化——IEEE 802.11e 标准

1. IEEE 802.11e 标准概述

随着用户的增多，有线网络中提出的业务要求，如视频、语音等实时业务在 WLAN 中也将得到满足。这些实时业务要求 WLAN 的 MAC 层能够提供可靠的分组传输，传输时延低且抖动小。为此，IEEE 802.11 标准工作组的媒体访问控制(Medium Access Control，MAC)改进任务组(即 E 任务组)着手对目前 802.11 MAC 协议进行改进，使其可以支持具有 QoS(Quality of Service)要求的应用。

2. IEEE 802.11 MAC 协议

普通的 IEEE 802.11 无线局域网 MAC 层有两种通信方式，一种叫分布式协同(DCF)，另一种叫点协同方式(PCF)。分布式协同(DCF)基于具有冲突检测的载波侦听多路存取方法(CSMA/CA)，无线设备发送数据前，先探测一下线路的忙闲状态，如果空闲，则立即发送数据，并同时检测有无数据碰撞发生。这一方法能协调多个用户对共享链路的访问，避免出现因争抢线路而谁也无法通信的情况。它对所有用户都一视同仁，在共享通信介质时没有任何优先级的规定。

点协同方式(PCF)是指无线接入点设备周期性地发出信号测试帧，通过该测试帧与各无线设备对网络识别、网络管理参数等进行交互。测试帧之间的时间段被分成竞争时间段和无竞争时间段，无线设备可以在无竞争时间段发送数据。由于这种通信方式无法预先估计传输时间，因此，与分布式协同相比，目前用得还比较少。

3. IEEE 802.11e 标准的 EDCF 机制

无论是分布式协同还是点协同，它们都没有对数据源和数据类型进行区分。因此，IEEE 对分布式协同和点协同在 QoS 的支持功能方面进行增补，通过设置优先级，既保证大带宽应用的通信质量，又能够向下兼容普通 802.11 设备。

对分布式协同(DCF)的修订标准称为增强型分布式协同(EDCF)。增强型分布式协同(EDCF)把流量按设备的不同分成 8 类，也就是 8 个优先级。当线路空闲时，无线设备在发送数据前必须等待一个约定的时间，这个时间称为"给定帧间时隙"(AIFS)，其长短由其流量的优先级决定：优先级越高，这个时间就越短。不难看出，优先级高的流量的传输延迟比优先级低的流量小得多。为了避免冲突，在 8 个优先级之外还有一个额外的控制参数，称为竞争窗口，实际上也是一个时间段，其长短由一个不断递减的随机数决定。哪个设备的竞争窗口第一个减到零，哪个设备就可以发送数据，其他设备只好等待下一个线路空闲时段，但决定竞争窗口大小的随机数接着从上次的剩余值减起。

对点协同的改良称为混和协同(HCF)，混和查询控制器在竞争时段探测线路情况，确定发送数据的起始时刻，并争取最大的数据传输时间。

2.7.3　物理层的优化——双频多模无线局域网

1．双频多模 WLAN 的引入

IEEE 802.11 工作组先后推出了 IEEE 802.11a、IEEE 802.11b 和 IEEE 802.11g 物理层标准。丰富多样的标准提升了无线局域网的性能，同时带来了新的问题。如前文所述 IEEE 802.11a 标准和 IEEE 802.11b 标准分别工作在不同频段(IEEE 802.11a 标准工作在 5 GHz，而 IEEE 802.11b 标准工作在 2.4 GHz)，采用不同调制方式(IEEE 802.11a 标准采用 OFDM，而 IEEE 802.11b 标准采用 CCK 方式)。一个采用 IEEE 802.11b 标准设备的工作站进入一个 IEEE 802.11a标准的小区中(其 AP 节点采用 IEEE 802.11a 的标准设备)，无法与 AP 节点进行联系。因此，其必须更换为同比标准的网络设备，才能正常工作。这就是由不同的物理层标准引起的网络兼容性问题。

为了解决上述问题，使不同标准的网络设备可以更为自由地移动，出现了一种无线局域网的优化方式——"双频多模"的工作方式。如同有线网的发展进程，现在有线网络主要工作在多模方式下，例如 10/100 Mb/s 混合的局域网加速了有线网络的发展，成为有线局域网的主要工作方式。WLAN 也开始走向"多模"发展趋势。双频多模无线局域网结构示意图见图 2-38。

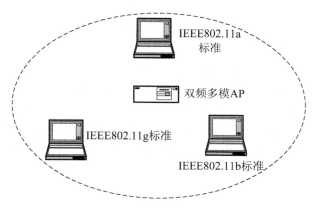

图 2-38　双频多模无线局域网结构示意图

2．双频多模 WLAN 简述

所谓"双频"产品，是指可工作在 2.4 GHz 和 5 GHz 的自适应产品，也就是说，可支持 IEEE 802.11a 与 IEEE 802.11b 两个标准的产品。由于 802.11b 和 802.11a 两种标准的设备互不兼容，用户在接入支持 IEEE 802.11a 和 IEEE 802.11b 标准的公共无线网络时，必须随着地点的变动来更换无线网卡，这给用户带来很大的不便。而采用支持 IEEE 802.11a/b 标准双频自适应的无线局域网产品就可以很好地解决这一问题。双频产品可以自动辨认 IEEE 802.11a 标准和 IEEE 802.11b 标准信号并支持漫游连接，使用户在任何一种网络环境下都能保持连接状态。54 Mb/s 的 IEEE 802.11a 标准和 11 Mb/s 的 IEEE 802.11b 标准各有优劣，但从用户的角度出发，这种双频自适应无线网络产品无疑是一种将两种无线网络标准有机融合的解决方案，其需要的投资也很大。

随着 IEEE 802.11g 标准的诞生，双频产品随后也将该标准融入其中，成为全方位的无线网络解决方案。而这种可与三个标准互联的产品叫做"双频三模"产品，也称双频多模(Dual Bandand Multimode WLAN)。"双频三模"，顾名思义就是运行在两个频段，支持三种模式(标准)的产品，即同时支持 IEEE 802.11a/b/g 三个标准自适应的无线产品。通过该产品，可实现目前大多无线局域网标准的互联与兼容，可使用户顺畅地高速漫游于 IEEE 802.11a/b/g 的无线网络中，横跨于三种标准之上。这类产品目前市面上还比较少见，但却是"双频"产品的发展方向，具有良好的前景。双频多模 WLAN 接收发送端组成框图如图 2-39 所示。

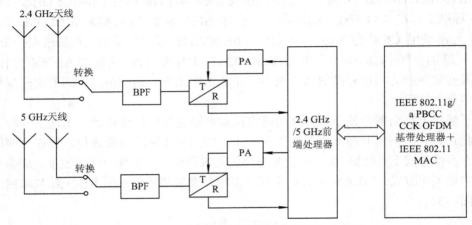

图 2-39 双频多模 WLAN 接收发送端组成框图

3. 双频多模 WLAN 的应用

随着 IEEE 802.11 b/a/g 标准的不断融合，双频多模无线局域网越来越显示出其优越性。首先，如前文所述，IEEE 802.11 b/a/g 标准有其各自的优势和特点以及适合它们的工作环境，双频多模方式根据不同的环境，使用不同的标准，最大程度地发挥 IEEE 802.11 标准各自的优势和特点；其次，在热点地区，如车站、飞机场、仓库、超市等，无线局域网的密度大，小区间的切换频繁，双频多模的工作方式也是解决小区间无缝切换问题的理想思路。

第3章　蓝牙技术及应用

3.1　蓝牙技术简介

1994 年，爱立信移动通信公司(Ericsson Mobile)开始研究在移动电话及其附件之间实现低功耗、低成本无线接口的可行性。随着项目的进展，爱立信公司意识到短距离无线电(Short Distance Radio，SDR)具有更广阔的应用前景，于是爱立信公司用 10 世纪的丹麦国王 Harald Bluetooth 的名字 Bluetooth 命名这一技术，这位国王统一了当时四分五裂的北欧国家，受立信希望蓝牙技术能在世界范围内统一和发展。1998 年 5 月，爱立信联合诺基亚(Nokia)、英特尔(Intel)、IBM 和东芝(Toshiba)4 家公司一起成立蓝牙特殊利益集团(Bluetooth Interest Group,SIG)，负责蓝牙技术标准的制定、产品测试，并协调各国蓝牙的具体使用。Bluetooth SIG 于 1998 年 5 月提出近距离无线数据通信技术标准。1999 年 7 月蓝牙 SIG 正式公布蓝牙 1.0 版本规范，将蓝牙的发展推进到实用化阶段。2000 年 10 月，SIG 非正式发布 1.1 版本蓝牙规范，直到 2001 年 3 月，1.1 版本正式发布。蓝牙规范 1.0 版本主要针对点对点的无线连接，比如手机与计算机、计算机与外设、手机与耳机等的无线应用。蓝牙 1.1 版本将点对点扩展为点对多点，并修整了前一版本的错误与模糊概念。2003 年 11 月，蓝牙 SIG 公布了蓝牙 1.2 版本规范。新标准在实现设备识别高速化的基础上，减少了与无线局域网(WLAN)的无线电波干扰，同时兼容 1.1 版本。2004 年 11 月，蓝牙 2.0 标准(2.0+EDR)正式推出，从而使蓝牙的应用扩展到多媒体设备中，新标准具有更高的数据传输速率和带宽。蓝牙 2.0 在大量数据传输时功耗降低为原标准的一半。各版本的蓝牙技术标准可以从蓝牙国际组织的官方网站(http://www.bluetooth.org)免费下载。

蓝牙可以用于替代电缆来连接便携和固定设备，同时保证高等级的安全性。配备蓝牙的电子设备之间通过微微网进行无线连接与通信，微微网(Piconet)是由采用蓝牙技术的设备以特定方式组成的网络。当一个微微网建立时，只有一台为主设备，其他均为从设备，最大支持 7 个从设备。蓝牙技术工作于无须许可证的工业、科学与医学频段(ISM)，频率范围为 2.4～2.4835 GHz。覆盖范围根据射频等级分为三级：等级 3 为 1 m，等级 2 为 10 m，等级 1 为 100 m。

1. 蓝牙技术的技术特性

1) 语音和数据的多业务传输

蓝牙技术具有电路交换和分组交换两种数据传输类型，能够同时支持语音业务和数据业务的传输。基于目前 PSTN 网络的语音业务的实现是通过电路交换，即在发话者和受话者之间建立一条固定的物理链路；而基于互联网络的数据传输为分组交换数据业务，即将数据分为多个数据包，同时对数据包进行标记，通过随机路径传输到目的地之后按照标记进行再次封装还原。蓝牙技术采用电路交换和分组交换技术，支持异步数据信道、三路语音信道以及异步数据与同步语音同时传输的信道。语音编码方式为用户可选择的 PCM 或 CVSD(连续可变斜率增量调制)两种方式，每个语音信道数据数率为 64 kb/s；通过两种链路模型——SCO(面向链接的同步链路)和 ACL(面向无连接的异步链路)传输话音和数据。ACL 支持对称和非对称、分组交换和多点连接，适合于数据传输；SCO 链路支持对称、电路交换和点对点连接，适用于语音传输。ACL 和 SCO 可以同时工作，每种链路可支持 16 种不同的数据类型。

2) 全球通用的 ISM(工业、科学和医学)频段

蓝牙技术工作在全球共用的 ISM 频段，即 2.4 GHz 频段。ISM 频段是指用于工业、科学和医学的全球共用频段，它包括 902～928 MHz 和 2.4～2.484 GHz 两个频段范围，可以免费使用而不用申请无线电频率许可。由于 ISM 频段为对所有无线电系统都开放的频段，为了避免与工作在该频段的其他系统(如 Wi-Fi、ZigBee)或设备(微波炉)产生相互干扰，蓝牙系统通过快速确认和跳频技术保证蓝牙链路的稳定性，跳频技术通过将通信频带划分为 79 个调频信道，相邻频点间隔 1 MHz，蓝牙链路建立后发送数据时蓝牙接收和发送装置按照一定的伪随机编码序列快速地进行信道跳转，每秒钟频率改变 1600 次，每个频率持续 625 μs，由于其他干扰源不会按照同样的规律变化，同时跳频的瞬时带宽很窄，通过扩频技术扩展为宽频带，使可能产生的干扰降低，因此蓝牙系统链路可以稳定工作。

3) 低功耗、低成本和低辐射

蓝牙设备由于定位于短距离通信，射频功率很低，蓝牙设备在通信连接状态下，有四种工作模式：激活(Active)模式、呼吸(Sniff)模式、保持(Hold)模式和休眠(Park)模式。激活(Active)模式是正常的工作状态，另外三种模式是为了节能所规定的低功耗模式。呼吸(Sniff)模式下的从设备周期性被激活；保持(Hold)模式下的从设备停止监听来自主设备的数据分组，但保持其激活成员地址；休眠(Park)模式下的主从设备间仍保持同步，但从设备不需要保留其激活成员地址。这三种模式中，Sniff 模式的功耗最高，对于主设备的响应最快；Park 模式的功耗最低，但是对于主设备的响应最慢。

蓝牙设备的功耗能够根据使用模式自动调节，蓝牙设备的正常工作功率为 1 mW，发射距离为 10 m，当传输数据量减少或者无数据传输时，蓝牙设备将减少处于激活状态的时间，而进入低功率工作模式，这种模式将比正常工作模式节省 70% 的发射功率，蓝牙的最大发射距离可达 100 m，基本可以满足常见的短距离无线通信需要。

小型化是蓝牙设备的另外一大特点。结合现代芯片制造技术，将蓝牙系统组成蓝牙模块，以 USB 或者 RS232 接口与现有设备连接，或者直接将蓝牙设备内嵌入其他信息设备中，可以降低蓝牙设备的成本和功耗。蓝牙模块中一般包括：射频单元、基带处理单元、接口单元和微处理器单元等。

2．蓝牙规范

蓝牙规范目前已发展到 2.0+EDR 版本，但实际应用的产品还多为 1.2 版本。各版本的规范都是分为核心系统(Core)和应用模型(Profile)两部分。其中核心部分包括射频(RF)、链路控制(LC)、链路管理(LMP)、逻辑链路控制与适应(L2CAP)四个最底层协议以及通用的业务搜寻协议(SDP)和通用接入模型(GAP)。而应用模型则是根据具体产品的不同需要而提出的各种协议组合，如串口(Serial Port Profile)、传真(FAX)、拨号网络(Dial-up Networking)等。

3.2　蓝牙技术基带与链路控制器规范

蓝牙标准的主要目标是实现一个可以适用于全世界的短距离无线通信标准，故其使用的是在大多数国家可以自由使用的 ISM 频段，容易被各国政府接受。此外，各个厂商生产的蓝牙设备应遵循同一个标准，使得蓝牙能够实现互联，为此物理层必须统一。本章简单介绍蓝牙的基带和链路控制器规范。

蓝牙协议标准采用了国际标准化组织(International Standard Organization，ISO)的开放系统互连参考模型(Open System Interconnection/Reference Mode，OSI/RM)的分层思想，各个协议层只负责完成自己的职能与任务，并提供与上下各层之间的接口。蓝牙射频部分主要处理空中数据的收发。空中接口收发的数据从何而来？射频部分何时发送，何时接收数据？某一时刻具体选择 79 个频点中的哪一个进行收发？蓝牙射频发射功率采用三个等级中的哪一个？这些都是蓝牙基带与链路控制器要解决的问题。本节介绍蓝牙基带与链路控制器协议规范(Baseband ＆ Link Controller Protocol Specification)，阐述了基带所完成的功能及任务。

3.2.1　蓝牙基带概述

1. 蓝牙基带在协议堆栈中的位置

蓝牙基带在协议堆栈中的位置如图 3-1 所示。蓝牙设备发送数据时，基带部分将来自高层协议的数据进行信道编码，向下传给射频进行发送；接收数据时，射频将经过解调恢复空中数据并上传给基带，基带再对数据进行信道解码，向高层传输。

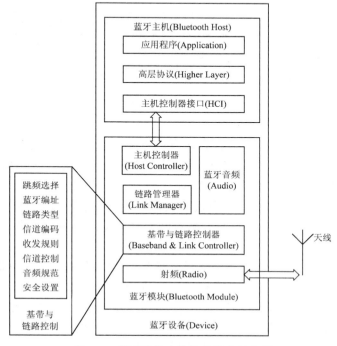

图 3-1　蓝牙基带在协议堆栈中的位置

2．基带分组编码格式

基带分组编码遵循小端格式(Little Endian)，如图 3-2 所示。b_0 是最低有效位 LSB(Least Significant Bit)，MSB(Most Significant Bit)是最高有效位，LSB 写在最左边，MSB 写在最右边。射频电路最先发送 LSB，最后发送 MSB。基带控制器认为来自高层协议的第一 bit 是 b_0，射频发送的第一 bit 也是 b_0。各数据段(如分组头、有效载荷等)由基带协议负责生成，都是以 LSB 最先发送的。例如，二进制序列 $b_2b_1b_0=011$ 中的"1"(b_0)首先发送，最后才是"0"(b_2)。

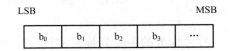

图 3-2　蓝牙基带分组编码遵循的小端格式

3．蓝牙设备编址

每个计算机网络接口卡(Network Interface Card，NIC)都由 IEEE 802 标准惟一地指定了一个媒体访问控制(Media Access Control，MAC)地址，用以区别网络上数据的源端和目的端。与此相类似，全世界每个蓝牙收发器都被惟一地分配了一个遵循 IEEE 802 标准的 48 位蓝牙设备地址(Bluetooth Device Address，BD_ADDR)，其格式如图 3-3 所示。其中 LAP(Lower Address Part)是低地址部分，UAP(Upper Address Part)是高地址部分，NAP(Non-significant Address Part)是无效地址部分。NAP 和 UAP 共同构成了确知设备的机构惟一标识符(Organization Unique Identifier，OUI)由 SIG 的蓝牙地址管理机构分配给各个蓝牙设备制造商。各个蓝牙设备制造商有权对自己生产的产品进行编号，编号放置在 LAP 中。图 3-3 中的 NAP=0xACDE，UAP=0x48，LAP=0x000080。蓝牙设备地址的地址空间为 2^{32}(约 42.9 亿)，这样大的数字保证了全世界所有蓝牙设备的 BD_ADDR 都是惟一的。

LSB											MSB
制造商分配的产品编号						Bluetooth SIG分配的制造商编号					
LAP(24bit)						UAP(8bit)		NAP(16bit)			
0000	0001	0000	0000	0000	0000	0001	0010	0111	1011	0011	0101

图 3-3　蓝牙设备地址格式

4．设备、微微网和散射网

无连接的多个蓝牙设备相互靠近时，若有一个设备主动向其他设备发起连接，它们就形成了一个微微网(Piconet)。主动发起连接的设备称为微微网的主设备(Master)，对主设备的连接请求进行响应的设备称为从设备(Slave)。

微微网的最简单组成形式就是两个蓝牙设备的点对点连接。微微网是实现蓝牙无线通信的最基本方式，微微网不需要类似于蜂窝网基站和无线局域网接入点之类的基础网络设施。

一个微微网只有一个主设备，一个主设备最多可以同时与 7 个从设备同时进行通信，这些从设备称为激活从设备(Active Slave)。但是同时还可以有多个隶属于这个主设备的休眠(Parked)从设备。这些休眠从设备不进行实际有效数据的收发，但是仍然和主设备保持时钟同步，以便将来快速加入微微网。不论是激活从设备还是休眠从设备，信道参数都是由微微网的主设备进行控制的。图 3-4 表示的是两个独立的微微网。

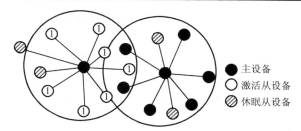

图 3-4 多个蓝牙设备组成微微网

散射网(Scatter Net)是多个微微网在时空上相互重叠组成的比微微网覆盖范围更大的蓝牙网络,其特点是微微网间有互联的蓝牙设备,如图 3-5 所示。虽然每个微微网只有一个主设备,但是从设备可以基于时分复用(Time Multiplexing)机制加入不同的微微网,而且一个微微网的主设备可以成为另一个微微网的从设备。每个微微网都有自己的跳频序列,它们之间并不跳频同步,这样就避免了同频干扰。

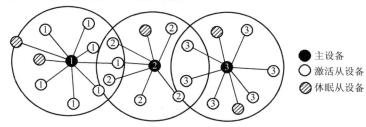

图 3-5 多个微微网组成散射网

5. 蓝牙时钟

每个蓝牙设备都有一个独立运行的内部系统时钟,称为本地时钟(Local Clock),用于决定收发器定时和跳频同步。本地时钟无法进行调整,也不会关闭。为了与其他的设备同步,就要在本地时钟上加一个偏移量(Offset),以提供给其他设备实现同步。内部系统的时钟频率为 32 kHz,时钟分辨率小于蓝牙射频跳频周期分辨率的一半(312.5 μs)。蓝牙时钟周期大约是一天(24 h),它使用一个 28 bit 的计数器,循环周期为 $2^{28}-1$。

微微网中的定时和跳频选择由主设备的时钟决定。建立微微网时,主设备的时钟传送给从设备,每个从设备给自己的本地时钟加一个偏移量,实现与主设备的同步。因为时钟本身从不进行调节,所以必须对偏移量进行周期性的更新。

工作在不同模式和状态下的蓝牙设备时钟具有不同的表现形式:CLKN 表示本地时钟频率(N:Native,本地的);CLKE 表示估计的时钟频率(E:Estimated,估计的);CLK 表示主设备实际运行时钟频率。CLKN 是其他时钟的参考基准频率,在高功率活动状态,CLKN 由一个标准的晶体震荡器产生,精度要优于 ±20 ppm(part per million,百万分之一);在低功率状态(如待机 Standby)、保持(Hold)和休眠(Park)下,由低功耗振荡器产生本地时钟频率,精度可放宽至 ±250 ppm。CLK 和 CLKE 是由 CLKN 加上一个偏移量得到的。CLKE 是主设备对从设备的本地时钟的估计值,即在主设备的 CLKN 的基础上增加一个偏移来近似从设备的本地时钟,如图 3-6 所示。这样主设备可以加速连接的建立过程。

图 3-6 CLKE 的计算过程

　　CLK 是微微网中主设备的实际运行时钟，用于调度微微网中所有的定时和操作。所有的从设备都使用 CLK 来调度自己的收发，CLK 是由 CLKN 加上一个偏移量得到的，主设备的 CLK 就是 CLKN，而从设备的 CLK 是根据主设备的 CLKN 得到的。尽管微微网内所有蓝牙设备的 CLK 的标称值都相等，但存在的漂移使得 CLK 不够精确，因此从设备的偏移量必须周期性地进行更新，使其 CLK 基本上与主设备的 CLKN 相等。

3.2.2　蓝牙物理链路

　　通信设备之间物理层的数据连接通道就是物理链路。蓝牙系统中有两种物理链路：异步无连接链路 ACL(Asynchronous Connectionless)和同步面向连接链路 SCO(Synchronous Connection Oriented)。ACL 链路是微微网主设备和所有从设备之间的同步或异步数据分组交换链路，主要用于对时间要求不敏感的数据通信，如文件数据或控制信令等。SCO 链路是一条微微网中由主设备维护的点对点、对称的同步数据交换链路，主要用于对时间要求很高的数据通信，如语音等。它们有着各自的特点、性能与收发规则。

1. ACL 链路

1) ACL 链路的特点及性能

　　ACL 链路在主从设备间以分组交换(Packet-Switched)方式传输数据，即可以支持异步应用，也可以支持同步应用。一对主从设备只能建立一条 ACL 键路。ACL 通信的可靠性可以由分组重传来保证。由于是分组交换，在没有数据通信时，对应的 ACL 链路就保持静默。

　　微微网中的主设备可以与每个与之相连的从设备都建立一条 ACL 键路。双向对称连接 ACL 链路传输率为 433.9 kb/s；双向非对称传输数据时，正向 5 时隙分组(DH5)链路可以达到最大传输率 723.2 kb/s，反向单时隙链路传输率为 57.6 kb/s。

2) ACL 链路的收发规则

　　主设备在主→从 ACL 时隙内发送的 ACL 分组含有接收从设备的设备地址$((001)_b$～$(111)_b$ 之间的一个)；在随后的从→主 ACL 时隙内，从设备发送 ACL 分组到主设备。如果从设备未能从接收到的主→从 ACL 分组头解析从设备地址，或者解析到的地址与自身不匹配,那么它就不能在紧跟的从→主 ACL 时隙发送 ACL 分组。ACL 链路允许广播发送数据，此时主→从 ACL 分组头的从设备地址被设为$(000)_b$，微微网中每一个接收到的从设备都可以接受并读取，但不作响应。

2. SCO 链路

1) SCO 链路的特点及性能

　　SCO 链路在主设备预留的 SCO 时隙内传输，因而其传输方式可以看做是电路交换(Circuit-Switched)方式。SCO 分组不进行重传操作，一般用于像语音这样的实时性很强的数据传输。

　　只有建立了 ACL 链路后，才可以建立 SCO 链路。一个微微网中的主设备最多可以同时支持三条 SCO 链路(这 3 条 SCO 链路可以与同一从设备建立，也可以与不同从设备建立)；一个从设备与同一主设备最多可以同时建立三条 SCO 链路，或者与不同主设备建立两条 SCO 链路。为了充分保证语音通信的质量，每一条 SCO 链路的传码率都是 64 kb/s。

2) SCO 链路的收发规则

主设备在预留的主→从 SCO 时隙内，向从设备发送 SCO 分组，分组头含有应该作出响应的激活从设备地址。在紧跟的从→主 SCO 时隙内，对应的从设备向主设备发送 SCO 分组。与 ACL 分组不同的是，即使从设备未能从接收到的分组头解析出从设备地址，也允许在其预留的 SCO 时隙返回 SCO 分组。

3.2.3 蓝牙基带分组

1．基带分组格式

基带分组的一般格式如图 3-7 所示。基带分组至少包含接入码(Access Code)，大多数情况下还包含分组头(Header)和有效载荷(Payload)。

图 3-7　蓝牙基带分组格式

2．接入码(Access Code)

接入码用于同步、直流(Direct Current，DC)载频泄漏偏置补偿和标识。接入码的组成格式如图 3-8 所示。接入码由引导码(Preamble)、同步字(Synchronization Word)和可选的尾码(Trailer)3 个字段组成。每一个分组都以接入码字段开始，若其后还有分组头则接入码长度为 72 bit，否则为 68 bit(没有尾码)。用于查询和寻呼的接入码，其自身就是指令消息，所以后面没有分组头和有效载荷。

图 3-8　蓝牙基带分组接入码格式

1) 接入码分类

接入码共有三种类型：信道接入码(Channel Access Code，CAC)、设备接入码(Device Access Code，DAC)和查询接入码(Inquiry Access Code，IAC)。IAC 又分为通用查询接入码(General Inquiry Access Code，GIAC)和专用查询接入码(Dedicated Inquiry Access Code，DIAC)。接入码的运行模式及用途列于表 3-1。

表 3-1　接入码的运行模式及用途

接入码类型		接入码运行模式及用途
CAC		用于标识设备所属的微微网，同一微微网收发分组的 CAC 相同，不同微微网的 CAC 不同
DAC		用于寻呼和寻呼响应过程
IAC	GIAC	用于发现覆盖范围内的其他蓝牙设备
	DIAC	用于发现具有共同属性的专用设备组内的其他蓝牙设备

接入码的组成、长度及构成来源如表 3-2 所示。同步字是由不同接入码采用不同低地址部分 LAP 构成的。

表 3-2　接入码组成、长度及构成来源

接入码类型		组 成 及 长 度	同步字构成来源
CAC		引导+同步字+尾码，72 bit	主设备 LAP
DAC		引导码+同步字+尾码(与 FHS 分组组合使用)，72 bit 引导码+同步字(用于不包含分组头的指令)，68 bit	从设备 LAP
IAC	GIAC		(预留)LAP
	DIAC		(专用)LAP

2) 引导码

引导码用于 DC 偏置补偿。引导码的取值只有两种：1010 和 0101，具体取值取决于紧跟同步字的最低位是 0 还是 1。

3) 同步字

同步字基于对应设备地址的 24 bit LAP：对于 CAC，基于主设备 LAP；对于 DAC，基于从设备 LAP；对于 GIAC、DIAC，基于预留、专用 LAP。同步字的取值基于不同的 LAP，从而保证了它们之间有着较大的汉明码距，同步字良好的自相关特性增强了定时同步的准确性。

蓝牙预留了连续的 64 个 LAP 地址(0x9E8B00～0x9E8B3F)用于蓝牙查询操作，其中一个(0x9E8B33)作为 GIAC，其余的 63 个作为 DIAC。不管 UAP 和 NAP 的内容，LAP 都使用这 64 个值的取值区间，因此这些 LAP 中没有可用的用户蓝牙设备地址(BD_ADDR)。

4) 尾码

尾码的使用有以下三种情况：CAC、DAC 用于寻呼响应的 FHS 分组，IAC 用于查询响应的 FHS 分组。尾码与同步字的 3 bit MSB 一起形成一个用于扩展直流补偿的 7 bit 二进制序列。尾码的取值只有两种：1010 和 0101，这决定于前面同步字的最高位 MSB。

3. 分组头(Header)

包含链路控制消息的分组头格式如图 3-9 所示，共 18 bit，分为 6 个字段。因为分组头包含了链路信息，要确保纠正较多的错误，所以使用 1/3 比例前向纠错编码 FEC(Forward Error Correcting)对分组头进行编码保护，形成实际 18×3=54 bit 的分组头发送序列。分组头各段功能如下：

LSB　　　　　　　　　　　　　　　　　　　　　　　　MSB

AM_ADDR (3bit)	Type (4bit)	Flow (1bit)	ARQN (1bit)	SEQN (1bit)	HEC (8bit)

图 3-9　分组头的格式

(1) AM_ADDR 表示微微网中激活从设备的地址(Active Member Address)。为了区分同一个微微网内与主设备连接的多个激活的从设备，给每个激活从设备分配一个 3 bit 的临时逻辑地址 AM_DDR，范围从$(001)_b$到$(111)_b$，$(000)_b$留给主设备进行广播。主从设备之间的通信分组都要包含 AM_ADDR。从设备只接收与自己匹配的分组和广播分组。从设备退出激活状态(如断开连接、休眠等)时，必须放弃 AM_DDR，这样主设备就可以把 AM_ADDR 分配给别的从设备。从设备重新加入微微网的时候，必须再次重新分配 AM_ADDR。如果 7 个 AMADDR 都已经分配，其他的蓝牙设备就不能再加入到这个微微网中。

(2) Type 表示分组类型。一共有 16 种分组类型，指明了分组以何种链路类型发送与以何种分组类型接收，以及分组占用的时隙数目，这样就使得未进行逻辑编址的设备避免在分组发送的持续时间内持续侦听信道。

(3) Flow 是 ACL 链路数据分组的流量控制标志。Flow 可以暂停 ACL 数据分组的传输，但对于 SCO 分组、链路控制 ACL 分组(ID、Poll 与 Null 分组)无效。接收方 ACL 接收(RX) 缓冲区满或者还未清空时，Flow=0，通知对方暂停 ACL 数据的传输。只有接收方 ACL RX 缓冲区为空时，Flow=1。当没有接收到数据包或者接收到的数据包头校验错误时，Flow=1。此时，即使从设备的 ACL RX 缓冲区不为空，也可以接收带有循环冗余校验(Cyclic Redundancy Check，CRC)校验的 ACL 分组，但是即使 CRC 校验通过，它也应该返回否定应答(Negative Acknowledgement，NAK)。

(4) ARQN 的含义是无编号自动请求重发。蓝牙使用基于捎带(Piggy-back)技术的无编号自动请求重发 ARQ(Automatic Request reQuest)机制，利用 ARQN 指示发送方最近一次发送的分组是否被成功接收。接收方将 ARQN 置于向发送方返回的分组头内，用 CRC 检查接收方是否已经成功地接收了前一分组。若接收方正确地接收分组并通过 CRC 校验时，返回肯定应答 ACK(ACKnowledge)，ARQN=1；反之，返回否定应答 NAK，ARQN=0。若发送方未收到确认信息，则认为接收方返回 ARQN 的缺省值 NAK。

(5) SEQN 是指序列编号(Sequence Number)，它提供了一种防止分组重传的机制，对于无编号 ARQ 特别重要。发送方发送 SEQN=0 的分组，接收方进行校验通过后，发送 ACK 确认信息(SEQN=0)。由于某种原因，发送方未接收到接收方的 ACK 确认信息，就要重传该分组(SEQN= 0)。接收方接收到重传分组，发现 SEQN=0，就必须舍弃该分组并发送 ACK 确认信息(SEQN=0)，直到发送方发送下一个分组(SEQN=1)。接收方收到 SEQN=1 的分组后，知道新的分组到来，进行校验以后作同样处理。这样就降低了在噪声较大环境下的分组重传次数，提高了系统的效率。

(6) 分组头错误校验(Header Error Check，HEC)用于校验分组头的信息完整性。发送方进行数据发送前，对分组头执行特定计算后生成 HEC。接收方作同样计算用于校验，对于未能通过 HEC 校验的分组就要丢弃。

4．分组类型(TyPe)

蓝牙基带分组类型总结于表 3-3 中。蓝牙基带两种链路公用的控制分组列于表 3-4 中。蓝牙 ACL 链路分组列于表 3-5 中。ACL 分组的表示形式为 D(M|H)(1|3|5)，D 代表数据分组；M 代表使用 2/3 比例 FEC 的中等速率分组；H 代表不使用纠错编码的高速率分组；1、3、5 分别表示该分组占用的时隙数目。蓝牙 SCO 链路分组列于表 3-6 中。SCO 分组的表示形式为 HV(1|2|3)，HV 代表高质量的语音分组；1、2、3 表示为有效载荷所采用的纠错编码方法。1 为 1/3 比例 FEC，设备每隔 2 个时隙发送 1 个单时隙分组；2 为 2/3 比例 FEC，设备每隔 4 个时隙发送 1 个单时隙分组；3 为不使用纠错编码，设备每隔 6 个时隙发送 1 个单时隙分组。

表 3-3　蓝牙基带分组类型

分组类别	Type($b_3b_2b_1b_0$)	占用时隙数目	SCO 链路	ACL 链路
第 1 类 链路控制分组 (两种链路公用)	0000	1	NULL	NULL
	0001		POLL	POLL
	0010		FHS	FHS
	0011		DM1	DM1
第 2 类 单时隙分组	0100	1	未定义	DH1
	0101		HV1	未定义
	0110		HV2	
	0111		HV3	
	1000		DV	
	1001		未定义	AUX1
第 3 类 3 时隙分组	1010	3	未定义	DM3
	1011			DH3
	1100			未定义
	1101			
第 4 类 5 时隙分组	1110	5	未定义	DM5
	1111			

表 3-4　链路控制分组

类型	有效载荷	FEC	CRC
DM1	无	无	无
NULL			
POLL			
FHS	18 字节	2/3	有

表 3-5　ACL 链路分组

类型	有效载荷头 (字节)	用户有效载荷 (字节)	FEC	CRC	对称最大速率 /(kb/s)	非对称速率/(kb/s) 前向	反向
DM1	1	0～17	2/3	有	108.8	108.8	108.8
DH1	1	0～27	无	有	172.8	172.8	172.8
DM3	2	0～121	2/3	有	258.1	387.2	54.4
DH3	2	0～183	无	有	390.4	585.6	86.4
DM5	2	0～224	2/3	有	286.7	477.8	36.3
DH5	2	0～339	无	有	433.9	723.2	57.6
AUX1	1	0～29	无	无	185.6	185.6	185.6

表 3-6　SCO 链路分组

SCO 类型	有效载荷头(字节)	用户有效载荷(字节)	FEC	CRC	有效载荷长度	同步速率/(kb/s)	占用 Tsco 数目/语音长度
HV1	无	10	1/3	无	240 位	64	2/1.25 ms
HV2		20	2/3				4/2.5 ms
HV3		30	无				6/3.75 ms
DV*	1D	10+(0～9)D	2/3D	有 D		64+57.6D	

1) 公用分组类型

蓝牙基带共有 5 个公用分组类型，除了表 3-4 中的控制分组以外，还有一个 ID 分组。表 3-7 列出了它们的特性及用途。表 3-7 中，FHS 分组的有效载荷部分包括 144 bit 的消息和 16 bit 的 CRC 校验，经过 2/3 比例 FEC 以后变为 240 bit。FHS 分组分为 11 段，如图 3-10 示。各段的含义列于表 3-8 当中。FHS 分组内的 LAP、UAP、NAP 一起组成了发送该 FHS 分组设备的 48 bit IEEE 地址。

表 3-7　公用链路控制分组

公用分组	构　成	长度(bit)	需要确认	用　途
ID	DAC 或 IAC	68	是	用于蓝牙设备的寻呼、查询以及响应
NULL	CAC 和分组头	126	否	用于将 ARQN、FLOW 等链路信息返回给发送方
POLL	CAC 和分组头	126	是	从设备接受到主设备的 POLL 分组后必须作出响应以便主设备进行微微网成员的选择
FHS	接入码，分组头，有效载荷	366	是	用来指示蓝牙设备地址和发送时钟
DM1	接入码，分组头，有效载荷	126+8 m (m=0,1,…,17)	是	DM1 分组可以携带控制信息和数据。DM1 分组在 SCO 链路上可以被识别，可以用来中断同步信息发送控制信息

LSB　　　　　　　　　　　　　　　　　　　　　　　　　　　　　　　　　　　　MSB

奇偶效验(34)	LAP (24)	未定义 (2)	SR (2)	SP (2)	UAP (8)	UAP (16)	设备类别 (24)	AM_ADDR (3)	$CLK_{27\sim2}$ (26)	寻呼扫描模式

图 3-10　FHS 分组格式

表 3-8　FHS 分组各段的含义

段名称	含　义
奇偶校验	基于 LAP 组成发送该 FHS 分组的设备的接入码同步字的第一部分
LAP	发送该 FHS 分组的设备的低地址部分。利用奇偶校验和 LAP，接收设备可以直接形成发送该 FHS 分组设备的 CAC
未定义	预留置 0
SR	扫描重复(Scan Repetition)指示两个寻呼扫描之间的间隙，SR(b_1b_0)取值为 00 表示 SR 模式为 R0，01 表示 SR 模式为 R1，10 表示 SR 模式为 R2,11 为预留值
SP	扫描间隔(Scan Period)。SP(b_1b_0)取值为 00 表示 SP 模式为 P0，01 表示 SP 模式为 P1，10 表示 SP 模式为 P2，11 为预留值
UAP	发送该 FHS 分组的设备的高地址部分
NAP	发送该 FHS 分组的设备的无效地址部分
设备类别	见"蓝牙号码分配"文件
AM_ADDR	活动成员地址
$CLK_{27\sim2}$	发送该 FHS 分组的从设备的系统时钟，分辨率为 1.25 ms，每一次新的传输都要修改 $CLK_{27\sim2}$，从而实时地反映准确的时钟值
寻呼扫描模式(Page Scan Mode)	发送该 FHS 分组的从设备的缺省扫描模式，目前支持一种强制扫描模式和三种可选扫描模式。寻呼扫描模式($b_2b_1b_0$)取值为 000 代表强制模式，001 代表可选模式 1，010 代表可选模式 2，011 代表可选模式 3，100～111 保留

2) ACL 分组

ACL 分组在异步无连接链路上传输，用于承载用户数据和控制信息。包括 DM1 分组在内，共有 7 种 ACL 分组(见表 3-5)。除了 AUXI 以外，其余 6 种都使用 CRC 校验和分组重传技术。

3) SCO 分组

SCO 分组用于同步语音链路，它不含 CRC 校验而且从不重传。目前已经定义了用于 64 kb/s 语音传输的 3 种纯 SCO 分组和 1 种语音/数据混合 DV 分组(见表 3-6)。DV 分组的有效载荷分为 80 bit 的语音段和至多 150 bit 的数据段，如图 3-11 示。语音段没有 FEC 保护，数据段至多包含 10 个信息字节(包括 1 字节的有效载荷头)和 16 bit 的 CRC 校验，使用 2/3 的 FEC 进行保护。如果需要，在 FEC 编码进行之前要进行 0 bit 填充以确保有效载荷的位数是 10 的整数倍。语音和数据段是完全分开对待的：语音段从不重传，次次更新；数据段进行校验，出错重传。

图 3-11　DV 分组格式

5. 有效载荷格式

有效载荷(Payload)分为语音有效载荷和数据有效载荷两种。

1) 语音有效载荷

语音有效载荷长度固定，没有有效载荷头。语音有效载荷格式如图 3-12 所示。

图 3-12　语音有效载荷格式

2) 数据有效载荷

数据有效载荷格式如图 3-13 所示。AUX1 分组类型不包含 CRC 校验码。

图 3-13　数据有效载荷格式

(1) 有效载荷头。有效载荷头占 1 个(单时隙分组)或 2 个(多时隙分组)字节，如图 3-14、图 3-15 所示。有效载荷头可以指示逻辑信道、流量控制以及有效载荷体的长度。逻辑信道 (L_CH)的取值列于表 3-9 中。L2CAP 消息可能很长，需要分成多个分段。L_CH 如果是 01，就表示第一段；如果是 10，就表示后续分段；如果是 11，就表示 LMP 消息。

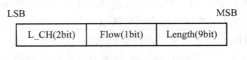

图 3-14　单时隙分组有效载荷头格式

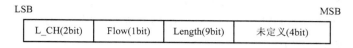

图 3-15　多时隙分组有效载荷头格式

表 3-9　L_CH 取值

L_CH 段 b_1b_0	逻辑信道	信　息
00	NA	未定义
01	UA/UI	逻辑链路控制与适配 L2CAP 消息的后续分段
10	UA/UI	L2CAP 消息的起始分段或无分段
11	LM	链路管理器 LMP 消息

有效载荷头的流控在 L2CAP 级对每个信道进行流量控制，Flow=1 表示流控打开(正常发送)，用 Flow=0 表示流控关闭(发送停止)。流控没有严格的实时要求，以最近的一次接收为准。表 3-10 列出了 Flow 标识位的用法。

表 3-10　有效载荷头 Flow 位用法

L_CH 段 b_1b_0	Flow 的用法
00	未定义
01/10	用来发送 L2CAP 消息的同/异步信道的流量控制
11	Flow 恒为 1

(2) 有效载荷体。有效载荷体包括用户信息，并确定有效的用户服务。

(3) CRC 校验码。所有 ACL 分组(除 AUX1 分组)都含有 16 bit CRC 校验码。

3.2.4　蓝牙基带纠错机制

蓝牙基带数据提供了错误校验机制，但是如果仅仅依赖于错误校验，在链路质量不好的情况下就会增大出错重传的概率。因此，蓝牙的基带部分提供了三种纠错机制——1/3 比例 FEC、2/3 比例 FEC 和 ARQ，允许接收方设备不但可以检查出错误，还可以纠正错误，这样就降低了出错重传的次数。这三种纠错机制有着各自不同的算法和适用范围，分别介绍如下。

1. 1/3 比例 FEC

1/3 比例 FEC 的编码方法为每位重复 3 次进行编码，编码序列长度是原始序列长度的 3 倍，如图 3-16 所示。基带分组头和 HV1 语音分组都使用这种纠错方法来提高数据传输的可靠性。

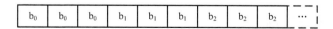

图 3-16　1/3 比例 FEC 编码

2. 2/3 比例 FEC

所谓 2/3 比例 FEC，就是原始序列经过一种多项式编码运算，得到的结果序列长度是原始序列长度的 1.5 倍。接收方进行相应的逆运算，经过算法提供的检错与纠错机制恢复原始序列。2/3 比例 FEC 用于 DM 分组、DV 分组中的数据段以及 FHS 分组和 HV2 分组。

3. 自动请求重传(ARQ)

DM、DH、DV 分组中的有效载荷使用 CRC 校验时，基带使用 ARQ 保证数据的可靠性。发送方在收到接收方的确认信息之前，要不停地重传某一分组，确认信息包含在返回分组的分组头内部，所以称为捎带技术(Piggy-back)。分组头和语音段不受 ARQ 的保护。

4. 错误检测

可以使用信道接入码、分组头的 HEC 校验和有效载荷的 CRC 校验来检测分组信息内的错误以及分组的发送错误。接收分组时，首先检测接入码，因为 64 bit 的同步码来源于 24 bit 的主设备 LAP，所以可以检测 LAP 是否正确，而且可以防止设备接收其他微微网的分组。HEC 和 CRC 用于检测信息错误和地址错误。UAP 一般包含在 HEC 和 CRC 检测中。即使一个分组具有相同的接入码(即通过了 LAP 检测)，但 UAP 检测没有通过，那么在 HEC 和 CRC 检测后仍将被丢弃。

3.2.5　蓝牙基带逻辑信道

蓝牙定义了 5 种逻辑信道：链路控制(Link Control，LC)信道、链路管理(Link manage，LM)信道、用户异步数据(User Asynchronization，UA)信道、用户等时数据(User Isochronous，UI)信道和用户同步数据(User Synchronization，US)信道，它们列于表 3-11 中。

表 3-11　逻 辑 信 道

逻辑信道	用于的链路	携带的信息	映射的物理信道	L_CH 取值	
链路控制(LC)信道	SCO 或 ACL 链路	ARQ、流量控制和有效载荷特征等低层 LC 信息	分组头(ID 分组无分组头)	(不可用)	
链路管理(LM)信道	SCO 或 ACL 链路	主从设备间交换的 LM 信息	ACL 或 DV 分组有效载荷	$(11)_b$	
用户异步数据(UA)信道	ACL 或 SCO (仅用于 DV 分组)链路	L2CAP 透明的异步数据		当 L2CAP 数据分段时：起始分组取$(10)_b$；后续分组取$(01)_b$ 当 L2CAP 数据不分段时取$(10)_b$	具有较高的优先级时可以中断 US 信道的传输
用户等时数据(UI)信道					
用户同步数据(US)信道	SCO 链路	透明的同步用户数据	SCO 分组有效载荷	(不可用)	

3.2.6　蓝牙基带收发规则

本节介绍发送(TX)、接收(RX)和流量控制这三种蓝牙基带收发规则。

1. 发送规则

TX 要分别进行 ACL 和 SCO 链路的处理。单个从设备时，TX 的 ACL 和 SCO 缓存器如图 3-17 所示。主设备为每个从设备都准备了一个独立的用于 ACL 链路的 TX 缓存器，还为每个从设备准备了一个或多个 SCO 链路 TX 缓存器；多个 SCO 链路既可以共用一个 SCO 链路 TX 缓存器，也可以有自己的 SCO 链路 TX 缓存器。每个 TX 缓存器包括两个先入先出(First In First Out，FIFO)寄存器，一个是链路控制器为了组合分组可以访问和读取的现态(Current)寄存器，另一个是链路管理器用来装载新信息的次态(Next)寄存器。开关 S1 和 S2 的位置用来决定寄存器处于现态还是次态，开关由链路控制器控制，FIFO 寄存器的输入和输出开关永远不会同时连接到同一个寄存器上。

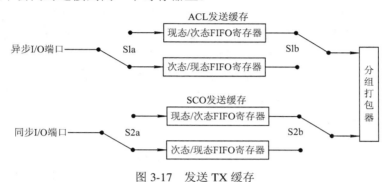

图 3-17　发送 TX 缓存

ACL 和 SCO 链路所有公共的分组中(ID、NULL、POLL、FHS 和 DM1)，只有 DM1 分组携带在链路控制器和链路管理器之间交换的有效载荷中的公共分组使用 ACL 缓存器。所有的 ACL(SCO)分组都使用 ACL(SCO)缓存器。在 DV 分组中，语音部分使用 SCO 缓存器，数据部分使用 ACL 缓存器。

1) ACL 通信

对于纯异步 ACL 数据通信，只需考虑 ACL 链路的 TX 缓存器，这时只使用 DM 或 DH 分组。数据速率的选择视链路的质量而定。链路质量好时，选择 DH 分组(无 FEC 纠错)；链路质量差时，选择 DM 分组(有 FEC 纠错)。ACL 链路的缺省类型是 NULL，这意味着如果没有数据要发送或没有轮询到从设备就发送 NULL 分组，这样就能够发送链路控制信息到其他的蓝牙设备，例如对接收的数据发送 ACK/Stop 信息。如果没有链路控制信息要发送，就无须发送任何分组。

ACL 链路发送分组时，链路管理器首先通过开关 S1a 把数据装载到寄存器，然后向链路控制器发送一个刷新(Flush)指令，强迫开关 S1 转换(S1a 和 S1b 同时转换)。需要发送有效载荷时，分组打包器读取现态寄存器数据，根据分组类型构造有效载荷并附加到 CAC 和分组头的后面。接收方通过响应分组返回接收的发送结果，当结果是 ACK 时，S1 就转换位置；结果是 NAK 时，S1 不转换位置(下一个 TX 时隙发送方重新发送该有效载荷)。

只要链路管理器对寄存器装载新的信息，链路控制器就自动地发送有效载荷，出现错误时，重传也自动地执行。当没有新的有效载荷要发送时，链路控制器将发送 NULL 分组或什么也不发送。如果没有新的有效载荷装入到次态寄存器，在最后的分组被确认之后，分组打包指示寄存器将为空，次态寄存器就转为现态寄存器。如果新的数据装入次态寄存器，就需要执行 Flush 指令，切换开关到合适的寄存器。只要在每个 TX 时隙之前链路管理器不断装载数据，开关 S1 受响应分组信息控制，链路控制器就自动处理数据。一旦链路管理器的业务被中断并发送缺省的分组时，就需要一个刷新指令来继续已中断的数据流。

在链路不好的情况下，可能需要多次重传。但是对于时间受限数据，由于链路错误一直重传就会发生超时，系统要决定是继续发送更多的当前数据还是跳过这些不能通过的数据，这也需使用 Flush 指令来实现。利用 Flush 指令，可以强迫开关 S1 切换，链路控制器不管接收方的响应结果也会强迫处理后面的有效载荷数据。

2) SCO 通信

SCO 链路只使用 HV 分组类型进行通信。缺省的 SCO 分组类型在 SCO 链路建立时由主从设备在链路管理层协商确定。SCO 链路发送分组时，同步端口连续地装载 SCO 缓冲器的次态寄存器。S1 开关根据 SCO 时隙 T_{sco} 间隔进行切换(T_{sco} 间隔在 SCO 链路建立时主从设备之间协商)。对每个新的 SCO 时隙，S2 开关切换后，分组打包器从现态寄存器读取数据。如果 SCO 已经用于主从设备之间发送较高优先级的控制信息，分组打包器就将丢弃 SCO 信息代之以这些控制信息，该控制信息必须以 DM1 分组发送。在主设备和 SCO 从设备间，数据和控制信息也可以使用 DV 或 DM1 分组传输，主设备可以使用任何类型的 ACL 分组发送数据和链路控制信息到其他 ACL 从设备。

3) 混合数据/语音通信

使用 DV 分组时，链路控制器从数据寄存器读取数据填充数据段，从语音寄存器读取语音填充语音段，然后切换开关 S2。开关 S1 的位置取决于链路传输的结果。如果没有数据发送，SCO 链路自动地从 DV 分组类型切换到 HV 分组类型(数据流中断时或新数据已经到达时要使用刷新指令)。若信道容量允许，就可以分别使用 ACL 和 SCO 链路实现组合语音数据的传输。

2. 接收规则

ACL 和 SCO 链路分别处理 RX 进程。与 ACL 链路 TX 缓存器相反，主设备对所有从设备共用一个 ACL 链路 RX 缓存器。SCO 缓存器的数量取决于实际 SCO 链路的数量。RX 进程如图 3-18 所示。

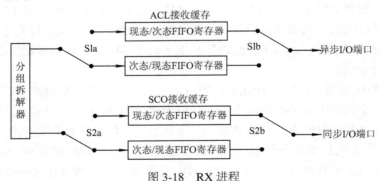

图 3-18　RX 进程

ACL 链路 RX 缓存器包括两个 FIFO 寄存器，一个用于链路控制器访问和装载最新的 RX 分组，另一个用于链路管理器读取先前的载荷。SCO 链路 RX 缓存器也包括两个 FIFO 寄存器，一个用来填充新到达的语音信息，另一个可以被语音处理单元读取。分组头 Type 字段指示当前分组是数据分组还是语音分组，分组拆解器可以自动地把数据送到合适的缓存器。链路管理器读取旧的寄存器之后，开关 S1 就切换。如果下一个有效载荷在 RX 寄存器清空之前到达，在下一个返回的 TX 分组的分组头中必须包括一个 Stop 指示。一旦 RX

寄存器清空，Stop 指示就清除。新的 ACL 有效载荷存储到 ACL 寄存器之前，必须检测 SEQN 字段。L_CH 中的刷新指示和广播信息将影响对 SEQN 的解释。S2 开关每隔 T_{SCO} 时间进行一次切换，如果由于分组头错误没有新语音载荷到达，切换仍旧继续进行。

3．流量控制

新的分组到达时，ACL 链路的 RX 缓存器可能已经处于满的状态，此时就需要流量控制来解决这个问题。但是 SCO 数据不受流量控制的限制。

1）收方控制

只要链路管理器没有清空 ACL 链路的 RX 缓存器，链路控制器就在返回分组头中插入 Stop 指示。当能够再次接收新的数据时，就返回 GO 指示(缺省值)。注意，即使在未返回 GO 指示时，不含有数据的任何类型的分组仍然可以接收。流量控制在收和发两个方向上分别进行，设备即使不能接收新的信息，仍可以发送信息。

2）发方控制

链路控制器收到 Stop 信号时将自动切换到缺省分组类型上，当前的 ACL 链路 TX 缓存器状态冻结。只要收到 Stop 指示就发送缺省分组。没有收到分组时，则默认为是 GO 指示。缺省分组包含接收方向的链路控制信息，而且可能包括语音信息。链路控制器收到 GO 指示时将恢复发送存储在 ACL 链路 TX 缓存器中的数据。当主设备与多个从设备通信时，如果某个从设备向主设备发送了 Stop 指示，那么主设备将停止向这个从设备发送数据。

4．比特流处理

数据通过射频发送之前，对分组头必须进行 HEC 保护、数据加扰和 FEC 编码等几种必须的操作，以提高通信的可靠性和安全性，接收端执行相反的处理过程进行检测，其过程如图 3-19 所示。数据加扰使分组比特序列随机化，可以降低直流 DC 偏移。

图 3-19　分组头数据收发处理过程

有效载荷的具体处理过程取决于分组类型，如图 3-20 所示。除了分组头使用的保护手段，有效载荷部分还可以使用加密。只有加扰和解扰对有效载荷是必须的，其他处理过程是可选的或者依赖于分组类型和模式，这些过程在图 3-20 中以虚线框表示。

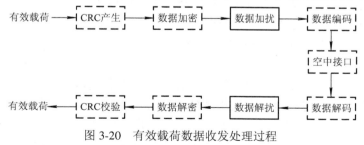

图 3-20　有效载荷数据收发处理过程

3.2.7　蓝牙基带信道控制和网络控制

1．链路控制器状态

蓝牙链路控制器的各种状态及其关系如图 3-21 所示。链路控制器有两个主要状态：待机(Standby)和连接(Connection)状态，另外还有7个子状态：寻呼(Page)、寻呼扫描(Pape Scan)、查询(Inquiry)、查询扫描(Inquiry Scan)、主设备响应(Master Response)、从设备响应(Slave Response)和查询响应(Inquiry Response)。子状态是中间的临时过渡状态。为了从一个状态转移到另一个状态，可以执行蓝牙链路控制器指令，也可以使用链路控制器内部的信号。

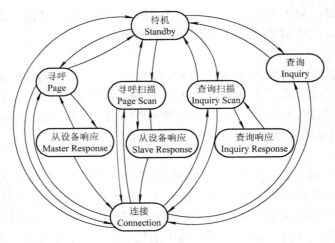

图 3-21　蓝牙链路控制器状态图

2．连接状态

连接状态是指连接已经建立，数据分组可以双向传输的状态。在这种状态下，通信的主从双方都使用主设备接入码和时钟，跳频方案采用信道跳频序列。

在连接状态的初始阶段，主设备发送一个轮询(Poll)分组来验证从设备是否已经切换到主设备的定时和信道频率上，从设备可以使用任何类型的分组进行响应。如果从设备没有收到 Poll 分组，或者主设备一段时间内没有收到从设备的响应分组，主从设备将分别回到寻呼和寻呼扫描状态。连接状态的第一个信息分组包括一些控制信息，指示链路特性和有关设备的详细描述，随后可以交替进行用户信息的收发操作。

链路控制器可以使用断开(Detach)和复位(Reset)指令从连接状态离开。Detach 指令使正常连接断开，但链路控制器的所有配置信息仍然有效。Reset 指令是硬件复位指令，链路控制器的所有配置信息都要刷新，必须经过重新配置才可以使用。

连接状态的设备可以处于四个操作模式中的一个，这四个模式为激活(Active)模式、呼吸(Sniff)模式、保持(Hold)模式和休眠(Park)模式。

1) 激活模式

处于激活模式的设备参与微微网的正常通信。主设备根据多个从设备的业务需求调整自身的数据发送，同时定期自动发送指令使从设备与自己同步。激活从设备检测主→从时隙发来的数据分组的激活成员地址(AM_ADDR)，若与自己的不匹配，从设备就进入睡眠(Sleep)状态，等待主设备的下一次发送。从设备根据分组类型，可以判断分组占用的时隙数，这样在主设备预留的时间内未编址的从设备就不必监听主→从时隙，从而降低了设备功耗。

2) 呼吸模式

呼吸模式是一种节能模式，可以减少从设备监听信道的时间。如果已经建立了 ACL 链路，处于呼吸模式的从设备只在主→从 ACL 时隙进行监听；处于呼吸模式下的主设备仅仅能够在某些特定的时隙向某个从设备发送数据，这些呼吸时隙的间隙周期记为 T_{Sniff}。

从设备在连续 $N_{Sniff\ Attempt}$ 次 T_{Sniff} 内进行监听，直到接收到匹配自身 AM_ADDR 的分组。一旦从设备收到一个匹配分组，它还将继续监听一定次数(取余下的 T_{Sniff} 时隙数和 $N_{Sniff\ Timeout}$ 的较大者)的 T_{Sniff}，接收匹配自身的分组。

主从设备为了进入呼吸模式，必须通过链路管理器协商一个呼吸指令(包含 T_{Sniff} 及其偏移 D_{Sniff})，随后使呼吸模式的定时与 SCO 链路的定时相同。

3) 保持模式

连接状态下的从设备可以暂时不使用 ACL 链路，进入保持模式。保持模式可以腾出设备资源以便用于扫描、寻呼、查询、加入其他微微网等操作。保持模式下的从设备保留 AM_ADDR。处于保持模式的从设备还可以进入低功耗的睡眠状态。

进入保持模式前，主从设备协商从设备处于保持模式的时间。从设备进入保持模式后启动定时器 holdTO，定时器到时从设备被唤醒并与信道同步，等待主设备指示。

4) 休眠模式

当从设备不需要加入一个微微网但希望保持信道同步时，可以进入低功耗休眠模式。该模式下的从设备放弃 AM_ADDR，使用 8 bit 休眠成员地址(Parked Member Address，PM_ADDR)和 8 bit 接入请求地址(Access Request Address，AR_ADDR)。

PM_ADDR 用于区别处于休眠模式的不同从设备，该地址用于主设备发起的解除休眠(UnPark)进程，除此之外，还可以用 48 bit 的 BD_ADDR 解除休眠。全 0 的 PM_ADDR 预留给那些使用 BD_ADDR 解除休眠的设备使用。一旦从设备被激活并获得一个 AM_ADDR 后，就放弃了 PM_ADDR。

进入休眠模式的从设备使用 AR_ADDR 发起解除休眠进程。AR_ADDR 不一定是惟一的。发送到处于休眠模式的从设备的所有消息由广播分组携带，因为这时休眠从设备已没有 AM_ADDR 可以寻址。处于休眠模式的从设备用 AR_ADDR 来决定接入定时窗口中从→外主的半时隙，以便发送接入请求信息。

处于休眠模式的从设备周期性地醒来监听信道，以便进行时钟同步和检测广播消息。为了支持处于休眠模式的设备的同步和信道接入，主设备有一种信标(Beacon)信道。信标结构(Beacon Structure)信息被发送到处于休眠模式的从设备，当信标结构发生变化时，休眠从设备通过接收广播消息进行更新。

除了低功耗特性，休眠模式还可使主设备连接多个从设备(多于 7 个)。在任何时候只有 7 个激活从设备，但通过激活从设备与处于休眠模式从设备的切换，实际连接的从设备数目可以更多，使用 PM_ADDR 时可以有 255 个从设备，使用 BD_ADDR 时从设备数目会更多。

5) 轮询机制

(1) 激活模式下进行轮询。主设备对微微网进行全面控制。由于使用的是时分双工 TDD 机制，从设备只能与主设备通信，而不能与其他的从设备通信。为了避免 ACL 链路冲突，只有在前一个主→从时隙中指定的从设备才允许在紧跟的从→主时隙中发送数据。如果 AM_ADDR 地址不匹配，或不能从先前的时隙中得到 AM_ADDR，从设备就不能进行数据发送。与 ACL 链路不同，SCO 链路上除非在前一个时隙中指定了其他的地址，否则允许从设备在预留的 SCO 时隙中发送数据。

(2) 休眠模式进行轮询。休眠模式下，假如前一个主→从时隙收到一个广播分组，处于休眠模式的从设备允许在接入定时窗口发送接入请求。激活从设备不能在广播分组之后的从→主时隙进行发送，以避免冲突。

6) 时隙预留机制

链路管理器使用 LMP 消息通过协商机制建立 SCO 键路，协商的内容包括 SCO 的 T_{SCO} 和 D_{SCO} 等重要定时参数。主设备为 SCO 分组的传输预留了 SCO 时隙，SCO 链路等效于同步面向连接通信。

7) 广播机制

主设备可以以广播的形式把消息送到微微网中的所有从设备。广播分组的标志是分组内 AM_ADDR 字段取值为 000。每个新的广播消息(可能包括多个分组)都有一个 Flush 指示(L_CH=10)。广播分组不需要从设备确认，在易于出错的环境中，主设备使用多次重传(重传 N_{BC} 次)来保证可靠性，如图 3-22 所示。

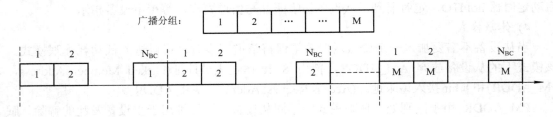

图 3-22　广播重传机制

3. 待机状态

待机状态是蓝牙设备的缺省低功耗状态，此状态下本地时钟以低精度运行。蓝牙设备可以从待机状态转到寻呼扫描状态，对其他设备的寻呼进行响应，进入连接状态，成为从设备；或者从待机状态转到查询状态，完成一个成功的寻呼，进入连接状态，成为主设备。

4. 接入过程

建立一个新的连接，必须使用查询和寻呼过程。查询过程使用 IAC，用于发现在设备覆盖区域内的设备以及设备的地址和时钟。连接过程使用 DAC，建立连接的设备将处理寻呼过程，成为主设备。

1) 查询过程

蓝牙设备通过查询来发现通信范围内的其他蓝牙设备。查询消息不包括查询设备的任何信息，但可指定 GIAC 和 DIAC 两种查询方式。GIAC 用于查询所有的设备，DIAC 用于对特定类型的设备查询。查询发起设备收集所有响应设备的地址和时钟信息。

一个设备如果要发现其他的设备时，就进入查询状态，该状态下的设备连续地在不同频点发送查询消息。查询跳频序列由从 GIAC 的 LAP 导出，这样，即使使用 DIAC，也要使用从从设备 GIAC 的 LAP 得到的跳频序列。一个设备为了使自己能被发现，就要周期性地进入查询扫描状态，以便响应查询消息。设备不一定非要响应查询消息，查询响应是可选的。

(1) 查询扫描。查询扫描状态下，接收设备扫描接入码的时间长度足以完成对 16 个频率的扫描。扫描区间的长度为 $T_{Window\ Inquiry\ Scan}$。扫描在一个频率上进行，查询过程使用 32

跳专用查询跳频序列，此序列由通用查询地址决定，相位由本地的时钟决定，每隔 1.28 s 变化一次。

除了扫描 GIAC，查询响应设备可以扫描一个或多个 DIAC，然而扫描要按照通用查询地址决定的查询序列进行。如果在查询区间中收到查询消息，设备就进入查询响应状态。

设备可以从待机状态或连接状态进入查询状态。在待机状态，没有连接建立，设备可以专门处理查询扫描，但对于从连接状态进入的情况，需要有足够的资源进行扫描，为此设备可以把 ACL 连接转换到保持模式或休眠模式，但最好不要中断 SCO 链路。此时若预留 SCO 时隙的优先级较高，查询扫描就可能被中断，可以通过增加扫描窗口的宽度来提高响应查询消息的可能性。若存在使用 HV3 分组的 SCO 链路并且 $T_{SCO}=6$ 时隙，总扫描窗口至少为 36 时隙(22.5 ms)；若存在两个使用 HV3 分组的 SCO 链路并且 $T_{SCO}=6$ 时隙，推荐总扫描窗口至少为 54 时隙(33.75 ms)。扫描区间定义为两个连续查询扫描之间的时间，最大为 2.56 s。

(2) 查询。设备通过查询来发现其他设备，与寻呼相似，查询使用相同的收发定时规则。TX 使用查询跳频序列，RX 使用查询响应跳频序列，这两个跳频序列都由发起设备的 IAC 和本地时钟决定。查询期间的设备要扫描查询响应信息，如果收到就读取整个响应分组，随后设备继续扫描其他查询响应信息。查询状态下的设备不对查询响应信息进行确认。查询状态在被链路管理器终止或查询超时 InquiryTO 之前将持续进行。

(3) 查询响应。只有从设备响应查询操作。主设备在发送查询消息期间监听从设备响应，读取响应信息后继续发送查询消息。从设备对查询的响应不同于从设备对寻呼的响应。处于查询扫描状态下的设备收到查询消息时必须返回一个包含自身地址的响应消息，该响应分组使用常规的包含了设备参数的 FHS 分组。当几个设备处于较近位置时，可能存在多个设备同时响应的冲突问题。

由于每个设备都有自己的时钟，因此它们使用的查询序列相位相同的可能性很小。为了避免多个设备在同一个查询跳频信道同时激活，从设备的查询响应使用了下面的规定：若从设备收到一个查询消息，就产生一个 0～1023 之间的随机数(RAND)，另外锁定当时的相位输入值进行跳频选择，从设备在此后的 RAND 时隙中返回到连接或待机状态。返回这些状态之前，设备可以经过强制的寻呼扫描状态。至少在 RAND 时隙之后，从设备返回到查询响应状态。

从设备收到第一个查询消息后就从查询扫描状态进入到查询响应状态，并向主设备返回一个 FHS 响应。InquiryTO 超时之前，如果没有扫描被触发，从设备返回到待机或连接状态。如果设备收到查询消息并返回一个 FHS 分组，它就在查询跳频序列的相位偏移值上加 1(相位的分辨率为 1.28 s)，之后再次进入查询扫描状态。如果从设备再次被触发，就使用一个新的随机数重复上面的过程。每返回一个 FHS 分组，时钟的偏移都要累加。在 1.28 s 的探测窗口内，从设备平均响应 4 次，但每次都是在不同的频率和时间。SCO 时隙比响应分组的优先级高，因此，如果响应分组与 SCO 时隙重叠，响应分组就不发送，而是等待下一个查询消息。

主设备使用查询接入码(自身时钟)发送一个查询消息，从设备用 FHS 分组响应，响应分组包括从设备的设备地址、本地时钟和其他从设备信息。FHS 分组是在半随机时隙返回的。查询过程中不对 FHS 分组进行确认，但只要主设备利用查询消息探测，从设备就在其他时间和频率重传该 FHS 分组。

如果设备使用可选的扫描机制进行扫描，使用 FHS 分组响应以后，就使用强制寻呼扫描机制进入寻呼扫描阶段，持续时间是 $T_{Mandatory\ Page\ Scan}$。每次查询响应发送时设备要启动一个定时器，最大时间是 $T_{Mandatory\ Page\ Scan}$，每次进行新的查询响应时定时器重置。即使它们不支持可选寻呼机制，在查询过程后使用强制寻呼扫描机制使得所有设备都能互联。此外使用强制寻呼扫描机制时，可以在 $T_{Mandatory\ Page\ Scan}$ 期间并行地执行可选的寻呼扫描机制。

$T_{Mandatory\ Page\ Scan}$ 周期包括在响应的 FHS 分组的 SP 字段(P_1，P_2，P_3)中，其值见表 3-12。

表 3-12　P_0、P_1 和 P_2 扫描周期模式的强制扫描周期

SP 模式	$T_{Mandatory\ Page\ Scan}$/s
P_0	≥20
P_1	≥40
P_2	≥60
保留	...

2) 寻呼扫描

寻呼扫描状态下的设备在扫描窗口 $T_{Window\ Page\ Scan}$ 内监听自己的 DAC。监听只在一个跳频点进行。$T_{Window\ Page\ Scan}$ 足够长，可以覆盖 16 个寻呼频点。

设备进入寻呼扫描状态时，根据寻呼跳频序列选择一个扫描频率，在一个频率上持续 1.28 s，再选择另一个不同的频率。如果在寻呼扫描状态中接收机相关器(Conrelator)输出超过门限值，设备就进行响应。

设备可以从待机状态或连接状态进入寻呼扫描状态。待机状态下由于没有建立连接，设备可以使用所有资源处理寻呼扫描。由连接状态进入寻呼扫描时，设备必须预留足够的资源来优先处理扫描。可以把 ACL 连接置于保持或者休眠模式，但 SCO 连接不能被寻呼扫描中断，相反，此时寻呼扫描可能被优先级高的 SCO 时隙中断。SCO 分组必须请求预留资源(最少是 HV3 分组级别的)，必须能够增加扫描窗口以减少建立连接的时延。如果存在一个使用 HV3 分组的 SCO 链路而且 T_{SCO}=6 时隙，那么总扫描窗口至少是 36 个时隙(22.5 ms)。如果存在两个使用 HV3 分组的 SCO 链路而且 T_{SCO}=6 时隙，推荐总扫描窗口至少是 54 个时隙(33.75 ms)。

扫描区间 $T_{Page\ Scan}$ 定义为两个连续的寻呼扫描之间的间隔，有三种情况，见表 3-13。

表 3-13　寻呼模式与 $T_{Page\ Scan}$ 和 N_{PAGE} 之间的关系

SR 模式	$T_{Page\ Scan}$	寻呼次数 N_{PAGE}
R_0	连续	≥1
R_1	≤1.28 s	≥128
R_2	≤2.56 s	≥256
预留	...	...

虽然 R_0 模式下扫描是连续的，但扫描可能会被预留的 SCO 时隙中断，扫描区间信息放在 FHS 分组的 SR 段内。

3) 寻呼

主设备使用寻呼发起一个主→从连接，通过在不同的跳频点上重复发送从设备 DAC 来捕获从设备，从设备在寻呼扫描状态被唤醒，接收寻呼。由于建立连接前主从设备时钟不同步，主设备不知道从设备是否处于激活状态，也不知道从设备使用什么跳频频率，因此它在不同频率发送相同的 DAC，并在发送的同时监听从设备响应信息。

　　主设备的寻呼过程包括使用从设备 BD_ADDR 来确定跳频序列，并使用此跳频序列与从设备通信。对于序列相位，主设备使用一个从设备 CLKE 的估计值以预测从设备什么时候被唤醒以及使用什么跳频频率。该估计值可以从与该设备最后一次通信的定时信息中得到，也可以根据查询过程得到。

　　尽管主从设备使用相同的跳频序列，但使用不同的相位，就不会冲突，但对从设备时钟的估计可能是完全错误的。为补偿时钟漂移误差，主设备可以在多个唤醒频率上的短时间间隔上发送寻呼信息，也可以在当前预测频率的前后频率上发送。每个 TX 时隙内主设备在两个不同的频率上发送。由于寻呼信息承载于只有 68 bit 的 ID 分组，因此有充足的时间来切换频率。在接下来的 RX 时隙，接收机监视两个 RX 跳频频率。RX 跳频频率是根据寻呼响应跳频序列来选择的。寻呼响应跳频序列严格地与寻呼跳频序列相关，也就是说，对于每个寻呼跳频频率必有一个相应的寻呼响应跳频。下一个 TX 时隙内主设备在另外的两个跳频频率上发送。跳频速率增加到 3200 跳/s。

　　4) 寻呼响应过程

　　当从设备成功地收到寻呼消息时，主从设备之间有一个粗略的跳频同步过程，主从设备进入一个响应过程交换关键消息。对微微网中的连接，最重要的是主从设备时钟同步并使用相同的 CAC 和跳频序列。表 3-14 是主从设备之间的初始消息交换过程。

表 3-14　主从设备之间的初始消息交换过程

步骤	消息	方向	跳频序列	接入码和时钟
1	从设备 ID	主→从	寻呼	从设备
2	从设备 ID	从→主	寻呼响应	从设备
3	FHS	主→从	寻呼	从设备
4	从设备 ID	从→主	寻呼响应	从设备
5	主设备第 1 分组	主→从	信道	主设备
6	从设备第 1 分组	从→主	信道	主设备

　　第一步：当主设备处于寻呼状态，从设备在寻呼扫描状态时，若主设备发送的寻呼消息到达从设备，一旦从设备确定是自己的 DAC，就进入第二步——从设备响应。有两种响应过程，分别如图 3-23、图 3-24 所示。

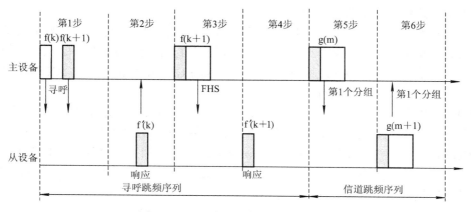

图 3-23　从设备响应第 1 个寻呼分组

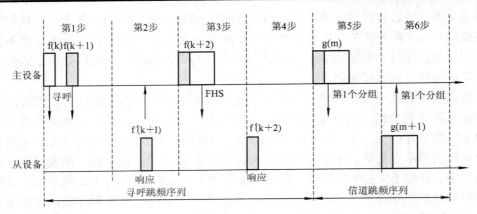

图 3-24　从设备响应第 2 个寻呼分组

主设备得到从设备的响应后，就进入第三步——主设备响应阶段。开始的消息交换过程中，所有参数都是由从设备 BD_ADDR 产生的，而且只使用寻呼跳频序列和寻呼响应跳频序列。另外主从设备进入到响应阶段时，它们的时钟就输入到寻呼消息中，并且不再进行寻呼响应跳频选择。

3.2.8　蓝牙基带收发定时

蓝牙射频收发器采用时分双工(Time Division Duplexing，TDD)机制，TDD 定时的精确性取决于蓝牙设备所处的模式(指理想的收发，忽略了定时抖动和时钟频率的不稳定性)。主设备发送分组的平均定时相对漂移(相对于理想的 625 μs 时隙)不能超过 20 ppm(百万分之二十)，瞬时定时不能偏离平均定时 1 μs。

1. 主从设备定时同步

微微网使用主设备系统本地时钟(CLKN)进行同步。微微网存在期间，主设备时钟不进行调整。主设备发送(TX)定时严格依赖于主设备时钟，因此主设备在连续的发送之间必须保持一个精确的 M×1250 μs 间隔(M 是自然数)。主设备接收(RX)定时依赖于主设备 TX 定时，RX 偏移为 N×625 μs(N 是正奇数)。对于主设备 RX 定时，主设备使用宽度为 ±10 μs 的漂移窗口，允许从设备有一定的 TX 定时偏差。主设备将在接收某一特定分组之前调整 RX 定时，但不调整后续收发定时。

从设备调整自身时钟与主设备时钟同步。从设备每收到一个分组，它与主设备的时钟偏移量就进行更新，通过比较收到分组的 RX 时刻与自身估计及 RX 时刻，从设备纠正时钟偏移误差。由于同步从设备的过程只需要信道接入码(CAC)，因此从设备 RX 时钟可以通过主→从时隙发送的任何分组进行调整。

从设备 TX 定时必须基于最近一次从设备 RX 定时，RX 定时基于主→从时隙的最近一次成功的通信。对于 ACL 链路，这次通信一定发生在当前从设备发送之前的主→从时隙上；对于 SCO 链路，该通信可能发生在几个主→从时隙之前，因为从设备允许即使在主→从时隙之前没有收到分组也发送一个 SCO 分组。只要定时误差在宽度为 ±10 μs 的漂移窗口内，从设备就能够接收一个分组并能调整分组。

若激活从设备在一段时间内无法接收到来自主设备的合法 CAC，它将增加漂移窗口宽度或使用预测定时漂移来增加接收主设备分组的概率。

2．连接状态

蓝牙收发器在连接状态交替地进行收发操作，如图 3-25 所示。图中只给出了单时隙分组的情况，根据分组类型和有效载荷，分组能够占用至多 366 μs(即单时隙分组至多 366 bit)，每个 RX 和 TX 在不同的跳频频率上进行。

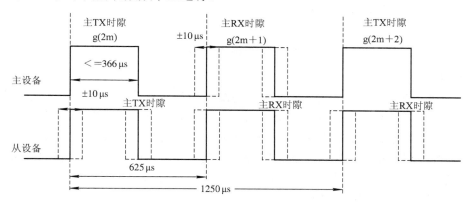

图 3-25　单时隙分组连接模式下主从设备收发定时

在 RX 时隙的开始，接收相关器在不确定窗口中寻找正确的 CAC，如果没有触发事件发生，接收器进入休眠状态，直到下一个 RX 事件发生；如果触发事件发生，接收机保持接收状态，并接收后面的分组。

3．从保持模式退回到激活模式

保持模式中的收发器既不发送也不接收数据，当从保持模式返回到连接模式时，从设备在发送信息之前必须侦听主设备，在这种情况下，查找窗口可以从 20 μs 增加到 X μs，如图 3-26 所示。为了减少同步时间，当从保持模式返回激活模式时，建议使用单时隙分组，特别是当长时间保持后，查找窗口可以超过 625 μs。

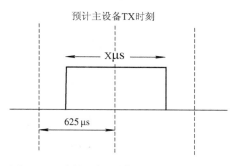

图 3-26　设备由保持模式返回的接收定时

4．解除休眠、呼吸模式

休眠和呼吸这两种模式与保持模式相似。处于休眠或者呼吸模式的从设备周期性地醒来，侦听主设备信号以便重新调整自身时钟。和由保持模式返回激活模式时相同，从设备从休眠或呼吸模式醒来时也要增加查询窗口，从 ±10 μs 增加到 X μs。

5．寻呼模式

进行寻呼的主设备向要连接的从设备发送相应的接入码(通过 ID 分组)，发送过程快且使用多个不同的频率。因为 ID 分组非常短，跳频速率可以从 1600 跳/s 增加到 3200 跳/s。一个 TX 时隙内进行寻呼的主设备使用两个频率，一个 RX 时隙内从设备要在两个频点上进行接收，如图 3-27 所示。

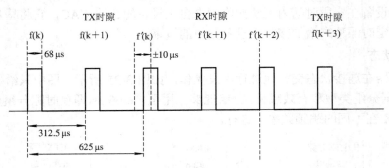

图 3-27　寻呼模式的收发定时

6. FHS 分组

在连接建立阶段和在主从转换时，主设备发送 FHS 分组到从设备，用于建立时间和频率同步。当从设备收到寻呼信息时，就在 625 μs 后立即发送一个包括 ID 分组的响应信息。主设备将在 RX 时隙后的 TX 时隙发送 FHS 分组，响应信息和 FHS 分组之间的时间差依赖于从设备收到的寻呼信息的定时。图 3-28 是从设备在主→从的第一个半时隙成功寻呼 FHS 分组定时的情况，图 3-29 是在第二个半时隙成功寻呼 FHS 分组定时的情况。在第一个寻呼消息和 FHS 分组间有 1250 μs 的延迟。

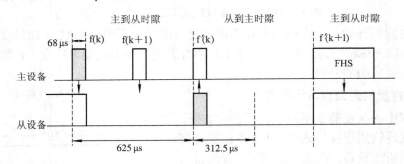

图 3-28　第一个半时隙成功寻呼 FHS 分组定时

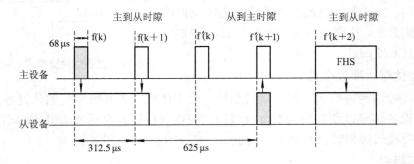

图 3-29　第二个半时隙成功寻呼 FHS 分组定时

7. 多个从设备的收发定时

当有多个从设备时，从设备要分时地与主设备进行通信。从设备只有当收到带有 AM_ADDR 的分组时，才在下一个从→主时隙中进行响应。在广播信息的情况下，不允许返回响应分组。多个从设备的收发定时如图 3-30 所示。

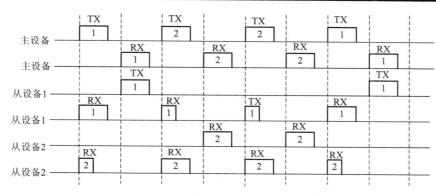

图 3-30　多个从设备的收发定时

3.2.9　蓝牙基带跳频选择

蓝牙采用跳频扩谱技术来避免工作在同一频段上的其他设备产生的干扰，跳频速率为 1600 跳/s，每个频点持续 625 μs。蓝牙主从设备在某一收发时刻使用相同的频率，收发双方在某一时刻确定采用 79 个跳频频点的哪一个就是蓝牙基带的跳频选择过程。

频率选择模块(Frequency Selection Module, FSM)就是用来完成跳频选择功能的。对于给定的国家模式，时钟输入决定了要使用哪一个频率以及何时使用这个频率，而实际的跳频序列选择通过地址输入来决定。以下分别讲述蓝牙设备处于连接、查询和寻呼三种状态下的地址输入。

1．连接状态的跳频选择

处于正常连接状态的微微网设备使用的跳频序列叫做信道跳频序列(Channel Hopping Sequence)。此时 FSM 的地址输入由微微网主设备 BD_ADDR 的低 28 bit 组成。信道跳频序列的周期非常长，但是在一小段时间内的跳频频点却是均匀分布的，从而满足跳频序列的伪随机要求。

一般情况下，FSM 每隔 625 μs 就从信道跳频序列中选择一个新的频率，即一个频率的驻留时间为 625 μs，称为一个时隙 T_{Slot}。一个单时隙分组可以在一个时隙内发送完毕，但是对于多时隙分组而言，频率的驻留时间将超过一个时隙，成为三时隙分组或者五时隙分组。

2．寻呼状态的跳频选择

微微网主设备通过寻呼(Page)操作来"邀请"其他设备组成微微网，使它们成为自己的从设备。主设备称为寻呼设备，从设备称为寻呼扫描设备或被寻呼设备。寻呼过程中的跳频选择序列称为寻呼跳频序列(Page Hopping Sequence)。寻呼设备和寻呼扫描设备都使用寻呼扫描设备的 BD_ADDR 低 28 bit(即 24 bit 的 LAP 和 UAP 的低 4 bit)，作为各自 FSM 的地址输入。寻呼跳频序列为一个均匀分布在 79 个跳频频点上的 32 个频点序列，周期是 32 跳。

3．查询状态的跳频选择

蓝牙设备通过查询操作来发现邻近的设备，查询过程中使用了查询跳变序列(Inquiring Hopping Sequence)。查询与查询应答设备使用"查询地址"的低 28 bit 作为各自的 FSM 地址输入。查询跳变序列由均匀分布在 79 个跳频频点上的 32 个频点组成。

3.2.10　蓝牙基带功率管理

对于嵌入式蓝牙技术的便携式设备来说，功率控制及管理是极其重要的。也就是说，实现同样的功能，蓝牙设备一定要越省电越好。蓝牙协议给出了一些低功耗操作和运行模式，包括分组微观操作和运行模式的宏观处理，都体现着蓝牙对于低功耗操作的管理特性。

1. 分组处理

为了降低功耗，收发双方都必须把分组处理降到最低。发送方通过只发送有用的数据来降低功耗。如果只要交换链路控制信息，就使用 NULL 分组。如果没有链路控制信息，或只有否定确认(NAK)，就什么也不发送。如果有数据要发送，有效载荷长度要适配，以便只传输有效数据。接收方分组的处理过程分成几个步骤：如果接收到的分组没有有效接入码，接收方的收发器将回到睡眠状态；否则就唤醒接收单元，处理分组头，如果 HEC 校验未成功，接收单元又重新回到睡眠状态。

2. 时隙占用

分组类型指示了该分组占用的时隙数目。主设备发送多时隙分组时，第一个时隙中的数据就可以指明接收该分组的从设备激活成员地址 AM_ADDR，其他未被指定的从设备将在该多时隙分组剩余的时隙内保持睡眠状态，以降低功耗。

3. 低功耗模式

蓝牙设备有三种低功耗模式：呼吸(Sniff)模式、保持(Hold)模式和休眠(Park)模式，它们的功耗依次降低。

3.2.11　蓝牙基带链路监控

用过手机的人都有这样的经历，当进行小区的切换或设备移出服务区时，会经常出现"掉线"的情况。这是因为手机移出基站的覆盖范围时，基站无法与手机联系，当超出一定时间后，基站就要切断与手机的链路以便腾出有限的无线电资源让处于同一小区内的其他设备使用。同样，蓝牙设备间的链路可能有多种原因(如设备移动出覆盖范围或功率条件比较差)发生中断，这些突发性的链路性能变化需要对链路两端进行监控，从而避免 AM_ADDR 重新分配给其他设备时造成的冲突。

为了监视链路的质量，主从设备双方都使用了链路监控定时器 $T_{Supervision}$，每当收到一个通过了 HEC 校验并且 AM_ADDR 正确的分组时，定时器复位。如果在连接状态某个时间定时器到达超时值 SupervisionTO，就要断开链路，重新建立连接。SCO 和 ACL 链路使用相同的超时值。SliP6YvisiollTO 在链路管理层协商，其取值比保持和呼吸模式的周期都要长。从设备休眠模式的链路监控由解除休眠(Unparking)和重新休眠(Reparking)过程来完成。

3.3　蓝牙主机控制器接口协议

蓝牙主机控制器接口(HCI)是蓝牙主机-主机控制器应用模式中蓝牙模块和主机间的软

硬件接口，它提供了控制基带与链路控制器、链路管理器、状态寄存器等硬件功能的指令分组格式(包括响应事件分组格式)以及进行数据通信的数据分组格式。

　　本节首先介绍蓝牙技术应用的两种集成方式，对蓝牙主机-主机控制器应用模式进行了描述；然后根据蓝牙规范 1.1 中的 HCI 规范介绍 HCI 层的分组格式(包括指令、事件和数据三种分组)，由于篇幅原因，没有对各条指令进行详细描述；接着介绍 HCI 传输层在四种接口形式上的实现，其中 USB、RS232 和 UART 是蓝牙规范 1.1 中定义的三种接口形式，而PC 卡在"蓝牙 PC 卡传输层"的白皮书作了功能性的描述；最后描述了 HCI 层的流控机制，并给出了一个 HCI 层的参考通信流程，通信的双方设备为 PC/单片机-蓝牙模块的形式，PC/单片机与蓝牙模块间通过 RS232/UART 接口相连。

3.3.1　蓝牙主机控制器接口概述

　　蓝牙技术集成到各种数字设备中的方式有两种：一种是单微控制器方式，即所有的蓝牙低层传输协议(包括蓝牙射频、基带与链路控制器、链路管理器)与高层传输协议(包括逻辑链路控制与适配协议、服务发现协议、串口仿真协议、网络封装协议等)以及用户应用程序都集成到一个模块当中，整个处理过程由一个微处理器来完成；另一种是双微控制器方式，即蓝牙协议与用户应用程序分别由主机和主控制器来实现(低层传输协议一般通过蓝牙硬件模块实现，模块内部嵌入式的微处理器称为主机控制器，高层传输协议和用户应用程序在写入的个人计算机或嵌入的单片机、DSP 等上运行，称为主机)，主机和主机控制器间通过标准的物理总线接口(如通用串行总线 USB、串行端口 RS232)来连接，如图 3-31 所示。

　　在蓝牙的主机-主机控制器连接模型当中，HCI作为蓝牙软件协议堆栈中软硬件之间的接口，提供了一个控制基带与链路控制器、链路管理器、状态寄存器等硬件的统一接口。当主机和主机控制器通信时，HCI 层以上的协议在主机上运行，而 HCI 层以下的协议由蓝牙主机控制器硬件来完成，它们通过 HCI 传输层进行通信。主机和主机控制器中都有 HCI，它们具有相同的接口标准。主机控制器中的 HCI 解释来自主机的信息并将信息发向相应的硬件模块单元，同时还将模块中的信息(包括数据和硬件/固件信息)根据需要向上转发给主机。蓝牙设备通过 HCI 进行数据收发通信的过程如图 3-32 所示。

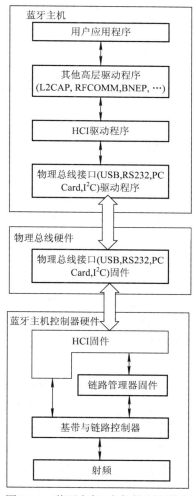

图 3-31　蓝牙主机-主机控制器模型

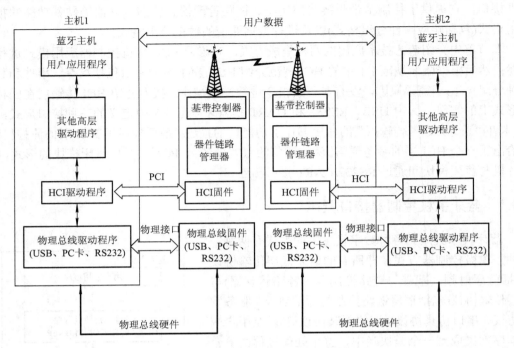

图 3-32　蓝牙软件协议堆栈的数据传输过程

3.3.2　蓝牙主机控制器接口数据分组

1. HCI 分组概述

主机和主机控制器之间是通过 HCI 收发分组(Packet)的方式进行信息交换的。主机控制器执行主机指令后产生结果信息，主机控制器通过相应的事件分组将此信息发给主机。

主机与主机控制器通过指令应答(Command Response)方式实现控制，主机向主机控制器发送指令分组。主机控制器执行指令后，通常会返回给主机一个指令完成事件分组(Command Complete Event Packet)，该分组携带有指令完成信息；对于有些分组，不返回指令完成事件分组，但返回指令状态事件分组(Command Status Event Packet)，用以说明主机发出的指令已经被主机控制器接收并开始处理；如果指令执行出错，返回的指令状态事件分组就会指示相应的错误代码。

2. HCI 分组类型

HCI 分组有三种类型：指令分组(Command Packet)、事件分组(Event Packet)和数据分组(Data Packet)。指令分组只从主机发向主机控制器；事件分组只从主机控制器发向主机，用以说明指令分组的执行情况；数据分组在主机和主机控制器间双向传输。

指令分组是主机发向主机控制器的指令，分为链路控制指令、链路策略指令、主机控制与基带指令、信息参数指令、状态参数指令和测试指令。

事件分组是主机控制器向主机报告各种事件的分组，包括通用事件(包括指令完成事件和指令状态事件)、测试事件、出错事件(如缓存刷新 Flush Occurred 和数据缓冲区溢出 Data Buffer Overflow)三种。

数据分组分为异步无连接(Asynchronization Connectionless，ACL)数据分组和同步面向连接(Synchronization Connection Oriented，SCO)数据分组两种。

3.3.3　蓝牙主机控制器接口

HCI 的六种指令分组为链路控制指令、链路策略与模式指令、主机控制与基带指令、信息指令、状态指令和测试指令。

1. 链路控制(Link Control)指令

主机控制器在建立和保持蓝牙微微网和散射网时，通过链路控制指令来控制与其相连的蓝牙设备的连接。链路控制指令的 OGF 代码都为 0x01。所有链路控制指令的简要描述列于表 3-15 中。

表 3-15　链路控制指令简表

指　　令	OCF	指令简要描述
Inquiry	0x0001	使蓝牙设备进入查询模式，用于搜索邻近的蓝牙设备
Inquiry_Cancel	0x0002	使处于查询模式的蓝牙设备取消查询
Periodic_Inquiry_Mode	0x0003	使蓝牙设备能够根据指定周期自动查询
Exit_ Periodic_Inquiry_Mode	0x0004	如果本地设备处于周期查询状态时，使设备终止周期查询模式
Create_Connection	0x0005	按指定蓝牙设备 BD_ADDR 创建 ACL 链路
Disconnect	0x0006	终止现有连接
Add_Sco_Connection	0x0007	利用连接句柄参数指定的 ACL 连接创建 SCO 连接
Accept_Connection_Request	0x0009	接收新的呼入连接请求
Reject_Connection_Request	0x000A	拒绝新的呼入连接请求
Link_Key_Requset_Reply	0x000B	应答从主机控制器发出的链路密钥请求事件，并指定存储在主机上的链路密钥作为与 BD_ADDR 指定的蓝牙设备进行连接使用的链路密钥
Link_Key_Requset_Negative_Reply	0x000C	如果主机上没有存储的链路密钥作为与 BD_ADDR 指定的蓝牙设备进行连接使用的链路密钥，就应答从主机控制器发出的链路密钥请求事件
PIN_Code_Request_Reply	0x000D	应答从主机控制器发出的 PIN 请求事件，并指定用于连接的 PIN
PIN_Code_Request_Negative_Reply	0x000E	当主机不能指定用于连接的 PIN 时，应回答从主控制器发出的 PIN 请求事件
Change_Connection_Packet_Type	0x000F	改变正在建立的连接的分组类型
Authentication_Requested	0x0011	在指定连接句柄关联的两个蓝牙设备之间建立身份鉴权
Set_Connection_Encryption	0x0013	建立和取消连接加密

指　令	OCF	指令简要描述
Change_Connection_ Link_Key	0x0015	强制关联了连接句柄的两个设备建立连接，并生成一个新的链路密钥
Master_Link_Key	0x0017	强制关联到连接句柄的两个设备利用主设备临时链路密钥或常规密钥
Remote_Name_Request	0x0019	获取远端蓝牙设备的名称
Read_Remote_Supported_Features	0x001B	请求远程设备所支持特征的列表
Read_Remote_Version_Information	0x001D	从远端设备读取版本信息
Read_Clock_Offset	0x001F	主机读取远程设备时钟信息

2．链路策略(Link Policy)指令

蓝牙主机控制器提供策略调整机制来支持多种链路模式，链路策略指令为主机控制器提供了如何管理微微网链路的方法。链路管理器使用键路策略指令来建立和维护蓝牙微微网和散射网。这些策略指令既能改变链路管理器的状态，又能使蓝牙远程设备链路连接发生变化。所有链路策略指令的 OGF 为 0x02。链路策略指令列于表 3-16 中。

表 3-16　链路策略指令简表

指　令	OCF	指令简要描述
Hold_Mode	0x0001	改变 LM 状态和本地及远程设备为主模式的 LM 位置
Sniff_Mode	0x0003	改变 LM 状态和本地及远程设备为呼吸模式的 LM 位置
Exit_Sniff_Mode	0x0004	结束连接句柄在当前呼吸模式里的呼吸模式
Park_Mode	0x0005	改变 LM 状态和本地及远程设备为休眠模式的 LM 位置
Exit_Park_Mode	0x0006	切换从休眠模式返回到激活模式的蓝牙设备
Qos_Setup	0x0007	指出连接句柄的服务质量参数
Role_Discovery	0x0009	蓝牙设备连接后确定自己的主从角色
Switch_Role	0x000B	蓝牙设备切换当前正在履行指定蓝牙设备特殊连接的设备角色
Read_Link_Policy_Setting	0x000C	为指定连接句柄读链路策略设置，链路策略设置允许主机控制器指定用于指定连接句柄的 LM 连接模式
Write_Link_Policy_Setting	0x000D	为指定连接句柄写链路策略设置，链路策略设置允许主机控制器指定用于指定连接句柄的 LM 连接模式

3．主机控制器与基带指令

主机控制器与基带指令提供了识别和控制各种蓝牙硬件的能力，包括如何控制蓝牙设备、主机控制器、链路管理器及基带，主机可利用这些指令改变本地设备的状态。所有主机控制器和基带指令的 OGF 都为 0x03。主机控制器与基带指令列于表 3-17 中。

表 3-17　主机控制器与基带指令

指　　令	OCF	指令简要描述
Set_Even_mask	0x0001	使主机可以过滤 HCI 产生的事件
Reset	0x0003	复位蓝牙主机控制器、链路管理器和基带链路管理器
Set_Even_Filter	0x0005	使主机指定不同事件过滤器
Flush	0x0008	针对指定连接句柄放弃所有作为当前的待传输数据,甚至当前是属于多个在主机控制器里的 L2CAP 指令的数据块
Read_Pin_Type	0x0009	主机读取指定主机的 PIN 类型是可变的还是固定的
Write_pin_Type	0x000A	主机写入指定主机支持的 PIN 类型是可变的还是固定的
Creat_New_Unit_Key	0x000B	创建新的单一密钥
Read_Stone_Link_Key	0x000D	提供读取存放在蓝牙主机控制器里的单个或多个链路密钥的能力
Write_Stone_Link_Key	0x0011	提供写入存放在蓝牙主机控制器里的单个或多个链路密钥的能力
Delete_Stone_Link_Key	0x0012	提供删除存放在蓝牙主机控制器里的单个或多个链路密钥的能力
Change_Local_Name	0x0013	修改蓝牙设备名称
Read_Local_Name	0x0014	读取存储的蓝牙设备名称的能力
Read_Connection_Accept_Timeout	0x0015	读取连接识别超时参数值,定时器终止后蓝牙硬件自动拒绝连接
Write_Connection_Accept_Timeout	0x0016	写入连接识别超时参数值,定时器终止后蓝牙硬件自动拒绝连接
Read_Page_Timeout	0x0017	读取寻呼响应超时参数值,本地设备返回连接失败前,该值是允许蓝牙硬件定义等待远程设备连接申请的时间
Write_Page_Timeout	0x0018	写入寻呼响应超时参数值,本地设备返回连接失败前,该值是允许蓝牙硬件定义等待远程设备连接申请的时间
Read_Scan_Enable	0x0019	读出允许扫描参数值,用于控制蓝牙设备是否周期性地对来自其他蓝牙设备的寻呼(和/或查询请求)进行扫描
Write_Scan_Enable	0x001A	写入允许扫描参数值—用于控制蓝牙设备是否周期性地对来自其他蓝牙设备的寻呼(和/或查询请求)进行扫描

续表

指　令	OCF	指令简要描述
Eead_Page_Scan_Activity	0x001B	读取寻呼扫描间隔和寻呼扫描区间参数
Write_Page_Scan_Activity	0x001C	写入寻呼扫描间隔和寻呼扫描区间参数
Read_Inquiry_Scan_Activity	0x001D	读取查询扫描间隔和寻查询扫描区间的结构参数
Write_Inquiry_Scan_Activity	0x001E	写入查询扫描间隔和寻查询扫描区间的结构参数
Read_Authentication_Enable	0x001F	读取鉴权允许参数值，用于控制蓝牙设备是否对每个连接进行鉴权
Write_ Authentication_Enable	0x0020	写入鉴权允许参数值，用于控制蓝牙设备是否对每个连接进行鉴权
Read_Encryption_Mode	0x0021	读取加密模型数值，用于控制蓝牙设备是否对每个连接进行加密
Write_ Encryption_Mode	0x0022	写入加密模型数值，用于控制蓝牙设备是否对每个连接进行加密
Read_Class_Device	0x0023	读取设备类参数值，用于了解设备的类特性
Write_ Class_Of_Device	0x0024	写入设备类参数值，用于改变设备的类特性
Read_Voice_Setting	0x0025	读取话音设置参数值，控制所有话音连接的各种设置
Write_ Voice_Setting	0x0026	写入话音设置参数值，控制所有话音连接的各种设置
Read_Automatic_Flush_timeout	0x0027	对指定的连接句柄，读取刷新超时参数值
Write_Automatic_Flush_timeout	0x0028	对指定的连接句柄，写入刷新超时参数值
Read_Num_Broadcast_Retranamissions	0x0029	读取设备的广播重发次数值，通过多次重传广播消息来提高广播消息的可靠性
Writr_Num_Broadcast_Retranamissions	0x002A	写入设备的广播重发次数值，通过多次重传广播消息来提高广播消息的可靠性
Read_Hold_Mode_Activity	0x002B	读取 Hold_Mode_Activity 参数值，该值用来确定 Hold 时挂起的活动
Write_ Hold_Mode_Activity	0x002C	写入 Hold_Mode_Activity 参数值，该值用来确定 Hold 时挂起的活动
Read_Transmit_Power_Level	0x002D	对指定的连接句柄,读取传输功率电平参数值
Read_SCO_Flow_Control_Enable	0x002E	读取 SCO 流量控制设置，通过使用该设置，主机控制器决定是否主机控制器发送与 SCO 连接句柄相关的完成分组事件的数量

4. 信息参数指令

信息参数是蓝牙硬件制造商固化在蓝牙芯片中的有关蓝牙芯片、主机控制器、链路管理器、基带等信息，这些信息是只读的，主机不能修改。信息参数指令的 OGF 都为 0x04。

5．状态参数指令

状态参数是有关主机控制器、链路管理器和基带当前状态的信息。主机不能修改这些参数(除复位为指定参数)，但是主机控制器可以修改它们。所有状态参数指令的 OGF 都为 0x05。

6．测试指令

测试指令用于测试蓝牙硬件的功能和设置测试条件。所有测试指令的 OGF 都为 0x06。

3.3.4 蓝牙主机控制器接口事件分组

事件分组是主机控制器向主机返回的用于说明指令执行状态和执行结果的分组。表3-18 列出了 HCI 事件分组(长度为一个字节)。

表 3-18 HCI 事件分组

事 件	事件码	时 间 简 述
查询完成事件	0x01	表示查询已完成
查询结果事件	0x02	表示在当前查询进程中已有一个或多个蓝牙设备应答
连接完成事件	0x03	指示构成连接的两主机已建立一个新的连接
连接请求事件	0x04	用于表示正在建立一个新的呼入连接
连接断开完成事件	0x05	当连接终止时连接
鉴权完成事件	0x06	当指定连接鉴权完成时发生
远程命令请求事件	0x07	用于表示远程命名请求已完成
加密改变事件	0x08	用于表示对于由 Connection_Handle 事件参数指定的连接句柄已完成加密事件
链路密钥改变完成事件	0x09	用于表示由 Connection_Handle 参数指定连接句柄的链路密钥改变已经完成
主单元链路密钥完成事件	0x0A	用于表示蓝牙主单元的临时链路密钥或半永久链路密钥改变已经完成
远端支持特性读取完成事件	0x0B	用于表示链路管理器进程已完成，该链路管理器包括由 Connection_Handle 事件参数指定远程蓝牙设备支持的特性
远程版本信息读取完成事件	0x0C	用于表示链路管理器进程已完成，该链路管理器包括由 Connection_Handle 事件参数指定远程蓝牙设备的版本信息
QoS 启用完成事件	0x0D	用于表示启用 QoS 的链路管理器进程已完成，该过程由 Connection_Handle 事件参数指定的远程蓝牙设备完成
指令完成事件	0x0E	由主机控制器为每一HCI 指令传递指令返回状态和其他事件参数
指令状态事件	0x0F	用于表示已收到 Command_OpCode 参数所描述的指令而且主机控制器正在执行该指令任务
硬件故障事件	0x10	用于表示蓝牙设备硬件故障类别
刷新事件	0x11	表示对于指定连接句柄，要传输的当前用户数据已删除

续表

事 件	事件码	时 间 简 述
角色改变事件	0x12	用于表示与特定连接相关的当前蓝牙角色已改变
完成指令事件数	0x13	完成指令事件数由主机控制器用于通知主机自前一完成指令事件发送后,对于每一连接句柄已完成了多少 HCI 数据指令
模式改变事件	0x14	用于指示与连接句柄相关的设备何时在激活、挂起、呼吸和休眠模式间变化
返回链路密钥事件	0x15	用于在使用 Read_Stored_Link_Key 指令后,返回保存的链路密钥
PIN 码请求事件	0x16	用于表示需要一个 PIN 以创建连接的新链路密钥
链路密钥请求事件	0x17	用于表示需要一链路密钥以建立与 BD_ADDR 指定设备的连接
链路密钥通知事件	0x18	用于通知主机与 BD_ADDR 指定设备连接的链路密钥已创建
回送指令事件	0x19	用于回送大多数主机发往主机控制器的指令
数据缓冲区溢出事件	0x1A	用于表示主机发出指令数超出允许数量,主机控制器数据缓冲区已溢出
时隙读取完成事件	0x1B	用于表示包含时隙信息的 LM 进程已完成
连接指令类型改变事件	0x1C	用于表示改变 Connection_Handle 所指定指令类型的链路管理器进程已完成
违反 QoS 事件	0x1D	用于表示链路管理器不能提供连接句柄的当前 QoS 要求
寻呼扫描模式改变事件	0x1E	表示采用指定 Connection_Handle 连接的远程蓝牙设备已成功改变 Page_Scan_Mode
寻呼扫描竞争模式改变事件	0x1F	表示采用指定 Connection_Handle 连接的远程蓝牙设备已成功改变 Page_Scan_Repetition_Mode
最大时隙改变事件	0x20	用于在 LMP_Max_Slots 值改变时将该值通知主机
(保留)	0xFE	用于蓝牙标识测试
(保留)	0xFF	用于厂商调试

3.3.5 蓝牙主机控制器接口传输层

1. HCI 传输层概述

HCI 传输层是指蓝牙主机和蓝牙主机控制器之间相连的物理接口。目前,蓝牙 HCI 传输层的物理接口有通用串行总线(Universal Serial Bus，USB)、串行端口(RS232)、通用异步收发器(Universal Asynchronous Receiver and Transmitter，UART)和个人计算机存储卡国际协会(Personal Computer Memory Card International Association，PCMCIA，PC 卡)，它们在蓝牙协议堆栈中的位置如图 3-33 所示。蓝牙设备可以采用一种或几种不同的物理接口来实现通信。

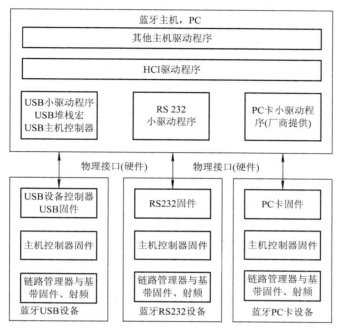

图 3-33　蓝牙 USB、RS232 和 PC 卡传输层

本节将介绍蓝牙 HCI 传输层规范，包括 USB、RS232、UART 和 PC 卡传输层。

2. HCI 的 USB 传输层

主机和蓝牙模块的关系如图 3-34 所示。这里讨论标有 USB 功能的双向箭头的实现技术的细节。USB 设备硬件能够以两种方式装入设备当中，一种是 USB 硬件狗(Dongle)，另一种是集成到笔记本电脑的主板上面。蓝牙 USB 设备之间的数据流如图 3-35 所示。

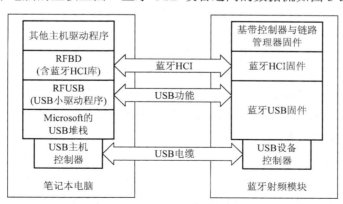

图 3-34　主机和蓝牙模块的关系

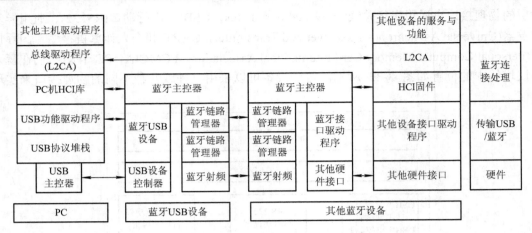

图 3-35　蓝牙设备间的数据流

1) HCI 的 USB 端点要求

(1) USB 端点描述符。蓝牙模块的 USB 固件由两个接口组成：接口 0 为固定设置，包含块(Bulk)传输端点和中断(Interrupt)传输端点；接口 1 提供可扩展的同步带宽占用方式，共有 4 种设置，缺省接口为空，以使设备能够支持非同步带宽占用方式。

(2) 控制端点要求。端点 0 用于配置和控制 USB 设备，还可以用于允许主机向主机控制器发送特定的 HCI 指令。当 USB 固件在具有蓝牙类别识别码的端点上接收到一个分组时，应该将分组视为一个 HCI 指令分组。

(3) 块端点要求。数据完整性是 ACL 数据的关键，所以 ACL 数据一般使用块传输端点。USB 总线上面的 BULK 端点在每毫秒内应该能够传输多个 64 字节分组。推荐的最大分组尺寸为 64 字节。BULK 端点能够进行检错和纠错。通过该管道的数据流可以流向多个从设备。为避免阻塞，推荐主机控制器采用类似于共享端点的流量控制模型。

(4) 中断端点要求。中断端点能够保证 HCI 事件分组以可预测和及时的方式传输，HCI 事件分组允许有一定的时延，中断传输会有 1 ms 的传输延时。

(5) 同步端点要求。同步端点用于传输 SCO 数据分组，对于 SCO 分组来说，时延要求是至关重要的。同步端点的推荐最大分组的最小值为 64 字节，但是如果不要求支持 3 条 16 bit 编码的语音信道，32 字节的最大分组尺寸也可以接受。

2) 蓝牙 USB 设备的类别码

蓝牙 USB 设备的类别码用于区分不同类型的蓝牙 USB 设备，这样就允许调用合适的驱动程序，以及通过控制端点来区分 HCI 指令和 USB 指令。

设备类别码(DeviceClass)为 0xE0，表示蓝牙无线控制器；设备子类码(Devicesubclass)为 0x01，表示蓝牙射频控制器；设备协议码(DeviceProtocol)为 0x01，表示蓝牙编程。

3. HCI 的 RS232 传输层

与蓝牙 USB 传输层进行比较可以发现，蓝牙 HCI 指令分组、事件分组和数据分组经过不同的 USB 端点传输，蓝牙 USB 主机可以区分不同的 HCI 分组类型，从而做出相应的处理。但是对于 RS232 来说，所有的数据收发都是分别经过 RX 和 TX 两条线，蓝牙 RS232 主机无法区分接收到的 HCI 分组究竟是哪一种分组，所以，通过蓝牙 RS232 主机的 HCI 分组必须附加特殊的标志用于区分其分组类型。这一特殊标志就是蓝牙 HCI RS232 分组指示器(Packet Indicator),它附加于每一种对应的 HCI 分组的最前面。

利用 RS232 接口进行数据传输之前,在 RS232 接口两端的设备应该双方协商波特率、奇偶校验类型等接口参数。实际应用中,主机最好采用主机控制器的默认值,如 Ericsson 的蓝牙模块 ROK101008 的 RS232 默认波特率就是 57 600 b/s。

1) 协商协议

在 RS232 发送任何数据之前,应当在主机控制器和主机之间协商波特率、奇偶校验类型、停止位和协议模式。主机首先发送一个使用最大建议值的协商分组。

协商过程可以在任何一端、任何时候再次启动,以便得到新的协商值,或者只是把新的 T_{Detect} 时间通知对方。当协商过程在数据传输过程中启动时,它将使用先前协商的设置来交换新的参数,而不是使用缺省值。

初始化参数:波特率为 9600 b/s;奇偶校验类型为"无校验";数据比特位数为 8 bit;停止位为 1 bit;决议模式取值为 0x13(与 HDLC 相类似的一种格式,具有 COBS/CCITT-CRC 校验)。

RS232 协商分组的格式如图 3-36 所示。"UART 设置和 ACK"字段列于表 3-19 当中,其中停止位取 0 表示 1 个停止位,取 1 表示 2 个停止位;校验使能取 0 表示关闭校验,取 1 表示打开校验;校验类型取 0 表示奇校验,取 1 表示偶校验;ACK 码取(000)$_b$ 表示请求,取(001)$_b$ 表示认可,取(010)$_b$ 表示不认可,(011)$_b$~(111)$_b$ 预留。

分组类型头 0x06(8 bit)	序列号(8 bit)	UART设置和 ACK(8 bit)	波特率 (16 bit)	T_{Detect}时间 (16 bit)	协议模式 (8 bit)

图 3-36 RS232 协商分组的格式

表 3-19 "UART 设置和 ACK"字段

Bit	0~1	2	3	4	5~7
说明	保留	停止位	校验使能	校验类型	ACK 码

波特率的计算方法是波特率 = 27 648 000/N,其中 N 为正整数,所以波特率的最大值为 27 648 000/1 = 27.648 Mb/s,最小值为 27 648 000/($2^{16}-1$) = 421.88 b/s。

如果使用 RTS/CTS 作为错误指示和重新同步的方式,发送器要求的最大检测时间为 T_{Detect},它包括检测 CTS 状态变化的时间和刷新发送缓冲区的时间,否则 T_{Detect} 表示本地中断时延。时间的单位为 100 ms。

"协议模式"字段列于表 3-20 当中。"所用的 CRC"字段取 0 表示分组后面不使用 CCITT-CRC 校验,取 1 表示分组后面使用 CCITT-CRC 校验(缺省)。"使用的定界符号"取 0 表示不使用定界符号 0x7E,取 1 表示和一致性开销字节填充(Consistent Overhead Byte Stuffing,COBS)一起使用定界符号 0x7E。"使用 RTS/CTS"字段取 0 表示不使用 RTS/CTS,取 1 表示使用 RTS/CTS。"RTS/CTS 模式"字段取 0 表示 RTS/CTS 用于错误指示和重新同步(缺省),取 1 表示不用于错误指示和重新同步。"使用错误恢复"字段取 0 表示不支持错误恢复,取 1 表示支持错误恢复(缺省)。若 RTS/CTS 用于同步,则错误恢复重新发送错误的分组和所有后面的分组。若使用 0x7E 定界符作为实现同步的机制,就只重新发送错误的分组。错误恢复不一定总成功,有可能发生超时和重传缓冲区满等情况。

表 3-20　　"协议模式"字段

bit	0	1	2	3	4	5~7
说明	所用的 CRC	使用的定界符号	使用 RTS/CTS	RTS/CTS 模式	使用错误恢复	保留用于以后扩展

2) 分组传输协议

根据实际的应用情况,进行分组传输时可以使用检错机制(如使用奇偶校验、CRC 校验)。

同步机制可以使用 RTS/CTS 或者定界符来实现。使用 RTS/CTS 可以减少 COBS 编码的计算时间,但是需要 2 根额外的铜线。若使用 3 芯线缆,不使用可编程 RTS/CTS,那么定界符、0x7E 就能够与 COBS 一起使用。

这两种方案的纠错能力差别不大。如果 RTS/CTS 再次用于同步,就简单地重发所有的分组,并将含有错误的分组作为起始分组。如果使用定界符发送端就只重发含错分组。可以选择不使用纠错功能,但当接收端检测到错误时,仍要将错误消息分组发到发送端。

蓝牙主机控制器可以只支持一种协议模式,但主机必须能够支持所有的协议模式。

3) 同步方式

(1) 使用含有 COBS 定界符协议的同步方式(协议模式 0x13)。在不能使用通过物理连接作为硬件流量控制的 RTS/CTS 或者 RTS/CTS 的情况下,一般采用类似于高级数据链路控制(High-level Data Link Control,HDLC)包含有 16 bit CRC 的数据帧和含有 COBS 的定界符 0x7E(COBS)作为检错和重新同步的手段。

CCITT-CRC 的 16 bit CRC 校验的多项式为 $x^{16}+x^{12}+x^5+1$,16 bit CRC 校验值附加在数据分组的后面,终止在定界符的前面。起始定界符的后面紧跟着一个分组类型指示字段。

蓝牙使用一种非常简单的纠错方法来降低开销。当接收或检测到一个错误时,接收端发送一个错误消息分组到发送端。该错误消息分组包含一个带有错误字段的序列号,序列号就是发送分组的序列号,但是不包含错误类型 0x81。错误序列号字段是一个 8bit 的字段,每当发送一个新的分组,该字段的值就加 1(重发分组不算,其序列号字段包含一个原始序列号)。

对分组进行排序是接收端的任务,接收端要过滤掉重发分组。如果接收端没有接收到某个分组,发送端在其重发保持缓冲器中就不能找到一个正确的序列号,它就可以使用错误类型代码 0x81 发送一个错误消息,告诉接收端重发分组的序列号已经丢失,接收端就可以检测丢失的分组。这时就不能执行完整的错误恢复,但是接收端可以检测到丢失的分组。

接收端的等待时间至少为"远端 T_{Detect} + 本地 T_{Detect} + 错误消息分组传输时间 + 重传分组时间"总和的 4 倍。当等待时间超时,接收端可以发送一个错误类型为 0x09 的分组重新进行请求,也可以简单地停止发送并通知高层用户。

使用含有 COBS 定界符协议同步方式的数据帧格式如图 3-37 所示。

BOF (0x7E)	分组类型 (8 bit)	序列号 (8 bit)	有效载荷	CRC (16 bit)	EOF (0x7E)

图 3-37　　使用含有 COBS 定界符协议同步方式的数据帧格式

(2) 使用 RTS/CTS 的同步方式(协议模式 0x14)。调制解调器的 RTS 和 CTS 这两个信号可以用来处理 HCI 分组的收发。在空调制解调器(Null Modem)模式下,RTS 和 CTS 这两根电缆连接在一起,即本地的 RTS 和远端的 CTS 连接在一起,本地的 CTS 和远端的 RTS 连接在一起。这两个信号的作用有二：一是指示检测到一个错误，二是用于重新开始同步。

HCI 分组只在 CTS 为 1 时发送，在 HCI 分组发送过程中或者在最后一个字节发送之后 CTS 变为 0 时，表示有错误存在。接收端一旦检测到错误就会放弃 RTS，并向发送端发送一个包含错误类型代码的错误消息分组，这个分组包含了错误字段的序列号，用于指示要重新发送分组的序列号(出错类型为"重新发送的分组序列号丢失"0x81 时除外)。

一旦发送端检测到 CTS 从 1 变为 0，就停止发送任何信息，等待接收错误消息分组。当接收端准备接收新的数据时，在最小的 T_{Detect} 时间就会放弃 RTS。协商过程中收发双方要交换 T_{Detect} 的值。本地 T_{Detect}、远端 T_{Detect} 和波特率三者一起用于估计重发缓冲区的队列长度。在接收端再次放弃 RTS 之前，要刷新 RX 缓冲区。

当发生错误时，要从错误的分组开始重发，序列号要与重发的分组相同。接收端负责对分组进行排序，滤除重复分组。重发分组时，如果重发保持缓冲区当中的分组序列号不正确，发送端将发送一个错误类型代码为 0x81 的错误消息分组，并跳到具有正确序列号的分组进行发送。这不能保证完全的错误恢复，但是在接收端可以检测到丢失的分组。

4. HCI 的 UART 传输层

UART 和 RS232 传输层都采用串行通信方式在蓝牙设备的主机控制器接口之间进行数据传输，两者间的区别在于应用环境。UART 传输层针对的环境是蓝牙芯片和主机在同一块印刷电路板上的情况，因此线路误码相对较少。RS232 传输层支持的是蓝牙芯片和位于不同实体中的主机进行通信的情况，距离较远并且具有较高线路误码率，因此 RS232 传输层对信号电气特性进行了规定。

使用 HCI 的 UART 传输层的前提是假设没有线路误码，因而与 HCI 的 RS232 传输层相比，其分组格式只有指令分组、ACL 数据分组、SCO 数据分组和事件分组四种，而没有错误消息分组和协商分组。与 HCI 的 RS232 传输层一样，HCI 的 UART 传输层也使用分组指示器来区分这四种分组，如表 3-21 所列。在 UART 传输层，HCI 分组紧跟在 HCI 分组指示器之后发送。

表 3-21 RS232 分组指示器

HCI 分组类型	RS232 分组指示器取值
HCI 指令分组	0x01
HCI ACL 数据分组	0x02
HCI SCO 数据分组	0x03
HCI 事件分组	0x04

UART 采用了 RS232 的接口参数设置：波特率由生产厂商确定；8 bit 数据位数量；无奇偶校验位；1 bit 停止位；流控信号为 RTS/CTS；流关闭响应时间由生产厂商确定。

RTS/CTS 信号用来阻止 UART 缓存的暂时溢出，它不应该用于 HCI 层的流控，因为 HCI 层有自身的流控机制。如果 CTS 是 1，则主机/主机换制器可以发送分组；如果 CTS 是 0，则不能发送分组。流关闭响应时间(Flow-off Response Time)定义了从 RTS 置 0 到字节流实际停止间的最大时间。

UART 信号线(与 RS232 相同)将以空调制解调器(Null Modem)的方式相连：本地 TXD 连到远端 RXD，本地 RTS 连到远端 CTS，反之亦然。

如果主机或主机控制器在通信过程中失去了同步，则需要进行复位(Reset)。丢失同步的标志是发现了错误的 HCI 分组指示器，或者 HCI 分组中的长度字段超出范围。在主机到主机控制器的方向发生同步丢失后，主机控制器将发送一个硬件错误事件(Hardware Error Event)分组通知主机，然后等待主机发来的复位命令(HCI_Reset Command)来执行复位。接下来主机控制器也将使用复位命令来重新开始同步。在主机控制器到主机的方向发生同步丢失后，主机将使用复位命令来对主机控制器进行复位，接着主机通过检查复位命令的命令完成事件来重新开始同步。

5. HCI 的 PC 卡传输层

蓝牙规范 1.1 中对 USB、RS232 和 UART 进行了标准化，但没有对 PC 卡接口进行定义，其中的一个原因是 SIG 不想限制这项技术的具体执行。但 SIG 还是发布了一份名为《蓝牙PC 卡传输层》的白皮书，对 PC 卡传输层的通用功能和软件要求作了描述。蓝牙 PC 卡传输层的功能如图 3-38 所示。

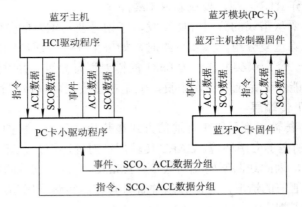

图 3-38　蓝牙 PC 卡传输层的功能

1) PC 卡传输层的分组类型

蓝牙 PC 卡传输层应该能传输 HCI 指令分组、事件分组、SCO 数据分组和 ACL 数据分组。PC 卡如何辨别这四种分组取决于 PC 卡的具体实现。

2) 蓝牙 PC 卡小驱动程序(Minidriver)要求

蓝牙 PC 卡使用小驱动程序(Minidriver)在 PC 卡和主机之间进行独立的数据收发，这就要求小驱动程序应该提供独立的收发接口。这些接口上端为 HCI 驱动程序，下端为物理 PC 卡总线。

(1) 与 HCI 驱动程序的接口。如果蓝牙 PC 卡设备生产厂商的 PC 卡小驱动程序(Minidriver)也实现了蓝牙软件协议堆栈的其余部分(PC 卡小驱动程序与 HCI 驱动程序的接口取决于生产厂商)，这种情况下，PC 卡小驱动程序不会单独存在，它集成在包含 HCI 驱动程序的其他驱动程序当中。如果蓝牙 PC 卡设备生产厂商仅仅提供了篮牙 PC 卡和小驱动程序，那么就必须保证与 HCI 驱动程序接口的兼容性。

(2) 与物理总线的接口。对于蓝牙 PC 卡小驱动程序的低层接口没有特别的限制。一般说来，蓝牙 PC 卡固件和 PC 卡小驱动程序由同一生产厂商提供。因此，PC 卡固件和小驱动程序不会存在互操作性问题。

3.3.6　蓝牙主机控制器接口通信流程

1. HCI 流量控制

HCI 的流量控制是为了管理主机和主机控制器中的有限资源并控制数据流量而设计的，

流量控制是由主机管理主机控制器的数据缓冲区，并通过动态调整每个连接句柄的数据流量来实现的。流量控制在主机和主机控制器之间，避免了传送到未应答远程设备的 ACL 数据溢出主机控制器数据缓冲区。

在两个蓝牙设备建立连接并进行数据通信之前，主机需通过发送 Read_Buffer_Size 指令进行初始化。该指令返回的两个参数 HC_ACL_Data_Packet_Length 和 HC_SCO_Data_Packet_Length 决定了主机能发往主机控制器的 ACL 和 SCO 两种数据分组长度的最大值(字节数目)；两个附加参数 HC_To Tal_NumSCO_Data_Packets 和 HC_Total_Num_ACL_Data_Packets 说明了主机控制器能接收的 ACL 数据分组和 SCO 数据分组的总数目。每隔一段时间，主机控制器就会自动向主机发 Number_of_Complete_Packets 事件，该事件的参数表明了对每个连接句柄已经处理的数据分组的数目。主机根据开始知道的总数，减去已经处理的分组数目，就可以计算出还能发多少数据分组，从而控制数据分组流量。在只有一个连接或处于本地回送的情况下，主机控制器利用已完成的数据指令事件控制主机发来的数据流。事件指令包括一个连接句柄列表和从事件返回后已经完成发送的 HCI 数据指令的应答数量。如果该事件没有返回指定连接句柄，则从连接创建开始。发送完成是指数据指令的传输、溢出和回送至主机。根据事件返回信息和存放在主机控制器的 Read_Buffer_Size 指令返回参数，主机决定后面 HCI 数据指令发送哪一个连接句柄。每次发送 HCI 数据指令以后，主机都假定对应于链路类型的主机控制器的一部分空闲缓存空间已被 HCI 数据指令占用。主机收到新的已完成数据指令事件，获取从上次事件返回以后减少的可用缓存空间大小，就可以计算当前实际可用缓存。当主机控制器在其缓存中存放有 HCI 数据指令时，它必须向主机周期性持续发送"已完成数据指令"事件，直到所有 ACL 数据指令都已送完毕或溢出。事件发送频率由厂商指定。注意：如果 SCO 流量控制失效，则"已完成数据指令"事件号就不能在 SCO 连接句柄中发送(参见 Read/Write_of_Flow_Control_Enable)。

对于每一连接句柄，数据都应按照它在主机内的创建顺序，以 HCI 数据指令的形式发送到主机控制器。主机控制器也以相同的顺序传输从主机收到的数据。同样，从其他设备收到的数据也可作相同处理，这就意味着应在连接句柄的基础上排序。对于每一连接句柄，数据顺序应与其创建时保持一致。

某种情况下，必须在主机控制器到主机的方向上采用流量控制。一般采用 Set_Host_Cotroller_to_Host_Flow_Control 指令关闭或打开流量控制。如果流量控制已打开，工作方式如上所述。初始化时，主机利用 Host_Buffer_Size 指令通知主机控制器发往主机的 HCI ACL 和 SCO 数据指令最大尺寸。

该指令还包括其他两个参数，用以通知主机控制器在主机数据缓存区中能够存储的 HCI ACL 和 SCO 数据指令的数量。主机就像主机控制器利用已完成数据指令量一样利用 Host_Number_of_Completed_Packets 指令。Host_Number_of_Completed_Packets 指令用于无流量控制指令可用的情况下，只要存在连接或处于本地回送模式时就可以发送该指令。这就使得流量控制可以以同样方式实现双工，而且不干扰正常指令流。

主机收到断开连接完成事件后，就可认定相对于返回的 Connection_Handle 而发送到主机控制器的 HCI 数据指令都已溢出，而且相应的数据缓存已被释放，主机控制器不必再以完成数据指令事件数量的形式通知主机。如果在从主机控制器到主机的方向上采用流量控制，主机将在发送 Disconnection_Complete 后，认定主机收到 Disconnection_Complete 时释放已发送的 Connection_Handle 所占用的缓存，主机不必再以 Host_Number_of_Completed_Packets 的形式将该信息通知主机控制器。

2. HCI 通信流程解析

这里介绍两个蓝牙设备进行数据通信的一般流程，开发者可以通过主机(PC 或单片机)的 RS232 或 USB 接口来控制主机控制器(模块)。最简单的 ACL 数据通信流程有 6 个步骤：蓝牙模块自身初始化、HCI 流量控制设置、查询、建立连接、进行数据通信和断开连接。参见图 3-39，图中初始化的指令和建立 ACL 连接的过程均省略，数据通信的过程不断重复进行，如果断开连接，则通信自动结束(图中没有显示断开连接)。蓝牙设备在初始化完成之后，打开流量控制，并通过 Host_Buffer_Size 指令来对流量控制进行配置，包括数据分组的长度等。此后，主设备查询周围的蓝牙设备，找到之后即可向其发出建立连接指令，建立 ACL 连接。成功建立连接之后就可以进行数据通信。在上述过程中，查询过程不一定存在(已经事先知道从设备的 BD_ADDR)，所以这只是一般的流程模型。如果在任何一条指令分组发出后，返回错误的事件分组，则指令需重发直到正确为止。

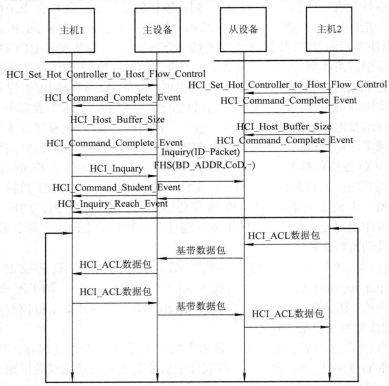

图 3-39　HCI 数据通信流程

若主机和主机控制器之间使用 RS232 接口，已经在 Ericsson ROK101008 模块上运行通过的 HCI 数据通信流程如下：

1) 蓝牙模块初始化

(1) Reset 指令分组：[0x 01 030C 00]。0x01 代表通过 HCI 的 RS232 传输层的数据分组为 HCI 指令分组；0x030C00 为 HCI 指令分组的内容；0x030C 为 Reset 指令操作码；0x00

为指令所带参数的长度，由于该指令参数长度为 0，因而后续没有任何参数。

返回的事件分组：[0x 04 0E 04 01 030C 00]。0x04 代表通过 HCI 的 RS232 传输层的数据分组为 HCI 事件分组；0x0E0401030C00 为 HCI 事件分组的内容。0x0E 表示该返回事件为指令完成事件；0x04 表示返回事件分组的参数长度为 4；0x01 表示当前可以从主机发往主机控制器的指令分组数目为 1 个；0x030C 指示了触发这一指令完成事件的指令为 0x030C(Reset)；0x00 表示指令执行正确。

(2) Read_Buffer_Size 指令分组：[0x01 0510 00)。0x01 代表通过 HCI 的 RS232 传输层的数据分组为 HCI 指令分组；0x051000 为 HCI 指令分组的内容。0x0510 为操作码(Read_Buffer_Size)；0x00 为指令参数长度，因为该指令参数长度为 0，所以后续没有任何参数。

返回的事件分组：[0x 04 0E 0B 01 0510 00 0A 00 000A 00 00 00]。0x04 代表通过 HCI 的 RS232 传输层的数据分组为 HCI 事件分组；0x0E0B010510000A00000A000000 为 HCI 事件分组的内容。0x0E 表示该返回事件为指令完成事件；0x0B 表示返回事件分组的参数长度为 11；0x01 表示当前可以从主机发往主机控制器的指令分组数目为 1 个；0x0510 指示了触发这一指令完成事件的指令为 0x0510(Read_Buffer_size);0x00 表示指令执行正确；0x000A 代表 HCI_ACL_Data_Packet_Length 为 10；0x00 代表 HCI_SCO_Data_Packet_Length 为 0；0x000A 代表 HCI_Total_Num_ACL_Data_Packet 为 10；0x000000 代表 HCI_Total_Num_SCO_Data_Packets 为 0。

(3) Set_Event_Filter 指令分组:[0x 01 050C 01 00]。0x01 代表通过 HCI 的 RS232 传输层的数据分组为 HCI 指令分组；0x050C0100 为 HCI 指令分组的内容。0x050C 为指令操作码(Set_Event_Filter)；0x0l 表示指令参数长度为 1；0x00 代表 Set_Event_Filter 指令中的参数 Filter_Condition_Type=0x00(清除事件过滤器)。

返回的事件分组:[0x 04 0E 04 01 050C 00]。0x04 代表通过 HCI 的 RS232 传输层的数据分组为 HCI 事件分组；0x0E0401050C00 为 HCI 事件分组的内容。0x0E 表示该返回事件为指令完成事件；0x04 表示返回事件分组的参数长度为 4；0x01 表示当前可以从主机发往主机控制器的指令分组数目为 1 个；0x050C 指示了触发这一指令完成事件的指令为 0x050C(Set_Event_Filter)；0x00 表示指令执行正确。

(4) Write_scan_Enable 指令分组：[0x 01 1A0C 01 03]。0x01 代表通过 HCI 的 RS232 传输层的数据分组为 HCI 指令分组；0x1A0C0103 为 HCI 指令分组的内容。0x1A0C 为指令操作码(Write_Scan_Enable)；0x01 表示指令参数长度为 1；0x03 代表 Write_Scan_Enable 指令中的参数 Scan_Enable=0x03(寻呼扫描、查询扫描都允许)。

返回的事件分组：[0x 04 0E 04 01 1A0C 00)。0x04 代表通过 HCI 的 RS232 传输层的数据分组为 HCI 事件分组；0x0E040l1A0C00 为 HCI 事件分组的内容。0x0E 表示该返回事件为指令完成事件；0x04 表示返回事件分组的参数长度为 4；0x01 表示当前可以从主机发往主机控制器的指令分组数目为 1 个；0x1A0C 指示了触发这一指令完成事件的指令为 0x050C(Write_Scan_Enable)；0x00 表示指令执行正确。

(5) Write_Authentication_Enable 指令分组：[0x 01 200C 01 00]。0x01 代表通过 HCI 的 RS232 传输层的数据分组为 HCI 指令分组；0x200C0100 为 HCI 指令分组的内容。0x200C 为指令操作码(Write_Authen tication_Enable)；0x01 表示指令参数长度为 1；0x00 代表

Write_Authentica tion Enable 指令中的参数 Authentication_Enable=0x00(鉴权禁止，默认值)。

返回的事件分组：[0x 04 0E 04 01 200C 00]。0x04 代表通过 HCI 的 RS232 传输层的数据分组为 HCI 事件分组；0x0E0401200C00 为 HCI 事件分组的内容。0x0E 表示该返回事件为指令完成事件；0x04 表示返回事件分组的参数长度为 4；0x01 表示当前可以从主机发往主机控制器的指令分组数目为 1 个；0x200C 指示了触发这一指令完成事件的指令为 0x200C(Write_Authentication_Enable)；0x00 表示指令执行正确。

(6) Write_Voice_Setting 指令分组：[0x 01 260C 02 60 00]。0x01 代表通过 HCI 的 RS232 传输层的数据分组为 HCI 指令分组；0x260C026000 为 HCI 指令分组的内容。0x260C 为指令操作码(Write_Voice_Setting)；0x02 表示指令参数长度为 2；0x6000 代表 Write_Voice_Setting 指令中的参数 Voice_Setting＝0x0060(只取 10 bit 二进制：00 01 10 00 00，9～10 bit(00)代表输入编码为线性，7～8 bit(01)代表输入数据格式为补码，第 6 bit(1)代表输入量化阶数为 16，3～5 bit(000)代表 Linear_PCM_Bit_Pos 为 0，1～2 bit(00)代表射频编码格式为 CVSD)。

返回的事件分组：〔0x 04 0E 04 01 260C 00〕。0x04 代表通过 HCI 的 RS232 传输层的数据分组为 HCI 事件分组；0x0E0401260C00 为 HCI 事件分组的内容。0x0E 表示该返回事件为指令完成事件；0x04 表示返回事件分组的参数长度为 4；0x01 表示当前可以从主机发往主机控制器的指令分组数目为 1 个；0x260C 指示了触发这一指令完成事件的指令为 0x260C(Write_Voice_Setting)；0x00 表示指令执行正确。

(7) Set_Event_Filter 指令分组：〔0x 01 050C 03 02 00 02〕。0x01 代表通过 HCI 的 RS232 传输层的数据分组为 HCI 指令分组；0x050C03020002 为 HCI 指令分组的内容。0x050C 为指令操作码(Set_Event_Filter)；0x03 表示指令参数长度为 3;0x02 代表 Set_Event_Filter 指令中的参数 Filter_Type=0x02(连接设置)；0x00 代表 Set_Event_Filter 指令中的参数 Inquiry_Result_Filter_Condition_Type=0x00(响应查询过程的新设备);0x02 代表 Set_Event_Filter 指令中参数 Connection_Setup_Filter_Condition_type=0x02(允许指定 BD_ADDR 的设备连接)。

返回的事件分组：〔0x 04 0E 04 01 050C 00〕。0x04 代表通过 HCI 的 RS232 传输层的数据分组为 HCI 事件分组；0x0E0401260C00 为 HCI 事件分组的内容。0x0E 表示该返回事件为指令完成事件；0x04 表示返回事件分组的参数长度为 4；0x01 表示当前可以从主机发往主机控制器的指令分组数目为 1 个；0x050C 指示了触发这一指令完成事件的指令为 0x050C(Set_Event_Filter)；0x00 表示指令执行正确。

(8) Write_Connection_Accept_Timeout 指令分组：[0x 01 160C 02 00 20]。0x01 代表通过 HCI 的 RS232 传输层的数据分组为 HCI 指令分组；0x160C020020 为 HCI 指令分组的内容。0xl60C 为操作码(Write_Connection_Accept_Timeout)；0x02 表示指令参数长度为 3；0x0020 代表 Write_Connection_Accept_Timeout 指令中的参数 Connection_Accept_Timeout＝0x2000。

返回的事件分组：[0x 04 0E 04 01 160C 00]。0x04 代表通过 HCI 的 RS232 传输层的数据分组为 HCI 事件分组；0x0E0401260C00 为 HCI 事件分组的内容。0x0E 表示该返回事件为指令完成事件；0x04 表示返回事件分组的参数长度为 4；0x01 表示当前可以从主机发往主机控制器的指令分组数目为 1 个；0x050C 指示了触发这一指令完成事件的指令为 0x050C(Set_Event_Filter)；0x00 表示指令执行正确。

(9) Write_Page_Timeout 指令分组：[0x 01 180C 02 00 30]。0x01 代表通过 HCI 的 RS232

传输层的数据分组为 HCI 指令分组；0x180C020030 为 HCI 指令分组的内容。0x180C 为指令操作码(Write_Page_Timeout)；0x02 表示指令参数长度为 3；0x0030 代表 Write_Page_Timeout 指令中的参数 Paeg_Timeout=0x3000。

返回的事件分组：[0x 04 0E 04 01 180C 00]。0x04 代表通过 HCI 的 RS232 传输层的数据分组为 HCI 事件分组；0x0E0401260C00 为 HCI 事件分组的内容。0x0E 表示该返回事件为指令完成事件；0x04 表示返回事件分组的参数长度为 4；0x01 表示当前可以从主机发往主机控制器的指令分组数目为 1 个；0x180C 指示了触发这一指令完成事件的指令为 0x180C(Write_Page_Timeout)；0x00 表示指令执行正确。

2) 流量控制设置

流量控制需要 Set_Host_Controller_to_Host_Flow_Control 和 Host_Buffer_Size 两条指令来完成。

3) 查询

主设备在与其他蓝牙设备创建连接之前要使用查询指令来检测周围是否存在其他蓝牙设备，所用 HCI 指令为 Inquiry。此指令分组将会返回 3 个事件分组，均以十六进制数表示。

(1) 查询指令分组：[0x 01 0104 05 338B9E 10 00]。0x01 代表发送分组类型为 HCI 指令分组；0x0104 为操作码(OpCode)；0x05 为参数长度；0x338B9E 为 LAP 输入参数(包含单进行查询过程时从查询访问码中得到的 LAP)；0x10 为 Inquiry_Length 参数，表示最长持续时间，范围为 0x01~0x30(时间单位为 1.28s，范围为 1.28~61.44s)；0x00 为 Num_Response 参数的缺省值，表示不限制响应数，也可设定最大应答次数。

(2) 返回的 HCI 指令状态事件分组:[0x 04 0F 04 00 01 0104]。0x04 代表事件分组类型为 HCI 事件分组；0x0F 为事件码；0x04 代表返回事件分组的长度；0x00 是返回事件的状态参数，表示指令成功；0x01 表示返回事件的序列号；0x0104 是查询指令的操作码。

(3) 返回的查询结果事件分组：[0x 04 02 0F 01 BD_ADDR [6] 01 00 0000 00 00 00 B9 59]。0x04 代表事件分组类型；0x02 表示事件码；0x0F 代表返回事件分组的长度；0x01 是 Num_Responses 表示有一个设备应答；此后为 6 字节的蓝牙地址；然后分别为 1 字节的 Page_Scan_Repetion、1 字节的 Page_Scan_Period_Mode、1 字节的 Page_Scan_Mode [1]、3 字节的 Class_of_Device 和 2 字节的 Clock_Off set 参数。

(4) 查询完成事件分组：[0x04 01 01 00]。0x04 为分组类型代码；0x01 为事件码；0x01 表示查询到一个设备；0x00 表示指令成功的状态位。

4) 创建连接

使用创建连接指令(Create_Connection)，使主单元与指定的目的地址对应的蓝牙单元建立连接。该指令分组将会返回 Command_Status_Event 和 Connection_Complete_Event 两个事件分组。

(1) 创建连接指令分组：[0x 01 0504 0D BD_ADDR [6] 0800 00 00 00 000000]。0x01 代表发送分组类型为 HCI 指令分组；0x0504 为操作码；0x0D 为参数长度；BD_ADDR [6] 为要与之建立连接的 6 bit 蓝牙设备地址；0x0800 表示传送的分组类型为 ACL DM1 包；0x00 表示寻呼查询重复模式；0x00 表示寻呼查询模式为强制性的；0x0000 表示无时钟偏移；0x00 表示不允许角色转换。

(2) 返回的 HCI 指令状态事件分组：[0x 04 0F 04 00 01 0504]。0x04 代表接收分组类型

为 HCI 事件分组；0x0F 为事件码；0x04 代表返回事件分组的长度；0x00 是返回事件的状态参数，表示指令成功；0x01 表示返回事件的序列号；0x0504 是连接指令的操作码。

(3) 返回的 HCI 连接完成事件分组：[0x 04 03 0B 00 0100 BD_ADDR [6] 01 00]。0x04 代表接收分组类型为 HCI 事件分组；0x03 为连接完成事件码；0x0B 代表返回事件分组的长度；0x00 是返回事件的状态参数，表示指令成功，即连接成功建立；0x0100 为连接句柄；BD_ADDR[6]为要连接的 6 bit 蓝牙设备地址；0x01 表示连接类型；0x00 表示不加密。

5) 数据传输

连接成功建立之后，就可以进行数据传输了。两个蓝牙设备可以相互发送 ACL 数据分组，ACL 数据分组格式为：0x 02 01 20 Data_Length [2] Data，其中 0x02 表示 ACL 分组类型，0x0120 的低 12 bit 为连接句柄(0x0100)，高 4 bit 分别是 2 bit 的 PB 标志和 2 bit 的 BC 标志，PB 为 0x01，BC 为 0x00；Data_Length 表示数据长度，占用两字节；Data 为数据内容。

6) 断开连接

主设备和从设备都可以发出断开连接的指令 Disconnect，有两个事件分组返回。

(1) 断开连接　HCI 指令分组：[0x 01 0604 03 0100 13]。0x01 代表发送分组类型为 HCI 指令分组；0x0604 为指令操作码；0x03 为参数长度；0x0100 为连接句柄；0x13 为断开连接的原因。

(2) 返回的　HCI 指令状态事件分组：[0x 04 0F 04 00 01 06 04]。0x04 代表事件分组类型为 HCI 事件分组；0x0F 为事件码；0x04 代表返回事件分组的长度；0x00 是返回事件的状态参数，表示指令成功；0x01 表示返回事件的序列号；0x0604 是断开连接指令的操作码。

(3) 返回的 HCI 断开连接完成事件分组：[0x 04 05 04 00 0100 16]。0x04 为分组类型代码；0x05 为事件码；0x04 表示参数长度；0x00 为状态位，表示断开连接成功；0x0100 为连接句柄；0x16 为断开连接原因。

3.4　蓝牙逻辑链路控制与适配协议

基带协议和链路管理器协议属于低层的蓝牙传输协议，其侧重于语音与数据无线通信在物理键路的实现，在实际的应用开发过程中，这部分功能集成在蓝牙模块中，对于面向高层协议的应用开发人员来说，并不关心这些低层协议的细节。同时，基带层的数据分组长度较短，而高层协议为了提高频带的使用效率通常使用较大的分组，二者很难匹配，因此，需要一个适配层来为高层协议与低层协议之间不同长度的 PDU(协议数据单元)的传输建立一座桥梁，并且为较高的协议层屏蔽低层传输协议的特性。这个适配层经过发展和丰富，就形成了现在蓝牙规范中的逻辑链路控制与适配协议层(Logic Link Control & Adapatation Protocol)，即 L2CAP 层。本章将对 L2CAP 层提供的高层协议的多路复用、数据分组的分段与重组以及服务质量信息的传递等功能进行介绍。

3.4.1　蓝牙逻辑链路控制与适配协议概述

L2CAP 层位于基带层之上，它将基带层的数据分组转换为便于高层应用的数据分组格式，并提供协议复用和服务质量交换等功能。L2CAP 层屏蔽了低层传输协议中的许多特性，有些概念对于 L2CAP 层已经变得没有意义了，例如对于 L2CAP 层，主设备和从设备的通信完全是对等的，并不存在主从关系的概念。

图 3-40 表示 L2CAP 层在典型的蓝牙设备模型中所处的位置。需指出，并不是所有的蓝牙设备都一定包含主机控制器(Host Controller)和 HCI(Host Controller Interface)层，此外，HCI 层也可以位于 L2CAP 层之上。

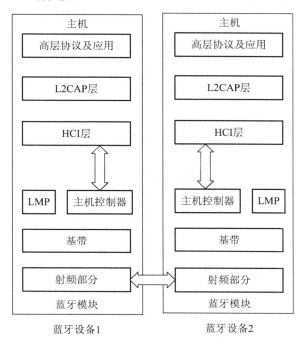

图 3-40 L2CAP 层在蓝牙设备通信模型中的位置

L2CAP 层只支持 ACL(异步无连接)数据的传输，而不支持 SCO(同步面向连接)数据的传输。L2CAP 层可以和高层应用协议之间传输最大为 64 kB 的数据分组(L2CAP 层上的 DU)，L2CAP 层上的 DU 到达基带层之后被分段，并由 ACLBB_PDU 传送。

L2CAP 层本身不提供加强信道可靠性和保证数据完整性的机制，其信道的可靠性依靠基带层提供。如果要求可靠性的话，则基带的广播数据分组将被禁止使用，因此，L2CAP 层不支持可靠的多点传输信道。

L2CAP 层的主要功能归纳如下。

1．协议复用(Protocol Multiplexing)

由于低层传输协议没有提供对高层协议的复用机制，因而对于 L2CAP 层，支持高层协议的多路复用是一项重要功能。L2CAP 层可以区分其上的 SDP、RFCOMM 和 TCS 等协议。

2．分段与重组(Segmentation and Reassembly)

L2CAP 层帮助实现基带的短 PDU 与高层的长 PDU 的相互传输，但事实上，L2CAP 层本身并不完成任何的 PDU 的分段与重组，具体的分段与重组由低层和高层来完成。一方面，L2CAP 层在其数据分组中提供了 L2CAP 层 PDU 的长度信息，使得其在通过低层传输之后，重组机制能够检查出是否进行了正确的重组；另一方面，L2CAP 层将其最大分组长度通知高层协议，高层协议依此对数据分组进行分段，保证分段后的数据长度不超过 L2CAP 层的最大分组长度。

3．服务质量(Quality of Service，QoS)信息的交换

在蓝牙设备建立连接过程中，L2CAP 层允许交换蓝牙设备所期望的服务质量信息，并在连接建立之后通过监视资源的使用情况来保证服务质量的实现。

4．组抽象(Group Abstraction)

许多协议包含地址组(a Group of Addresses)的概念。L2CAP 层通过向高层协议提供组抽象，可以有效地将高层协议映射到基带的微微网上，而不必让基带和链路管理器直接与高层协议打交道。

3.4.2　蓝牙逻辑链路控制与适配协议的信道

不同蓝牙设备的 L2CAP 层之间的通信是建立在逻辑链路的基础上的。这些逻辑链路被称为信道(Channel)，每条信道的每个端点都被赋予了一个信道标识符(Channel Identifier，CID)。CID 在本地设备上的值由本地管理，为 16 bit 的标识符。当本地设备与多个远端设备同时存在多个并发的 L2CAP 信道时，本地设备上不同信道端点的 CID 不能相同。本地设备在分配 CID 时不受其他设备的影响(一些固定的和保留的 CID 除外)，这就是说，已经分配给本地的某个 CID 也可以被与之相连的远端设备分配给其他信道，这不影响本地设备与这些端点的通信。

L2CAP 信道有三种类型：面向连接(Connection Oriented，CO)信道，用于两个连接设备之间的双向通信；无连接(Connection Less，CL)信道，用来向一组设备进行广播式的数据传输，为单向信道；信令(Signaling)信道，用于创建 CO 信道，并可以通过协商过程改变 CO 信道的特性。信令信道为保留信道，在通信前不需要专门地连接建立过程，其 CID 被固定为"0x0001"。CO 信道通过在信令信道上交换连接信令来建立，建立之后，可以进行持续的数据通信，而 CL 信道则为临时性的。CID 对于信道的分配规则参见表 3-22。此外，0x0000没有分配，0x0003～0x003F 为预留的 CID，用于特定的 L2CAP 功能。

表 3-22　CID 分配规则

信道类型	本地 CID	远端 CID
CO 信道	动态分配：0x0040～0xFFFF	动态分配：0x0040～0xFFFF
CL 信道	动态分配：0x0040～0xFFFF	0x0002
信令信道	0x0001	0x0001

图 3-41 演示了三个蓝牙设备间的 L2CAP 信道及各自端点的 CID。图中设备 1 与设备3、设备 2 与设备 3 之间的信令信道未标出。为了说明 CID 的分配原则，图中有意使用了重复的 CID 值 0x0347 和 0x0523。事实上，只要任意两个蓝牙设备间的一组 L2CAP 信道的端点没有相同的 CID 值即可，而这些 CID 值允许被相连的第三方蓝牙设备的 L2CAP 信道的本地端点重复使用。

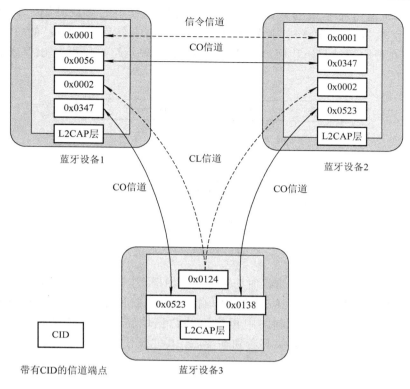

图 3-41　L2CAP 信道示意图

3.4.3　蓝牙逻辑链路控制与适配协议的分段与重组

前面已经简单介绍了分段与重组的机制，在这一节中，将更详细地讨论有关分段与重组的过程。高层协议数据通过 L2CAP 层向低层传输时，由 L2CAP_PDU 的有效载荷字段携带，该字段长度不能超过 L2CAP 层所规定的最大传输单元(MTU)的值。如果使用 HCI 层，则 HCI 层支持最大缓冲区的概念，L2CAP_PDU 在经过 HCI 层之后被分割为许多"数据块(Chunk)"，每个数据块的长度不超过最大缓冲区支持的数据长度，远端的 L2CAP 层通过数据分组头和 HCI 层提供的信息将这些数据块重组为原来的 L2CAP_PDU，参见图 3-42。

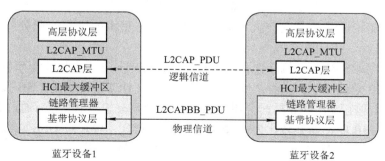

图 3-42　层间数据分组传输

执行分段和重组对基带的数据分组来说只使用了很小的协议开销，只是在 L2CAP BB_PDU 的有效载荷的第一个字节(也可以叫帧头)中使用了 2 bit 的 L_CH 来标定 L2CAP_PDU 在分段后的起始和后续部分，其中"10"表示起始分段，"01"表示后续分段，参见图 3-43。

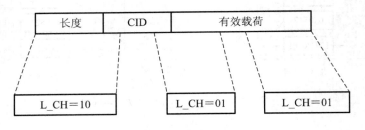

图 3-43　L2CAP 分段

1. 分段过程

L2CAP_PDU 在传送到低层协议时将被分段。如果直接位于基带层之上，则分段为基带数据分组(BB_PDU)，再通过空间信道进行传输；如果位于 HCI 层之上，则被分段为数据块，并送到主机控制器，在主机控制器中再将这些数据块转化为基带数据分组。当同一个 L2CAP_PDU 分段后的所有数据块都送到基带后，其他发往同一个远端设备的 L2CAP_PDU 才可以传送。

2. 重组过程

基带协议按顺序发送 ACL 分组并使用 16 bit CRC 码来保证数据的完整性，同时基带还使用自动重传请求(ARQ)来保证连接的可靠性。基带可以在每收到一个基带分组时都通知 L2CAP 层，也可以累积到一定数量的分组时再通知 L2CAP 层。

L2CAP_PDU 分组头中的长度字段用于进行一致性校验。如果不要求信道的可靠性，长度不匹配的分组将被丢弃；如果要求信道的可靠性，则出现分组长度不匹配时必须通知高层协议信道已不可靠。

3. 分段与重组示例

图 3-44 给出了一个分段与重组的示例，演示了一个单独的 L2CAP_PDU 如何通过各层的分段与重组到达基带，并通过空中接口发送出去(Air 1，Air 2，…，Air k)。前面提到重组时多是指本地设备对来自远端设备的数据分组进行重组，事实上，一个 L2CAP_PDU 在从本地设备发往远端设备之前就可能经过了分段与重组的过程，此处就是一个这样的例子。

图 3-44 中将软件分为主机软件和嵌入式软件，分别对应于主机和蓝牙模块。主机和蓝牙模块通过 USB 总线相连，二者之间经过 HCI 层以及 HCI 层提供的 USB 接口传输数据。L2CAP_PDU 首先在到达 HCI 层时分组为 HCI 层的数据分组形式，然后通过 HCI 层的 USB 接口到达主机 USB 驱动器并转化为 USB 的数据分组形式，再通过 USB 总线到蓝牙模块中的 USB 驱动器，接着通过 HCI 层的 USB 接口重组为 HCI 层分组形式，即恢复为主机中 L2CAP 层上 DU 分段后的 HCI 层数据分组，最后通过链路管理器和链路控制器(其中集成了 LMP 和基带协议)转化为基带分组形式，进行无线传送。

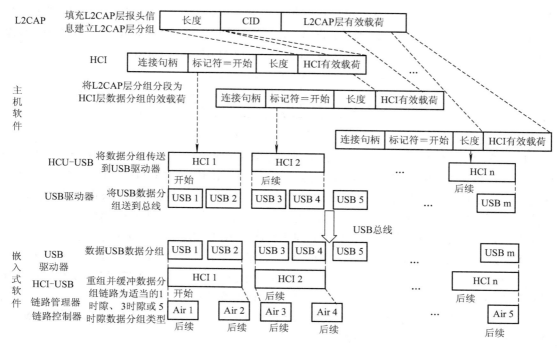

图 3-44 分段与重组示例

3.4.4 蓝牙逻辑链路控制与适配协议的数据分组格式

对应于三种信道类型，L2CAP 层有两种数据分组类型，一种是用于 CO 信道的分组类型，另一种是用于 CL 信道的分组类型。信令信道实际上使用的是 CO 信道的分组类型。L2CAP_PDU 的字段使用小端格式(Little Endian)进行组织(即最低字节先传输)。

1. CO 信道的 L2CAP_PDU

图 3-45 为 CO 信道的 L2CAP_PDU 格式。其中长度(Length)字段为 2 字节，表示了这一 PDU 中有效载荷的字节数；信道 ID 为 2 字节，表示目的端点的 CID。信道 ID 和长度字段一起构成 L2CAP 层的分组头(Header)。有效载荷为携带信息的数据段，最大长度为 65 535 字节。

图 3-45 CO 信道的 L2CAP_PDU 格式

CO 信道的 MTU(MTU_{cno})的最小值在信道配置过程中进行协商，信令信道的 MTU(MTU_{sig})的最小值为 48 字节。

2. CL 信道的 L2CAP_PDU

前面说过，L2CAP 层支持组抽象的概念，CL 信道就是面向"组"的信道，组中的成员映射了不同的远端设备。L2CAP 通过组服务接口(Group Service Interface)完成基本的组管理机制，包括创建组、增加组成员、删除组成员，但是不能预先定义组，比如"All Radios in

Range"。事实上，非组内成员也可以接收组内的数据传输，并且可以通过更高层或链路层的加密措施来支持私有(Private)通信。图 3-46 为 CL 信道的 L2CAP_PDU 格式，其中，长度字段的值为 PSM 字段与有效载荷长度之和，CL 信道的 ID 固定为 0x0002。

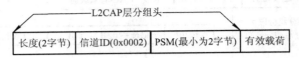

图 3-46   CL 信道的 L2CAP_PDU 格式

PSM 意为协议/服务复用器(Protocol/Service Multiplexer)，长度最小为 2 字节，用来通知远端接收设备该 L2CAP_PDU 发往哪个协议，一般为 SDP、RFCOMM、TCS 等中介协议，从而实现协议的复用。PSM 字段的最低字节的最低位为 1，最高字节的最低位为 0。PSM 字段有两个取值区间，第一个取值区间为小于 0x1000 的值，由蓝牙 SIG 指定，标识具体的蓝牙协议，其中 0x0001 对应于 SDP，0x0003 对应于 RFCOMM，0x0005 对应于 TCS，其他值保留；第二个取值区间为大于 0x1000 的值，为动态分配并与 SDP 一同使用，可以区分某一特定协议的不同应用，如一个蓝牙设备上的两个面向不同应用的 RFCOMM 协议。动态分配的取值区间还用于那些尚未标准化的正处于试验阶段的协议。

有效载荷的最大长度为 65 535 减去 PSM 字段的长度。一般情况下，CL 信道的 MTU 的最小值为 670 字节，不过也可能有例外。

3.4.5   蓝牙逻辑链路控制与适配协议的信令

L2CAP 层信令信道的 CID 为 0x0001，有效载荷携带信令指令，通过这些信令指令，来建立、配置和断开 CO 信道。信令指令包括请求指令和响应指令两种形式。在一条 L2CAP_PDU 中可以携带多条指令，如图 3-47 所示。在经过测试可以接收更大的数据分组之前，信令分组的有效载荷不能超过 48 字节。

图 3-47   信令数据分组

图 3-47 中的指令格式如图 3-48 所示，各字段仍然采用小端格式的字节顺序。

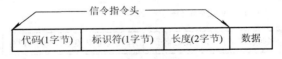

图 3-48   信令指令格式

代码(Code)用于标识指令的类型，目前有 11 种指令，分别对应于 0x01～0x0B。

标识符(Identifier)为响应指令与请求指令的匹配标志，请求设备对此字段进行设置，应答设备在响应中使用同样的标识符。在使用某一标识符的指令发送之后，360s 内该标识符不能重复使用。由超时引起指令重发时，重发指令仍使用原指令的标识符。含有无效标识符的响应将被丢弃。0x0000 为非法标识符，不得使用。长度字段的值为数据字段的长度大小，数据字段格式由指令类型决定。

1. 信道配置过程

可以将信道的配置过程总结为下面的三个步骤：

(1) 本地设备将期望值不是默认值的参数包含在配置请求指令中通知远端设备，未包含在配置请求指令中的参数则表明期望值为默认值。

(2) 远端设备返回配置响应指令，通知请求方是否同意配置请求指令中的参数值和未包含在配置请求指令中的默认值。如果不同意，则可以重复步骤(1)和(2)对配置参数进行协商，直到达成一致。

(3) 请求方和响应方互换角色，在相反的方向上重复步骤(1)和(2)。

请求方在超时之前未收到响应，则重发这一请求。是否重发以及超时周期的长短由实际情况决定，超时周期最短为 1 s，最长为 60 s。如果响应方由于鉴权等原因，暂时无法做出决定，也可以通过配置响应通知请求方，这时请求方可以多等 300 s。

在信道配置成功之后，即可在该 CO 信道上传输数据分组，在数据通信过程中，仍然能够重新启动信道配置过程，对信道的参数进行协商。信道的任何一方都可以通过断开连接指令发起断开连接的过程。

2. 信令指令

以下是各条指令的详细介绍：

1) 拒绝指令(Command_Reject，Code=0x0l)

拒绝指令用于对代码字段未知的指令进行响应，或在不适合发送相关的响应时发送，其指令格式如图 3-49 所示。

图 3-49　Command_Reject 指令格式

图中，原因字段为 2 字节，描述了请求指令被拒绝的原因，参见表 3-23。数据字段的长度和内容由原因字段决定：原因字段取 0x0000 时，没有数据字段；原因字段取 0x0001 时，数据字段为 2 字节，表示响应方所能接受的 MTU_{sig}；原因字段取 0x0002 时，数据字段为 4 字节，前两个字节为信道的本地 CID，后两个字节为信道的远端 CID，取自被拒绝的请求指令。

表 3-23　原因字段描述

原因字段取值	描　　述
0x0000	请求指令未被理解
0x0001	长度超过信令 MTU
0x0002	请求指令的 CID 无效
其他	保留

2) 连接请求(Connection_Request，Code=0x02)

连接指令用于创建本地设备到远端设备间的 CO 信道，指令格式如图 3-50 所示。

图 3-50　Connection_Request 指令格式

图中，长度字段的典型值为 0x0004，PSM 字段最小为 2 字节，如果大于 2 字节，则长度字段也相应增加。源 CID(Source_CID)代表了本地设备上发送请求和接收响应的信道端点。

3) 连接响应(Connection_Response，Code=0x03)

设备在收到连接请求指令后必须返回连接响应指令，指令格式如图 3-51 所示。

图 3-51　Connection Response 指令格式

图中，长度字段的值为 0x0008。目标 CID 代表发送该响应指令的本地设备的信道端点，源 CID 代表发送连接请求指令的远端设备的信道端点。在本节后面的部分，源 CID 均代表发送请求和接收响应的设备上的信道端点，目标 CID 均代表接收请求和发送响应的设备上的信道端点。

结果字段包含了请求连接的结果，0x0000 表示连接请求成功，非零值表示连接请求失败或待决(Pending)，参见表 3-24。若拒绝连接请求，则目标 CID 和源 CID 字段将被忽略。

表 3-24　Connection_Response 结果字段的描述

结果字段取值	描　　述
0x0000	连接成功
0x0001	连接待决
0x0002	拒绝连接；不支持 PSM 的值
0x0003	拒绝连接；安全保护
0x0004	拒绝连接；没有可用资源
其他	保留

状态字段用于对待决作进一步的解释，0x0001 表示鉴权待决，0x0002 表示授权待决，0x0000 则不包含任何信息，其他值保留。

4) 配置请求(Configuration_Request，Code=0x04)

配置请求指令用于在连接建立后对信道进行配置，指令格式如图 3-52 所示。标志(Flags)字段的最低位是一个称为 C-bit 的连续标志位。C-bit 为 1，表示配置选项不能放入一个单独的 MTU_{sig} 之中，而需要多条配置请求指令来传输，否则 C-bit 为 0。配置指令中的每个配置选项(Option)都必须是完整的，不能传送不完整的选项。当一个配置请求包含多条请求指令时，接收设备在收到其中的每条指令后，既可以返回含有同样配置选项的配置响应，也可以返回不含任何配置选项的"成功(Success)"响应，等待配置选项继续发送，直到收到完整的配置请求。标志字段中的其他位保留，应全部置零，在应用过程中这些位均被忽略。

图 3-52 Configuration_Request 指令格式

在连接请求成功后必须进行信道配置，在配置完成后的数据通信过程中，也可以重新启动配置过程。重新启动配置过程后，信道中的所有数据通信都将中止，直到配置过程结束。如果设备收到配置请求的时候正在等待其他响应，配置响应的发送不能受到影响，否则配置过程将陷入死锁状态。

配置请求指令中的所有参数都面向相同的信道方向，不是与流入数据有关，就是与流出数据有关，返回的配置响应中的参数具有相同的方向性。如果要对相反的数据流方向进行配置，则请求方与响应方互换角色，在相反的方向上发送配置请求指令。配置过程所需的时间由实际应用情况决定，但不能超过 120 s。

5) 配置响应(Configuration_Response，Code=0x05)

配置响应中的参数值是对配置请求中对应的参数值的一种调整，因此，二者对应着同样的信道数据流方向，指令格式如图 3-53 所示。

图 3-53 Configuration_Response 指令格式

标志(Flags)字段的最低位为 C-bit，其他位保留。如果配置请求指令的 C-bit 为 1，则对应的配置响应指令的 C-bit 也为 1；如果配置请求指令的 C-bit 为 0，而对应的配置响应指令的 C-bit 为 1，则表明响应设备有更多的选项要发送，这时，请求设备将接着发送不含配置选项且 C-bit 为 0 的配置请求指令，直到配置响应指令的 C-bit 为 0。

结果(Result)字段反映了配置请求是否被接受，表 3-25 给出了其取值规则。

表 3-25 结果字段取值规则

结果字段取值	含　义
0x000	配置成功
0x001	配置失败：有参数值不被支持
0x002	配置失败：配置被拒绝(不提供理由)
0x003	配置失败：含有未知的配置选项
其他	保留

当结果字段为 0x0001 时，那些不被支持的参数值将重新调整，并在配置响应中返回；未包含在配置请求中的参数将取其最近被接受的值，但如果需要改变也可以在配置响应中发送。

当结果字段为 0x0003 时，未知的配置选项将被跳过，并且不包含在配置响应中，也不能单独成为拒绝配置请求的原因。

6) 断开连接请求(Disconnection_Request，Code=0x06)

断开连接请求用于终止 L2CAP 信道，指令格式如图 3-54 所示。

图 3-54　Disconnection_Request 指令格式

在开始断开连接过程之前，接收方必须确保目标 CID 和源 CID 与信道相匹配，如果不能识别目标 CID，则返回原因字段为 "CID 无效" 的指令拒绝响应；如果目标 CID 匹配但源 CID 不匹配，则这条请求指令将被丢弃。一旦请求方发出断开连接请求，则在这一信道上，所有的流入数据都将被丢弃，并且禁止数据流出。

7) 断开连接响应(Disconnection_Response，Code=0x07)

如果断开连接请求指令中的目标 CID 和源 CID 都匹配，则返回断开连接响应指令，指令格式如图 3-55 所示。

图 3-55　Disconnection_Response 指令格式

8) 回应请求(Echo_Request，Code=0x08)

回应请求指令用于请求远端 L2CAP 层实体的应答，以进行链路测试或通过数据字段传递厂商信息，指令格式如图 3-56 所示，数据字段可选并由实际应用决定，L2CAP 层实体将忽略该字段的内容。

图 3-56　Echo_Resquest 指令格式

9) 回应响应(Echo_Response，Code=0x09)

回应响应指令在收到回应请求后发送，指令格式如图 3-57 所示，数据字段可选并由实际应用而定，其内容可以是回应请求中数据字段的内容，也可以完全不同，或没有数据字段。

图 3-57　Echo_Response 指令格式

10) 信息请求(Information_Request，Code=0x0A)

信息请求指令用于请求远端 L2CAP 层实体返回特定的应用信息，指令格式如图 3-58 所示，信息类型字段指出了所请求的信息的类型，取值为 0x0001 时表示无连接 MTU(MTU_{cnl})，其他值保留。

图 3-58　Information_Request 指令格式

11) 信息响应(Information_Response，Code=0x0B)

信息响应指令用于对信息请求作出应答，指令格式如图 3-59 所示，其中信息类型字段与信息请求中相同。

图 3-59　Information_Response 指令格式

结果(Result)字段指出信息请求是否成功，若取值为 0x0000，表示请求成功，数据字段将包含两个字节的远端 L2CAP 层实体可接受的 MTU_{cnl} 值；若取值为 0x0001，表示请求不被支持，数据字段将不返回任何数据；其他值保留。

3.5　蓝牙服务发现协议

在蓝牙设备的网络环境中，本地设备发现、利用远端设备所提供的服务和功能，并向其他蓝牙设备提供自身的服务，这是网络资源共享的途径，也是服务发现要解决的问题。服务发现协议(SDP)提供了服务注册的方法和访问服务发现数据库的途径。在实际应用中，几乎所有的应用框架都支持 SDP。本节将介绍 SDP 所定义的服务记录表以及服务搜索和服务浏览方法。

3.5.1　蓝牙服务发现协议概述

在蓝牙规范提出之前，服务发现协议已经存在，但由于蓝牙的无线网络与传统的固定网络有很大不同，因此 SIG 针对蓝牙网络灵活、动态的特点开发了一个蓝牙专用 SDP 协议。由于"服务"的概念范围非常广泛，且蓝牙的应用框架和涉及的服务类型在不断扩充，这就要求蓝牙 SDP 具有很强的可扩充性和足够多的功能。因此，SDP 对"服务"采用了一种十分灵活的定义方式，以支持现有的和将来可能出现的各种服务类型和服务属性。

SDP 定义了两种服务发现模式：服务搜索——查询具有特定服务属性的服务；服务浏览——简单地浏览全部可用的服务。

在蓝牙的临时网络中，设备组成和提供的服务经常发生变化，要求客户端应能对通信范围内服务的动态改变做出反应，但 SDP 本身并不提供相应的通知机制。对于新增服务器，须通过 SDP 之外的方法通知客户端，使客户端可以通过 SDP 查询该服务器的服务信息；对于无法再使用的服务器，客户端可以通过 SDP 对服务器进行轮询(Poll)，如果服务器长时间无响应，则认为服务器已经无效。

虽然 SDP 提供了发现服务和相关的服务属性的手段，但 SDP 本身不提供访问这些服务的手段。在发现服务之后，如何访问这些服务取决于服务选择的不同方法，包括使用其他的服务发现和访问机制。

客户端和服务器是 SDP 中定义的两种设备：客户端是查找服务的实体；服务器是提供服务的实体。图 3-60 是服务发现机制的一个简单的示意图。服务器中有一份服务记录

(Service Record)列表，其中包含了与服务器相关的服务及其特征。客户端通过发送 SDP 请求从服务记录列表中获得服务记录信息。如果客户端决定使用其中的某一服务，它必须与该服务的提供者建立单独连接。

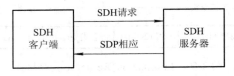

图 3-60　服务发现机制简图

每台蓝牙设备可以同时具有服务器和客户端的功能，但最多只能包含一个蓝牙服务器，也可以只作为蓝牙客户端。一个 SDP 服务器可以代表蓝牙设备上的多个服务提供者来处理客户端对这些服务信息的请求；类似地，一个 SDP 客户端也可以代表蓝牙设备上的多个客户应用实体对服务器进行查询。

3.5.2　蓝牙服务发现协议服务记录

SDP 服务器以服务记录的形式对每一个服务进行描述，每一条服务记录都包含有一个服务记录句柄(Service Record Handle)和一组服务属性，所有的服务记录组成一份服务记录列表，如图 3-61 所示。

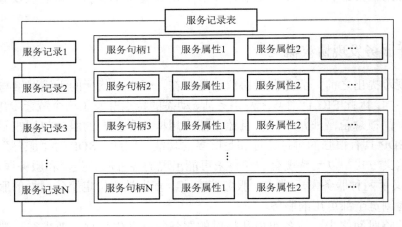

图 3-61　服务记录表

事实上，服务句柄可以看成一条服务属性，和其他的服务属性一样，它由属性 ID 和属性值两部分组成。属性 ID 是一个 16 bit 的无符号整形数，用于标识一条服务记录中的不同服务属性。每个服务属性 ID 有一个与之相关的属性值，属性 ID 和服务类共同确定了属性值的类型和含义。

SDP 中定义了通用、Service Discovery Server 服务类和 Browse Group Descriptor 服务类三种属性。在 SDP 协议中只定义了直接支持 SDP 服务器的服务类，更多的服务类在其他文档或将来的协议版本中定义。在对三种服务属性分别进行讨论之前，首先介绍服务属性中将涉及到的"数据元"、"UUID"和"服务类"的概念。

1. 发现协议基本概念

1) 数据元(Data Element)

数据元是 SDP 对属性值中的数据进行描述的一个基本结构单元，它使属性值能够表示各种可能类型和复杂度的数据信息。数据元由头(Header)字段和数据(Data)字段两部分组成。头字段占 1 个字节，由类型描述符(Type Descriptor，高 5 bit)和尺寸描述符(Size Descriptor，低 3 bit)两部分组成，前者确定了数据字段的含义，后者确定了数据字段的长度。表 3-26 是已经定义的数据元类型。

表 3-26　数 据 元 类 型

类型描述符	尺寸描述符的可能值	数据类型描述
0	0	Nil，即空类型
1	0，1，2，3，4	无符号整数
2	0，1，2，3，4	两个有符号整数
3	1，2，4	UUID，通用惟一标识符(Universally Unique Identifier)
4	5,6,7	文本串(Text String)
5	0	布尔数
6	5，6，7	数据元序列(Data Element Sequence),被数据元的数据字段定义为数据元的序列
7	5，6，7	可选数据元(Data Element Sequence)，被数据元的数据字段定义为数据元的序列，从数据元序列中选出一个数据元
8	5，6，7	URL，统一资源定位器(Uniforn Resource Locator)
9～31		保留

尺寸描述符的值实际上为数据字段长度大小的索引值，索引值为 5、6、7 时，还将附加 8、16、32 bit 的长度值，参见表 3-27。

表 3-27　尺寸描述符取值与数据字段大小的对应关系

大小索引值	附加比特数	数 据 大 小
0	0	1 字节(一个例外是当数据类型为 Nil 时，为 0 字节)
1	0	2 字节
2	0	4 字节
3	0	8 字节
4	0	16 字节
5	8	数据大小包含在附加的 8bit 中，为无符号整数
6	16	数据大小包含在附加的 16bit 中，为无符号整数
7	32	数据大小包含在附加的 32bit 中，为无符号整数

图 3-62 是一个数据元的例子。数据字段为 ASCII 码"Hat"，类型描述符取值 4 对应的数据类型为文本串，因而附加长度位取值为 3，表示有 3 个字符，而不是取 24(bit)。

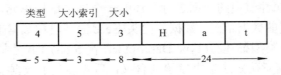

图 3-62　数据元示例

2) 通用惟一标识符(UUID)

由表 3-5 中可以看出，当类型描述符为 3 时，数据类型为 UUID。UUID 是国际标准化组织(ISO)提出的通用惟一标识符(Universally Unique Identifier)，长度为 128 bit，每一个 UUID 值都可以保证绝对的惟一性。SDP 在服务属性中采用 UUID，就可以以一种标准的方法来标识服务。为了降低存储和传输负担，已预先分配了一部分 UUID 值。根据蓝牙号码分配文件(Bluetooth Assigned Numbers Document)，预先分配的第一个 UUID 称为蓝牙基本 UUID(Bluetooth Base UUID)，为 00000000-0000-1000-8000-00805F9B34FB。预先分配的 UUID 值都以 16 bit 或 32 bit 值表示，称为 16 bit UUID 或 32 bit UUID。事实上，它们代表的是 128 bit 的 UUID 值，换算公式为

$$128 \text{ bit 值} = 16 \text{ bit 值} \times 2^{96} + 蓝牙基本 UUID 值$$
$$128 \text{ bit 值} = 32 \text{ bit 值} \times 2^{96} + 蓝牙基本 UUID 值$$

通过将 16 bit 值零扩展为 32 bit 值，可以将 16 bitUUID 转换为 32 bit UUID 形式。相同形式的 UUID(同为 16 bit、32 bit 或 128 bit)可以直接比较，不同形式的 UUID 进行比较时，须将短的 UUID 形式转换为长的 UUID 形式。

3) 服务类

服务类是一个很重要的概念，每一条服务记录都代表了一个服务类的实例，服务类确定了服务记录中各属性的含义和格式，每个服务类用一个 UUID 表示，包含在 ServiceClassIDList 属性中。

服务属性包括适用于所有服务类的通用属性和不同服务类的特有属性。在使用服务类的特有属性之前应该先检查或验证 ServiceClassIDList 属性中是否含有该服务类的 UUID。ServiceClassIDList 属性中的所有服务类应是互相相关的，也可以理解为父类和子类的关系。子类保留有父类的所有属性和专门为子类定义的属性。向服务类的某些实例添加新的属性将创建一个该服务类的子类。在 ServiceClassIDList 属性中的服务类标识符，按照从特殊类到一般类(从子类到父类)的顺序列出。

下面对三种服务属性分别进行介绍。

2. 通用(Universal)属性

通用属性是指适用于所有服务记录的服务属性。并不是每一条服务记录都必须包含所有的通用服务属性，其中 ServiceRecordHandle 和 ServiceClassIDList 属性是所有服务记录都具有的，而其他的属性可选。各种通用属性的定义如表 3-28 所列。属性 ID 的取值区间 0x000D～0x01FF 保留。属性值类型中的 URL 为统一资源定位器(Uniform Resource Locator)，是在 Internet 的 WWW 服务程序上用于指定信息位置的标识。

表 3-28　通用属性的定义

属性名	属性 ID	属性值类型
ServiceRecordHandle	0x0000	32 位无符号整形
ServiceClassIDList	0x0001	数据元序列或数据元变量
ServiceRecordState	0x0002	32 位无符号整形
ServiceID	0x0003	UUID
ProtocolDescriptorList	0x0004	数据元序列或可选数据元
BrowseGroupList	0x0005	数据元序列
LanguageBaseAttributeIDList	0x0006	数据元序列
ServiceInfoTimeToLive	0x0007	32 位无符号整形
ServiceAvailability	0x0008	8 位无符号整形
BluetoothProfileDescriptorList	0x0009	数据元序列
DocumentationURL	0x000A	URL
ClientExecutableURL	0x000B	URL
IconURL	0x000C	URL
ServiceName	0x0000(偏移量[①])	字符串
ServiceDescription	0x0001(偏移量)	字符串
ProviderName	0x0002(偏移量)	字符串

[①] 定义的属性 ID 偏移量和 LanguageBaseAttributeIDList 中定义的基本属性 ID 相加得到实际的属性 ID。

表中各属性的说明如下：

(1) ServiceRecordHandle。服务记录句柄惟一地标识了 SDP 服务器中的每一条服务记录，不同的服务器中的服务记录句柄是完全独立的。

(2) ServiceClassIDList。该属性由一个数据元序列组成，其中每个数据元是一个 UUID，代表一个服务类，称为服务类标识符。服务类互相相关，并按照从特殊到一般的顺序给出。

(3) ServiceRecordState。该属性用于帮助缓存(Caching)服务属性，它反映服务记录中其他属性的增减或修改；客户端只要通过检查该属性值的变化，就能知道服务记录是否有改变。

(4) ServiceID。该属性值惟一地标识了服务记录所对应的服务实例，这在多个 SDP 服务器对同一个服务实例进行描述时尤其有用。

(5) ProtocolDescriptorList。该属性用于描述一个或更多的可以用来访问该服务的协议栈。如果该属性仅描述了一个协议栈，则其所含数据元序列的每一个数据元都是一个协议描述符(Protocol Descriptor)。每个协议描述符又是一个数据元序列，其第一个数据元为惟一标识该协议的 UUID，后续的数据元为协议的参数，为可选项，例如 L2CAP 的协议复用器(PSM)和 RFCOMM 的服务器信道编号(CN)等。协议描述符按照从低层协议到高层协议的顺序排列。如果该属性包含的协议栈多于一个，则属性值采用可选数据元的形式，其中每个可选的数据元采用单一协议栈所采用的数据元序列的形式。

(6) BrowseGroupList。该属性值为数据元序列，每个数据元为一 UUID，代表了该服务记录所属的服务浏览组。

(7) LanguageBaseAttributeIDList。该属性用于支持在可读性服务属性中使用多种语种，每一个语种都分配了一个基本属性 ID，这些可读性服务属性的属性 ID 通过基本属性 ID 加上偏移量得到。属性值为数据元序列，每个数据元是一个三元组(Triplet)，三元组的每一个元素(Element)为 16 bit 无符号整数。三元组的第一个元素为该语言的标识符，第二个元素为特征编码(Character Encoding)标识符，第三个元素为该语言在服务记录中的基本属性 ID。

为了便于用主要语言对可读性属性进行检索，服务记录支持的首选语言的基本属性 ID 设为 0x0100，也就是第一个数据元的基本属性 ID 必须为 0x0100。

(8) ServiceInfoTimeToLive。该属性值包含了希望服务记录中的信息保持有效和不变的时间长度(以 s 为单位)，用于帮助客户端为重新检索服务记录内容确定一个适当的轮询间隔。

(9) ServiceAvailability。该属性值代表了目前服务的可利用率，取值 0xFF 表示服务目前没有被使用，取值 0x00 表示目前服务不接受新的客户。对于同时可以支持多个并行用户的服务，0x00~0xFF 之间的中间值以线性的方式表示服务的可利用率。例如，假设服务可支持最多 3 个客户，则 0xFF、0xAA、0x55 和 0x00 分别表示有 0 个、1 个、2 个和 3 个客户在使用服务。

(10) BluetoothProfileDescriptorList。该属性值由数据元序列组成，每个数据元是一个应用框架描述符(Profile Descriptor)，包含了服务所遵循的蓝牙应用框架信息。每个应用框架描述符为一数据元序列，其中第一个数据元是分配给该应用框架的 UUID，第二个数据元是应用框架版本号。应用框架版本号为 16 bit 无符号整形，高 8 bit 为主版本号字段，低 8 bit 为次版本号字段。应用框架第一版的主版本号为 1，次版本号为 0。在做向上兼容的改变时，增加次版本号；做不兼容的改变时，增加主版本号。

(11) DocumentationURL。该属性为指向服务上的文档的 URL。

(12) ClientExecutableURL。该属性值所包含的 URL 代表了可能使用该服务的应用位置，首字节的值为 0x2A(ASCII 码的"*")。在使用该 URL 之前，客户端的应用将使用一个代表它所要求的操作环境的字符串来替代该字节的值。蓝牙号码分配文件给出了代表操作环境的标准字符串列表。例如，假设该属性值为 http：//my.fake/public/*/client.exe，在可以执行 SH3 WindowsCE 文件的设备上，该 URL 将变为 http：/my.fake/public/sh3-microsoft-wince/client.exe；在能够执行 Windows 98 的设备上，该 URL 将变为 http：//my.fake/public/i86microsoft-win98/client.exe。

(13) IconURL。该属性值所包含的 URL 代表了可能用来代表服务的图标位置，首字节的值为 0x2A(ASCII 码的"*")。在使用该 URL 之前，客户端的应用将使用一个代表它所要求的图标信息的字符串来替代该字节的值。蓝牙号码分配文件给出了代表图标信息的标准字符串列表。例如，假设该属性值为 http：//my.fake/public/icons/*，在使用 256 色 24×24 图标的设备上，该 URL 将变为 http：//my.fake/public/icons/24×24×7.png；在使用单色 10×10 图标的设备上，该 URL 将变为 http：//my.fake/public/icons/10×10×1.png。

(14) ServiceName。该属性值包含了代表服务名称的字符串，要求其简短并适于和代表服务的图标一起显示。

(15) ServiceDescription。该属性值包含了对服务进行简短说明的字符串，长度不超过200 字符。

(16) ProviderName。该属性值包含了提供服务的人员和组织名称的字符串。

3. ServiceDiscoveryServer 服务类属性

ServiceDiscoveryServer 服务类描述了那些包含 SDP 服务器本身属性的服务记录。所有的通用服务属性都可以包含在该服务类的服务记录中。该服务类中的 ServiceRecordHandle 属性取值为 0x00000000，ServiceClassIDList 属性中应包含代表 ServiceDiscoveryServer 服务类 ID 的 UUID。有以下两个专门定义的服务属性，属性 ID 的取值区间 0x0202～0x02FF 保留。

(1) VersionNumberList。该属性值为一数据元序列，每个数据元为 SDP 服务器支持的版本号。

(2) ServiceDataBaseState。该属性用于反映服务器上服务记录的增删，类似于通用属性中的 ServiceRecordState 属性，不过后者反映的是服务记录中属性值的增删。通过查询该属性值，并与上一次查询时相比，可以知道服务记录有无增删。在 SDP 服务器的连接重新建立之后，使用前一次连接期间获得的服务记录句柄之前，客户端应该先查询该属性值。

4. BrowseGroupDescriptor 服务类属性

BrowseGroupDescriptor 服务类用于定义新的服务浏览组。所有的通用服务属性都可以包含在该服务类的服务记录中。ServiceClassIDList 属性中应包含代表 ServiceGroupDescriptor 服务类 ID 的 UUID。专门定义的属性为 GroupID 属性，该属性用于对浏览组的服务定位，属性 ID 的取值区间 0x0201～0x02FF 保留。

3.5.3 服务搜索和服务浏览

1. 服务搜索

服务搜索允许客户按特定的服务属性值来获得相匹配的服务记录句柄，用于服务搜索的服务属性值的类型必须为 UUID，其他类型的服务属性值不具有搜索能力。

用来搜索服务记录的一组 UUID 的列表称为服务搜索图(Pattern)，如果其中的 UUID 都可以在某个服务记录的属性值中找到(是服务记录属性值的一个子集，并且没有排列顺序要求)，则认为该服务记录与该服务搜索图像匹配。

2. 服务浏览

服务搜索用于查找包含某些特定属性的服务记录，服务浏览则用于查找 SDP 服务器所提供的服务类型。服务浏览机制是基于通用属性 BrowseGroupList 实现的，它的属性值是一个 UUID 列表，每个 UUID 代表一个浏览组。

客户端开始进行服务浏览时首先创建一个服务搜索图，其中包含了代表根浏览组的 UUID，服务浏览总是从根浏览组开始。所有在 BrowseGroupList 属性中包含根浏览组 UUID 的服务都是根浏览组的成员。通常 SDP 服务器提供的服务并不多，因此可以都放在根浏览组中；如果提供的服务较多，则可以定义更多的位于根浏览组下层的浏览组，而使所有的服务呈现一种层次结构。根浏览组下层的浏览组通过 BrowseGroupDescriptor 服务类的服务记录来定义，因此，要浏览这些新定义的浏览组中的服务，必须能够浏览相应的 BrowseGroupDescriptor 服务类的服务记录。

图 3-63 是一个假设的服务浏览层次结构，其中 BrowseGroupDescriptor 服务类的服务记

录用 G 表示，其他的服务记录用 S 表示。表 3-29 列出了实现该浏览层次结构所必需的服务记录和服务属性。

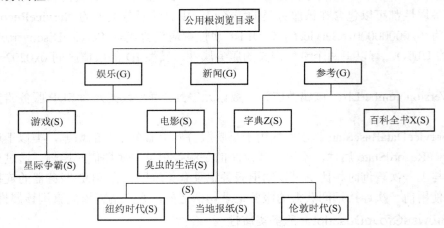

图 3-63　服务浏览示例

表 3-29　浏览层次所需的服务记录和服务属性

服 务 名	服 务 类	属 性 名	属 性 值
娱乐	BrowseGroupDescriptor	BrowseGroupList	PublicBrowseRoot
		GroupID	EntertainmentID
新闻	BrowseGroupDescriptor	BrowseGroupList	PublicBrowseRoot
		GroupID	NewsID
参考	BrowseGroupDescriptor	BrowseGroupList	PublicBrowseRoot
		GroupID	ReferenceID
游戏	BrowseGroupDescriptor	BrowseGroupList	EntertainmentID
		GroupID	GamesID
电影	BrowseGroupDescriptor	BrowseGroupList	EntertainmentID
		GroupID	MoviesID
星际争霸	视频游戏类 ID	BrowseGroupList	GamesID
臭虫的生活	电影类 ID	BrowseGroupList	MoviesID
字典 Z	字典类 ID	BrowseGroupList	ReferenceID
百科全书 X	百科全书类 ID	BrowseGroupList	ReferenceID
纽约时代	报纸类 ID	BrowseGroupList	NewspaperID
伦敦时代	报纸类 ID	BrowseGroupList	NewspaperID
当地报纸	报纸类 ID	BrowseGroupList	NewspaperID

3.5.4　蓝牙服务发现协议说明

由于服务发现被广泛地应用于几乎每一个蓝牙的应用框架中，因而服务发现的过程应该尽可能地简单，避免延长通信的初始化时间。

　　服务发现的过程是通过发送 SDP 请求和返回 SDP 响应来完成的。当 SDP 与 L2CAP 一起使用时，对于 SDP 客户端到服务器的每个连接，只能有一个处理中的 SDP 请求存在，也就是说，必须在收到了每个请求 PDU 的响应后，才能发送下一个请求 PDU，这实际上是一种简单的流控(Flow Control)形式。

　　SDP 定义了三种用于获得服务记录的属性值的事务(Transaction)：服务搜索事务、服务属性事务和服务搜索属性事务。前两种事务一起完成查询属性的目的，首先通过服务搜索事务获得服务记录句柄，再通过服务属性事务获得服务记录句柄对应的相关服务属性，第三种事务是将前两种事务的功能放在一个事务中完成。需指出，SDP 发送多字节的字段时与其他蓝牙协议不同，它是按照标准的网络字节顺序 Big Endian 发送的，即字段中的高字节先于低字节发送。

1．SDP_PDU 格式

　　SDP_PDU 由头(Header)和参数(Parameter)组成，参见图 3-64。头由三个字段组成：PDU ID、事务 ID(Transaction ID)和参数长度。

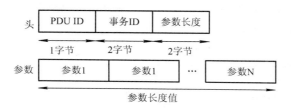

图 3-64　SDP_PDU 格式

PDU ID 定义的 SDP_PDU 的类型见表 3-30。

表 3-30　PDU ID 定义的 SDP_PDU 类型

PDU_ID 取值	描　　　述
0x00	保留
0x01	SDP_ErrorResponse,错误响应
0x02	SDP_ServiceSearchRequest，服务搜索请求
0x03	SDP_ServiceSearchResponse，服务搜索响应
0x04	SDP_ServiceAttributeRequest，服务属性请求
0x05	SDP_ServiceAttributeResponse，服务属性响应
0x06	SDP_ServiceSearchAttributeRequest，服务搜索属性请求
0x07	SDP_ServiceSearch AttributeResponse，服务搜索属性响应
0x08～0xFF	保留

　　事务 ID 是惟一请求 PDU 的标识，响应 PDU 使用事务 ID 与请求 PDU 匹配。客户端可以在 0x0000～0xFFFF 范围内任意选择传输 ID 值，只要使所有的请求 PDU 的该值不同。

　　参数长度字段的值是该 PDU 中所有参数的总字节数。

2．部分响应和续传状态

　　某些请求 SDP 的响应可能无法放入一个单独的响应 PDU 中，这时，SDP 服务器就会产生部分(Partial)响应，其中包含有续传状态(Continuation Status)参数。续传状态参数可以在用于获得完整响应的后续部分的后续请求中给出。续传状态参数为可变长度字段，其格式如图 3-65 所示，其首字节为信息长度(InfoLength)字段，包含了紧接着的后续信息(Continuation Information)的字节数，而后续信息字节的形式对于 SDP 服务器来说并没有统一的标准，每个续传状态参数只对产生它的 SDP 服务器有意义。

图 3-65　续传状态参数格式

在客户端收到部分响应以及其中包含的续传状态参数后，它将重发最初的请求，注意该请求包含新的传输 ID，并在此请求中包含续传状态参数，以通知服务器客户端要求得到前一响应的后续部分。信息长度字段的最大值为 16(0x10)。

3．出错处理

当服务器发现收到的客户端请求的格式不正确，或由于某些原因不能用适当的 PDU 类型作出响应时，服务器就返回一个出错响应 SDP_ErrorResponse。该 PDU 的 PDU ID 为 0x01，包含两个参数：错误码(ErrorCode)和错误信息(ErrorInfo)。错误码见表 3-31，错误信息字段的形式与含义是由错误码决定的，目前还没有定义与错误码对应的错误信息字段的形式。

表 3-31　错误码的定义

错误码	说　明
0x0000	保留
0x0001	无效的或不支持的 SDP 版本
0x0002	无效的服务记录句柄
0x0003	无效的请求语法
0x0004	无效 PDU 的大小
0x0005	无效的续传状态
0x0006	没有足够的资源来满足请求
0x0007～0xFFFF	保留

4．服务搜索事务

服务搜索事务是通过发送 SDP_Service_SearchRequest 和返回 SDP_ServiceSearch Response 来完成的。

1) SDP_ServiceSearchRequest

该 PDU 的 PDU ID 为 0x02，其参数包括服务搜索图、最大服务记录数和续传状态。客户端发送该请求 PDU 是用来寻找与服务搜索图相匹配的服务记录，SDP 服务器在收到该请求后，检查它的服务记录数据库(服务记录列表)，然后将与服务搜索图匹配的服务记录的句柄包含在 SDP_ServiceSearchResponse 中返回。服务搜索图所能包含的最大的 UUID 数为 12 个。

最大服务记录数为一个 16 bit 的数，取值范围为 0x0001～0xFFFF，规定了该请求的响应所能返回的最多的服务记录句柄数。如果有超过最大服务记录数的服务记录与服务搜索图相匹配，则由 SDP 服务器决定返回哪些服务记录句柄。

如果没有后续信息需要传输，则信息长度字段设为 0。

2) SDP_ServiceSearchResponse

SDP 服务器在收到 SDP_ServiceSearchRequest 之后，返回该响应 PDU，其中包含了与服务搜索图相匹配的服务记录句柄列表。如果用部分响应来传输，分割 PDU 时必须保证服务记录句柄都是完整的。

该响应 PDU 的 PDU ID 为 0x03，其参数包括服务记录总数(TotalserviceRecordCount)、当前服务记录数(CurrentServiceRecordCount)用医务记录句柄列表(ServiceRecordHandle List)和续传状态。

服务记录总数为与服务搜索图相匹配的服务记录数目，取值范围为 0x0000～0xFFFF，该参数值不能大于请求中的最大服务记录数。

当前服务记录总数为该条响应 PDU 中包含的服务记录句柄的数目，取值范围为 0x0000～0xFFFF，小于或等于服务记录总数，因为搜索到的全部服务记录的句柄可能使用多个部分响应来传递。

5. 服务属性事务

服务属性事务通过发送 SDP_SierviceAttributeRequest 和返回 SDP_ServiceAttribute Response 来完成。

1) SDP_SierviceAttributeRequest

客户端使用该 PDU 来从特定的服务记录中获取指定的属性值，PDU ID 为 0x04，其参数包括服务记录句柄、最大属性字节数(MaximumAttributeByteCount)、属性 ID 列表(AttributeIDList)和续传状态。

服务记录句柄是通过前面的 SDP_ServiceSearch 事务获得的。

最大属性字节数给出了响应中返回的属性数据允许的最大字节数，取值范围为 0x0007～0xFFFF。如果需要返回的属性数据大于该参数规定的字节数，则由 SDP 服务器来决定如何将其分段，这时，客户端可以发送包含有续传状态参数的请求，来请求后续的分段。

属性 ID 列表为一数据元序列，其中的每一个数据元是一个属性 ID，或者是一个属性 ID 的取值范围。属性 ID 为 16 bit 的无符号整数，属性 ID 取值范围为 32 bit 的无符号整数，其中高 16 bit 表示属性 ID 范围的起始段，低 16 bit 表示属性 ID 范围的终止段。该参数中的属性 ID 须以升序排列，而且不能有重复的属性 ID。可以通过指定属性 ID 范围为 0x0000～0xFFFF 来查询所有的属性。

2) SDP_SierviceAttributeResponse

该 PDU 用来响应 SDP_SierviceAttributeRequest，PDU ID 为 0x05，其参数包括属性列表字节数(AttributeListByteCount)、属性列表(AttributeList)和续传状态。

属性列表字节数为属性列表参数所包含的字节数，取值范围为 0x0002～0xFFFF，大小不能超过请求中指定的最大属性字节数。

属性列表为一数据元序列，包含有属性 ID 和属性值。该序列的第一个数据元为返回的第一个属性的属性 ID，第二个数据元为该属性的属性值，后面按属性 ID 和属性值依次排列，这些属性按照属性 ID 升序排列。该参数中的属性值只能包括那些在服务记录中非空的属性，如果属性在服务记录中没有值，则其属性 ID 和属性值都不可以包含在该参数中。

6. 服务搜索属性事务

服务搜索属性事务将服务搜索和服务属性事务的功能合二为一，在一个事务中先后完成查找服务记录句柄和获得相应的服务属性的功能。

1）SDP_ServiceSearchAttributeRequest

该请求 PDU 综合了 SDP_ServiceSearchRequest 和 SDP_ServiceAttributeRequest 二者的功能，因此该请求及其响应都比其他两个事务复杂，需要更多的字节数。但是，使用该事务可以减少总的 PDU 的交换，特别是在搜索多条服务记录时效果明显。

该请求的 PDU ID 为 0x06，其参数包括服务搜索图、最大属性字节数、属性 ID 列表和续传状态。这些参数在前面的事务中都已经定义过了，这里不再重复。

2）SDP_ServiceSearchAttributeResponse

该响应的 PDU ID 为 0x07，其参数为属性列表字节数、属性列表和续传状态，这些参数在前面的事务中都已经定义过了，这里不再重复。

3.6 蓝牙串口仿真协议

蓝牙是一种电缆替代技术，对串行电缆连接方式的替代是蓝牙应用的一个重要方面，因而 SIG 发布了专门的串口仿真协议(RFCOMM)，为建立在串口之上的传统应用提供接口环境，使它们可以不做什么改动就能在蓝牙无线链路上工作。RFCOMM 基于 TS 07.10 规范制定，本章主要介绍 RFCOMM 对 TS 07.10 的采纳和修改情况以及相应的流控机制。

3.6.1 蓝牙串口仿真协议概述

RFCOMM 采用了 ETSI(欧洲电信标准化组织)的 TS 07.10 标准的一个子集，并且针对蓝牙的实际应用情况作了修改。在本小节中将不再过多地重复 TS 07.10 中的内容，而是着重介绍 RFCOMM 所采用的 TS 07.10 的内容和所作的修改。

1. RFCOMM 参考模型和设备类型

图 3-66 给出了实际设备中一个 RFCOMM 的参考模型。其中端口仿真实体与 RFCOMM 一同构成了端口驱动器。

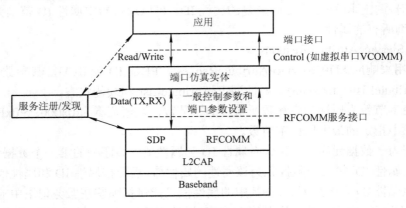

图 3-66　RFCOMM 参考模型

RFCOMM 支持两种实际应用设备，分别对应于一般串行通信中的数据终端设备 DTE(Data Terminal Equipment)和数据通信设备 DCE(Data Comunication Equipment)。DTE 包括计算机和打印机等外围设备，是数据通信的发起端或接收端；DCE 为调制解调器或类似设备，起到连接不同通信媒介的作用。RFCOMM 在应用上并不区分这两种设备，也就是说，RFCOMM 实体并不知道自己和对方到底属于哪一类设备，这需要由 RFCOMM 高层的执行者来判断。因此，虽然两个 RFCOMM 实体间传输的信息有一部分仅对 DCE 有用，但每种类型的设备都可以传输所有的信息，至于信息是否需要则由执行者来判断。

对于 DCE，图 3-66 中的端口仿真实体被称为端口代理实体，由于在应用中 RFCOMM 并不区分两种设备，因此在本小节中对端口仿真实体和端口代理实体也不加区分。

2．基本概念

参见图 3-66，RFCOMM 与端口仿真实体一起构成端口驱动器，不同应用间的数据链路称为 DLC(Data Link Connection)。DLC 上的数据交换以帧(Frame)的形式进行，也就是说，RFCOMM 与 L2CAP 间的数据和信息交换以帧的形式进行。

多路串口仿真是 RFCOMM 的重要功能，通过多路复用器(Multiplexer)，一条 L2CAP 链路可以同时支持多个串行应用。有关多路复用器的启动和关闭过程，RFCOMM 与 TS 07.10 有所不同。

DLC 0 被称为控制信道(Control Channel)，多路复用器间的控制命令在控制信道上进行交换，这些控制命令称为消息(Message)。消息包含在帧的信息(Information)字段中进行传输。

3.6.2　蓝牙串口仿真协议功能

RFCOMM 提供对 RS 232(EIATIA-232-E)串口的仿真。对于 9 针 RS 232 电缆，RFCOMM 对其中的非数据信号线也提供仿真。RFCOMM 还提供对空调制解调器(Null Modem)的仿真。

通过 RFCOMM 服务接口对端口设置波特率，将不会影响到 RFCOMM 的实际数据吞吐量，例如 RFCOMM 不会引起人工速率限制或定步长(Pacing)。然而，如果任何一端的设备属于第二种类型，或在 RFCOMM 服务接口上的一端或两端对数据确定步长，则实际的吞吐量在平均水平上将反映出波特率设置。

RFCOMM 支持两设备间的多路串口仿真，也可仿真多个设备上的串口。

1．空调制解调器仿真

空调制解调器是计算机网络中的一种模拟调制解调器，用于本地计算机和附近需要调制解调器的外设相连。在传输控制信号时，RFCOMM 并不区分 DTE 和 DCE 设备。这些控制信号包含在 MSC 命令中，对应关系如表 3-32 所示。

表 3-32　TS 07.10 串口控制信号

MSC 中的控制信号	相应的 RS232 控制信号
RTC(Ready To Communicate)	DSR(Data Set Ready), DTR(Data Terminal Ready)
RTR(Ready To Receive)	RTS(Request To Send),CTS(Clear To Send)
IC(Incoming Call Indicator)	RI(Ring Indicator)
DV(Data Valid)	DCD(Data Carrier Detect)

当两台同类设备相连时，RFCOMM 以传输 RS232 控制信号的方式创建了一个隐含的空调制解调器。图 3-67 表示两台 DTE 通过 RFCOMM 连接所建立的空调制解调器。没有哪一种空调制解调器电缆连线方案能适用所有的情况，但 RFCOMM 中提供的空调制解调器方案适用于大多数情况。

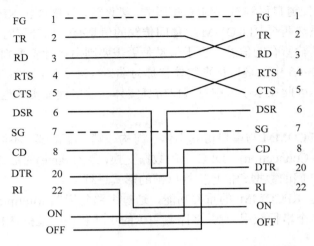

图 3-67　RFCOMM 中两 DTE 间的空调制解调器仿真

2. 多路串口仿真

RFCOMM 的一个重要功能是支持多路串口仿真。两个蓝牙设备间可以支持最多达 60 路的仿真串口(DLC)，参见图 3-68。DLCI(数据键路连接标识符)用于标识每一条 DLC，它由 6 个二进制位表示，有效的取值范围为 2～61，DLCI 0 为控制信道(用于多路复用器间的控制命令传输)，DLCI 1 由于服务器信道的概念而不可用，DLCI 62 和 DLCI 63 保留。

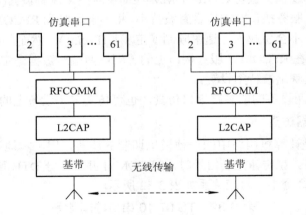

图 3-68　两台设备间的多路串口仿真

如果一台蓝牙设备与不只一台蓝牙设备间存在多路仿真串口，那么该设备上 RFCOMM 实体必须能够运行多个多路复用器(Multiplexer)会话(Session)，参见图 3-69。每个多路复用器会话使用它们自己的 L2CAP 信道 ID(CID)。运行多个多路复用器会话的能力对于 RFCOMM 来说是可选的。

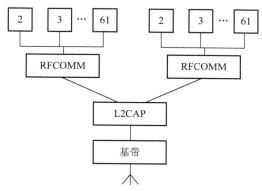

图 3-69 同时与两台设备存在多路串口仿真

3. 流控

RFCOMM 在应用过程中涉及到多种流控机制，包括有线串口采用的流控机制、与 L2CAP 间服务接口的流控机制以及 RFCOMM 自身的流控机制。

RFCOMM 通过不同的控制命令，提供了两种流控机制，一种针对所有的 DLC，另一种针对单独的 DLC。

此外，在蓝牙规范 1.1 中，RFCOMM 新增了基于信誉(Credit)的流控机制。信誉量表示该 DLC 中的缓存所允许接收的帧的数量，通过在相应的帧中插入信誉字段可以实现相互交换信誉量。

3.6.3 蓝牙串口仿真协议所采用的 TS 07.10 的子集

本节给出 RFCOMM 所采用的 TS 07.10 内容，至于各部分的具体内容需要参考 TS 07.10 规范本身。

1. 选项和模式

TS 07.10 定义了两种工作模式：不纠错模式(Non Error Recovery Mode)和纠错模式(Error Recovery Mode)。RFCOMM 支持不纠错模式。

TS 07.10 定义了两种数据帧的格式选项：基本选项(Basic Option)和高级选项(Advanced Option)。RFCOMM 采用基本选项。

2. 帧类型

TS 07.10 的不纠错模式定义了 6 种帧类型，RFCOMM 支持其中的 5 种，如表 3-33。RFCOMM 不支持未编号信息命令和响应(UI, Unnumbered Information Command and Response)。

表 3-33 RFCOMM 支持的帧类型

编　号	帧　类　型
1	异步平衡模式设置指令(Set Asynchronous Balanced Mode Command，SABM)
2	未加编号的确认响应(Unnumberred Acknowledgement Response，UA)
3	断开连接模式响应(Disconnected Mode Response，DM)
4	断开连接指令(Disconnected Command，DISC)
5	带头效验的未编号信息命令和响应(Unnumbered Information with Header Check Command and Response，UIH)

3. 控制命令类型

表 3-34 是 RFCOMM 支持的控制命令类型(消息类型)，其中，无论何时收到不支持的命令类型，都将发送 NSC；MSC 用来传送 RS 232 控制信号和中断信号。

表 3-34　RFCOMM 支持的控制信道命令类型

编　号	支持的控制信道命令
1	测试命令(Test Command，TEST)
2	打开流控命令(Flow Control On Command，FCON)
3	关闭流控命令(Flow Control Off Command，FCOFF)
4	调制解调器状态命令(Modem Status Command，MSC)
5	远端端口协商命令(Remote Port Negotiation Command，RPN)
6	远端连线状态(Remote Line Status，RLS)
7	DLC 参数协商(DLC Parameter Negotiation，PN)
8	非支持命令类型响应(Non Supported Command Response，NSC)

4. 聚集层

在 TS 07.10 定义的四种聚集层(Convergence Layer)中，RFCOMM 只支持第一种类型：非结构化的字节流(Unstructured Octet Stream)。

3.6.4　流控

有线端口通常使用流控(Flow Control)机制，例如使用控制线路 RTS/CTS。在另一方面，在 RFCOMM 和低层 L2CAP 间的流控依赖于执行过程所支持的服务接口，而 RFCOMM 拥有其自身的流控机制。这些使得 RFCOMM 在应用过程中将涉及到下面几种不同的流控机制。

1. L2CAP 流控概述

L2CAP 依赖的流控机制是由基带的链路管理器层提供的。在 L2CAP 层和 RFCOMM 层之间的流控由实际情况决定。

2. 有线串口流控

有线串口分为两种情况——使用如 XON/XOFF 特征值的软件流控和使用 RTS/CTS 或 DTR/DSR 信号线的硬件流控。这些流控机制可在有线连接的两边使用，也可在单边使用。

3. TS 07.10 的流控

TS 07.10 协议提供了以下两种流控机制：

(1) 作用在 RFCOMM 实体间的数据流集合(所有的 DLCI)上的流控命令，包括控制信道命令 FCON 和 FCOFF。

(2) 只作用在单独的 DLCI 上的流控命令——MSC(调制解调器状态命令)。

这些流控命令除了与 DLC 0 有关以外，就仅与 DLCI 上的 UIH 帧中的用户负载数据相关。为了与蓝牙 1.0B 版向下兼容，这些 TS 07.10 的流控形式是必须支持的。

当使用 MSC 命令时，仅仅是 FC(Flow Control)位影响 RFCOMM 协议层上的数据流。RTR 位(与其他的 MSC 命令中的 V.24 信号一起)必须被 RFCOMM 实体明确地看做是信息。

V.24 信号中带有仿真的控制信号。如果已经通过 RPN 命令完成了协商过程，则在下文中也可以看成是"流控"。

4．端口仿真实体流控

在第一种类型的设备(DTE)上，一些端口驱动器需要通过它们所仿真的 API 来定义流控服务。应用可以要求如 XON/XOFF 或 RTS/CTS 的流控机制，并且希望由端口驱动器处理。在第二种设备(DCE)上，端口驱动器可能需要在通信路径上的非 RFCOMM 部分(即 RS232 端口)执行流控，这一流控通过对等 RFCOMM 实体(通常是第一种类型的设备)发送的控制参数来规定。该节所描述的流控是针对第一种设备上的端口驱动器。

由于 RFCOMM 已经有它自己的流控机制，则端口驱动器不需要执行那些应用所请求的流控。在理想的情况下，应用设置了流控机制，认为串口系统将处理流控的细节，接着端口驱动器可以忽略应用的设置，而依赖于 RFCOMM 的流控。应用正常收发数据，却不知道或根本不关心是否执行它所请求的流控机制。然而，在现实情况下存在如下一些问题：

(1) 基于 RFCOMM 的端口驱动器在一个基于数据分组的协议之上运行，这里数据可以被缓存在通信路径的某个地方。这样，端口驱动器不能像有线情况下一样精确地执行流控。

(2) 应用除了从端口驱动器请求流控之外，还可能自己应用流控机制。

这些问题说明端口驱动器必须做一些额外的工作来正确地执行流控仿真。下面是一些流控仿真的基本原则：

(1) 端口驱动器不会单独依赖于应用所请求的机制，但可以结合使用不同的流控机制。

(2) 端口驱动器必须意识到应用所请求的流控机制，并且在硬件流控和软件流控上看起来像有线的一样。例如，如果 XOFF 和 XON 特征值已经在有线情况下被去掉了，那么它们必须被基于 RFCOMM 的端口驱动器去掉。

(3) 如果应用通过端口驱动器接口设置流控机制，并且接着在其自身上调用该机制，端口驱动器必须看起来与有线模式类似。例如，XOFF 和 XON 特征值已经送到有线状态下的连线上，端口驱动器必须也让这些特征值通过。

这些基本规则用来仿真每个有线的流控方案，并且可以同一时间设置多种类型的流控。

5．基于信誉的流控

在蓝牙规范 1.0 及早期版本中没有基于信誉的流控，但 1.1 版以后的规范中必须有。因此，它的使用要服从 DLC 建立之前的协商。

基于信誉的流控特征在单个 DLC 基础上提供流控。当使用这一特征时，对于每个 DLC，RFCOMM 会话两端的设备都将知道，在该 DLC 的缓存溢出前其他设备能够接受多少 RFCOMM 帧。一个正在发送的实体可以发送与其 DLC 所含信誉量相等的帧数；如果信誉量计数到 0，发送者必须停止发送并且等待对等层的更多信誉量。当使用基于信誉的流控机制时总是允许发送包含非用户数据的帧(长度字段=0)，这一机制对于每个 DLC 是独立执行的，并且对于每个方向也是独立的，此外该机制不用于 DLCI 0 或非 UIH 帧。

1) DLC 初始化的协商过程

使用基于信誉的流控机制是会话级的特性，必须在第一个 DLC 建立之前和多路复用器控制命令 PN 一起进行协商。

在首次成功完成协商并建立 DLC 之后，所有的 DLC 将按此方案进行流控。在其后的

DLC 建立是否进行 PN 协商是可选的，但推荐使用，因为它也同时建立两边的信誉量初始值。

　　2) DLC 操作

当正在使用基于信誉的流控机制时，在 RFCOMM 帧头的控制字段中，P/F 位的含义对于 UIH 帧而言要重新定义。

当一个 UIH 帧中 P/F 位是 0 时，帧结构不变，如图 3-70。

Opening Flag 1字节	Address 1字节	Control 1字节	Length Indicator 1字节或2字节	Information 整数个字节	FCS 1字节	Closing Flag 1字节

图 3-70　RFCOMM 数据帧的格式

当 UIH 帧中的 P/F 位是 1 时，帧结构如下面的图 3-71 所示。这时，在长度指示器和信息字段间插入一信誉字段。该字节取值范围为 0～255，表示发送者现有缓存空间可接收的帧的个数，其中每个帧都可以达到最大帧长度参数所规定的长度。信誉量是累加的，也就是说，收到的信誉量加到了任何以前保留下来的信誉量之上。当增加信誉字段时，实际的信息字段的最大值将比长度字段的值少。

Opening Flag 1字节	Address 1字节	Control 1字节	Length Indicator 1字节或2字节	Credits 1字节	Information 整数个字节	FCS 1字节	Closing Flag 1字节

图 3-71　含有信誉字段的 RFCOMM 数据帧的格式

此外，当在一个会话上使用基于信誉的流控机制时，应遵循下面两条原则：

(1) 必须使用 FCON 和 FCOFF 多路复用器控制命令。

(2) 在 MSC 命令中的 FC 位没有意义，它将在 MSC 命令中设为 0，并在接收端被忽略。

3.7　蓝牙链路管理器

　　蓝牙链路管理器(Link Manager，LM)主要负责完成设备功率管理、链路质量管理、链路控制管理、数据分组管理和链路安全管理五个方面的任务。链路管理器运行在蓝牙模块中，蓝牙设备用户通过链路管理器可以对本地或远端蓝牙设备的链路情况进行设置和控制，实现对链路的管理。点对点通信的一对蓝牙设备中链路管理器的全局视图如图 3-72 所示。

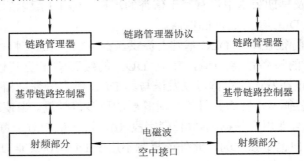

图 3-72　全局视图中的链路管理器

　　本节先介绍蓝牙链路管理器协议数据单元和链路管理器协商的基本过程，然后对链路管理器所要完成的功能——设备功率管理、链路质量管理、链路控制管理和数据分组管理作详细的介绍。

3.7.1　蓝牙链路管理器概述

1. 链路管理器在协议堆栈中的位置

链路管理器在协议堆栈中的位置如图 3-73 所示。链路管理器的功能是对本地或远端蓝牙设备的链路性能进行设置和管理。

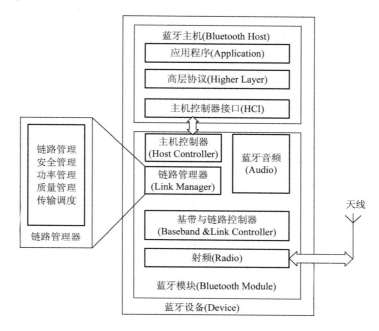

图 3-73　链路管理器在蓝牙协议堆栈中的位置

2. 链路管理器协议数据单元(LMP_PDU)

蓝牙设备的链路管理器接收到高层的控制信息后，不是向自身的基带部分发送控制信息，就是与另一设备的链路管理器进行协商。这些控制信息封装在链路管理器协议数据单元(LMP_PDU)中。LMP_PDU 由 ACL 分组的有效载荷(ACL 分组中 L_CH=11)携带，通过单时隙的 DM1 分组或 DV 分组传输。接收方设备的链路管理器负责解释 ACL 分组，若发现 L_CH 等于 11，就不将信息继续转发到高层。虽然 LMP_PDU 的优先级高于 L2CAP 分组甚至 SCO 分组，但是它们的交互却是非实时的，允许的最大延时为 30 s。LMP_PDU 的格式如图 3-74 所示，各数据段的含义列于表 3-35 中。

LSB　　　　　　　　　　　　　　　　MSB

协商发起方标识 (Transaction ID)	操作码 (OpCode)	内容 (Content)

图 3-74　LMP_PDU 格式

表 3-35　LMP_PDU 各字段的含义

段名称	长度	含　义
Transaction ID	1 bit	表示 LMP_PDU 的协商发起(1 代表主设备发起，0 代表从设备发起)
OpCode	7 bit	表示 LMP_PDU 的内容类型
Content	0～17 字节	LMP_PDU 的有效载荷(当 Content 长度小于 9 字节时，LMP_PDU 可以由 DV 分组承载)

3. 协商过程

链路管理器对蓝牙设备链路性能管理的实现过程为：设备 A 向设备 B 发送协商请求(LMP_PDU Request)，设备 B 根据自身情况作出接受(LMP_Accepted PDU)或者不接受(LMP_Not_Accepted PDU)的响应(当不接受时，同时给出不接受的原因)。典型的链路管理器协商过程如图 3-75 所示。

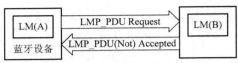

图 3-75　典型的链路管理器协商过程

3.7.2　蓝牙链路管理器协议规范

1. 设备功率管理

蓝牙设备可以根据接收信号强度指示(Received Signal Strength Indicator，RSSI)判断链路的质量，从而请求对方调整发射功率。处于连接状态的设备可以调节自己的功率模式以节省功耗。下面分别介绍蓝牙设备的三种节能模式——保持模式、呼吸模式与休眠模式。

1) 保持模式(Hold Mode)

保持模式下，蓝牙主从设备间的 ACL 链路可以在一段指定的保持时间内不进行 ACL 分组通信。处于保持模式的设备行为不受保持信息控制，而由设备自身决定。处于保持模式的设备，SCO 链路传输不受任何影响。保持时刻(Hold Instant)参数设定保持模式开始生效的时刻。下面介绍进入保持模式的三种方法。

(1) 主设备强制进入保持模式。主设备链路管理器首先终止 L2CAP 传输，然后选择保持时刻并将 LMP_Hold PDU 发给键路控制器以排队等候传输。随后启动一个定时器直到保持时刻到来。定时器截止时连接进入保持模式。从设备链路管理器收到 LMP_Hold PDU 时，把保持时刻与当前主设备时钟相比较。如果前者较大，它就启动一个定时器，定时器截止时进入保持模式。协商过程如图 3-76 所示。主从设备键路管理器退出保持模式时，将恢复 L2CAP 传输。

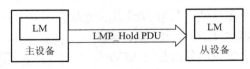

图 3-76　主设备强制进入保持模式

(2) 从设备强制进入保持模式。从设备链路管理器首先终止 L2CAP 传输，然后选择保持时刻并将 LMP_Hold PDU 发给链路控制器以排队等候传输。随后等待主设备发出的 LMP_Hold PDU。主设备链路管理器收到 LMP_Hold PDU 时，首先结束带有 L2CAP 信息的当前 ACL 分组的传送并终止 L2CAP 传输。然后检查保持时刻，如果该值在 $6T_{poll}$(T_{poll} 指连接中的轮询间隔)时隙之前，主设备链路管理器将修改它，使在其 $6T_{poll}$ 时隙之后，随后主设备链路管理器发送 LMP_Hold PDU。协商过程如图 3-77 所示。主从设备链路管理器退出保持模式后，将恢复 L2CAP 传输。

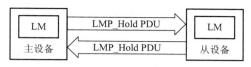

图 3-77 从设备强制进入保持模式

(3) 主设备或从设备请求进入保持模式。主设备或从设备都可以请求进入保持模式。主从设备收到请求后，可以修改参数并发回同样的请求，或者终止协商。若主从设备达成一致，就发送 LMP_Accepted PDU 结束协商，ACL 链路进入保持模式；否则就发送 LMP_Not_Accepted PDU 拒绝协商。

发起方链路管理器首先结束带有 L2CAP 信息的当前 ACL 分组的传送并终止 L2CAP 传输。接收方链路管理器收到 LMP_Hold_Req PDU 之后，首先结束带有 L2CAP 信息的当前 ACL 分组的传送并终止 L2CAP 传输。发送 LMP_Hold_Req PDU 的链路管理器选择保持时刻(该值至少在 $9T_{poll}$ 之后)，如果它是对以前 LMP_Hold_Req PDU 的响应，而且包含的保持时刻在 $9T_{poll}$ 之后，就采用这个保持时刻的取值。LMP_Hold_Req PDU 将传给链路控制器并排队等候传输，同时定时器启动。如果定时器截止前其链路管理器没有收到 LMP_Not_Accepted PDU 或 LMP_Hold_Req PDU，那么定时器截止时连接就要进入保持模式。如果收到 LMP_Hold_Req PDU 的链路管理器同意进入保持模式，将发回 LMP_Accepted PDU 并启动定时器。定时器截止时进入保持模式。协商过程如图 3-78 所示。主从设备链路管理器退出保持模式时，将恢复 L2CAP 传输。

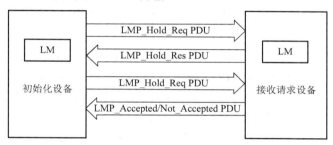

图 3-78 主设备或从设备请求进入保持模式

2) 呼吸模式(Sniff Mode)

正常通信模式下的从设备必须在每个偶数时隙的开始时刻进行监听，以观察主设备是否给自己发送了数据。呼吸模式下的从设备能够放宽对 ACL 链路的要求。主从设备先协商呼吸间隔(Sniff Interval，T_{Sniff})和呼吸偏移(Sniff Offset，D_{Sniff})。D_{Sniff} 决定第一个呼吸时隙的时间，在此之后，呼吸时隙随着 T_{Sniff} 周期性出现。为了避免初始化期间时钟环绕的问题，第一个呼吸时隙的计算有两个选项供选择。主设备发出的信息中的定时控制标志指明了使用哪一种选项。

当链路处于呼吸模式时，主设备只能在呼吸时隙开始传输。有两个参数控制从设备的监听行为：呼吸尝试(Sniff Attempt)参数决定从呼吸时隙开始算起从设备必须监听的时隙数，即使它未收到包含自己 AM_ADDR 的分组，也必须如此；呼吸超时(Sniff Timeout)参数决定从设备在连续收到只包含自己 AM_ADDR 分组的情况下必须监听的额外时隙数。

(1) 主设备或从设备请求进入呼吸模式。主设备或从设备都可以请求进入呼吸模式。设备收到请求后，可以将参数修改并回应同样的请求，或者终止协商。如果协商达成一致，就发送 LMP_Accepted PDU 结束协商，ACL 链路立即进入呼吸模式；否则就发送 LMP_Not_Accepted PDU。协商过程如图 3-79 所示。

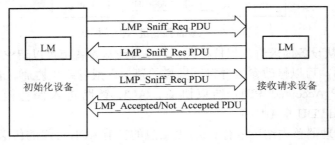

图 3-79　呼吸模式协商过程

(2) 从设备从呼吸模式进入激活模式。要结束从设备的呼吸模式，需发送 LMP_Unsniff_Req PDU，被请求的设备也必须用 LMP_Accepted PDU 回应。如果从设备发出请求，那么收到 LMP_Accepted PDU 后它就进入激活模式。如果主设备发出请求，从设备收到 LMP_Unsniff_Req PDU 后就进入激活模式。协商过程如图 3-80 所示。

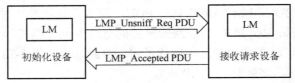

图 3-80　从设备从呼吸模式进入激活模式

3) 休眠模式(Parked Mode)

从设备不需要加入信道但仍希望保持跳频同步时，就进入休眠模式。该模式下的从设备放弃蓝牙激活成员地址(AM_ADDR)，与微微网间的数据通信分离。休眠模式下的从设备再次加入微微网时，就可以不必经过查询与寻呼过程，很快地重新进入微微网中。

微微网主设备给进入休眠模式的从设备分配了两个 8 位的临时地址：休眠成员地址(Parked Member Address，PM_ADDR)和接入请求地址(Access Request Address，AR_ADDR)。PM_ADDR 用于区分 255 个休眠从设备，主设备用它来快速唤醒休眠从设备。同时，经过 PM_ADDR 的编码，各个休眠从设备可以很好地排序，以减少重新加入微微网时的冲突。

主设备定义了带宽很窄的信标(Beacon)信道，用以向所有休眠从设备周期性地发送广播分组。从设备进入休眠模式前，利用信标信息中的定时参数就能知道何时醒来接收主设备的分组。

(1) 主设备请求从设备进入休眠模式。主设备可以请求从设备进入休眠模式。主设备首先结束携带 L2CAP 信息的当前 ACL 分组的传送并终止 L2CAP 传输，然后发送 LMP_Park_Req PDU。如果从设备同意，它也将结束带有 L2CAP 信息的当前 ACL 分组的传送并终止 L2CAP 传输，然后以 LMP_Accepted PDU 响应；如果从设备不同意进入休眠模式，它将用 LMP_Not_Accepted PDU 进行回应，主设备就恢复 L2CAP 传输。协商过程如图 3-81 所示。

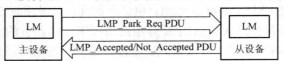

图 3-81　主设备请求从设备进入休眠模式

(2) 从设备请求进入休眠模式。从设备可以请求进入休眠模式。从设备首先结束带有 L2CAP 信息的当前 ACL 分组的传送并终止 L2CAP 传输，然后发送 LMP_park_Req PDU。如果主设备同意，它将结束带有 L2CAP 信息的当前 ACL 分组的传送并终止点到点 L2CAP 传输，然后发送 LMP_Park_Res PDU，其中的参数可能与从设备发送的不同。如果从设备接受这些参数，它将以 LMP_Accepted PDU 响应；如果主设备不同意从设备进入休眠模式，将用 LMP_Not_Accepted PDU 回应，从设备将恢复 L2CAP 传输。如果从设备不接受主设备提出的参数，将用 LMP_Not_AccePted PDU 回应，主从设备都将恢复 L2CAP 传输。协商过程如图 3-82、图 3-83、图 3-84 所示。

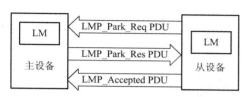

图 3-82 从设备请求进入休眠模式并得到
主设备同意后成功进入

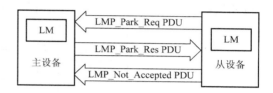

图 3-83 从设备请求进入休眠模式并得到
主设备同意后拒绝进入

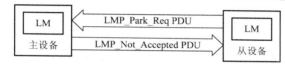

图 3-84 从设备请求进入休眠模式但受到主设备拒绝

(3) 主设备解除从设备的休眠状态(Unpark)。主设备要解除一个或多个从设备的休眠状态，需发送 LMP 广播信息，其中包含这些从设备的 PM_ADDR 或 BD_ADDR，以及主设备指派给这些从设备的 AM_ADDR。然后，主设备轮询(发送 Poll 分组)检查各个从设备是否已成功解除休眠，以便允许各个从设备接入信道。在此之后，已经脱离休眠状态的从设备必须用 LMP_Accepted PDU 响应。如果在规定时间内未收到从设备的响应，那么 Unpark 失败，主设备仍然认为从设备处于休眠模式。Unpark 成功后，双方设备即恢复 L2CAP 的传输。协商过程如图 3-85、图 3-86 所示。

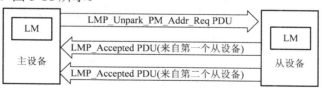

图 3-85 主设备根据 BD_ADDR 解除从设备休眠状态

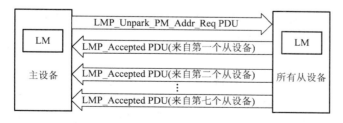

图 3-86 主设备根据 PM_ADDR 解除从设备休眠状态

4) 发射功率控制

如果接收信号强度指示(RSSI)与蓝牙设备设定值相差太大,它可以请求另一方设备的发射功率增加或减少。功率调整请求可以在成功地完成一次基带寻呼过程后的任何时刻进行。如果设备不支持功率控制请求,会在其特征列表中注明,因而,在所支持的特征请求得到响应后,就不会再向它发出该请求。在此之前,可能会发送功率控制调整请求,若收方不支持,它可以发 LMP_Max_Power 响应 LMP_Incr_Power_Req,发 LMP_Min_Power 响应 LMP_Decr_Power_Res,收方也可以发送 LMP_Not_Accepted。收到该消息后,输出功率增加或减少一个步进值。主设备对各个从设备的发射功率都是不一样的,由主设备和每个从设备的通信质量独立确定。协商过程如图 3-87 所示。

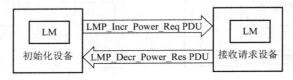

图 3-87　设备 1 请求设备 2 改变发射功率

收到 LMP_Incr_Power_Req 的一方如果已经以最大功率发射信号,它将发回 LMP_Max_Power_Res。此时只有在至少已经请求功率降低一次的情况下,才能再申请其增加功率。依此类推,收到 LMP_Decr_Power_Req 的一方如果已经以最小功率发射信号,它将发回 LMP_Min_Power_Res。那么,只有在至少已经请求功率增加一次的情况下,才能再申请其降低功率。协商过程如图 3-88、图 3-89 所示。

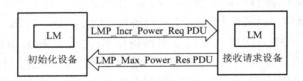

图 3-88　发射功率已经达到最大值

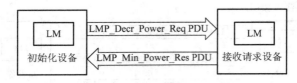

图 3-89　发射功率已经降到最小值

2. 链路质量管理

链路管理器具有管理链路服务质量(Quality of Service,QoS)的能力。链路管理器对 ACL 和 SCO 链路的质量管理是分别进行的。

1) ACL 链路

(1) 服务质量由主设备通知从设备。主设备使用 LMP_Quality_of_Service PDU 强制从设备使用新的轮询间隔和 N_{BC},从设备不能拒绝该通知。轮询间隔(Poll Interval)T_{poll} 用于控制带宽的分配和等待时间。除了寻呼、寻呼扫描、查询、查询扫描时可能发生冲突以外,在正常的激活模式下轮询间隔都可以得到保证。协商过程如图 3-90 所示。

图 3-90 主设备通知从设备服务质量

(2) 请求新的服务质量。主设备或从设备可以使用 LMP_Quality_of_Service_Req PDU 请求新的轮询间隔和 N_{BC}。协商过程如图 3-91 所示。

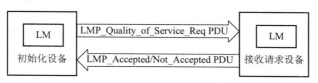

图 3-91 设备请求新的服务质量

2) SCO 链路

主从设备间的 ACL 链路可用于两设备间至多三个 SCO 链路的建立。主设备为 SCO 链路的通信保留 SCO 时隙 T_{SCO}。每个 SCO 链路都有一个惟一标识此链路的 SCO 句柄(SCO Handle)，以便与其他 SCO 链路区分开。建立和释放 SCO 链路的几种情况如下：

(1) 主设备请求建立 SCO 链路。主设备想要建立一个 SCO 链路时，向从设备发送一个 LMP_SCO_Link_Req PDU 请求，其中包含了 SCO 链路的定时、分组类型和编码方式等参数。蓝牙支持三种不同的语音编码格式：μ 率对数脉冲编码调制(Pulse Code Modulation，PCM)码、A 率对数 PCM 码和连续可变斜率增量调制(Continuous Variable Slope Delta，CVSD)码。若不使用 PCM 和 CVSD，就可以获得一个速率为 64 kb/s 的透明同步数据链路。若从设备不接受 SCO 链路，但愿意考虑另一个可能的 SCO 参数集，它将在 LMP_Not_Accepted PDU 的拒绝原因中指明不能接受的参数。这样，主设备就可以在修改参数后重新发起请求。协商过程如图 3-92 所示。

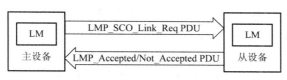

图 3-92 主设备发起建立 SCO 链路

(2) 从设备请求建立 SCO 链路。从设备发出 LMP_SCO_Link_Req PDU 请求，其中的定时控制标志、SCO 时隙定时偏置 D_{SCO} 和 SCO 句柄等参数是无效的，而且 SCO 句柄为 0。如果主设备不接受请求，它将用 LMP_Not_Accepted PDU 响应；否则，它将发回 LMP_SCO_Link_Res PDU，该消息包括定时控制标志、SCO 时隙定时偏置 D_{SCO} 和 SCO 句柄。至于其他参数，主设备应尽量采用从设备申请的相同参数，从设备必须用 LMP_Accepted 或 LMP_Not_Accepted PDU 回答。协商过程如图 3-93、图 3-94 所示。

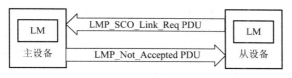

图 3-93 主设备拒绝从设备建立 SCO 链路的请求

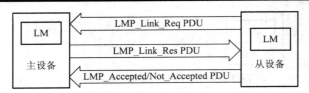

图 3-94　主设备同意从设备建立 SCO 链路的请求

(3) 主设备请求改变 SCO 参数。主设备可以请求改变 SCO 参数。主设备发送 LMP_SCO_Link_Req，其中的 SCO 句柄是它要改变参数的 SCO 链路的句柄。若从设备接受新的参数，它就以 LMP_Accepted 进行响应，同时更改 SCO 链路参数为新参数；否则，从设备以 LMP_Not_Accepted 进行响应。从设备在 LMP_Not_Accepted 的拒绝原因中指明它所不能接受的参数，主设备可以修改参数后重新请求改变 SCO 链路参数。

(4) 从设备请求改变 SCO 参数。从设备也可以请求改变 SCO 参数。从设备发送 LMP_SCO_Link_Req，其中的 SCO 句柄是它要改变参数的 SCO 链路的句柄，但是定时控制标志、D_{SCO} 是无效的。如果主设备不接受，它将用 LMP_Not_Accepted 相应；否则，它将以 LMP_SCO_Link_Res 响应，其中必须采用从设备申请的参数，从设备若不同意就以 LMP_Not_Accepted 响应，否则用 LMP_Accepted 回答，同时更改 SCO 链路参数为新参数。

(5) 释放 SCO 链路。主从设备都可以通过发送 LMP_Remove_SCO_Link_Req PDU 请求释放一个 SCO 链路。请求中包含要释放的 SCO 链路的句柄和释放的原因。接收方必须用 LMP_Accepted 响应，同意释放指定的 SCO 链路。

3. 链路控制管理

链路控制管理包括设备寻呼、主从角色的转换、时钟和计时器设置、信息交换、连接的建立和链路释放等功能的管理。

1) 设备寻呼

蓝牙有强制和可选两种寻呼方式。链路管理器协议提供了一个协商寻呼方式的方法，协商的结果可以保留到下次寻呼时使用。

(1) 寻呼模式(Page Mode)。两个蓝牙设备可以相互协商下一次寻呼的模式。设备 A 向设备 B 发送 LMP_Page_Mode_Req PDU，用来说明设备 A 下一次所希望的寻呼模式，设备 B 可以接受也可以拒绝，若拒绝，则维持原来的寻呼模式不变。协商过程如图 3-95 所示。

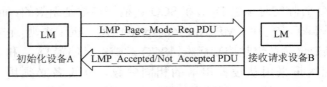

图 3-95　寻呼模式协商

(2) 寻呼扫描模式(Page Scan Mode)。与协商寻呼模式类似，两个蓝牙设备可以相互协商下一次寻呼扫描的模式。设备 A 向设备 B 发送 LMP_Page_Scan_Mode_Req PDU，用来说明设备 A 下一次所希望的寻呼扫描模式，设备 B 可以接受也可以拒绝，若拒绝，则维持原来的寻呼扫描模式不变。协商过程如图 3-96 所示。

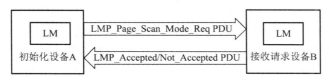

图 3-96　寻呼扫描模式协商

2) 主从角色转换

发起寻呼的设备通常为微微网的主设备，但是为了完成某些特定的功能，有时需要主从角色的转换。如果从设备发起主从转换，它将首先结束带有 L2CAP 信息的当前 ACL 分组的传送并终止 L2CAP 传输，在发送 LMP_Slot_Offset PDU 之后立即发送 LMP_Switch_ Res PDU。若主设备接受该请求，它将结束带 L2CAP 信息的当前 ACL 分组的传送并终止 L2CAP 传输，以 LMP_Accepted PDU 响应。主从角色转换完成后，不论成功与否，主从双方将恢复 L2CAP 传输。若主设备拒绝从设备的请求，它将以 LMP_Not_Accepted PDU 回应，从设备恢复 L2CAP 传输。协商过程如图 3-97 所示。

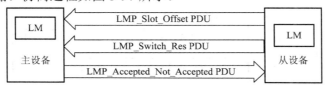

图 3-97　从设备发起主从转换

如果主设备发起主从转换，它将首先结束带有 L2CAP 信息的当前 ACL 分组的传送，终止 L2CAP 的传输，并发送 LMP_Switch_Req PDU。如果从设备接受该请求，它将结束带有 L2CAP 信息的当前 ACL 分组的传送并终止 L2CAP 传输，在 LMP_Accepted PDU 之后立即以 LMP_Slot_Offset_Res PDU 响应。主从角色转换完成后，不论成功与否，双方将恢复 L2CAP 传输。如果从设备拒绝，它将以 LMP_Not_Accepted PDU 回应，主设备恢复 L2CAP 传输。协商过程如图 3-98 所示。

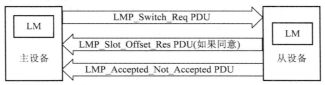

图 3-98　主设备发起主从转换

3) 时钟和计时器设置

(1) 时钟偏移请求。主设备通过发送 LMP_Clock_Offset_Req PDU 可以得到从设备返回的当前偏移量，这个偏移量是从设备本地时钟与其记录的主设备时钟之间的差值。主设备可以在随后的寻呼进程中使用这个偏移量来优化寻呼时间。主从设备必须支持这一功能。协商过程如图 3-99 所示。

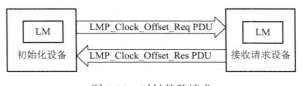

图 3-99　时钟偏移请求

(2) 时隙偏移信息。主从角色转换的过程中，一方设备通过发送 LMP_Clock_Offset PDU 来通知对方自己的时隙偏移信息。时隙偏移等于主设备发送时隙的开始时刻与从设备相应的发送时隙的开始时刻之间的差值，单位为 μs。协商过程如图 3-100 所示。

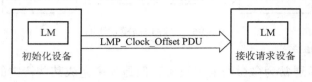

图 3-100　时隙偏移信息

(3) 定时精度信息。一个设备可以通过发送 LMP_Timing_Accuracy_Req PDU 得到接收设备时钟的抖动(Jitter，μs 级)与漂移量(Drift，单位为 ppm)。这些参数用来优化处于保持、呼吸或休眠模式的设备的唤醒进程。这种功能是可选的，在被请求设备不支持这个 PDU 时，请求设备应该假定最大抖动量为 10 μs，最大漂移量为 250 ppm。协商过程如图 3-101、图 3-102 所示。

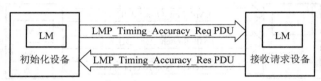

图 3-101　被请求设备支持定时精度信息

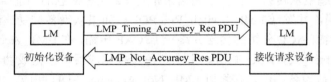

图 3-102　被请求设备不支持定时精度信息

(4) 链路监控超时。每个蓝牙链路都有一个定时器用于链路监控。该定时器用来检测蓝牙设备移到通信范围以外、断电或其他原因引起的链路丢失。主设备通过发送 LMP_Supervision_Timeout PDU 设置监控超时值。协商过程如图 3-103 所示。

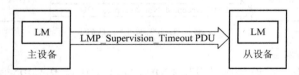

图 3-103　链路监督超时

4) 交换信息

(1) LMP 版本信息。蓝牙设备可以通过发送 LMP_Version_Req PDU 请求得到被请求蓝牙设备的 LMP 版本信息。被请求设备的响应 LMP_Version_Res PDU 包含 3 个参数：VersNr、CompId 和 SubVersNr。VersNr 是该设备支持的 LMP 协议的版本号，CompId 为公司代号，SubVersNr 是公司对每一个 LMP 建立的一个惟一编号。在基带寻呼过程成功之后的任何时间，都可以请求 LMP 版本信息。协商过程如图 3-104 所示。

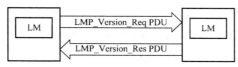

图 3-104　LMP 版本信息

(2) 支持的特征。蓝牙射频和基带链路控制器可能只支持蓝牙规范规定的部分分组类型和特征，可以使用 LMP_Features_Req 和 LMP_Features_Res 这两种 PDU 交换这些信息。在一次成功的基带寻呼后，可以在任何时间请求对方设备所支持的特征。一个蓝牙设备在了解到另一蓝牙设备支持的特征之前，只能发送 ID、FHS、Null、Poll、DM1 和 DH1 分组。特征请求完成后，双方就可以进行共同支持特征数据的收发。协商过程如图 3-105 所示。

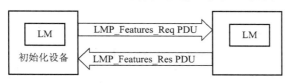

图 3-105　支持的特征

(3) 设备命名请求。一个设备可以通过向另一个设备发送 LMP_Name_Req PDU 来请求命名。命名按照 UTF-8 标准编码(最长 248 字节)，它可以分段封装在一个或多个 DM1 分组中。LMP_Name_Req 中包含了分段的名称偏移参数。回应的 LMP_Name_Res 中携带有同样的名称偏移、名称长度(指明名称的字节数)和名称分段。一旦基带寻呼成功，就可以在任何时间进行命名请求。协商过程如图 3-106 所示。

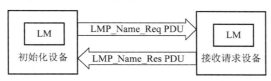

图 3-106　设备命名请求

5) 建立连接

寻呼结束后，主设备必须用最大轮询间隔来轮询从设备，随后执行时钟偏移请求、LMP 版本请求、支持特征请求、命名请求和断开连接等 LMP 协商过程，如图 3-107 所示。

图 3-107　建立连接

寻呼设备若要建立链路管理器上层的连接，就向远端设备发送 LMP_Host_Connection_ Req PDU。远端设备收到该请求以后，就通知其主机(Host)。远端设备可以接受或拒绝建立连接的请求。若从设备需要进行主从转换，在收到 LMP_Host_Connection_Req PDU 后向主设备发送 LMP_Slot_Offset PDU 和 LMP_Switch_Req PDU。主从转换成功完成后，原先的从设备再用 LMP_Accepted PDU 或 LMP_Not_Accepted PDU 来响应 LMP_Host_Connection_ Req PDU。

如果从设备接受 LMP_Host_Connection_Req PDU，就可以与主设备协商 LMP 安全过程 (匹配、鉴权和加密)。如果一个设备不想在建立连接期间发起更多的安全过程，它将发送 LMP_Setup_Complete PDU。主从设备都发送 LMP_Setup_Complete PDU 后，就可以进行数据通信了。

6) 链路释放(Link Release)

释放链路发起方的链路管理器首先结束带有 L2CAP 信息的前 ACL 分组传送并终止 L2CAP 传输，然后发送 LMP_Detach PDU，启动 $6T_{poll}$ 时隙的定时器。如果发起方链路管理器在定时器截止前收到基带层的确认，它将启动 $3T_{poll}$ 时隙的定时器。当该定时器截止时(发起方链路管理器是主设备)，就可以重新使用 AM_ADDR。如果最初的定时器截止，发起方链路管理器将结束连接，并启动 $T_{Link\ Supervision\ Timeout}$ 定时器，随后 AM_ADDR 也可以重新使用(如果发起方是主设备)。接收方链路管理器收到 LMP_Detach PDU 后，若它是主(从)设备，将启动 $6T_{poll}(3\ T_{poll})$ 时隙的定时器，定时器截止时，链路断开。若接收方是主设备，AM_ADDR 可以重新使用。若没有接收到 LMP_Detach 应用，链路监控将会超时，链路也会断开。协商过程如图 3-108 所示。

图 3-108　断开链路

4. 数据分组管理

本章"蓝牙基带与链路控制器"部分介绍了蓝牙基带的分组类型，链路管理器提供了对这些分组的控制与管理，包括多时隙分组的控制和 DH 信道与 DM 信道间的切换。

1) 多时隙分组的控制

一个设备发送含有最大时隙数目的 LMP Max Slot PDU，可以限制接收设备使用的最大时隙数目。每个设备都可以通过发送 LMP_Max_Slot_Req PDU，请求能够使用的最大时隙数目。建立新连接后，由于寻呼、寻呼扫描、主从切换或解除休眠等操作，最大时隙数目的默认值变为 1。LMP_Max_Slot、LMP_Max_Slot_Req 这两个 PDU 用于多时隙分组的控制，在连接建立后的任何时刻都可以发送这两个 PDU。

2) DH 与 DM 间的信道切换

某一类型的分组数据吞吐量依赖于射频信道的质量。测量接收器的质量可以动态控制远程设备发送的分组类型，以优化数据吞吐量。协商过程如图 3-109 所示，如果设备 A 想让远程设备 B 拥有控制权，它将发送一个 LMP_Auto_Rate PDU。这样，每当设备 B 欲改变设备 A 所发送的分组类型时，就可发送 LMP_Preferred_Rate PDU。该 PDU 内的一个参数可决定首选的编码方式(使用或不使用 2/3 比例 FEC)和时隙中的首选分组大小。设备 A 不必一定按照指定的参数来改变分组类型。若首选的尺寸大于最大所允许的时隙数目，它也不能发送大于后者的分组。协商过程如图 3-109、图 3-110 所示。连接完全建立后，这些 PDU 可以在任何时刻发送。

图 3-109　配置设备 A 在 DM 和 DH 之间自动切换

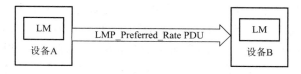

图 3-110　设备 A 希望设备 B 改变自己的分组类型

第 4 章   ZigBee 技术

　　对于多数的无线网络来说，无线通信技术应用的目的在于提高所传输数据的速率和传输距离。而在诸如工业控制、环境监测、商业监控、汽车电子、家庭数字控制网络等应用中，系统所传输的数据量小、传输速率低，系统所使用的终端设备通常为采用电池供电的嵌入式，如无线传感器网络，因此，这些系统必须要求传输设备具有成本低、功耗小的特点。针对这些特点和需求，由英国 Invensys 公司、日本三菱电气公司、美国摩托罗拉公司以及荷兰飞利浦等公司在 2001 年共同宣布组成 ZigBee 技术联盟，共同研究开发 ZigBee 技术。目前，该技术联盟已发展和壮大为由 100 多家芯片制造商、软件开发商、系统集成商等公司和标准化组织组成的技术组织，而且，这个技术联盟还在不断地发展壮大。

　　本章将详细介绍 ZigBee 技术有关体系结构、网络结构、协议栈和应用等内容，通过对本章的学习，读者会对 ZigBee 技术有更详细的了解，为实际应用做好准备。

4.1   ZigBee 技术简介

　　ZigBee 是一种新兴的近距离、低复杂度、低功耗、低数据速率、低成本的无线网络技术，它是一种介于无线标记技术和蓝牙之间的技术提案，主要用于近距离无线连接。

　　ZigBee 是一组基于 IEEE 批准通过的 802.15.4 无线标准，是一个有关组网、安全和应用软件方面的技术标准。它主要适用于自动控制领域，可以嵌入各种设备中，同时支持地理定位功能。IEEE 802.15.4 标准是一种经济、高效、低数据速率(小于 250 kb/s)、工作在 2.4 GHz 和 868/928 MHz 的无线技术，用于个人区域网和对等网状网络。

　　ZigBee 技术的名字来源于蜂群使用的赖以生存和发展的通信方式，蜜蜂通过跳 ZigZag 形状的舞蹈来通知发现新食物源的位置、距离和方向等信息。ZigBee 过去又称为"HomeRF Lite"、"RF-EasyLink"或"FireFly"无线电技术，目前统一称为 ZigBee 技术，中文译名通常称为"紫蜂"技术。

　　电气与电子工程师协会 IEEE 于 2000 年 12 月成立了 802.15.4 工作组，这个工作组负责制定 ZigBee 的物理层和 MAC 层协议，2001 年 8 月成立了开放性组织——ZigBee 联盟，一个针对 WPAN 网络而成立的产业联盟，Honeywell、Invensys、三菱电器、摩托罗拉、飞利浦是这个联盟的主要支持者，如今已经吸引了上百家芯片研发公司和无线设备制造公司，并不断有新的公司加盟。ZigBee 联盟负责 MAC 层以上网络层和应用层协议的制定和应用推广工作。2003 年 11 月，IEEE 正式发布了该项技术物理层和 MAC 层所采用的标准协议，即 IEEE 802.15.4 协议标准，作为 ZigBee 技术的物理层和媒体接入层的标准协议。2004 年 12 月，ZigBee 联盟正式发布了该项技术标准。该技术希望被部署到商用电子、住宅及建筑自动化、工业设备监测、PC 外设、医疗传感设备、玩具以及游戏等其他无线传感和控制领域当中。标准的正式发布，加速了 ZigBee 技术的研制开发工作，许多公司和生产商已经陆续地推出了自己的产品和开发系统，如飞思卡尔的 MC13192、Chipcon 公司的 CC2420、Atmel公司的 ATh6RF210 等，其发展速度之快，远远超出了人们的想象。

根据 IEEE 802.15.4 标准协议，ZigBee 的工作频段分为 3 个频段，这 3 个工作频段相距较大，而且在各频段上的信道数目不同，因而，在该项技术标准中，各频段上的调制方式和传输速率也不同。3 个频段分别为 868 MHz、915 MHz 和 2.4 GHz。其中 2.4 GHZ 频段分为16 个信道，该频段为全球通用的工业、科学、医学(Industrial，Scientific and Medical，ISM)频段，该频段为免付费、免申请的无线电频段，在该频段上，数据传输速率为 250 kb/s。表4-1 为 ZigBee 频带和频带传输率情况。

表 4-1　ZigBee 频带和频带传输率

频带	使用范围	数据传输率	信道数
2.4 GHz(ISM)	全世界	250 kb/s	16
868 MHz	欧洲	20 kb/s	1
915 MHz(ISM)	美国	40 kb/s	10

在组网性能上，ZigBee 设备可构造为星型网络或者点对点网络，在每一个 ZigBee 组成的无线网络内，连接地址码分为 16 bit 短地址或者 64 bit 长地址，可容纳的最大设备个数分别为 2^{16} 个和 2^{64} 个，具有较大的网络容量。

在无线通信技术上，采用免冲突多载波信道接入(CSMACA)方式，有效地避免了无线电载波之间的冲突。此外，为保证传输数据的可靠性，建立了完整的应答通信协议。

ZigBee 设备为低功耗设备，其发射输出为 0～3.6 dBm，通信距离为 30～70 m，具有能量检测和链路质量指示能力，根据这些检测结果，设备可自动调整设备的发射功率，在保证通信链路质量的条件下，最小地消耗设备能量。

为保证 ZigBee 设备之间通信数据的安全保密性，ZigBee 技术采用通用的 AES-128 加密算法，对所传输的数据信息进行加密处理。

ZigBee 技术是一种可以构建一个由多达数万个无线数传模块组成的无线数传网络平台，十分类似现有的移动通信的 CDMA 网或 GSM 网，每一个 ZigBee 网络数传模块类似移动网络的一个基站，在整个网络范围内，它们之间可以进行相互通信；每个网络节点间的距离可以从标准的 75 米扩展到几百米，甚至几公里；另外，整个 ZigBee 网络还可以与现有的其他各种网络连接。例如，可以通过互联网在北京监控云南某地的一个 ZigBee 控制网络。

与移动通信网络不同的是，ZigBee 网络主要是为自动化控制数据传输而建立的，而移动通信网主要是为语音通信而建立的。每个移动基站价值一般都在百万元人民币以上，而每个 ZigBee "基站" 却不到 1000 元人民币；每个 ZigBee 网络节点不仅本身可以与监控对象，例如与传感器连接直接进行数据采集和监控，它还可以自动中转别的网络节点传过来的数据资料；除此之外，每一个 ZigBee 网络节点(FFD)还可在自己信号覆盖的范围内，和多个不承担网络信息中转任务的孤立的子节点(RFD)进行无线连接。每个 ZigBee 网络节点(FFD 和 RFD)可以支持多达 31 个传感器和受控设备，每一个传感器和受控设备最终可以有

8 种不同的接口方式。

一般而言，随着通信距离的增大，设备的复杂度、功耗以及系统成本都在增加。相对于现有的各种无线通信技术，ZigBee 技术将是最低功耗和低成本的技术。同时，由于 ZigBee 技术拥有低数据速率和通信范围较小的特点，这也决定了 ZigBee 技术适合于承载数据流量较小的业务。ZigBee 技术的目标就是针对工业、家庭自动化、遥测遥控、汽车自动化、农业自动化和医疗护理等，例如灯光自动化控制，传感器的无线数据采集和监控，油田、电力、矿山和物流管理等应用领域。另外，它还可以对局部区域内的移动目标，例如对城市中的车辆进行定位。

通常，符合如下条件之一的应用，就可以考虑采用 ZigBee 技术作无线传输：需要数据采集或监控的网点多；要求传输的数据量不大，而要求设备成本低；要求数据传输可靠性高、安全性高；设备体积很小，电池供电，不便放置较大的充电电池或者电源模块；地形复杂，监测点多，需要较大的网络覆盖；现有移动网络的覆盖盲区；使用现存移动网络进行低数据量传输的遥测遥控系统；使用 GPS 效果差或成本太高的局部区域移动目标的定位应用。

ZigBee 技术的特点具体如下：

(1) 功耗低。两节五号电池可支持长达 6 个月到 2 年左右的使用时间。

(2) 可靠。采用了碰撞避免机制，同时为需要固定带宽的通信业务预留了专用时隙，避免了发送数据时的竞争和冲突。

(3) 数据传输速率低。只有 10～250 kb/s，专注于低传输应用。

(4) 成本低。因为 ZigBee 数据传输速率低，协议简单，所以大大降低了成本，且 ZigBee 协议免收专利费，采用 ZigBee 技术产品的成本一般为同类产品的几分之一甚至十分之一。

(5) 时延短。针对时延敏感的应用做了优化，通信时延和从休眠状态激活的时延都非常短，通常时延都在 15～30 ms 之间。

(6) 优良的网络拓扑能力。ZigBee 具有星、网和丛树状网络结构能力。ZigBee 设备实际上具有无线网络自愈能力，能简单地覆盖广阔范围。

(7) 网络容量大。可支持多达 65 000 个节点。

(8) 安全。ZigBee 提供了数据完整性检查和鉴权功能，加密算法采用通用的 AES-128。

(9) 工作频段灵活。使用的频段分别为 2.4 GHz、868 MHz(欧洲)及 915 MHz(美国)，均为免执照频段。

4.2　ZigBee 技术组网特性

利用 ZigBee 技术组成的无线个人区域网(WPAN)是一种低速率的无线个人区域网(LR-WPAN)，这种低速率无线个人区域网的网络结构简单、成本低廉，具有有限的功率和灵活的吞吐量。在一个 LR-WPAN 网络中，可同时存在两种不同类型的设备，一种是具有完整功能的设备(FFD)，另一种是简化功能的设备(RFD)。

在网络中，FFD 通常有 3 种工作状态：① 作为一个主协调器；② 作为一个协调器；③ 作为一个终端设备。一个 FFD 可以同时和多个 RFD 或多个其他的 FFD 通信，而一个

RFD 只能和一个 FFD 进行通信。RFD 的应用非常简单、容易实现，就好像一个电灯的开关或者一个红外线传感器，由于 RFD 不需要发送大量的数据，并且一次只能同一个 FFD 连接通信，因此，RFD 仅需要使用较小的资源和存储空间，这样，就可非常容易地组建一个低成本和低功耗的无线通信网络。

在 ZigBee 网络拓扑结构中，最基本的组成单元是设备，这个设备可以是一个 RFD 也可以是一个 FFD；在同一个物理信道的 POS(个人工作范围)通信范围内，两个或者两个以上的设备就可构成一个 WPAN。但是，在一个 ZigBee 网络中至少要求有一个 FFD 作为 PAN 主协调器。

IEEE 802.15.4/ZigBee 协议支持 3 种网络拓扑结构，即星形结构(Star)、网状结构(Mesh)和丛树结构(Cluster Tree)，如图 4-1 所示。其中，Star 网络是一种常用且适用于长期运行使用操作的网络；Mesh 网络是一种高可靠性监测网络，它通过无线网络连接可提供多个数据通信通道，即它是一个高级别的冗余性网络，一旦设备数据通信发生故障，则存在另一个路径可供数据通信；Cluster Tree 网络是 Star/Mesh 的混合型拓扑结构，结合了上述两种拓扑结构的优点。

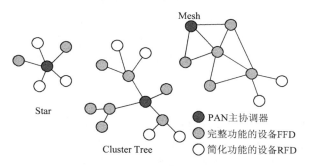

图 4-1　ZigBee 技术的 3 种网络拓扑结构

星形网络拓扑结构由一个称为 PAN 主协调器的中央控制器和多个从设备组成，主协调器必须是一个具有 FFD 完整功能的设备，从设备既可为 FFD 完整功能设备，也可为 RFD 简化功能设备。在实际应用中，应根据具体应用情况，采用不同功能的设备，合理地构造通信网络。在网络通信中，通常将这些设备分为起始设备或者终端设备，PAN 主协调器既可作为起始设备、终端设备，也可作为路由器，它是 PAN 网络的主要控制器。在任何一个拓扑网络上，所有设备都有惟一的 64 位的长地址码，该地址码可以在 PAN 中用于直接通信，或者当设备之间已经存在连接时，可以将其转变为 16 位的短地址码分配给 PAN 设备。因此，在设备发起连接时，应采用 64 位的长地址码，只有在连接成功，系统分配了 PAN 的标识符后，才能采用 16 位的短地址码进行连接，因而，短地址码是一个相对地址码，长地址码是一个绝对地址码。在 ZigBee 技术应用中，PAN 主协调器是主要的耗能设备，而其他从设备均采用电池供电，星形拓扑结构通常在家庭自动化、PC 外围设备、玩具、游戏以及个人健康检查等方面得到应用。

在对等的拓扑网络结构中，同样也存在一个 PAN 主设备，但该网络不同于星形拓扑网络结构，在该网络中的任何一个设备只要是在它的通信范围之内，就可以和其他设备进行通信。对等拓扑网络结构能够构成较为复杂的网络结构，例如，网孔拓扑网络结构，这种对等拓扑网络结构在工业监测和控制、无线传感器网络、供应物资跟踪、农业智能化，以及安全监控等方面都有广泛的应用。一个对等网络的路由协议可以是基于 Ad hoc 技术的，也可以是自组织式的，并且，在网络中各个设备之间发送消息时，可通过多个中间设备中继的传输方式进行传输，即通常称为多跳的传输方式，以增大网络的覆盖范围。其中，组网的路由协议，在 ZigBee 网络层中没有给出，这样为用户的使用提供了更为灵活的组网方式。

无论是星形拓扑网络结构，还是对等拓扑网络结构，每个独立的 PAN 都有一个惟一的标识符，利用该 PAN 标识符，可采用 16 位的短地址码进行网络设备间的通信，并且可激活PAN 网络设备之间的通信。

上面已经介绍，ZigBee 网络结构具有两种不同的形式，每一种网络结构有自己的组网特点，本小节将简单地介绍它们各自的组网特点。

1. 星形网络结构的形成

星形网络的基本结构如图 4-1 所示。当一个具有完整功能的设备(FFD)第一次被激活后，它就会建立一个自己的网络，将自身成为一个 PAN 主协调器。所有星形网络的操作独立于当前其他星形网络的操作，这就说明了在星形网络结构中只有一个惟一的 PAN 主协调器，通过选择一个 PAN 标识符确保网络的惟一性，目前，其他无线通信技术的星形网络没有采用这种方式。因此，一旦选定了一个 PAN 标识符，PAN 主协调器就会允许其他从设备加入到它的网络中，无论是具有完整功能的设备，还是简化功能的设备都可以加入到这个网络中。

2. 对等网络结构的形成

在对等拓扑结构中，每一个设备都可以与在无线通信范围内的其他任何设备进行通信。任何一个设备都可定义为 PAN 主协调器，例如，可将信道中第一个通信的设备定义成 PAN主协调器。未来的网络结构很可能不仅仅局限为对等的拓扑结构，而是在构造网络的过程中，对拓扑结构进行某些限制。

例如，树簇拓扑结构是对等网络拓扑结构的一种应用形式，在对等网络中的设备可以是完整功能设备，也可以是简化功能设备。而在树簇中的大部分设备为 FFD，RFD 只能作为树枝末尾处的叶节点上，这主要是由于 RFD 一次只能连接一个 FFD。任何一个 FFD 都可以作为主协调器，并为其他从设备或主设备提供同步服务。在整个 PAN 中，只要该设备相对于 PAN 中的其他设备具有更多计算资源，比如具有更快的计算能力，更大的存储空间以及更多的供电能力等，就可以成为该 PAN 的主协调器，通常称该设备为 PAN 主协调器。在建立一个 PAN 时，首先，PAN 主协调器将其自身设置成一个簇标识符(CID)为 0 的簇头(CLH)，然后，选择一个没有使用的 PAN 标识符，并向邻近的其他设备以广播的方式发送信标帧，从而形成第一簇网络。接收到信标帧的候选设备可以在簇头中请求加入该网络，如果 PAN 主协调器允许该设备加入，那么主协调器会将该设备作为子节点加到它的邻近表中，同时，请求加入的设备将 PAN 主协调器作为它的父节点加到邻近表中，成为该网络的一个从设备；同样，其他的所有候选设备都按照同样的方式，可请求加入到该网络中，作为网络的从设备。如果原始的候选设备不能加入到该网络中，那么它将寻找其他的父节点。在树簇网络中，最简单的网络结构是只有一个簇的网络，但是多数网络结构由多个相邻的网络构成。一旦第一簇网络满足预定的应用或网络需求时，PAN 主协调器将会指定一个从设备为另一簇新网络的簇头，使得该从设备成为另一个 PAN 的主协调器，随后其他的从设备将逐个加入，并形成一个多簇网络，如图 4-2 所示，图中的直线表示设备间的父子关系，而不是通信流。多簇网络结构的优点在于可以增加网络的覆盖范围，而随之产生的缺点是会增加传输信息的延迟时间。

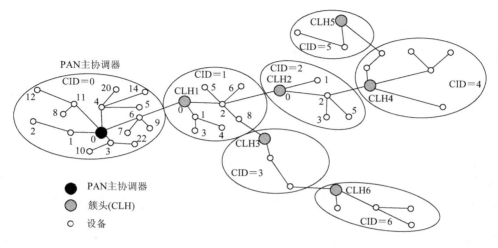

图 4-2　多簇网络

4.2.1　ZigBee 技术的体系结构

ZigBee 技术是一种可靠性高、功耗低的无线通信技术，在 ZigBee 技术中，其体系结构通常由层来量化它的各个简化标准。每一层负责完成所规定的任务，并且向上层提供服务。各层之间的接口通过所定义的逻辑链路来提供服务。ZigBee 技术的体系结构主要由物理(PYH)层、媒体接入控制(MAC)层、网络/安全层以及应用框架层组成，其各层之间的分布如图 4-3 所示。

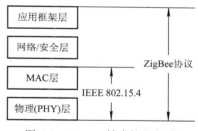

图 4-3　ZigBee 技术协议组成

从图 4-3 不难看出，ZigBee 技术的协议层结构简单，不像诸如蓝牙和其他网络结构，这些网络结构通常分为 7 层，而 ZigBee 技术仅为 4 层。在 ZigBee 技术中，PHY 层和 MAC 层采用 IEEE 802.15.4 协议标准，其中，PHY 提供了两种类型的服务，即通过物理层管理实体接口(PLME)对 PHY 层数据和 PHY 层管理提供服务。PHY 层数据服务可以通过无线物理信道发送和接收物理层协议数据单元(PPDU)来实现。PHY 层的特征是启动和关闭无线收发器、能量检测、链路质量、信道选择、清除信道评估(CCA)，以及通过物理媒体对数据包进行发送和接收。

同样，MAC 层也提供了两种类型的服务：通过 MAC 层管理实体服务接入点(MLME-SAP)向 MAC 层数据和 MAC 层管理提供服务。MAC 层数据服务可以通过 PHY 层数据服务发送和接收 MAC 层协议数据单元(MPDU)。MAC 层的具体特征是：信标管理、信道接入、时隙管理、发送确认帧、发送连接及断开连接请求。除此之外，MAC 层为应用合适的安全机制提供一些方法。

ZigBee 技术的网络/安全层主要用于 ZigBee 的 LR-WPAN 网的组网连接、数据管理以及网络安全等；应用框架层主要为 ZigBee 技术的实际应用提供一些应用框架模型等，以便对 ZigBee 技术开发应用。在不同的应用场合，其开发应用框架不同，从目前来看，不同的厂商提供的应用框架是有差异的，应根据具体应用情况和所选择的产品来综合考虑其应用框架结构。

4.2.2　低速无线个域网的功能分析

本节主要介绍低速无线个域网的功能，包括超帧结构、数据传输模式、帧结构、鲁棒性、功耗以及安全性。

1．超帧结构

在无线个域网网络标准中，允许有选择性地使用超帧结构。由网络中的主协调器来定义超帧的格式。超帧由网络信标来限定，并由主协调器发送，如图 4-4 所示，它分为 16 个大小相等的时隙，其中，第一个时隙为 PAN 的信标帧。如果主设备不使用超帧结构，那么，它将关掉信标的传输。信标主要用于使各从设备与主协调器同步、识别 PAN 以及描述超帧的结构。任何从设备如果想在两个信标之间的竞争接入期间(CAP)进行通信，则需要使用具有时隙和免冲突载波检测多路接入(CSMACA)机制同其他设备进行竞争通信。需要处理的所有事务将在下一个网络信标时隙前处理完成。

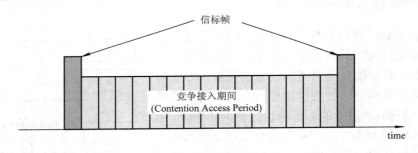

图 4-4　超帧结构

为减小设备的功耗，将超帧分为两个部分，即活动部分和静止部分。在静止部分时，主协调器与 PAN 的设备不发生任何联系，进入一个低功率模式，以达到减小设备功耗的目的。

在网络通信中，在一些特殊(如通信延迟小、数据传输率高)情况下，可采用 PAN 主协调器的活动超帧中的一部分来完成这些特殊要求。该部分通常称为保护时隙(GTS)。多个保护时隙构成一个免竞争时期(CFP)，通常，在活动超帧中，在竞争接入时期(CAP)的时隙结束处后面紧接着 CFP，如图 4-5 所示。PAN 主协调器最多可分配 7 个 GTS，每个 GTS 至少占用一个时隙。但是，在活动超帧中，必须有足够的 CAP 空间，以保证为其他网络设备和其他希望加入网络的新设备提供竞争接入的机会，但是所有基于竞争的事务必须在 CFP 之前执行完成。在一个 GTS 中，每个设备的信息传输必须保证在下一个 GTS 时隙或 CFP 结束之前完成，在以后的章节中将详细地介绍超帧的结构。

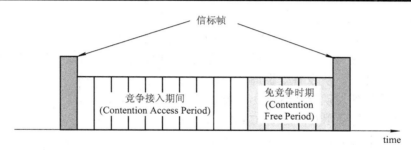

图 4-5　有 GTS 的超帧结构

2. 数据传输模式

ZigBee 技术的数据传输模式分为三种数据传输事务类型：第一种是从设备向主协调器传送数据；第二种是主协调器发送数据，从设备接收数据；第三种是在两个从设备之间传送数据。对于星形拓扑结构的网络来说，由于该网络结构只允许在主协调器和从设备之间交换数据，因此，只有前两种数据传输事务类型。而在对等拓扑结构中，允许网络中任何两个从设备之间进行交换数据，因此，在该结构中，可能包含这三种数据传输事务类型。

每种数据传输的传输机制还取决于该网络是否支持信标的传输。通常，在低延迟设备之间通信时，应采用支持信标的传输网络，例如 PC 的外围设备。如果在网络不存在低延迟设备时，在数据传输中，可选择不使用信标方式传输。值得注意的是，在这种情况下，虽然数据传输不采用信标，但在网络连接时，仍需要信标，才能完成网络连接，数据传输使用的帧结构将在下一节中介绍。

1) 数据传送到主协调器

这种数据传输事务类型是由从设备向主协调器传送数据的机制。

当从设备希望在信标网络中发送数据给主设备时，首先，从设备要监听网络的信标，当监听到信标后，从设备需要与超帧结构进行同步，在适当的时候，从设备将使用有时隙的 CSWCA 向主协调器发送数据帧，当主协调器接收到该数据帧后，将返回一个表明数据已成功接收的确认帧，以此表明已经执行完成该数据传输事务，图 4-6 描述了该数据传输事务执行的顺序。

当某个从设备要在非信标的网络发送数据时，仅需要使用非时隙的 CSMACA 向主协调器发送数据帧，主协调器接收到数据帧后，返回一个表明数据已成功接收的确认帧，图 4-7 描述了该数据传输事务执行的顺序。

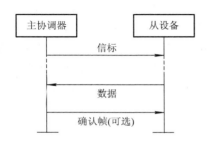

图 4-6　在信标网络中数据到主协调器的
通信顺序

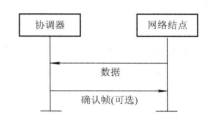

图 4-7　在无信标网络中数据到主协调器的
通信顺序

2) 主协调器发送数据

这种数据传输事务是由主协调器向从设备传送数据的机制。

当主协调器需要在信标网络中发送数据给从设备时，它会在网络信标中表明存在有要传输的数据信息，此时，从设备处于周期地监听网络信标状态，当从设备发现存在有主协调器要发送给它的数据信息时，将采用有时隙的 CSMACA 机制，通过 MAC 层指令发送一个数据请求命令。主协调器收到数据请求命令后，返回一个确认帧，并采用有时隙的 CSMACA 机制，发送要传输的数据信息帧。从设备收到该数据帧后，将返回一个确认帧，表示该数据传输事务已处理完成。主协调器收到确认帧后，将该数据信息从主协调器的信标未处理信息列表中删除。图 4-8 描述了该数据传输事务的执行顺序。

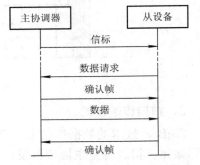

图 4-8　在信标网络中主协调器设备传输
数据的通信顺序

当主协调器需要在非信标网络中传输数据给从设备时，主协调器存储着要传输的数据，将通过与从设备建立数据连接，由从设备先发送请求数据传输命令后，才能进行数据传输，其具体传输过程如下所述。

首先，采用非时隙 CSMACA 方式的从设备，以所定义的传输速率向主协调器发送一个请求发送数据的 MAC 层命令，从而在主从设备之间建立起连接；主协调器收到请求数据发送命令后，返回一个确认帧。如果在主协调器中存在有要传送给该从设备的数据时，主协调器将采用非时隙 CSMACA 机制，向从设备发送数据帧；如果在主协调器中不存在有要传送给该从设备的数据，则主协调器将发送一个净荷长度为 0 的数据帧，以表明不存在有要传输给该从设备的数据。从设备收到数据后，返回一个确认帧，以表示该数据传输事务已处理完成。图 4-9 描述了该数据处理事务的执行顺序。

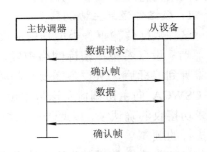

图 4-9　在非信标网络中主协调器设备传输
数据的通信顺序

3) 对等网络的数据传输

在对等网络中，每一个设备都可与在其无线通信范围内的任何设备进行通信。由于设备与设备之间的通信随时都可能发生，因此，在对等网络中，各通信设备之间必须处于随时可通信的状态，设备必须处于如下两种工作状态中的任意一种：① 设备始终处于接收状态；② 设备间保持相互同步。在第一种状态下，设备采用非时隙的 CSMA-CA 机制来传输简单的数据信息；在第二种情况下，需要采取一些其他措施，以确保通信设备之间相互同步。

3. 帧结构

在通信理论中，一种好的帧结构能够在保证其结构复杂性最小的同时，在噪声信道中具有很强的抗干扰能力。在 ZigBee 技术中，每一个协议层都增加了各自的帧头和帧尾，在

PAN 网络结构中定义了如下四种帧结构：

信标帧——主协调器用来发送信标的帧。

数据帧——用于所有数据传输的帧。

确认帧——用于确认成功接收的帧。

MAC 层命令帧——用于处理所有 MAC 层对等实体间的控制传输。

在本小节中，将对这四种帧类型的结构进行介绍，并且用图示的方式，说明各协议层中所对应的帧结构。物理层以下所描述的包结构以比特表示，为实际在物理媒体上所发送的数据。

1) 信标帧

在信标网络中，信标由主协调器的 MAC 层生成，并向网络中的所有从设备发送，以保证各从设备与主协调器同步，使网络的运行成本最低，即采用信标网络通信，可减少从设备的功耗，保证正常的通信，信标帧的结构如图 4-10 所示。

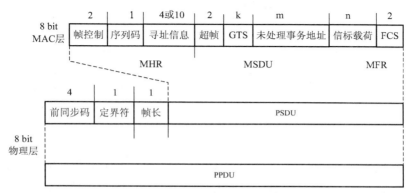

$$13+(4或10)+k+m$$

图 4-10　信标帧示意图

通常设备中的 MAC 层服务数据单元(MSDU)包括超帧格式、未处理事务地址格式、地址列表以及信标载荷。如果在 MSDU 前面加上 MAC 层帧头(MHR)，在 MSDU 结尾后面加上 MAC 层帧尾(MFR)，则 MHR、MSDU 和 MFR 共同构成了 MAC 层信标帧(即 MAC 层协议数据单元——MPDU)。其中，MHR 包括 MAC 帧的控制字段、信标序列码(BSN)以及寻址信息；MFR 包含 16 bit 帧校验序列(FCS)。

在 MAC 层生成的 MAC 层信标帧作为物理层信标包的载荷(PSDU)发送到物理层。同样，在 PSDU 前面，需要加上一个同步帧头(SHR)和一个物理层帧头(PHR)，其中，SHR 包括前同步帧序列和帧起始定界符(SFD)；在 PHR 中，包含有 PSDU 长度的信息。使用前同步码序列的目的是使从设备与主协调器达到符号同步，因此，SHR、PHR 以及 PSDU 共同构成了物理层的信标包(PPDU)。

通过上述过程，最终在 PHY 层形成了网络信标帧，一个帧信号在 MAC 层和 PHY 层分别都要加上所对应层的帧头和帧尾，最后在 PHY 层形成相应的帧信号。

2) 数据帧

在 ZigBee 设备之间进行数据传输时，传输的数据由应用层生成，经数据处理后，发送给 MAC 层作为 MAC 层的数据载荷(MSDU)，并在 MSDU 前面加上一个 MAC 层帧头 MHR，在其结尾后面加上一个 MAC 层帧尾 MFR。其中，MHR 包括帧控制、序列码以及寻址信息，MFR 为 16 bit FCS 码，这样，由 MHR、MSDU 和 MFR 共同构成了 MAC 层数据帧(MPDU)。

MAC 的数据帧作为物理层载荷(PSDU)发送到物理层。在 PSDU 前面，加上一个 SHR 和一个 PHR。其中，SHR 包括前同步码序列和 SFD；PHR 包含 PSDU 的长度信息。同信标帧一样，前同步码序列和数据 SFD 能够使接收设备与发送设备达到符号同步。SHR、PHR 和 PSDU 共同构成了物理层的数据包(PPDU)。

数据帧结构如图 4-11 所示。

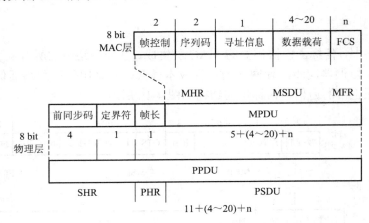

图 4-11　数据帧结构示意图

3) 确认帧

在通信接收设备中，为保证通信的可靠性，通常要求接收设备在接收到正确的帧信息后，向发送设备返回一个确认信息，以向发送设备表示已经正确地接收到相应的信息。接收设备将接收到的信息经 PHY 层和 MAC 层后，由 MAC 层经纠错解码后，恢复发送端的数据，如没有检查出数据的错误，则由 MAC 层生成的一个确认帧，发送回发送端，其帧结构如图 4-12 所示。

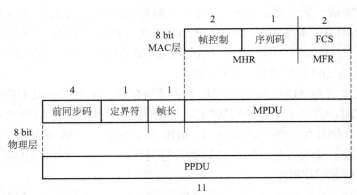

图 4-12　确认帧结构示意图

MAC 层的确认帧是由一个 MHR 和一个 MFR 构成的，其中，MHR 包括 MAC 帧控制字段和数据序列码字段；MFR 由 16 bit FCS 构成。MHR 和 MFR 共同构成了 MAC 层的确认帧(MPDU)。

MPDU 作为物理层确认帧载荷(PSDU)发送到物理层。在 PSDU 前面加上 SHR 和 PHR。其中，SHR 包括前同步码序列和 SFD 字段；PHR 包含 PSDU 长度的信息。SHR、PHR 以及 PSDU 共同构成了物理层的确认包(PPDU)。

4) MAC 层命令帧

在 ZigBee 设备中，为了控制设备的工作状态，同网络中的其他设备进行通信，根据应用的实际需要，对设备进行控制，控制命令由应用层产生，在 MAC 层根据控制命令的类型，生成的 MAC 层命令帧，其帧结构如图 4-13 所示。

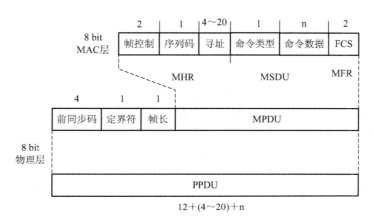

图 4-13   MAC 层命令帧结构示意图

包含命令类型字段和命令数据的 MSDU 叫做命令载荷。同其他帧一样，在 MSDU 前面加上一个帧头 MHR，在其结尾后面加上一个帧尾 MFR。其中，MHR 包括 MAC 层帧控制、数据序列码以及寻址信息字段，MFR 由 16 bit FCS 构成。MHR、MSDU 和 MFR 共同构成了 MAC 层命令帧(MPDU)。

MPDU 作为物理层命令帧发送到物理层。PSDU 前加上一个 SHR 和一个 PHR。其中，SHR 包括前同步码序列和 SFD 字段；PHR 包含 PSDU 长度的信息。前同步码序列能够使接收机达到符号同步。SHR、PHR 和 PSDU 共同构成了物理层命令包(PPDU)。

4. 鲁棒性

在 LR-WPAN 中，为保证数据传输的可靠性，采用了不同的机制，如 CSMA-CA 机制、帧确认以及数据校验等。在本节中，将分别对这些机制进行简要的介绍。

1) CSMA-CA 机制

正如上面所述，ZigBee 网络分为信标网络和非信标网络，对不同的网络工作方式将采用不同的信道接入机制。在非信标网络工作方式下，采用非时隙 CSMA-CA 信道接入机制。采用该机制的设备，在每次发送数据帧或 MAC 层命令时，要等待一个任意长的周期，在这个任意的退避时间之后，如果设备发现信道空闲，就会发送数据帧和 MAC 层命令；反之，如果设备发现信道正忙，将等待任意长的周期后，再次尝试接入信道。而对于确认帧，在发送时，不采用 CSMA-CA 机制，即在接收到数据帧后，接收设备直接发送确认帧，而不管当前信道是否存在冲突，发送设备根据是否接收到正确的确认帧来判断数据是否发送成功。

在信标网络工作方式下，采用有时隙的 CSMA-CA 信道接入机制，在该网络中，退避时隙恰好与信标传输的起始时间对准。在 CAP 期间发送数据帧时，首先，设备要锁定下一个退避时隙的边界位置，然后，在等待任意个退避时隙后，如果检测到信道忙，则设备还要再等待任意个退避时隙，才能尝试再次接入信道；如果信道空闲，设备将在下一个空闲的退避时隙边界发送数据。对于确认帧和信标帧的发送，则不需要采用 CSMN-CA 机制。

2) 确认帧

在 ZigBee 通信网络中，在接收设备成功地接收和验证一个数据帧和 MAC 层命令帧后，应根据发送设备是否需要返回确认帧的要求，向发送设备返回确认帧，或者不返回确认帧。但如果接收设备在接收到数据帧后，无论任何原因造成对接收数据信息不能进一步处理时，都不返回确认帧。

在有应答的发送信息方式中，发送设备在发出物理层数据包后，要等待一段时间来接收确认帧，如没有收到确认帧信息，则认为发送信息失败，并且重新发送这个数据包。在经几次重新发送该数据包后，如仍没有收到确认帧，发送设备将向应用层返回发送数据包的状态，由应用层决定发送终止或者重新再发送该数据包。在非应答的发送信息方式中，不论结果如何，发送设备都认为数据包已发送成功。

3) 数据核验

为了发现数据包在传输过程中产生的比特错误，在数据包形成的过程中，均加入了 FCS 机制，在 ZigBee 技术中，采用 16 bit ITU-T 的循环冗余检验码来保护每一个帧信息。

5. 功耗

ZigBee 技术在同其他通信技术比较时，我们不难看出，其主要技术特点之一就是功耗低，可用于便携式嵌入式设备中。在嵌入式设备中，大部分设备均采用电池供电的方式，频繁地更换电池或给电池充电是不实际的。因此，功耗就成为了一个非常重要的因素。

显然，为减小设备的功耗，必须尽量减少设备的工作时间，增加设备的休眠时间，即使设备在较高的占空比(Duty Cycling)条件下运行，以减小设备的功耗为目的，因此，这样就不得不使这些设备大部分的时间处于休眠状态。但是，为保证设备之间的通信能够正常工作，每个设备要周期性地监听其无线信道，判断是否有需要自己处理的数据消息，这一机制使得我们在实际应用中，必须在电池消耗和信息等待时间之间进行综合考虑，以获得它们之间的相对平衡。

6. 安全性

在无线通信网络中，设备与设备之间通信数据的安全保密性是十分重要的，ZigBee 技术中，在 MAC 层采取了一些重要的安全措施，以保证通信最基本的安全性。通过这些安全措施，为所有设备之间的通信提供最基本的安全服务，这些最基本的安全措施用来对设备接入控制列表(ACL)进行维护，并采用相应的密钥对发送数据进行加/解密处理，以保护数据信息的安全传输。

虽然 MAC 层提供了安全保护措施，但实际上，MAC 层是否采用安全性措施由上层来决定，并由上层为 MAC 层提供该安全措施所必须的关键资料信息。此外，对密钥的管理、设备的鉴别以及对数据的保护、更新等都必须由上层来执行。在本小节中将简要介绍一些 ZigBee 技术安全方面的知识。

1) 安全性模式

在 ZigBee 技术中，可以根据实际的应用情况，即根据设备的工作模式以及是否选择安全措施等情况，由 MAC 层为设备提供不同的安全服务。

(1) 非安全模式。在 ZigBee 技术中，可以根据应用的实际需要来决定对传输的数据是否采取安全保护措施，显然，如果选择设备工作模式为非安全模式，则设备不能提供安全性服务，对传输的数据无安全保护。

(2) ACL 模式。在 ACL 模式下，设备能够为同其他设备之间的通信提供有限的安全服务。在这种模式下，通过 MAC 层判断所接收到的帧是否来自于所指定的设备，如不是来自于指定的设备，上层都将拒绝所接收到的帧。此时，MAC 层对数据信息不提供密码保护，需要上层执行其他机制来确定发送设备的身份。在 ACL 模式中，所提供的安全服务即为前面所介绍的接入控制。

(3) 安全模式。在安全模式条件下，设备能够提供前面所述的任何一种安全服务。具体的安全服务取决于所使用的一组安全措施，并且，这些服务由该组安全措施来指定。在安全模式下，可提供如下安全服务：接入控制；数据加密；帧的完整性；有序刷新。

2) 安全服务

在 ZigBee 技术中，采用对称密钥(Symmetric-Key)的安全机制，密钥由网络层和应用层根据实际应用的需要生成，并对其进行管理存储输送和更新等。密钥主要提供如下几种安全服务：

(1) 接入控制。接入控制是一种安全服务，为一个设备提供选择同其他设备进行通信的能力。在网络设备中，如采用接入控制服务，则每一个设备将建立一个接入控制列表，并对该列表进行维护，列表中的设备为该设备希望通信连接的设备。

(2) 数据加密。在通信网络中，对数据进行加密处理，以安全地保护所传输的数据，在 ZigBee 技术中，采用对称密钥的方法来保护数据，显然，没有密钥的设备不能正确地解密数据，从而，达到了保护数据安全的目的。数据加密可能是一组设备共用一个密钥(通常作为默认密钥存储)或者两个对等设备共用一个密钥(一般存储在每个设备的 ACL 实体中)。数据加密通常为对信标载荷、命令载荷或数据载荷进行加密处理，以确保传输数据的安全性。

(3) 帧的完整性。在 ZigBee 技术中，采用了一种称为帧的完整性的安全服务。所谓帧的完整性，就是利用一个信息完整代码(MIC)来保护数据，该代码用来保护数据免于没有密钥的设备对传输数据信息的修改，从而进一步保证了数据的安全性。帧的完整性由数据帧、信标帧和命令帧的信息组成。保证帧完整性的关键在于一组设备共用保护密钥(一般默认密钥存储状态)或者两个对等设备共用保护密钥(一般存储在每个设备的 ACL 实体中)。

(4) 有序刷新。有序刷新技术是一种安全服务，该技术采用一种规定的接收帧顺序对帧进行处理。当接收到一个帧信息后，得到一个新的刷新值，将该值与前一个刷新值进行比较，如果新的刷新值更新，则检验正确，并将前一个刷新值刷新成该值；如果新的刷新值比前一个刷新值更旧，则检验失败。这种服务能够保证设备接收的数据信息是新的数据信息，但是没有规定一个严格的判断时间，即对接收数据多长时间进行刷新，需要根据在实际应用中的情况来进行选择。

7. 原语的概念

从上面的介绍中，我们不难得知 ZigBee 设备在工作时，各种不同的任务在不同的层次上执行，通过层的服务完成所要执行的任务。每一层的服务主要完成两种功能：一种是根据它的下层服务要求，为上层提供相应的服务；另一种是根据上层的服务要求，对它的下层提供相应的服务。各项服务通过服务原语来实现，这里，我们利用图 4-14 来描述原语的基本概念，在图中，描述了一个具有 N 个用户的网络中，两个对等用户以及他们与 M 层(或子层)对等协议实体建立连接的服务原语。

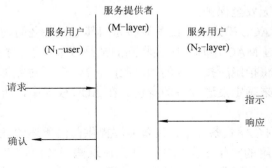

图 4-14　服务原语

服务是由 N 用户和 M 层之间信息流的描述来指定的。该信息流由离散的瞬时事件构成，以提供服务为特征。每个事件由服务原语组成，它将在一个用户的某一层，通过该层的服务接入点(SAP)与建立对等连接的用户的根同层之间传送。服务原语通过提供一种特定的服务来传输必需的信息。这些服务原语是一个抽象的概念，它们仅仅指出提供的服务内容，而没有指出由谁来提供这些服务。它的定义与其他任何接口的实现无关。

由代表其特点的服务原语和参数的描述来指定一种服务。一种服务可能有一个或多个相关的原语，这些原语构成了与具体服务相关的执行命令。每种服务原语提供服务时，根据具体的服务类型，可能不带有传输信息，也可能带有多个传输必须的信息参数。

原语通常分为如下四种类型：

(1) Request(请求原语)：从第 N_1 个用户发送到它的第 M 层，请求服务开始。

(2) Indication(指示原语)：从第 N_1 个用户的第 M 层向第 N_2 个用户发送，指出对于第 N_2 个用户有重要意义的内部 M 层的事件。该事件可能与一个遥远的服务请求有关，或者可能是由一个 M 层的内部事件引起的。

(3) Response(响应原语)：从 N_2 用户向它的第 M 层发送，用来表示对用户执行上一条原语调用过程的响应。

(4) Confirm(确认原语)：从第 M 层向第 N_1 个用户发送，用来传送一个或多个前面服务请求原语的执行结果。

4.3　ZigBee 物理层协议规范

4.3.1　ZigBee 工作频率的范围

众所周知，蓝牙技术在世界多数国家都采用统一的频率范围，其范围为 2.4 GHz 的 ISM 频段上，调制采用快速跳频扩频技术。而 ZigBee 技术不同，对于不同的国家和地区，为其提供的工作频率范围不同,ZigBee 所使用的频率范围主要分为 868/915 MHz 和 2.4 GHz ISM 频段, 各个具体频段的频率范围如表 4-2 所示。

表 4-2　国家和地区 ZigBee 频率工作的范围

工作频率范围/MHz	频段类型	国家和地区
868～868.6	ISM	欧洲
902～928	ISM	北美
2400～2483.5	ISM	全球

由于各个国家和地区采用的工作频率范围不同, 为提高数据传输速率, IEEE 802.15.4 规范标准对于不同的频率范围, 规定了不同的调制方式, 因而在不同的频率段上, 其数据传输速率不同, 具体调制和传输速率如表 4-3 所示。

表 4-3　频率和数据传输率

频段/MHz	扩 展 参 数		数 据 参 数		
	码片速率/kc·s^{-1}	调制	比特速率/kb·s^{-1}	符号速率/kBaud·s^{-1}	符号
868～868.6	300	BPSK	20	20	二进制
902～928	600	BPSK	40	40	二进制
2400～2483.5	2000	O-QPSK	250	62.5	16 相正交

4.3.2　信道分配和信道编码

从上看出 ZigBee 使用了 3 个工作频段, 每一频段宽度不同, 其分配信道的个数也不相同, IEEE 802.15.4 规范标准定义了 27 个物理信道, 信道编号从 0 到 26, 在不同的频段其带宽不同。其中, 2450 MHz 频段定义了 16 个信道, 915 MHz 频段定义了 10 个信道, 868 MHz 频段定义了 1 个信道。这些信道的中心频率定义如下:

$$f_c = 868.3 \text{ MHz} \qquad (k=0)$$
$$f_c = 906 + 2(k-1)\text{MHz} \qquad (k=1, 2, \cdots, 10)$$
$$f_c = 2405 + 5(k-11)\text{MHz} \qquad (k=11, 12, \cdots, 26)$$

其中, k 是信道编号, 其频率和信道分布状况如图 4-15 所示。

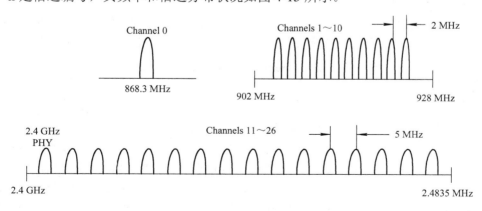

图 4-15　频率和信道分布

通常 ZigBee 不能同时兼容这 3 个工作频段，在选择 ZigBee 设备时，应根据当地无线管理委员会的规定，购买符合当地所允许使用频段条件的设备，我国规定 ZigBee 的使用频段为 2.4 GHz。

4.3.3　发射功率和接收灵敏度

ZigBee 技术的发射功率也有严格的限制，其最大发射功率应该遵守不同国家所制定的规范。通常，ZigBee 的发射功率范围为 0～10 dBm，通信距离范围通常为 10 m，可扩大到约 300 m，其发射功率可根据需要，利用设置相应的服务原语进行控制。

正如大家所知，接收灵敏度是在给定接收误码率的条件下，接收设备的最低接收门限值，通常用 dBm 表示；ZigBee 的接收灵敏度的测量条件为在无干扰条件下，传送长度为 20 个字节的物理层数据包，其误码率小于 1%的条件下，在接收天线端所测量的接收功率为 ZigBee 的接收灵敏度，通常要求为 −85 dBm。

4.3.4　ZigBee 物理层服务

ZigBee 物理层通过射频固件和射频硬件提供了一个从 MAC 层到物理层无线信道的接口。在物理层中，包含一个物理层管理实体(PLME)，该实体通过调用物理层的管理功能函数，为物理层管理服务提供其接口，同时，还负责维护由物理层所管理的目标数据库，该数据库包含有物理层个域网络的基本信息。

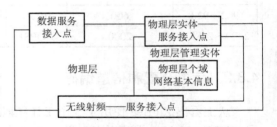

图 4-16　物理层结构及接口模型

ZigBee 物理层的结构及接口如图 4-16 所示。

从图 4-16 可以看出，在物理层中，存在数据服务接入点和物理层实体服务接入点，通过这两个服务接入点提供如下两种服务，它们是：① 通过物理层数据服务接入点(PD-SAP)为物理层数据提供服务；② 通过物理层管理实体(PLME)服务的接入点(PLME-SAP)为物理层管理提供服务。

1. 物理层数据服务

物理层数据服务接入点支持在对等连接 MAC 层的实体之间传输 MAC 层协议数据单元(MPDU)。物理层数据服务接入点所支持的原语有请求原语、确认原语和指示原语，见表 4-4。

表 4-4　物理层数据服务接入点所支持的原语

原　　语	功　能　描　述
PD-DATA.request	MAC 层用该原语请求向本地的物理层实体发送一个 MAC 层协议数据单元(MPDU)，即物理层服务数据单元 PSDU
PD-DATA.confirm	物理层用该原语向 MAC 层报告向对等的 MAC 层发送 MAC 层协议及数据单元(即 PSDU)的结果状态，为物理层对 PD-DATA.request 原语的响应
PD-DATA.indication	物理层利用 PD-DATA.indication 原语向本地 MAC 层实体传送一个 MPDU(即 PSDU)，即当物理层接收到来自远方发送来的数据后，通过该原语将接收到的数据包发送到 MAC 层

2．物理层管理服务

在 ZigBee 技术中，用物理层管理实体——服务接入点(PLME-SAP)在 MAC 层管理实体(MLME)和物理层管理实体(PLME)之间传送管理命令原语，具体见表 4-5。

表 4-5　物理层管理服务接入点所支持的原语

原　　语	功　能　描　述
PLME-CCA.request	MAC 层用 PLME-CCA.request 原语请求物理层管理实体执行清除信道评估(CCA)
PLME-CCA.confirm	物理层用 PLME-CCA.confirm 原语向 MAC 层报告清除信道估计请求原语的执行结果
PLME-ED.request	该原语用来请求物理层管理实体执行能量检测
PLME-ED.confirm	物理层用 PLME-ED.confirm 原语向 MAC 层报告能量检测的结果
PLME-GET.request	MAC 层用 PLME-GET.request 原语请求获得有关物理层个域网络信息库(PIB)属性的信息
PLME-GET.confirm	物理层用 PLME-GET. confirm 原语向 MAC 层报告请求物理层 PIB 属性信息的结果
PLME-SET-TRX-STATE.request	MAC 用 PLME-SET-TRX-STATE.request 原语向物理层实体请求转变收发机内部的工作状态
PLME-SET-TRX-STATE.confirm	物理层用 PLME-SET-TRX-STATE.confirm 原语向 MAC 层返回执行设置收发机工作状态请求原语的结果
PLME-SET.request	MAC 层用 PLME-SET.request 原语来将所指定的物理层的 PIB 属性设置为所给定的值
PLME-SET.confirm	物理层用 PLME-SET.confirm 原语向 MAC 层报告设置 PIB 属性的执行结果

3．物理层枚举型数据的描述

在 4.2 节物理层协议的介绍中，其协议原语中的状态通常为枚举型，表 4-6 列出了在物理层协议规范中所定义的枚举型数据值以及相应的功能。

表 4-6　物理层枚举型数据的描述

枚　举　型	数据值	功　能　描　述
BUSY	0x00	CCA 检测到一个忙的信道
BUSY_RX	0x01	收发机正处于接收状态时，要求改变其状态
BUSY_TX	0x02	收发机正处于发送状态时，要求改变其状态
FORCE_TRX_OFF	0x03	强制将收发机关闭
IDLE	0x04	CCA 检测到一个空闲信道
INVAL ID_PARAMETER	0x05	SET/GET 原语的参数超出了有效范围
RX_ON	0x06	收发机正处于或将设置为接收状态
SUCCESS	0x07	原语成功执行
TRX_OFF	0x08	收发机正处于或将设置为关闭状态
TX_ON	0x09	收发机正处于或将设置为发射状态
UNSUPPORTED_ATTRIBUTE	0x0A	不支持 SET/GET 原语属性标识符

4.3.5　物理层协议数据单元的结构

这一节主要介绍 ZigBee 物理层协议数据单元(PPDU)数据包的格式。

在 PPDU 数据包结构中,最左边的字段优先发送和接收。在多个字节的字段中,优先发送或接收最低有效字节,而在每一个字节中优先发送最低有效位(LSB)。同样,在物理层与 MAC 层之间数据字段的传送也遵循这一规则。

每个 PPDU 数据包都由以下几个基本部分组成:

- 同步包头 SHR:允许接收设备锁定在比特流上,并且与该比特流保持同步。
- 物理层包头 PHR:包含帧长度的信息。
- 物理层净荷:长度变化的净荷,携带 MAC 层的帧信息。

PPDU 数据包的格式如图 4-17 所示。

4字节	1字节	1字节		变量
前同步码	帧定界符	帧长度 (7 bit)	预留位 (1 bit)	PSDU
同步包头		物理层包头		物理层净荷

图 4-17　PPDU 数据包的格式

1. 前同步码

收发机根据前同步码引入的消息,可获得码同步和符号同步的信息。在 802.15.4 标准协议中,前同步码由 32 个二进制数组成。

2. 帧定界符

帧定界符由一个字节组成,用来说明前同步码的结束和数据包数据的开始。帧定界符的格式如图 4-18 所示,为一个给定的十六进制值 0xE7。

bit: 0	1	2	3	4	5	6	7
1	1	1	0	0	1	0	1

图 4-18　帧定界符的格式

3. 帧长度

帧长度占 7 个比特,它的值是 PSDU 中包含的字节数(即净荷数),该值在 0~aMaxPHYPacketSize 之间。表 4-7 给出了不同帧长度值所对应的净荷类型。

表 4-7　帧 长 度 值

帧长度值	净荷类型	帧长度值	净荷类型
0~4	预留	5	MPDU(确认)
6~7	预留	8~aMaxPHYPacketSize	MPDU

4. 物理层服务数据单元 PSDU

物理层服务数据单元的长度是可以变化的,并且该字段能够携带物理层数据包的数据。如果数据包的长度类型为 5 个字节或大于 8 个字节,那么,物理层服务数据单元携带 MAC 层的帧信息(即 MAC 层协议数据单元)。

4.3.6 物理层的常量和 PIB 属性

这一节将详细介绍物理层所必需的常量和属性。

1. 物理层的常量

表 4-8 介绍了定义物理层特性的常量,这些常量由硬件决定,因此,在操作过程中不能对其进行修改。

表 4-8 物理层的常量

常 量	描 述	值
aMaxPHYPacketSize	物理层能够接收 PSDU 数据包的最大容量(以字节为单位)	127
aTurnaroundTime	从 RX 到 TX 状态,或从 TX 到 RX 状态转变的最大时间	12 个符号周期

2. 物理层的 PIB 属性

物理层 PIB 由设备的物理层管理所必需的属性构成,每个属性的读和写分别由 PLME-GET.request 原语和 PLME-SET.request 原语来完成。表 4-9 详细介绍了物理 PIB 包含的属性。

表 4-9 物理 PIB 属性

属 性	标识符	类型	范 围	描 述
phyCurrentChannel	0x00	整型	0~26	用于发送和接收无线射频信道
phyChannelsSupported	0x01	位	见描述	phyChannelsSupported 属性的 5 个最高有效位(b_{27},…,b_{31})将保留为 0;27 个最低有效值(b_0,b_1,…,b_{26})将指示 27 个有效信道的状态(1 表示信道空闲,0 表示信道忙)(b_k 表示信道 k 的状态)
phyTransmitPower	0x02	位	0x00~0xBF	2 个最高有效位表示发射功率的误差:00=±1 dB、01=±3 dB、10=±6 dB 6 个最低有效位以两个补码的格式表示有符号的整型数,与相对于 1 mW 的分贝数表示的设备名义发射功率相一致,phyTransmitPower 的最小值被认为小于或等于 −32 dBm
phyCCAMode	0x03	整型	1~3	CCA 的模式

4.3.7 2.4 GHz 频带的物理层规范

本节主要介绍 2.4 GHz 物理层规范,包括传输速率、扩展调制方式等。

1. 数据传输速率

在 IEEE 802.15.4 标准协议中,规定了 2.4GHz 物理层的数据传输速率为 250 kb/s。

2. 扩展调制

在 2.4 GHz 物理层,ZigBee 技术采用 16 相位准正交调制技术。在调制前,将数据信号进行转换处理,将信息按每 4 位信息比特进行处理,每 4 位信息比特组成一个符号数据,根据该符号数据,从 16 个几乎正交的伪随机序列(PN 序列)中,选取其中一个序列作为传送序列。根据所发送连续的数据信息,将所选出的 PN 序列串接起来,并使用 O-QPSK 的调制方法,将这些集合在一起的序列调制到载波上。

图 4-19 中的各功能块为 2.4 GHz 物理层扩展调制功能的参考模块,每个模块中所涉及数据的功能介绍如下。

图 4-19　扩展调制功能

1) 比特-符号转换器

从图 4-19 可以看出,在对物理层协议数据单元进行调制前,必须对其所有的二进制数据进行转换处理。首先,必须将二进制数据转换成符号数据,其转换过程如下所述:

将每个字节按 4 比特位进行分解,将低 4 位(b_0, b_1, b_2, b_3)转换成一个符号数据,将高 4 位(b_4, b_5, b_6, b_7)转换成一个符号数据。物理层协议数据单元的每个字节都要逐个进行处理,即从它的前同步码字段开始到它的最后一个字节。在每个字节处理过程中,优先处理低 4 位(b_0, b_1, b_2, b_3),随后处理高 4 位((b_4, b_5, b_6, b_7)。

2) 符号-码片的映射

根据处理得到的符号数据,将其进行扩展,即每个符号数据映射成一个五位的伪随机序列(PN 序列),如表 4-10 所示,这些 PN 序列通过循环移位或者相互结合(如奇数位取反)等相互关联。

表 4-10　符号-码片的映射

符号数据(十进制)	符号数据(二进制) (b_0, b_1, b_2, b_3)	PN 序列 ($c_0c_1 \cdots c_{30}c_{31}$)
0	0000	11011001110000110101001000101110
1	1000	11101101100111000011010100100010
2	0100	00101110110110011100001101010010
3	1100	00100010110110110011100001101010
4	0010	01010010000101110110110011100001
5	1010	00110101001000101110110110011100
6	0110	11000011010100100010111011011001
7	1110	10011100001101010010001011101101
8	0001	10001100100101100000011101111011
9	1001	10111000110010011000000111011111
10	0101	01111011100011001001011000000111
11	1101	01110111101110001100100101100000
12	0011	00000111011110111000110010010110
13	1011	01100000011101111011100011001001
14	0111	10010110000001110111101110001100
15	1111	11001001011000000111011110111000

3) O-QPSK 调制

扩展后的码元序列通过采用半正弦脉冲形式的 O-QPSK 调制方法，将符号数据信号调制到载波信号上。其中，编码为偶数的码元调制到 I 相位的载波上，编码为奇数的码元，调制到 Q 相位的载波上。每个符号数据由 32 码元的序列来表示，所以，码元速率(一般为 2.0 Mchip/s)是符号速率的 32 倍。为了使 I 相位和 Q 相位的码元调制存在偏移，Q 相位的码元相对于 I 相位的码元要延迟 8 s 发送，T_c 是码元速率的倒数，如图 4-20 所示。

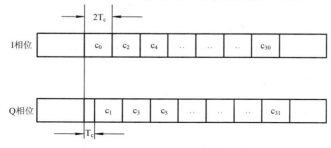

图 4-20　O-QPSK 码元相位偏移

4) 调制脉冲形状

每个基带码元用半正弦脉冲形式来表示，其表达式如下：

$$p(t) = \begin{cases} \sin\dfrac{\pi t}{2T_c} & 0 \leqslant t \leqslant T_c \\ 0 & \text{其他} \end{cases} \tag{3-1}$$

图 4-21 画出了半正弦脉冲形式的基带码元序列的样图。

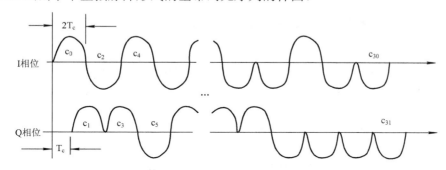

图 4-21　半正弦脉冲形式的基带码元序列

调制后的信号，在每个符号周期内，最低有效码片 c_0 优先发送，最高有效码片 c_{31} 最后发送。

4.3.8　2.4 GHz 频带的无线通信规范

在 2.4 GHz 频带上工作的设备，除了需要满足上述物理层的协议要求外，还要满足如下所述的无线通信方面的需求。

1. 发射功谱密度(PSD)

发射的谱信号各参量应低于表 4-11 所列出的限度值。无论是相对限度，还是绝对限度，平均的功率谱以 100 kHz 带宽的分辨率来测量。对于相对限度,它的参考电平是最高的平均频谱功率,它是在载波信号的上 1 MHz 带宽内测得。

表 4-11　发射功率谱密度的限度

频率	相对限度	绝对限度
lf−f$_c$l>3.5 MHz	−20 dB	−30 dB

2. 符号速率

由上面小节的数据信号调制方式我们可知,2.4 GHz 物理层的符号速率为 62.5 ksymbol/s,数据信息的传输速率为 250 kb/s,并且要求其传送速率精度为 ±40 dBm。

3. 接收机灵敏度

对于 ZigBee 技术设备,要求任何一个合适的设备都能够达到 −85 dBm 或更高的灵敏度,如 Freescale 公司的 MC13192 的接收灵敏度为 −92 dBm。

4. 接收机抗干扰性

表 4-12 给出了接收机最小的抗干扰水平。其中,邻近信道是指在有用信道任何一边,并距离该信道频率最近的信道;交替信道是指比邻近信道还远的信道。例如,信道 13 是有用信道,那么信道 12 和信道 14 就是邻近信道,信道 11 和信道 15 就是交替信道。

表 4-12　2.4 GHz 物理层要求的接收机最小的抗干扰水平

邻近信道抗干扰电平	交替信道抗干扰电平
0 dB	30 dB

4.4　ZigBee 的 MAC 层协议规范

MAC 层处理所有物理层无线信道的接入,其主要的功能包括:

- 网络协调器产生网络信标。
- 与信标同步。
- 支持个域网(PAN)链路的建立和断开。
- 为设备的安全性提供支持。
- 信道接入方式采用免冲突载波检测多址接入(CSMA-CA)机制。
- 处理和维护保护时隙(GTS)机制。
- 在两个对等的 MAC 实体之间提供一个可靠的通信链路。

4.4.1　MAC 层的服务规范

MAC 层在服务协议汇聚层(SSCS)和物理层之间提供了一个接口。从概念上说,MAC 层包括一个管理实体,通常称为 MAC 层管理实体(MLME),该实体提供一个服务接口,通过此接口可调用 MAC 层管理功能。同时,该管理实体还负责维护 MAC 层固有管理对象的数据库。该数据库包含了 MAC 层的个域网信息数据库(PIB)信息。图 4-22 描述了 MAC 层的结构和接口。

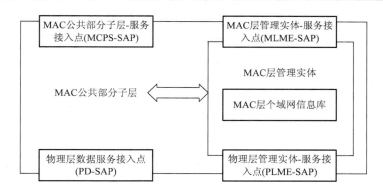

图 4-22 MAC 层的结构和接口

从图中可以看出，在 MAC 层中，MAC 层通过它的两个不同的服务接入点为它提供两种不同的 MAC 层服务，即 MAC 层通过它的公共部分子层服务接入点为它提供数据服务；通过它的管理实体服务接入点为它提供管理服务。

这两种服务为服务协议汇聚层和物理层之间提供了一个接口，这个接口通过物理层中的数据服务接入点(PD-SAP)和管理实体服务接入点(PLME-SAP)来实现的。除了这些外部接口之外，在 MAC 层管理实体和公共服务子层之间还存在一个隐含的接口，MAC 层管理实体通过此接口使用 MAC 的数据服务，下面将较为详细地介绍 MAC 层中各个服务单元的功能和结构形式。

1. MAC 层的数据服务

MAC 层公共子层-服务接入点(MCPS-SAP)支持在对等的服务协议汇聚层(SSCS)实体之间传输服务协议汇聚层的协议数据单元(SPD)。

所有的设备都要为 MCPS-SAP 的原语提供一个接口，原语及其功能描述见表 4-13。

表 4-13 MCPS-SAP 的原语

原 语	功 能 描 述
MCPS-DAIA.request	为 MAC 层公共子层数据传送请求原语，用来请求从本地 MAC 层公共子层实体向对等连接设备的 MAC 层公共子层实体发送一个 SSCS 协议数据单元(即 MAC 层服务数据单元 MSDU)
MCPS-DATA.confirm	用来报告从本地服务协议汇聚层实体向对等连接的远端服务协议汇聚层实体发送服务协议数据单元(SPDU)的传输结果，即该原语为 MAC 层对 MCPS-DATA.request 原语执行状态结果的报告
MCPS-DATA.indication	用来表明 MAC 层成功地接收到远方发送来的 SPDU 底数据(即 MSDU)
MCPS-PURGE.request	用来允许设备 MAC 层的上层从 MAC 层的事务处理排列中清除一个 MAC 层服务数据单元
MCPS-PURGE.confirm	MAC 层用 MCPS-PURGE.confirm 原语向其上层报告请求从事务处理队列中清除 MAC 层服务数据单元的结果

图 4-23 给出了在两个连接设备之间成功交换一组数据，两个设备必须进行的数据服务消息顺序，通过该图可以清楚地看到 MAC 层服务数据单元传输的过程。

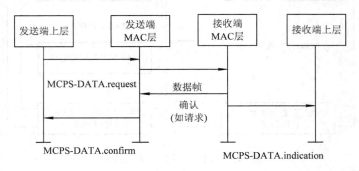

图 4-23　描述 MAC 层数据服务的信息流程图

2. MAC 层的管理服务

MAC 层管理实体的服务接入点(MLME-SAP)允许上层与 MAC 层管理实体(MLME)之间传输管理指令。

MLME-SAP 接口原语由前缀"MLME"表示，其功能分别为设备通信链路的连接与断开管理、信标管理、个域网信息库管理、孤点管理、复位管理、接收管理、信道扫描管理、通信状态管理，以及设备的状态设置、启动、网络同步、轮询管理等。

3. 连接原语

MAC 层管理实体服务接入点(MLME-SAP)的连接原语(Association Primitives)用来定义一个 ZigBee 设备如何与个域网建立连接，成为网络设备。

所有的 ZigBee 设备都为请求和确认连接原语提供一个接口。对于简化功能的设备来说，指示(Indication)和响应(Respons)连接原语是可选项。连接原语见表 4-14。

表 4-14　连　接　原　语

原　语	功　能　描　述
MLME-ASSOCIATE.request	当一个设备请求与协调器建立连接时，就向 MAC 层管理实体服务接入点发出 MLME-ASSOCIATE.request 原语。
MLME-ASSOCIATE.indication	用来指示网络协调器设备已经成功地接收到一个来自非连接设备的连接请求命令原始帧
MLME-ASSOCIATE.response	该原语是对 MLME-ASSOCIATE.indication 原语的响应
MLME-ASSOCIATE.confirm	该原语是用来把连接成功与否的状态通报给连接发起设备的上层

图 4-24 给出了一个设备要成功与个域网连接的信息流程图。

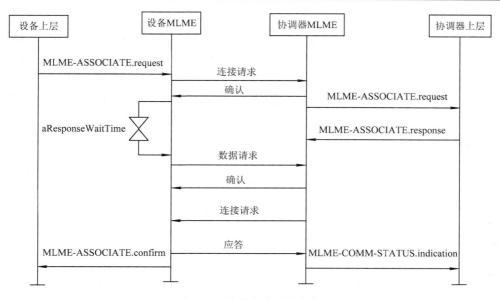

图 4-24　连接的信息流程图

4. 断开连接原语

MLME-SAP 断开连接原语(Disassociation Primitive)定义了一个设备如何与 PAN 断开连接。所有的设备均具有断开连接原语的接口。

断开连接原语如表 4-15 所示。

表 4-15　断开连接原语

原　语	功 能 描 述
MLME-DISASSOCIATE.request	向协调器请求断开网络连接,协调器也可以用该原语命令一个 PAN 网中的设备断开连接
MLME-DISASSOCIATE.indication	用来指示 MAC 层管理实体已接收到一个断开连接通知命令
MLME-DISASSOCIATE.confirm	用来返回 MLME-DISASSOCIATE.request 原语的执行结构

一个设备与个域网断开连接的信息流程图如图 4-25 所示。请求断开连接的发起方可以是一个设备,也可以是一个已连接的协调器。

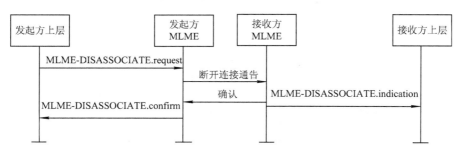

图 4-25　断开连接的信息流程图

5．信标通知原语

MAC 层管理实体服务接入点的信标通知原语 **MLME-BEACON-NOTIFY.indication** 的作用是在正常的工作条件下，当接收到信标时，设备如何得到此通知信息。所有设备均提供此原语的接口。

MLME-BEACON-NOTIFY.indication 原语由设备的 MAC 层将接收到的信标帧中的参数发送给它的上层，此外，还包含链路质量 LQ 值和信标帧接收时间。

6．读取个域网信息库属性的原语

MAC 层管理实体服务接入点的读取(PIB)原语定义了如何从个域网信息库中读取其属性值。所有设备均提供此接口。读取原语见表 4-16。

表 4-16　读 取 原 语

原　语	功 能 描 述
MLME-GET.request	用来请求一个给定的 PIB 属性的信息
MLME-GET.confirm	用来报告对 MAC 层个域网信息库的信息请求结果

7．保护时隙管理原语

MAC 层管理实体服务接入点的保护时隙(GTS)管理原语定义了如何请求和维护保护时隙。通常，使用这些原语和保护时隙的设备总是跟踪个域网的协调器信标。保护时隙管理原语见表 4-17。

表 4-17　保护时隙管理原语

原　语	功 能 描 述
MLME-GTS.request	允许一个设备向个域网协调器发送一个请求,用于申请分配新的保护时隙或取消一个已经存在的保护时隙
MLME-GTS.confirm	用来通报设备执行请求保护时隙原语的结果,包括请求一个新的保护时隙或取消一个已经存在的保护时隙
MLME-GTS.indication	用来表明已分配一个保护时隙或已取消以前所分配的保护时隙

图 4-26 和图 4-27 为成功地保护时隙管理的信息流程图。图 4-26 为设备发起分配保护时隙请求的信息流程图。图 4-27 为取消保护时隙的两种情况，一种是设备发起的(见图(a))，另一种是 PAN 协调器发起的(见图(b))。

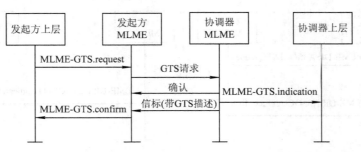

图 4-26　设备发起保护时隙分配的信息流程图

图 4-27　发起取消保护时隙的信息流程图

(a) 由设备发起；(b) 由 PAN 协调器发起

8. 孤点通告原语

MAC 层管理实体服务接入点的孤点通告原语定义了一个协调器如何发送一个孤点设备通告。对于简化功能设备来说，孤点通告原语是可选的。孤点通告原语见表 4-18。

表 4-18　孤点通告原语

原　语	功 能 描 述
MLME-ORPHAN.indication	允许协调器的 MAC 层管理实体通知其上层存在一个孤点设备
MLME-ORPHAN.response	协调器的 MAC 层管理实体上层使用该原语作出对 MLME-ORPHAN.indication 原语的响应

图 4-28 所示为协调器给一个设备发送孤点通知的信息流程图。

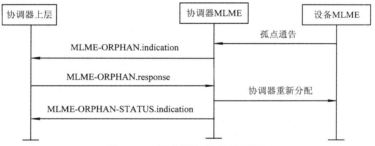

图 4-28　孤点通知信息流程图

9. 复位 MAC 层原语

MAC 层管理实体服务接入点的复位原语定义了如何复位 MAC 层为它的缺省值。所有设备均提供复位原语接口。复位 MAC 层原语见表 4-19。

表 4-19　复位 MAC 层原语

原　语	功 能 描 述
MLME-RESET.request	允许 MAC 层的上层请求 MAC 管理实体执行复位操作
MLME-RESET.confirm	用来确认复位操作的结果

10. 指定接收机工作时间的原语

MAC 层管理实体服务接入点的指定接收机工作时间的原语能在给定的时间开启和关闭

接收机。所有设备均具有该原语接口。指定接收机工作时间的原语见表 4-20。

表 4-20　指定接收机工作时间的原语

原　语	功 能 描 述
MLME-RX-ENABLE.request	允许 MAC 层的上层请求接收机在一定时间内处于接收工作状态
MLME-RX-ENABLE.confirm	用来报告试图开启接收机请求原语的执行结果

图 4-29 所示为开启接收机在一段固定的时间所必需的信息流程图。其中，图(a)的情形为：在支持信标的 PAN 中，假定 MAC 层管理实体收到 MLME-RX-ENABLE.request，但没有足够的时间在当前的超帧期内开启接收机；图(b)的情形为：在不支持信标的 PAN 中，接收机被立即启动。

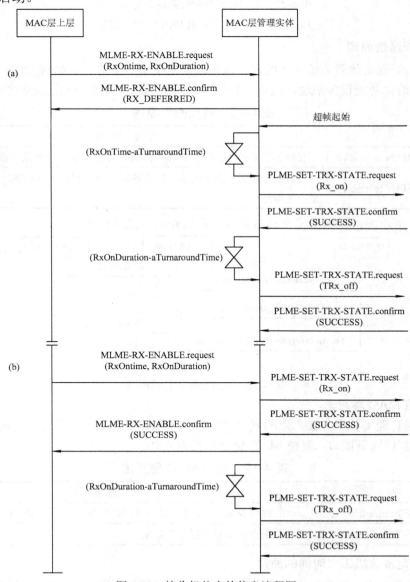

图 4-29　接收机状态的信息流程图

11．信道扫描原语

MAC 层管理实体服务接入点的信道扫描原语定义了一个设备如何检测在通信信道中的能量，判断是否存在个域网。所有的设备均具有这些扫描原语的接口。信道扫描原语见表 4-21。

表 4-21　信道扫描原语

原　语	功　能　描　述
MLME-SCAN.request	用来对一个给定的通信信道列表进行扫描。一个设备能够使用信道扫描来测量某个信道的能量，搜索与它建立连接的协调器或者搜索在它的个域工作范围(POS)内所有发送信标帧的协调器
MLME-SCAN.confirm	用来向上层通告信道扫描请求的结果

图 4-30 和图 4-31 分别给出了执行能量检测扫描和被动扫描所必需的信息流程图。在流程图中还包括物理层所采取的相关步骤。

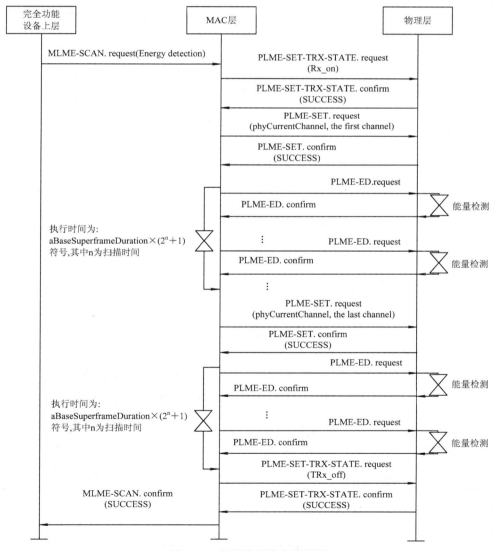

图 4-30　能量检测信息流程图

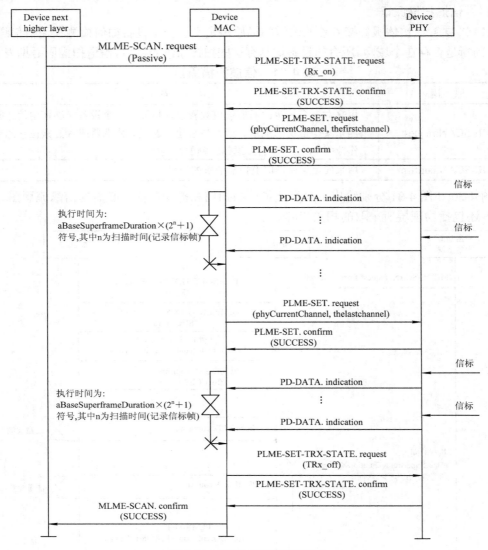

图 4-31　被动扫描信息流程图

12. 通信状态原语

MAC 层管理实体服务接入点的通信状态原语定义了当请求原语不能激活传送，或者输入信息包产生安全错误时，MLME 实体如何与上层通信，通告其传输状态。所有设备均提供此原语接口。通信状态原语见表 4-22。

表 4-22　通信状态原语

原　语	功　能　描　述
MLME-COMM-STATUS.indication	用来允许 MAC 层管理实体向它的上层指示一个通信的状态

13. 写 MAC 层的 PIB 属性原语

MAC 层管理实体服务接入点的设置原语定义了如何写 MAC 层的 PIB 的属性。所有设备均提供此原语接口。写 MAC 层的 PIB 属性原语见表 4-23。

表 4-23　写 MAC 层的 PIB 属性原语

原　语	功　能　描　述
MLME-SET.request	用来请求一个给定的 MAC 层 PIB 的属性值
MLME-SET.confirm	用来通报执行写入 MAC 层 PIB 属性值的结果

14. 升级超帧配置原语

MAC层管理实体服务接入点启动原语定义了一个完整功能设备怎样请求开始使用一个新的超帧配置来激活一个个域网，怎样在一个已存在的个域网中开始传输信标，怎样便于发现设备或停止信标的传输。对于简化功能设备来说，此原语是可选的。升级超帧配置原语见表 4-24。

表 4-24　升级超帧配置原语

原　语	功　能　描　述
MLME-START.request	用来请求设备开始使用新的超帧配置
MLME-START.confirm	用来通报更新的超帧配置请求原语的结果

图 4-32 所示为完整功能设备中启动信标传输所必需的信息流程图。图 4-33 为 PAN 协调器开始在一个新的 PAN 发送信标所必需的信息流程图。此图包括在物理层中所采取的步骤。

图 4-32　启动信标传输的信息流程图

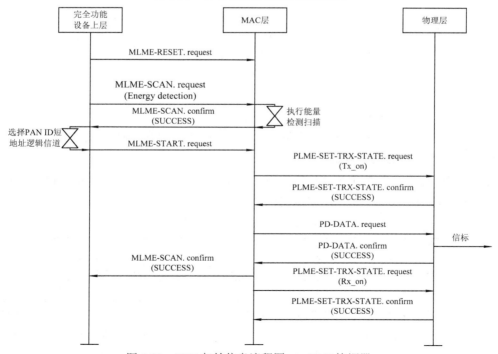

图 4-33　PAN 起始信息流程图——PAN 协调器

15. 与协调器同步的原语

MAC 层管理实体服务接入点的同步原语定义了如何与一个 PAN 协调器取得同步，以及如何将同步丢失信息通告给它的上层。所有设备均具有这些同步原语接口。同步原语见表 4-25。

表 4-25　同　步　原　语

原　语	功　能　描　述
MLME-SYSN.request	用来请求通过获取、跟踪信标与 PAN 协调器同步
MLME-SYSN.indication	用来表示设备与 PAN 协调器失去同步

图 4-34 所示为设备与协调器同步所需的信息流程。图(a)中，发送了一同步请求后，MAC 层管理实体开始搜索信标，若搜索到，将判断在 PAN 协调器中是否有此设备的未处理数据，如果有，将发送请求数据。在图(b)中，MAC 层管理实体发送跟踪同步请求后搜索信标，若搜索到，将试图使用一个定时器来跟踪它，定时器定时为预期下个信标到来的时间。当接收到一个信标帧时，MAC 层管理实体也将检查协调器是否有设备未处理的数据。

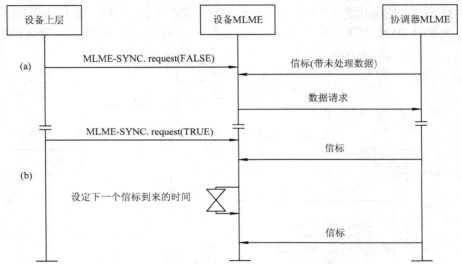

图 4-34　在信标的 PAN 中设备与协调器同步的信息流程图

16. 请求协调器数据的原语

MAC 层管理实体服务接入点轮询原语定义了如何向 PAN 协调器请求数据。所有的设备均具有轮询原语的接口。轮询原语见表 4-26。

表 4-26　轮　询　原　语

原　语	功　能　描　述
MLME-POLL.request	表示一个设备用来向 PAN 协调器请求数据
MLME-POLL.confirm	用来表示上层通报向协调器轮询数据请求的结果

图 4-35 描述了设备请求协调器数据所必需的信息流程。在如下两种情况，轮询请求发送给 MAC 层管理实体，然后，MAC 层管理实体向协调器发送数据请求命令。在图(a)中，对应的确认帧的未处理域值为 0 时，MAC 层管理实体将立即发送 MLME-POLL.confirm。

在图(b)中，对应的确认帧的未处理域值为 1 时，MAC 层管理实体将启动接收机，以期望接收来自协调器的数据帧。当接收到数据帧时，MAC 层管理实体首先发送 MLME-POLL.confirm 原语，随后发送包含接收到的帧中数据的原语 MCPS-DATA.indication。

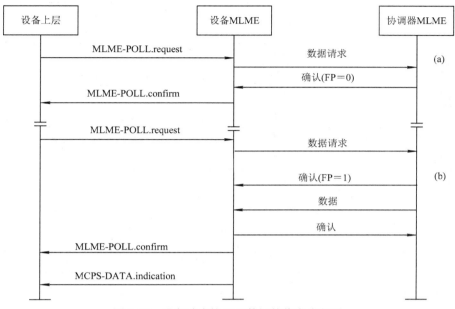

图 4-35　设备请求协调器数据的信息流程图

17.　MAC 枚举值描述

表 4-27 揭示了 MAC 层中所涉及到的枚举类型的取值。

表 4-27　MAC 枚举说明

枚举值	值	说　明
SUCCESS	0x00	表示请求操作成功完成。对于传输请求，此值表示成功传输
—	0x01～0xDF	为 MAC 命令状态和原因代码保留
—	0x80～0xDF	保留
BEACON_LOST	0xE0	在同步请求后，信标丢失
CHANNEL_ACCESS_FAILURE	0xE1	由于信道占用导致不能传输。例如，CSMA-CA 机制失败
DENIED	0xE2	保护时隙请求被 PAN 协调器拒绝
DISABLE_TRX_FAILURE	0xE3	关闭接收机失败
FAILED_SECURITY_CHECK	0xE4	在安全方案中接收帧导致安全检查错误
FRAME_TOO_LONG	0xE5	安全加密处理导致帧的长度大于 aMACMaxFrameSize
INVAL ID_GTS	0xE6	因指定的 GTS 没有传输方向或没有定义而产生 GTS 传输错误
INVAL ID_HANDLE	0xE7	在任务列表中没有找到所请求清除的 MAC 层服务数据单元(MSDU)句柄

枚举值	值	说　明
INVAL ID_PARAMETER	0xE8	原语的参数超出有效范围
NO_ACK	0xE9	在 aMACMaxFrameRetries 次后，仍没有接收到确认信息帧
NO_BEACON	0xEA	扫描操作没有找到网络标志
NO_DATA	0xEB	数据请求之后，没有有效的响应数据
NO_SHORT_ADDRESS	0xEC	由于无分配短地址码而导致操作失败
OUT_OF_CAP	0xED	接收机启动请求原语在 CAP 内未完成，而导致失败
PAN_ID_CONFLICT	0xEE	检测到 PAN 标志符冲突，并与 PAN 协调器通信
REAL IGNMENT	0xEF	接收到协调器重新分配命令
TRANSACTION_EXPIRED	0xF0	事务过期并丢弃其信息
TRANSACTION_OVERFLOW	0xF1	无足够的容量存储事务
TX_ACTIVE	0xF2	接收机被请求开启时，接收机处在传输激活
UNAVAILABLE_KEY	0xF3	在 CAL 中没有相应的密钥
UNSUPPORTED_ATTRIBUTE	0xF4	SET/CET 请求原语中含有不支持 PIB 属性的标志符
—	0xF5～0xFF	保留

4.4.2　MAC 帧结构

MAC 层帧结构，即 MAC 层协议数据单元，由以下几个基本部分组成：

(1) MAC 帧头，包括帧控制、序列号和地址信息。

(2) 可变长度的 MAC 载荷，不同的帧类型有不同的载荷。确认帧没有载荷。

(3) MAC 帧尾，包括帧校验序列(FCS)。

MAC 层的帧按特定的序列组成。本节所描述的 MAC 层帧的顺序与在物理层中传输帧的顺序相同，为从左到右，即首先传输最左边的数据位。帧域中的位按 0～k−1 编号(0 为最低位，在最左端；k−1 为最高位，在最右端)，k 为域的比特位数。在传输多于 8 bit 的域时，由最低位到最高位传输字节。

1. MAC 层帧结构概述

MAC 层帧结构由 MAC 层帧头、MAC 载荷和 MAC 层帧尾组成。MAC 层帧头的子域顺序是固定的，然而，在所有的帧中可以不包含地址子域，MAC 层帧结构如图 4-36 所示。

2字节	1字节	0/2字节	0/2/8字节	0/2字节	0/2/8字节	可变	2字节
帧控制	序列号	目的PAN标识符	目的地址	源PAN标识符	源地址	帧载荷	FCS
		地址域					
MHR(MAC帧层头)						MAC payload	MFR

图 4-36　MAC 层帧结构

1) 帧控制子域(Frame Control)

帧控制子域位长为 16 bit，包括帧类型的定义、地址子域和其他控制标志。控制子域格式如图 4-37 所示。

bit: 0~2	3	4	6	7~9	10~11	12~13	14~15
Frame Type	Security Enabled	Frame Pending	Intra-PAN	Reserved	Dest.Addressing Mode	Reserved	Source Addressing Mode

图 4-37 帧控制子域格式

帧类型子域(Frame Type)位长为 3 bit，其值及其所表示的类型如表 4-28 所示。

表 4-28 帧类型子域描述

帧类型 $b_2b_1b_0$	描　述	帧类型 $b_2b_1b_0$	描　述
000	信标帧(Beacon)	001	数据帧(Data)
010	确认帧(Acknowledgement)	011	MAC 命令(Command)
100~111	保留位(Reserved)		

安全允许位为 1 bit，若 MAC 层没有对该帧进行加密保护，则该位置为 0。如果该位置 1，则将通过存储在 MAC 层中的 PAN 信息库中的密钥对该帧进行安全加密保护。根据安全要求而选定一组安全方案对该帧进行加密，如果对于该安全要求没有相对应的一套加密方案，则此位置为 0。

帧未处理标记位为 1 bit，如果发送设备方在当前帧传输后，还有数据要发往接收方，则该位置为 1。如果有更多未处理数据，接收方需向发送设备方发送数据请求命令，从而取回这些数据。若发送设备方没有数据发往接收方，则该位置为 0。

帧未处理标记位仅在下面两种情况下使用：① 在支持信标的 PAN 中，设备传输帧的竞争接入期间；② 在不支持信标的 PAN 中，设备传输帧的任何时候。在其他任何时候，传输时此位为 0，接收时忽略此位。

请求确认标记(Ack. Request)位为 1 bit，表示当接收到数据帧或 MAC 命令帧时，接收方是否需要发送确认信息。如该位为 1，则接收方在接收到有效帧后，将发送确认帧(有关有效帧所满足的条件将在以后小节中介绍)；否则，当该位为 0 时，接收方不需向发送方发送确认帧。

内部 PAN 标记位为 1 bit，将指定该 MAC 帧是在内部个域网传输，还是传输到另外一个个域网。在目的地址和源地址都存在的情况下，若该位为 1，则帧中不包含源 PAN 标识符；反之，若该位为 0，帧中将包含目的和源 PAN 标识符。

目的地址模式子域为 2 bit，其值及其模式如表 4-29 所示.

表 4-29 地 址 模 式 值

地址模式值 b_1b_0	描　述	地址模式值 b_1b_0	描　述
00	PAN 标识符和地址子域不存在	01	保留
10	包含 16 位短地址子域	11	包含 64 位扩展地址子域

若该子域为 0，且在帧类型子域中未指明该帧为确认帧或者为信标帧，则在源地址模式子域不为 0 的情况下，意味着该帧所指向的 PAN 协调器的 PAN 标识符为源 PAN 标识符。

源地址模式子域与目的地址模式子域一样，为 2 bit。

若该子域为 0，且在帧类型子域中未指明该帧为确认帧，目的地址模式不为 0，则意味着产生该帧的协调器标识符为目的 PAN 标识符。

2) 序列号子域

MAC 层帧的序列号子域为 8 bit，为 MAC 层帧的惟一的序列标识符。

对于信标帧，此域为信标序号(BSN)值。每一个协调器随机初始化信标序号，并将该信标序号存储在 MAC 层 PAN 信息库的属性 macBSN 中。协调器将属性 macBSN 的值赋予信标帧的序列号子域。每生成一个信标帧，该子域值加 1。

对于数据帧、确认帧或者 MAC 命令帧，该子域指定了一个数据序列号(DSN)，用来使确认帧与数据帧或 MAC 命令帧相匹配。每个设备仅支持一个数据序列号，不管它期望与多少个设备通信。每一个设备随机初始化数据序列号，并将该数据序列号存储在 MAC 层的 PIB 属性 macDSN 中。设备将属性 macBSN 的值赋予数据帧或 MAC 命令帧的序列号子域。每生成一个帧，此子域值依次加 1。

如果需要确认，接收方将接收到的数据帧或 MAC 命令帧中的 DSN 值赋给相对应的确认帧的 DSN 子域。如果在 macAckWaitDuration 期内没有收到确认帧，发送方将使用原来的数据序列号重传该帧信息。

3) 目的 PAN 标识符子域

目的 PAN 标识符子域为 16 bit，描述了接收该帧信息的惟一 PAN 的标识符。PAN 标识符值为 0xffff，代表以广播传输方式，这时，对当前侦听该信道的所有 PAN 设备都有效，即在该通信信道上的所有 PAN 设备都能接收到该帧信息。

仅仅只有在帧控制子域的目的地址模式域为非 0 时，此域才存在于 MAC 层帧中。

4) 目的地址子域

目的地址子域为 16 bit 或 64 bit，其长度由帧控制子域中目的地址模式子域的值限定，该地址为接收设备的地址。当该地址值为 0xffff 时，代表短的广播地址，此广播地址对所有当前侦听该通信信道的设备均有效。

仅仅只有在帧控制子域的目的地址模式域为非 0 时，此子域才存在于 MAC 层帧中。

5) 源 PAN 标识符子域

源 PAN 标识符子域为 16 bit，代表帧发送方的 PAN 标识符。该子域仅在帧控制子域的源地址模式子域为非 0 和内部 PAN 标记位为 0 时，才存在于 MAC 层帧中。

设备的 PAN 标识符在个域网建立时确定，若在个域网中的 PAN 标识符发生冲突后，可对它进行改变。

6) 源地址子域

源地址子域为 16 bit 或者 64 bit，它的长度由帧控制子域中的地址模式子域的值来决定，代表帧的发送方的设备地址。该子域仅在帧控制子域的源地址模式子域为非 0 时，才存在于 MAC 层帧中。

7) 帧载荷子域

帧载荷子域长度是可变的,不同类型的帧包含有不同的信息,若帧的安全允许子域为 1,则帧载荷将采用相应的安全加密方案对其进行保护。

8) 帧校验序列子域(FCS)

帧校验序列子域为 16 bit,包含 16 bit 的 ITU-T CRC 码。帧校验序列子域由层帧的载荷部分计算得到。

在 ZigBee 设备中,帧校验子域由下面的 16 次方多项式生成:

$$G_{16}(x)=x^{16}+x^{12}+x^5+1$$

帧校验序列的生成算法如下:

(1) 令 $M(x)=b_0x^{k-1}+b_1x^{k-2}+\ldots+b_{k-2}x+b_{k-1}$ 表示待计算校验和的序列。

(2) M(x)乘以 x^{16},得到多项式 $x^{16}M(x)$。

(3) 对多项式 $x^{16}M(x)$进行模 2 除以($x^{16}+x^{12}+x^5+1$)运算,得余式 R(x)。

(4) 余式 R(x)的系数即是 FCS 域的值。

例:一个没有载荷、MAC 层帧头为 3 字节的确认帧如下:

0100 0000 0000 0000 0101 0110　　　　　　　　　[最低位 b_0 先传输]

b_0……………………………………b_{23}

经计算得帧校验序列为:

0010 0111 1001 1110　　　　　　　　　　　　　　[最低位 r_0 先传输]

r_0…………………………………r_{15}

图 4-38 描述了一个典型的 FCS 生成框图。

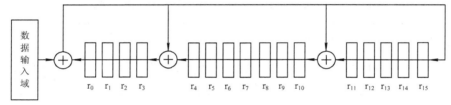

图 4-38　典型的 FCS 生成框图

CRC-16 生成多项式为:

$$G_{16}(x)=x^{16}+x^{12}+x^5+1$$

帧校验序列的生成如下:

(1) 初始化:$r_0 \sim r_{15}$ 寄存器置为 0。

(2) 按由低到高的顺序,将 MAC 层帧头和载荷依次移入 FCS 序列生成器。

(3) 当数据的最后一位移入后,寄存器的值即为 FCS 码。

(4) 得到的 FCS 码 r_0 在前,附加在数据后。

2.不同类型帧的结构

在 ZigBee 技术标准协议中定义了 4 种类型帧,它们分别为信标帧、数据帧、确认帧和 MAC 命令帧。这 4 种帧分别在下面详细描述。

1) 信标帧的结构

信标帧的结构如图 4-39 所示。

字节:2	1	4/10	2	变量	变量	变量	2
Frame Control	Sequence Number	Addressing Fields	Superframe Specification	GTS Field	Pending Address Field	Beacon Payload	FCS
MHR			MAC payload				MFR

图 4-39　信标帧的结构

GTS 子域格式如图 4-40 所示，未处理地址子域格式如图 4-41 所示。

字节:1	0/1	变量
GTS Specification	GTS Directions	GTS List

字节:1	变量
Pending Address Specification	Address List

图 4-40　GTS 子域结构　　　　　　　图 4-41　未处理地址子域结构

信标帧的 MHR 子域与 MAC 层帧头子域相同，包括帧控制(Frame Control)子域，序列号(Sequence Number)子域，源 PAN 标识符子域和源地址子域。在帧控制子域中，帧类型子域取图 4-40 所列的值，表示一个帧的类型。源地址模式子域的设置与传输信标帧的协调器的地址相适应。如果信标帧使用安全机制，安全允许子域置为 1，所有其他子域将置为 0，在接收时将忽略不计。

序列号子域将包含当前的 macBSN 值，即为当前 MAC 层的信标序号。

地址子域仅包含源地址子域。源 PAN 标识符和源地址子域分别包含传输信标帧设备的 PAN 标识符和地址。

超帧描述(Superframe Specification)子域为 16 bit，格式如图 4-42 所示。

bit:0~3	4~7	8~11	12	13	14	15
Beacon Order	Superframe Order	Final CAP Slot	Battery Life Extension	Reserved	PAN Coordinator	Association Permit

图 4-42　超帧描述子域结构

信标序列(Beacon Order)子域为 4 bit，用来指定信标帧的传输间隔。假定 BO 为信标序列值，信标帧间隔为 BI，其计算如下：

$$BI=aBaseSuperframeDuration \times 2^{BO} \qquad (0 \leqslant BO \leqslant 14)$$

如果 BO=15，表示协调器不传输信标帧，除非在接收到请求传输信标的命令后，才能传输信标命令，如信标请求命令。

超帧序列(Superframe Order)子域为 4 bit，指定了超帧为激活状态的时间段(例如接收机接收期间)，该时间段包括信标帧的传输时间。协调器仅在活动的超帧期与 PAN 设备之间进行交互。若 SO 是超帧序列的值，且 $0<SO<14$，则超帧持续期 SO 计算如下：

$$SD=aBaseSuperframeDuration \times 2^{SO}$$

如果 SO=15，表示超帧在传输信标帧后将处于非激活状态。

最终的竞争接入期时隙(Final CAP Slot)子域为 4 bit，指定了竞争接入期(CAP)所使用的最终超帧时隙。此子域所暗示的竞争接入期的持续期，将大于或等于 aMinCAPLength 所指定的值。除非在为了满足执行保护时隙维护需要的情况下，可适当地暂时增加信标帧的长度。

电池寿命扩展(Battery Life Extension)子域为 1 bit，在信标的帧间隔期(IFS)后，如果要求在竞争接入期中传输的信标帧在第 6 个退避期(Backoff)时或该时间之前开始传输的话，那么此子域置为 1；否则，此子域置为 0。

PAN 协调器(PAN Coordinator)子域为 1 bit，如果信标帧由 PAN 协调器传输，则此子域置为 1；否则，PAN 协调器子域置为 0。

连接允许(Association Permit)子域为 1 bit，如果 macAssociationPermit 为 TRUE(即协调器接受 PAN 范围内设备的连接)，则此子域为 1；如果协调器当前不接受自身网络内的连接请求，则此子域为 0。

GTS 描述(GTS Specification Fields)子域为 8 bit，结构如图 4-43 所示。

GTS 描述符计数(GTS Descriptor Count)子域长度为 3 bit，指定了信标帧内 GTS 列表域(GTS List Field)中 3 字节的 GTS 描述符的个数。如果此子域值大于 0，则允许竞争接入期的大小可临时调低 aMinCAPLength 值，以便适应信标帧的长度暂时地增大。如果此子域值为 0，则 GTS 定向域和 GTS 列表域将不存在。

GTS 允许子域为 1 bit，如果 macGTSPermit 为真(即 PAN 协调器接受 GTS 请求)，此子域置为正，否则置为 0。

GTS 定向(GTS Direction)子域为 8 bit，其格式如图 4-44 所示。

bit:0～2	3～6	7
GTS描述符计数	保留	GTS允许位

bit:0～6	7
GTS定向掩码	保留

图 4-43　GTS 描述子域结构图　　　　　图 4-44　GTS 定向子域格式

GTS 定向掩码(GTS Direction Mask)子域为 7 bit，用来指定超帧中 GTS 定向标识(即为接收或者发送)。掩码的最低位对应于信标帧 GTS 列表域中的第一个 GTS 的定向。掩码其余位依次与列表其他 GTS 相对应。如果仅接收保护时隙，则相应的位置为 1；如果仅发送保护时隙，则相应位置为 0。GTS 的定向与设备传输数据帧的方向相关。

GTS 列表子域(GTS List Fields)的大小由信标帧的 GTS 描述域所给定的值来决定，它包含了 GTS 描述符列表，该表说明了要维持的保护时隙，GTS 描述符的最大数为 7 个。

每一个 GTS 描述符位长 24 bit，格式如图 4-45 所示。

bit:0～15	16～19	20～23
设备短地址码	GTS起始时隙	GTS长度

图 4-45　GTS 描述符格式

设备短地址码子域为 16 bit，为设备的短地址，该短地址为 GIS 描述符所使用的地址。

GTS 起始时隙(GTS Starting Slot)子域长度为 4 bit，指定了在超帧内 GTS 的起始时隙位置。

GTS 长度(GTS Length)子域长度为 4 bit,该子域指定了连续超帧时隙的数目,在这期间,保护时隙处于激活状态。

未处理地址描述(Pending Address Specification)子域格式如图 4-46 所示。

bit:0~2	3	4~6	7
未处理短地址码个数	保留	未处理扩展地址码个数	保留

图 4-46　未处理地址描述子城格式

未处理短地址码个数(The Number of Short Address Pending)子域长度为 3 bit,指定了包含在信标帧的地址列表域内短地址码的个数。

未处理扩展地址码个数(The Number of Extended Address Pending)子域长度为 3 bit,指定了包含在信标帧的地址列表域内的 64 bit 扩展地址码的个数。

地址列表(Adress List)子域的大小由信标帧内未处理地址描述域的值所决定。它包含了当前那些需要与协调器传输未处理或等待消息的设备的地址列表。地址列表不包括广播地址短码 0xffff。

未处理地址的最大数量为 7 个,包括短地址码和扩展地址码。在地址列表中,所有的短地址码排列在扩展地址码之前。如果协调器能存储多达 7 个事务,那么它将遵循先到先服务的原则,确保信标帧包含最多 7 个地址。

信标载荷(Beacon Payload)子域为一个可变序列,其最大长度为 aMaxBeaconPayloadLength 个字节,其内容来源于 MAC 层的上层。如果 macBeaconPayloadLength 为非 0,那么,包含在 macBeaconPayload 中的一组字节信息将存入该子域。

如果输出的信标帧有安全要求,那么,信标载荷域的一组字节将按照与 aExtendedAddress 相对应的安全方案进行安全处理。

如果输入帧的信标控制子域的安全允许子域为 0,那么,信标载荷域所包含的一组字节可直接传输到上层。如果该子域为 1,设备将根据相应的安全方案,对信标载荷域进行处理,从而得到要传输到上层的一组字节。这里的安全方案应根据输入帧的源地址来确定。

如果设备接收到有载荷的信标帧时,首先向上层发送接收到信标载荷的通告,然后,再处理超帧描述子域和地址列表子域的信息。如果 MAC 层接收到无载荷的信标帧时,将立即解释和处理含在超帧描述子域和地址列表子域的信息。

2) 数据帧的结构

数据帧的结构如图 4-47 所示。

字节:2	1		可变	2
帧控制	序列号	地址域	数据载荷	FCS
MHR			MAC载荷	MFR

图 4-47　数据帧的结构

数据帧的结构顺序与通用 MAC 帧的结构相一致。

数据帧的 MAC 层帧头域包括帧控制子域、序列号子域、目的 PAN 标识符／地址子域，以及源 PAN 标识符/地址子域。

在帧控制子域中，帧类型子域取前面所列举的 MAC 枚举类型的值，用来表示一个帧的类型。其他所有子域设置为与数据帧配置相对应的值。

序列号子域包含当前 macDSN 的值。

地址子域包含目的地址子域和(或)源地址子域，它们取决于帧控制域的配置。

数据帧载荷(Data Payload)子域包含有上层要求 MAC 层传输的一组数据字节。

如果要求输出的数据帧具有安全性能，则数据帧载荷域的一组数据字节将根据目的地址所对应的安全方案进行加密处理，如果没有目的地址信息域，将根据 macCoordExtendedAddress 来确定安全加密方案。

同信标帧一样，如果输入的数据帧的帧控制子域的安全允许子域为 0，则数据帧的载荷子域中的数据就是要传输到上层的数据。如果此子域为 1，则设备应根据所选定的安全方案对数据帧载荷子域的数据进行处理，处理后所得到的数据才是要传输到上层的数据。

3) 确认帧的结构

确认帧的结构如图 4-48 所示。

字节:2	1	2
帧控制	序列号	FCS
MHR		MFR

图 4-48　确认帧的结构

确认帧的结构顺序与通用 MAC 帧的结构相一致。确认帧的 MAC 层帧头域仅包括帧控制子域和序列号子域。

在帧控制子域中，帧类型子域取前面所列举的 MAC 枚举类型的值，表明此帧为确认帧。帧未处理子域的设置将依照发送确认帧的设备是否有发送给接收端的未处理数据而定。所有其他子域将均置为 0，在接收时忽略这些子域。

序列号子域为接收到的有确认要求的帧序列号。

4) MAC 命令帧的结构

MAC 命令帧的结构格式如图 4-49 所示。

字节:2	1		1	可变	2
帧控制	序列号	地址域	命令帧标识符	命令帧载荷	FCS
MHR			MAC载荷		MFR

图 4-49　MAC 命令帧的结构

MAC 命令帧的结构顺序与通用 MAC 帧的结构相一致。

MAC 命令帧的 MAC 层帧头域包括帧控制子域、序列号子域、目的 PAN 标识符/地址域及(或)源 PAN 标识符/地址域。

　　在帧控制子域中，帧类型子域取前面所列举的 MAC 枚举类型的值，表明此帧为 MAC 命令帧。其他所有子域设置为与命令帧所使用的配置相对应的值。

　　序列号子域为当前 macDSN 的值。

　　地址子域包含目的地址域和(或)源地址域，其取值由帧控制子域的配置所确定。

　　命令帧标识符子域表示所用到的 MAC 命令，其值如表 4-30 中所示。

表 4-30　MAC 命令帧

命令帧标识符	命令名	RFD	
		Tx	Rx
0x01	连接请求	X	
0x02	连接响应		X
0x03	断开连接通告	X	
0x04	数据请求	X	
0x05	PAN ID 冲突报告	X	
0x06	独立通告	X	
0x07	信标请求		
0x08	协调器重新调整		X
0x09	GTS 请求		
0x0A～0xFF	保留		

　　命令帧载荷子域包含 MAC 命令本身。

　　如果要求输出的 MAC 命令帧具有安全加密性能，那么其帧载荷子域的一组数据字节将按照相应的安全方案进行加密处理。若含有目的地址信息，此安全方案将根据目的地址来确定；如果没有目的地址信息域，将依照 macCoordExtendedAddress 来确定。

　　如果输入帧的帧控制子域的安全允许子域为 0，那么 MAC 命令帧载荷域为所希望的 MAC 层命令。如果此子域置为 1，设备将根据所选定的安全方案，对数据帧载荷子域进行处理，处理后所得到的数据才为 MAC 层命令。

　　MAC 层定义的命令帧如表 4-30 所示，完整功能的设备能够发送和接收 ZigBee 所定义的所有类型命令帧，而对于简化功能设备来说，所执行的命令帧将有所限制，在前面帧类型子域表 4-28 中给出了其相应的说明。对于支持信标的个域网，MAC 命令只能在竞争接入期间发送；而在不支持信标的个域网中，MAC 命令则可以在任何时间发送。

4.4.3　MAC 层与物理层之间的信息序列图

　　本节以信息序列图的方式，描述在 IEEE 802.15.4 标准协议中主要任务的流程，通过信息序列图描述了每一个任务原语的执行流程。图 4-50 描述了发送数据包所执行的流程图，图 4-51 描述了接收数据包所执行的流程图。

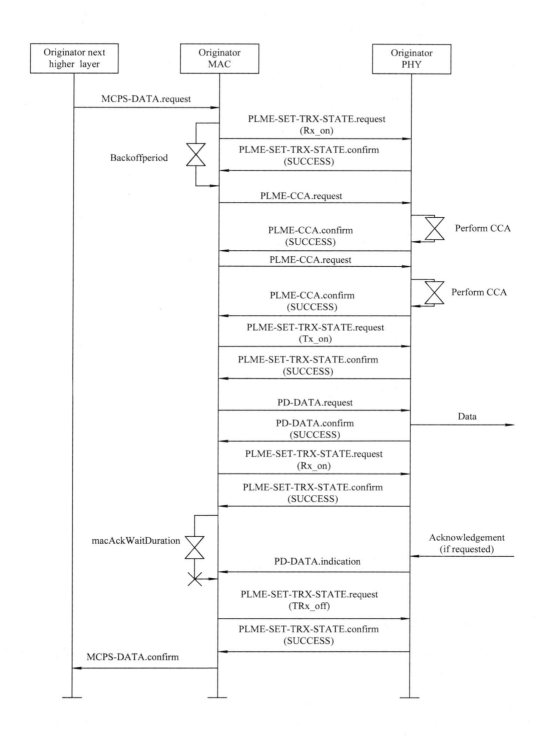

图 4-50　数据传输信息流程图——发送

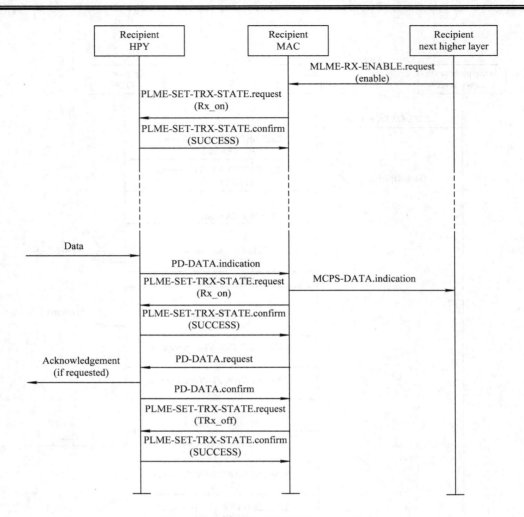

图 4-51　数据传输信息流程图——接收

4.5　ZigBee 技术网络层

4.5.1　ZigBee 网络层概述

本小节主要对 ZigBee 网络层的结构体系、网络拓扑结构以及网络层服务功能进行介绍。

1. ZigBee 体系结构

正如前面所述，ZigBee 的体系结构由称为层的各模块组成。每一层为其上层提供特定的服务：由数据服务实体提供数据传输服务；管理服务实体提供所有的其他管理服务。每个服务实体通过相应的服务接入点(SAP)为其上层提供一个接口，每个服务接入点通过服务原语来完成所对应的功能。

ZigBee 的体系结构如图 4-52 所示，以开放系统互联(OSI)7 层模型为基础，但它只定义了和实际应用功能相关的层。它采用了 IEEE 802.15.4—2003 标准制定了两个层，即物理层(PHY)和媒体接入控制层(MAC)作为 ZigBee 技术的物理层和 MAC 层，ZigBee 联盟在此基础之上建立它的网络层(NWK)和应用层的框架，这个应用层框架包括应用支持层(APS)、ZigBee 设备对象(ZDO)和制造商所定义的应用对象。

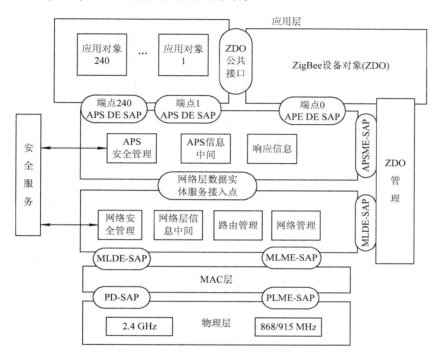

图 4-52　ZigBee 协议体系结构

ZigBee 网络层的主要功能包括设备连接和断开网络时所采用的机制，以及在帧信息传输过程中所采用的安全性机制。此外，还包括设备之间的路由发现和路由维护及转交。并且，网络层完成对一跳(One-hop)邻居设备的发现和相关结点信息的存储。一个 ZigBee 协调器创建一个新的网络，为新加入的设备分配短地址等。

ZigBee 应用层由应用支持层、ZigBee 设备对象和制造商所定义的应用对象组成。应用支持层的功能包括维持绑定表、在绑定的设备之间传送消息。所谓绑定，就是基于两台设备的服务和需求将它们匹配地连接起来。ZigBee 设备对象的功能包括：定义设备在网络中的角色(如 ZigBee 协调器和终端设备)，发起和(或)响应绑定请求，在网络设备之间建立安全机制。ZigBee 设备对象还负责发现网络中的设备，并且决定向他们提供何种应用服务。

2．网络拓扑结构

ZigBee 网络层支持星形、树形和网状拓扑结构。在星形拓扑结构中，整个网络由一个称为 ZigBee 协调器(ZigBee Coordinator)的设备来控制。ZigBee 协调器负责发起和维持网络正常工作，保持同网络终端设备通信。在网状和树形拓扑结构中，ZigBee 协调器负责启动网络以及选择关键的网络参数，同时，也可以使用 ZigBee 路由器来扩展网络结构。在树形网络中，路由器采用分级路由策略来传送数据和控制信息。树形网络可以采用基于信标的方式进行通信，详细情况已在前面章节进行了介绍。网状网络中，设备之间使用完全对等的通信方式。在网状网络中，ZigBee 路由器将不发送通信信标。

这里只对内部个域网(Intra-PAN Networks)进行介绍，所谓内部个域网就是指网络的通信开始和结束都在同一个网络中进行。

3．网络层服务功能

ZigBee 网络层的主要功能就是提供一些必要的函数，确保 ZigBee 的 MAC 层正常工作，并且为应用层提供合适的服务接口。为了向应用层提供其接口，网络层提供了两个必需的功能服务实体，它们分别为数据服务实体和管理服务实体。网络层数据实体(NLDE)通过网络层数据实体服务接入点(NLDE-SAP)提供数据传输服务，网络层管理实体(NLME)通过网络层管理实体服务接入点(NLME-SAP)提供网络管理服务。网络层管理实体利用网络层数据实体完成一些网络的管理工作，并且，网络层管理实体完成对网络信息库(NIB)的维护和管理，下面分别对它们的功能进行介绍。

1) 网络层数据实体

网络层数据实体为数据提供服务，在两个或者更多的设备之间传送数据时，将按照应用协议数据单元(APDU)的格式进行传送，并且这些设备必须在同一个网络中，即在同一个内部个域网中。

网络层数据实体提供如下服务：

(1) 生成网络层协议数据单元(NPDU)，网络层数据实体通过增加一个适当的协议头，从应用支持层协议数据单元中生成网络层的协议数据单元。

(2) 指定拓扑传输路由，网络层数据实体能够发送一个网络层的协议数据单元到一个合适的设备，该设备可能是最终目的通信设备，也可能是在通信链路中的一个中间通信设备。

2) 网络层管理实体

网络层管理实体提供网络管理服务，允许应用与堆栈相互作用。网络层管理实体应该提供如下服务：

(1) 配置一个新的设备。为保证设备正常工作的需要，设备应具有足够的堆栈，以满足配置的需要。配置选项包括对一个 ZigBee 协调器和连接一个现有网络设备的初始化操作。

(2) 初始化一个网络，使之具有建立一个新网络的能力。

(3) 连接和断开网络。具有连接或者断开一个网络的能力，以及为建立一个 ZigBee 协调器或者 ZigBee 路由器，具有要求设备同网络断开的能力。

(4) 寻址。ZigBee 协调器和 ZigBee 路由器具有为新加入网络的设备分配地址的能力。

(5) 邻居设备发现。具有发现、记录和汇报有关一跳邻居设备信息的能力。

(6) 路由发现。具有发现和记录有效地传送信息的网络路由的能力。

(7) 接收控制。具有控制设备接收机接收状态的能力，即控制接收机什么时间接收、接收时间的长短，以保证 MAC 层的同步或者正常接收等。

4.5.2 网络层服务协议

图 4-53 给出了网络层各组成部分和接口。

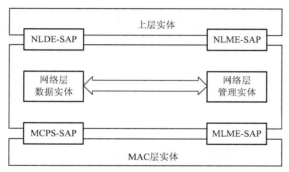

图 4-53　网络层各组成部分和接口

网络层通过两种服务接入点提供相应的两种服务，它们分别是网络层数据服务和网络层管理服务。网络层数据服务通过网络层数据实体服务接入点接入，网络层管理服务通过网络层管理实体服务接入点接入。这两种服务通过 MCPS-SAP 和 MLME-SAP 接口为 MAC 层提供接口。除此之外，通过 NLDE-SAP 和 NLME-SAP 接口为应用层实体提供接口服务。

网络层数据实体服务接入点支持对等应用实体之间的应用协议数据单元的传输。网络层数据实体服务接入点所支持的函数原语为请求确认和指示原语，具体见表 4-31。

表 4-31　网络层数据实体服务接入点所支持的原语

原　　语	功　能　描　述
NLED-DATA.request	用于请求从本地应用支持层实体到单个或者多个对等的应用支持层实体的协议数据单元传输
NLED-DATA.confirm	提供了从本地应用支持层实体到一个对等应用支持层实体传送 NSDU 包请求原语的结果
NLED-DATA.indication	表示一个 NSDU 包从网络层到本地应用支持层实体的传送

4.5.3　网络层管理服务

网络层管理实体服务接入点为其上层和网络层管理实体之间传送管理命令提供接口。NLME 支持 NLME-SAP 接口原语，这些原语包括网络发现、网络的形成、允许设备连接、路由器初始化、设备同网络的连接等原语。

1．网络发现

网络层管理实体服务接入点支持运行网络的发现。采用 NLME-NETWORK-DISCOVERY 原语来发现网络，具体见表 4-32。

表 4-32　网络发现原语

原　　语	功　能　描　述
NLME-NETWORK-DISCOVERY.request	用来发现在 POS 范围内正在运行的网络
NLME-NETWORK-DISCOVERY.confirm	用于返回网络发现操作的结果

2．网络的形成

网络的形成定义了一个设备的应用层如何初始化，使其自身成为一个新的 ZigBee 网络协调器。网络的形成原语见表 4-33。

表 4-33　网络的形成原语

原　语	功 能 描 述
NLME-NETWORK-FORMATION.request	用于请求设备发起一个新的 ZigBee 网络，并将其自身作为 ZigBee 协调器
NLME-NETWORK-FORMATION.confirm	用于返回在网络中初始化一个 ZigBee 协调器请求的执行结果

3．允许设备连接

允许设备连接描述了 ZigBee 协调器或是路由器的上层如何设置其设备，允许其他设备同其网络连接。允许设备连接原语见表 4-34。

表 4-34　允许设备连接原语

原　语	功 能 描 述
NLME-PERMIT-JOINING.request	用于允许协调器或路由器上层设定其 MAC 层连接许可标志，在一定时期内，允许其他设备同网络连接
NLME-PERMIT-JOINING.confirm	用于向协调器或路由器上层返回允许设备连接网络请求原语的执行结果

4．路由器初始化

路由器初始化原语可以在 ZigBee 路由器或协调器重新配置其超帧时使用，具体见表 4-35。

表 4-35　路由器初始化原语

原　语	功 能 描 述
NLME-START-ROUTER.request	用于请求 ZigBee 路由器上层初始化或者改变超帧配置
NLME-START-ROUTER.confirm	用于返回 ZigBee 路由器上层初始化或者改变超帧配置请求原语的执行结果

5．设备同网络连接

设备同网络连接的方式有以下几种：

(1) 通过联合方式请求连接网络。

(2) 直接请求连接网络。

(3) 如果成为孤点设备，请求重新连接网络。

设备同网络连接原语见表 4-36。

表 4-36　设备同网络连接原语

原　语	功 能 描 述
NLME-JOIN.request	设备上层通过该原语以直接或联合方式请求连接网络，或者当设备为孤点设备时，请求重新连接网络
NLME-JOIN.confirm	当一个新设备通过联合方式连接网络成功后，就发送该原语通知 ZigBee 协调器或路由器上层
NLME-JOIN.confirm	设备上层通过该原语就可得知其请求连接网络的结果

6．直接将设备同网络连接

ZigBee 协调器或路由器上层利用直接请求的方法，将另一个设备同自身网络连接。直接将设备同网络连接原语见表 4-37。

表 4-37　直接将设备同网络连接原语

原　　语	功　能　描　述
NLME-DIRECT-JOIN.request	ZigBee 协调器或路由器的邻居上层请求直接把另一个设备连接到自己的网络中
NLME-DIRECT-JOIN.confirm	报告把一设备加入网络请求原语的执行结果

7. 断开网络连接

断开网络连接原语见表 4-38。

表 4-38　断开网络连接原语

原　　语	功　能　描　述
NLME-LEAVE.request	设备上层请求自身或其他设备同网络连接断开
NLME-LEAVE.indication	用于向上层通报断开结果
NLME-LEAVE.confirm	用于向上层通告请求设备自身或其他设备离开连接网络的结果

8. 重新复位设备

设备应用层请求重新复位它的网络时采用的原语见表 4-39。

表 4-39　重新复位设备原语

原　　语	功　能　描　述
NLME-RESET.request	设备应用层用于请求网络层执行重新复位操作
NLME-RESET.confirm	报告请求重新复位网络层的执行结果

9. 接收机同步

接收机同步原语见表 4-40 所示。

表 4-40　接收机同步原语

原　　语	功　能　描　述
NLME-SYNC.request	应用层使用该原语与 ZigBee 协调器或路由器进行同步，或者从 ZigBee 协调器或路由器中得到它的数据
NLME-SYNC.indication	向设备的应用层报告 MAC 层丢失网络同步信号
NLME-SYNC.confirm	用来向设备应用层报告它所请求网络同步的执行结果，或者报告请求从 ZigBee 协调器或路由器中所得到的数据结果

10. 信息库维护

信息库维护原语见表 4-41。

表 4-41　信息库维护原语

原　　语	功　能　描　述
NLME-GET.request	设备上层应用用于请求读取网络信息库中某一属性值
NLME-GET.confirm	报告从网络信息库中读取属性值的执行结果
NLME-SET.request	网络层管理实体上层使用该原语向网络信息库写入所指定的属性值
NLME-SET.confirm	报告向网络信息管理库中写入属性值的执行结果

4.5.4 帧格式

网络层帧的格式，即网络协议数据单元(NPDU)的格式，由下列基本部分组成：

(1) 网络层帧报头，包含帧控制、地址和序列信息。

(2) 网络层帧的可变长有效载荷，包含帧类型所指定的信息。

网络层帧是一种按指定顺序排列的序列。本节中所有的帧格式都按 MAC 层的传播顺序来描述，即从左到右，最左的 bit 最先发送。长度为 K bit 的帧，按从 0(最左为最低位)到 K−1(最右为最高位)进行编号。帧长度大于一个 8 bit 的帧，将按照最小序号的 bit 组到最大序号的 bit 组顺序传送到 MAC 层。

1. 通用网络层帧的格式

网络层帧的格式通常由一个网络层报头和一个网络层有效载荷组成。尽管不是所有的帧都包含地址和序列域，但网络层帧的报头域，还是按照固定的顺序出现。通用的网络层帧格式如图 4-54 所示。

字节:2	2	2	0/1	0/1	可变长
帧控制	目的地址	源地址	广播半径域	广播序列号	帧载荷
	路由帧				
网络层帧报头					网络的有效荷载

图 4-54　通用的网络层帧格式

1) 帧控制域

帧控制域为 16 bit，包含所定义的帧类型、地址、序列域以及其他控制标记。帧控制域的格式如图 4-55 所示。

bit: 0~1	2~5	6	7~8	9	10~15
帧类型	协议版本	发现路由	保留	安全	保留

图 4-55　帧控制域的格式

(1) 帧类型子域。帧类型子域为 2 bit，其值为表 4-42 中所列的非保留值。

表 4-42　帧类型子域的值

帧类型值 b_1b_0	帧类型名
00	数据
01	网络层命令
10, 11	保留

(2) 协议版本子域。协议版本子域为 4 bit，设置值反映了所使用的 ZigBee 网络层协议版本号。特定设备上所使用的协议版本应像固定网络层协议版本号一样，基于目前 ZigBee 网络层协议标准的版本号为 0x01。

(3) 发现路由子域。发现路由子域根据数据帧接收的结果来支持或抑制路由发现。当该子域的值为 0 时，表示抑制路由发现；当该值为 1 时，表示支持路由发现。

(4) 安全子域。该安全子域值为 1 时，该帧才具有网络层安全操作的能力。如果该帧的安全性由另一个层来完成或者完成被禁止，则该值为 0。

2) 目的地址域

在网络层帧中必须要有目的地址域，其长度为 2 字节，其值为 16 bit 的目的设备网络地址或者为广播地址(0xFFFF)。值得注意的是，设备的网络地址与在 IEEE 802.15.4 协议中所规定的 MAC 层 16 bit 短地址相同。

3) 源地址域

在网络层帧中必须要有源地址域，其长度为 2 字节，其值为 16 bit 源设备的网络地址。值得注意的是，设备的网络地址与在 IEEE 802.15.4 协议中所规定的 MAC 层 16 bit 短地址相同。

4) 广播半径域

仅仅在帧的目的地址为广播地址(0xFFFF)时，广播半径域才存在。如果存在，其长度为 1 字节，并且限定了广播传输的范围。每个接收设备接收一次该帧，则该值减 1。

5) 广播序列号域

仅仅在帧的目的地址为广播地址(0xFFFF)时，广播序列号才存在，其长度为 1 字节，该域规定了广播帧的序列号。每传送一个新的广播帧，该序列号就会增加 1。

6) 帧的有效载荷域

帧有效载荷的长度是可变的，包含了各种类型帧的具体信息。

2. 各种类型帧的格式

在 ZigBee 网络协议中，定义了两种类型的网络层帧，它们分别是数据帧和网络层命令帧。下面将对这两种帧类型进行讨论。

1) 数据帧的格式

数据帧的格式如图 4-56 所示。

字节：2	参见图4-54	可变长
帧控制	路由域	数据载荷
网络层帧报头		网络层载荷

图 4-56　数据帧的格式

(1) 数据帧网络层报头域。数据帧的网络层报头域由帧控制域和根据需要适当组合而得到的路由域组成。

(2) 数据的有效载荷域。数据帧的数据载荷域包含字节的序列，该序列为网络层上层要求网络层传送的数据。

2) 网络层命令帧的格式

网络层命令帧的格式如图 4-57 所示

字节:2	参见图4-54	1	可变长
帧控制	路由域	网络层命令标识符	网络层命令载荷
网络层帧报头		网络层载荷	

图 4-57　网络层命令帧的格式

(1) 网络层命令帧中的网络层帧报头域。网络层命令帧中的网络层帧报头域由帧控制域和根据需要适当组合得到的路由域组成。

(2) 网络层命令标识符域。网络层命令标识符域表明所使用的网络层命令，其值为表4-43 中所列的非保留值之一。

表 4-43　网络层命令帧

命令帧标识符	命令名称
0x01	路由请求
0x02	路由应答
0x03	路由错误
0x00，0x04～0xFF	保留

(3) 网络层命令帧的有效载荷域。网络层命令帧的网络层命令载荷域包含网络层命令本身。

4.5.5　ZigBee 技术的应用

随着 ZigBee 规范的进一步完善，许多公司均在着手开发基于 ZigBee 技术的产品。采用 ZigBee 技术的无线网络应用领域包括家庭自动化、家庭安全、工业与环境控制与医疗护理、环境监测、监察保鲜食品的运输过程及保质情况等等。其典型应用领域如下。

1．数字家庭领域

ZigBee 技术可以应用于家庭的照明、温度、安全、控制等。ZigBee 模块可安装在电视、灯泡、遥控器、儿童玩具、游戏机、门禁系统、空调系统和其他家电产品中，例如在灯泡中装置 ZigBee 模块，如果人们要开灯，就不需要走到墙壁开关处，直接通过遥控便可开灯。当你打开电视机时，灯光会自动减弱；当电话铃响起时或你拿起话机准备打电话时，电视机会自动静音。通过 ZigBee 终端设备可以收集家庭各种信息，传送到中央控制设备，或是通过遥控达到远程控制的目的，提供家居生活自动化、网络化与智能化。韩国第三大移动手持设备制造商 Curitel Communications 公司已经开始研制世界上第一款 ZigBee 手机，该手机将可通过无线的方式将家中或是办公室内的个人电脑、家用设备和电动开关连接起来，能够使手机用户在短距离内操纵电动开关和控制其他电子设备。

2．工业领域

通过 ZigBee 网络自动收集各种信息，并将信息回馈到系统进行数据处理与分析，以利于工厂整体信息之掌握。例如火警的感测和通知，照明系统的感测，生产机台的流程控制等，都可由 ZigBee 网络提供相关信息，以达到工业与环境控制的目的。韩国的 NURI Telecom 在基于 Atmel 和 Ember 的平台上成功研发出基于 ZigBee 技术的自动抄表系统。该系统无须手动读取电表、天然气表及水表，从而为公共事业企业节省数百万美元，此项技术正在进行前期测试，很快将在美国市场上推出。

3．智能交通

如果沿着街道、高速公路及其他地方分布式地装有大量 ZigBee 终端设备，就不再担心会迷路。安装在汽车里的器件将告诉你当前所处的位置，正向何处去。全球定位系统(GPS)

也能提供类似的服务，但是这种新的分布式系统能够提供更精确、更具体的信息。即使在 GPS 覆盖不到的楼内或隧道内，仍能继续使用此系统。从 ZigBee 无线网络系统能够得到比 GPS 多很多的信息，如限速、街道是单行线还是双行线、前面每条街的交通情况或事故信息等。使用这种系统，也可以跟踪公共交通情况，可以适时地赶上下一班车，而不至于在寒风中或烈日下在车站苦等数十分钟。基于 ZigBee 技术的系统还可以开发出许多其他功能，例如在不同街道根据交通流量动态调节红绿灯，追踪超速的汽车或被盗的汽车等。

4. 其他应用

在医学领域，利用传感器和 ZigBee 网络可以准确、实时地监测每个病人的血压、体温和心率等信息，有助于医生快速做出反应，减少医生查房的工作负担，特别适用于对重危患者的监护和治疗。

在现代化农业中，利用传感器可以将土壤湿度、氮浓度、pH 值、降水量、气温、气压和采集信息的地理位置等经由 ZigBee 网络传送到中央控制设备，使农民能够及早而准确地发现问题，从而有助于保持并提高农作物的产量。

第5章　无线自组织网络技术

5.1　Ad hoc 网络原理

5.1.1　基本概念

移动通信网络通常可以分为两类。第一类是有基础设施的(Infrastructure)移动网络，网内包含固定的或有线的网关。移动节点通过空中接口与其通信范围内最近的基站通信，并享受有线网络资源。由于基站和移动终端仅有"一跳"的距离，因而有基础设施的移动无线网络又被称为"单跳"(Single Hop)无线网，如常规的 GSM、GPRS 等蜂窝无线系统，以及无线局域网等。第二类是无基础设施的移动网络，也就是移动 Ad hoc 网络。它是一种自治的无线多跳网，整个网络没有固定的基础设施，也没有固定的路由器，在这种网络环境中移动节点间可通过空中接口直接通信，由于终端的无线覆盖范围的有限性，两个不在彼此无线覆盖范围内、无法直接进行通信的用户终端可能需要借助其他多个中间节点进行中继通信。因此无基础设施的移动无线网有时被称为"多跳"(Multi-Hop)无线网。图 5-1 为单跳无线网和多跳无线网的拓扑图。

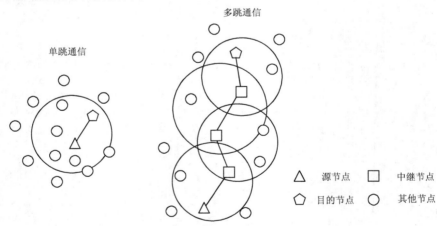

图 5-1　单跳无线网和多跳无线网的拓扑图

根据前面所述，Ad hoc 网络是一种特殊的无线移动网络。网络中所有节点的地位平等，无需任何预设的基础设施和任何的中心控制节点。网络中的节点具有普通移动终端的功能，而且具有分组转发能力。

Ad hoc 网络的前身是分组无线网 PRNET(Packet Radio Network)。早在 1972 年，美国国防部高级研究规划署(DARPA)就启动了分组无线网项目 PRNET，研究在战场环境下利用分组无线网进行数据通信。在此之后，DARPA 于 1983 年启动了高残存性自适应网络项目(Survivable Adaptive Network，SURAN)，研究如何将 PRNET 的研究成果加以扩展，以支持更大规模的网络。1994 年，DARPA 又启动了全球移动信息系统 GloMo(Global Mobile Information Systems)项目，旨在对能够满足军事应用需要的、可快速展开、高抗毁性的移动信息系统进行全面深入的研究。成立于 1991 年 5 月的 IEEE 802.11 标准委员会采用了"Ad hoc 网络"一词来描述这种特殊的自组织对等式多跳移动通信网络，Ad hoc 网络就此诞生。IETF 也将 Ad hoc 网络称为 MANET(移动 Ad hoc 网络)。Ad hoc 网络是一种没有有线基础设施支持的移动网络，网络中的节点均由移动主机构成。Ad hoc 网络最初应用于军事领域，它的研究起源于战场环境下分组无线网数据通信项目，该项目由 DARPA 资助，其后，又在 1983 年和 1994 年进行了抗毁可适应网络和全球移动信息系统 GloMo(Global Information System) 项目的研究。由于无线通信和终端技术的不断进步，Ad hoc 网络在民用环境下也得到了发展，如需要在没有有线基础设施的地区进行临时通信时，可以很方便地通过搭建 Ad hoc 网络实现。

　　Ad hoc 的意思是"for this"，引申为"for this purpose only"，解释为"为某种目的设置的，特别的"意思，即 Ad hoc 网络是一种有特殊用途的网络。Ad hoc 网络是由一组带有无线收发装置的移动终端组成的一个多跳临时性自治系统，移动终端具有路由功能，可以通过无线连接构成任意的网络拓扑，这种网络可以独立工作，也可以与 Internet 或蜂窝无线网络连接。在后一种情况中，Ad hoc 网络通常是以末端子网(树桩网络)的形式接入现有网络。考虑到带宽和功率的限制，MANET 一般不适于作为中间传输网络，它只允许产生于或目的地是网络内部节点的信息进出，而不让其他信息穿越本网络，从而大大减少了与现存 Internet 互操作的路由开销。Ad hoc 网络中，每个移动终端兼备主机和路由器两种功能：作为主机，终端需要运行面向用户的应用程序；作为路由器，终端需要运行相应的路由协议，根据路由策略和路由表参与分组转发和路由维护工作。在 Ad hoc 网络中，节点间的路由通常由多个网段(跳)组成，由于终端的无线传输范围有限，两个无法直接通信的终端节点往往要通过多个中间节点的转发来实现通信。所以，它又被称为多跳无线网、自组织网络、无固定设施的网络或对等网络。Ad hoc 网络同时具备移动通信和计算机网络的特点，可以看做是一种特殊类型的移动计算机通信网络。

　　与常见的有线固定网络及基础设施移动无线网络相比，Ad hoc 网络具有如下基本特征：

　　(1) 网络自主性。Ad hoc 网络相对于常规通信网络而言，最大的区别就是网络的部署或展开无需依赖于任何预设的基础设施。节点通过分层协议和分布式算法协调各自的行为，它们可以快速、自主地组成一个独立的网络。这也是个人通信的一种体现形式，它可以满足随时随地信息交互的需求，从而真正实现了人们在任何时间、任何地点以任何一种方式与任何一个人进行通信的梦想。

　　(2) 多跳通信。由于无线接收机的信号传播范围有限，Ad hoc 网络要求支持"多跳"通信，即当移动节点与它们的目的地不能直接进行通信时，它们将借助中间节点对它们发送的分组进行转发。与同等网络规模的单跳网络相比，"多跳"的构网方式将大大降低网络节点的发射功率，不仅可以减小功耗电磁干扰以及成本，而且可以提高移动终端的灵活性和便携性。

　　(3) 动态拓扑。Ad hoc 网络是一个动态的网络，网络中的节点可以随时随处移动，也可以随时开机和关机，这种任意移动性及无线传播环境随时间的不确定性，都将导致网络拓扑以不可预测的方式任意和快速地改变。图 5-2 表示了节点频繁移动导致网络拓扑频繁改变的情形。

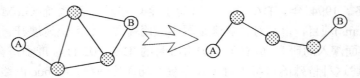

图 5-2　动态拓扑结构

(4) 分布式控制。Ad hoc 网络中的移动节点兼备主机和路由功能，不存在一个网络中心控制点，用户节点之间的地位是平等的，节点可以随时加入和离开网络。网络路由协议通常采用分布式控制方式，因而具有很强的鲁棒性和抗毁性，任何节点发生故障都不会影响整个网络的运行。如图 5-3 所示，即使节点 B 出现故障，节点 5 仍然能够借助节点 3 与节点 A 进行通信，或借助节点 6 和节点 7 与节点 C 进行通信。

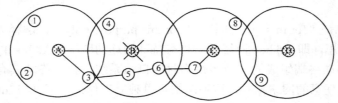

图 5-3　鲁棒性和抗毁性示意图

(5) 带宽限制和变化的链路容量。Ad hoc 网络采用无线传输技术作为底层通信手段，相对于有线信道，无线信道由于受带宽的限制导致容量较低，并且由于多路访问、多径衰落、噪声和信号干扰等多种因素，无线链路的容量将更加有限，这使得移动节点可得到的实际带宽远小于理论上的最大带宽值。

(6) 应用广域化。进入 21 世纪，Ad hoc 网络技术及应用正朝多元化方向发展，如图 5-4 所示，移动 Ad hoc 网络可以支持 CDMA、GPRS 等各类无线通信网络。

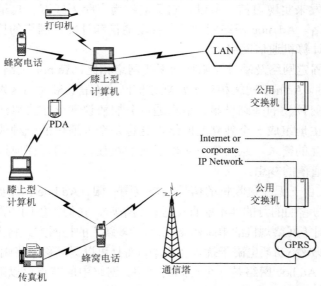

图 5-4　移动 Ad hoc 网络技术支持 CDMA、GPRS 等各类无线通信网络

5.1.2　Ad hoc 网络的应用

Ad hoc 网络的应用范围很广，总体上来说，它可以用于以下场合：

(1) 没有有线通信设施的地方，如没有建立硬件通信设施或有线通信设施遭受破坏。

(2) 需要分布式特性的网络通信环境。

(3) 现有有线通信设施不足，需要临时快速建立一个通信网络的环境。

(4) 作为生存性较强的后备网络。

Ad hoc 网络的应用总体上可以归纳为以下几类。

(1) 军事应用：Ad hoc 网络技术的研究最初是为了满足军事应用的需要，军队通信系统需要具有抗毁性、自组性和机动性。在战争中，通信系统很容易受到敌方的攻击，因此，需要通信系统能够抵御一定程度的攻击。若采用集中式的通信系统，一旦通信中心受到破坏，将导致整个系统的瘫痪。分布式的系统可以保证部分通信节点或链路断开时，其余部分还能继续工作。在战争中，战场很难保证有可靠的有线通信设施，因此，通过通信节点自己组合，组成一个通信系统是非常有必要的。此外，机动性是部队战斗力的重要部分，这要求通信系统能够根据战事需求快速组建和拆除。Ad hoc 网络满足了军事通信系统的这些需求。Ad hoc 网络采用分布式技术，没有中心控制节点的管理。当网络中某些节点或链路发生故障时，其他节点还可以通过相关技术继续通信。Ad hoc 网络由移动节点自己自由组合，不依赖于有线设备，因此，具有较强的自组性，很适合战场的恶劣通信环境。Ad hoc 网络建立简单，具有很高的机动性。目前，一些发达国家为作战人员配备了尖端的个人通信系统，在恶劣的战场环境中，很难通过有线通信机制或移动 IP 机制来完成通信任务，但可以通过 Ad hoc 网络来实现。因此，研究 Ad hoc 网络对军队通信系统的发展具有重要的应用价值和长远意义。可以说军事应用是 Ad hoc 网络技术的主要应用领域。因其特有的无需架设网络设施、可快速展开、抗毁性强等特点，Ad hoc 网络是数字化战场通信的首选技术，并已经成为战术互联网的核心技术。为了满足信息战和数字化战场的需要，美军研制了大量的无线自组织网络设备，用于单兵、车载、指挥所等不同的场合，并大量装备部队。美军的近期数字电台 NTDR 和无线互联网控制器等通信装备都使用了 Ad hoc 网络技术。

(2) 传感器网络：传感器网络是 Ad hoc 网络技术应用的另一大领域。对于很多应用场合来说传感器网络只能使用无线通信技术，并且传感器的发射功率很小。分散的传感器通过 Ad hoc 网络技术组成一个网络，可以实现传感器之间和与控制中心之间的通信。这种网络具有非常广阔的应用前景。

近年来，Ad hoc 网络的研究在民用和商业领域也受到了重视，比如：

(1) 紧急和突发场合：在发生了地震、水灾、火灾或遭受其他灾难后，固定的通信网络设施都可能无法正常工作。而 Ad hoc 网络可以用于灾难救助，此时 Ad hoc 网络能够在这些恶劣和特殊的环境下提供通信支持，对抢险和救灾工作具有重要意义。此外，当刑警或消防队员紧急执行任务时，可以通过 Ad hoc 网络来保障通信指挥的顺利进行。

(2) 偏远野外地区：当处于边远或野外地区时，由于造价、地理环境等原因往往没有有线通信设施，无法依赖固定或预设的网络设施进行通信。Ad hoc 网络可以解决这些环境中的通信问题。Ad hoc 网络技术具有单独组网能力和自组织特点，是这些场合通信的最佳选择。

(3) 临时场合：Ad hoc 网络的快速、简单组网能力使得它可以用于临时场合的通信。比如会议、庆典、展览等场合，可以免去布线和部署网络设备的工作。

(4) 动态场合和分布式系统：通过无线连接远端的设备、传感节点和激励器，Ad hoc 网络可以方便地用于分布式控制，特别适合于调度和协调远端设备的工作，减少分布式控制系统的维护和重配置成本。Ad hoc 无线网络还可以用于在自动高速公路系统(AHS)中协调和控制车辆，对工业处理过程进行远程控制等。

(5) 个人通信：个人局域网(PAN)是 Ad hoc 网络技术的又一应用领域，用于实现 PDA、手机、掌上电脑等个人电子通信设备之间的通信，并可以构建虚拟教室和讨论组等崭新的移动对等应用(MP2P)。考虑到电磁波的辐射问题，个人局域网通信设备的无线发射功率应尽量小，这样 Ad hoc 网络的多跳通信能力将再次展现它的独特优势。

(6) 商业应用：Ad hoc 网络还可以用于临时的通信需求，如商务会议中需要参会人员之间互相通信交流，在现有的有线通信系统不能满足通信需求的情况下，可以通过 Ad hoc 网络来完成通信任务；组建家庭无线网络、无线数据网络、移动医疗监护系统和无线设备网络，开展移动和可携带计算以及无所不在的通信业务等。

(7) 其他应用：考虑到 Ad hoc 网络具有很多优良特性，它的应用领域还有很多，这需要我们进一步去挖掘。比如它可以用来扩展现有蜂窝移动通信系统的覆盖范围，实现地铁和隧道等场合的无线覆盖，实现汽车和飞机等交通工具之间的通信，用于辅助教学和构建未来的移动无线城域网和自组织广域网等。

Ad hoc 网络在研究领域也很受关注，近几年的网络国际会议基本都有 Ad hoc 网络专题。随着移动技术的不断发展和人们日益增长的自由通信需求，Ad hoc 网络会受到更多的关注，得到更快速的发展和普及。

由于 Ad hoc 网络的特殊性，它的应用领域与普通的无线通信网络有着显著的区别。它适合用于无法或不便预先铺设网络设施的场合，以及其他需要快速自动组网的场合。

5.2　Ad hoc 网络协议

5.2.1　移动 Ad hoc 网络 MAC 协议

无线频谱是无线移动通信的通信媒体，是一种广播媒体，属于稀缺资源。在移动 Ad hoc 网中，可能会有多个无线设备同时接入信道，导致分组之间相互冲突，使接收机无法分辨出接收到的数据，导致信道资源浪费，吞吐量显著下降。为了解决这些问题，就需要 MAC(媒体接入控制)协议。所谓 MAC 协议，就是通过一组规则和过程来更有效、有序和公平地使用共享媒体。因此，MAC 协议在移动 Ad hoc 网中起着很重要的作用。应该注意的是，由于移动 Ad hoc 网中节点运动的不确定性，给 MAC 协议的实现带来了很大的影响。

本节首先讨论移动 Ad hoc 网中 MAC 协议面临的挑战，并着重探讨移动 Ad hoc 网中两个著名的信道问题——隐藏和暴露终端问题；接着讨论单信道 MAC 协议，主要是 MACA、MACAW 和著名的 802.11 DCF MAC 协议。

从广义上说，无线网络是由以无线电波作为传输介质、进行分组交换的节点构成的网络。这些分组的发送可能采取两种方式：单播分组包含了传送给特定节点的信息；组播分组将信息分发给一组节点。MAC 协议仅仅决定一个节点应该什么时候发送分组，以及控制所有到物理层的接入。在协议栈中，MAC 协议位于数据链路层的底部、物理层的上部。

由于无线通信的特性，无线网络 MAC 协议的实现面临很大的挑战。无线电波通过非导向介质传播，这种介质没有绝对的和看得见的边界，很容易被外界的干扰破坏掉。所以无线链路通常有较高的误码率，并表现出非对称的信道特性。采用信道编码、位交织、频率/空间分集以及均衡技术，使信息在通过无线链路进行传输的过程中仍能保持较高的正确率，但是非对称的信道特性却严重地限制了节点之间的合作。

无线传输信号的强度会随与发射机距离的增加而急剧下降，这就意味着发送的检测和接收依赖于发射机和接收机之间的距离。只有节点位于发送节点的信号覆盖范围之内，才能检测到信道上的信号。这种依赖于位置的载波侦听将导致隐藏和暴露终端问题。隐藏终端问题导致接收机端的信号冲突增加，而暴露终端问题却导致了不必要的禁止节点接入信道操作。

信号的传播延迟(信号从发送节点到达接收节点的时间)也会影响无线网络的性能。依赖载波侦听的协议对传播延迟非常敏感。如果传播延迟很大，接收节点在规定的时间里接收不到信号，就会以为信道空闲而发送信号，而实际上只是信号没有及时到达。这样信道的冲突就会加剧，致使网络性能恶化。

即使已经建立起来可靠的无线链路，无线 MAC 还需要考虑额外的硬件限制。大多数无线收发机仅仅允许在单一的频率上以半双工方式通信。当一个无线节点进行发送的时候，很大一部分信号的能量泄露到接收路径上。在同一频率上，信号发射的功率远远超过接收到的信号功率。所以，由于无线信号的"捕捉"(Capture)特性，发送节点在发送的同时只能检测到自己发送的信号。这样，传统的局域网协议——CSMA/CD 不能用于无线环境。另外，收发机接收和发送的转换时间对网络的性能影响很大，尤其是高速系统。

对于移动 Ad hoc 网络来说，信道接入的控制必须是分布式的。每个移动节点必须知道自己的周围环境中发生了什么，而且需要和其他节点合作，实现网络业务传输。因为移动 Ad hoc 网中的节点常常是移动的，所以 MAC 协议的复杂性较高。由于这种分布式的特性，移动 Ad hoc 网的信道接入需要在竞争节点之间协调。因此，需要采用某些分布式协商机制来得到高效率的 MAC 协议。其中，协商中需要的时间和带宽等信道资源是影响网络性能的重要因素。

综上所述，移动 Ad hoc 网 MAC 协议的设计一定要考虑无线传输的特性。以下将介绍一些 MAC 协议的实现机制，了解协议如何解决无线链路中产生的问题。

1．隐藏终端与暴露终端问题

隐藏终端是基于竞争机制的协议中一个著名的问题，在 ALOHA、时隙 ALOHA、CSMA、IEEE 802.11 等协议中均存在。当两个节点向同一个节点发送数据的时候，如果在接收节点处导致冲突，就认为这两个节点相互隐藏(互相不在对方的信号范围之内)。如图 5-5 所示的节点 A、C 相对节点 B 就是隐藏终端。

为了避免冲突，所有接收节点的邻居需要得到信道将被占用的通知。通过使用控制信息可以让节点预先留出信道，即使用握手协议。RTS(Request To Send，请求发送)分组可以用来表示节点请求发送数据。如果接收节点允许发送，就用 CTS(Clear To Send，同意发送)分组表示同意。由于消息的广播特性，发送者和接收者的所有邻居都被通知信道要被占用，这样就可以实现禁止它们发送，避免了冲突。图 5-6 表示了 RTS/CTS 交互的概念。

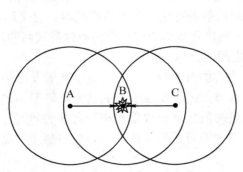

图 5-5　节点 A、C 相对节点 B 是隐藏终端

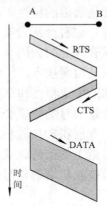

图 5-6　RST/CTS 交互

　　RTS/CTS 交互的方法从一定程度上缓解了冲突的矛盾，但并没有完全解决隐藏终端问题。下面有不同节点发送的 RTS 和 CTS 帧发生冲突的实例。如图 5-7 所示，节点 B 发送CTS，响应节点 A 发送的 RTS 帧，与节点 D 发送的 RTS 在节点 C 处发生了冲突。此时，节点 D 是节点 B 的隐藏终端。因为节点 D 没有接收到节点 C 的 CTS 应答，所以定时器超时，重传 RTS。当节点 A 收到节点 B 的 CTS 时，并不知道发生在节点 C 处的冲突，所以继续向节点 B 发送数据帧。在此情形中，数据帧和节点 C 发出的 CTS(应答节点 D 的 RTS)发生了冲突。

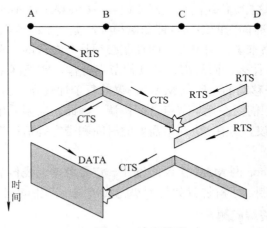

图 5-7　冲突情形 1

　　另外一个有问题的情形如图 5-8 所示。两个节点在不同的时刻发送 RTS，节点 A 发送RTS 给节点 B，当节点 B 用 CTS 应答 A 的时候，节点 C 向节点 B 发送 RTS。因为节点 C在向节点 D 发送 CTS 的时候不可能听到节点 B 发出来的 RTS，所以节点 C 不知道节点 A、

B 之间的通信。节点 D 用 CTS 应答节点 C 的 RTS。所以，最后节点 A 和节点 C 的数据帧发生了冲突。

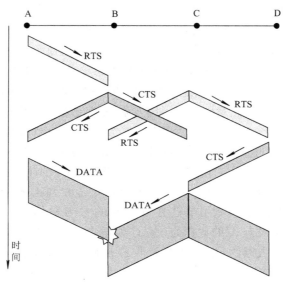

图 5-8　冲突情形 2

如果一个节点听到邻居节点在进行数据发送，它就自动禁止向其他节点发送数据。这就是所谓的暴露终端问题。暴露终端问题导致了系统的"过激"反应，即引入了不必要的禁止接入。一个暴露终端即一个节点在发射机的范围之内，在接收机的范围之外。如图 5-9 所示的节点 A 即为暴露终端。

隐藏终端问题降低了网络的可用性和系统的吞吐量。解决隐藏终端问题可以使用控制信道和数据信道分离的方法和使用定向天线的方法。前者将在 PAMAS 和 DBTMA 中讨论；对于后者，如果使用定向天线，这个问题可以得到缓解。如图 5-10 所示，节点 A 可以与节点 B 进行通信而不影响节点 C、D 之间的通信。定向天线的方向性提供了全向天线所不能提供的空间复用和连接分离。具体方法在定向天线部分讨论。

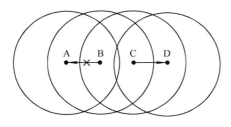

图 5-9　暴露终端问题

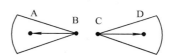

图 5-10　两对节点同时传输

2. MACA 与 MACAW 协议

MACA 协议是 Phil Karn 在其业余分组无线电的研究中提出的。当时的业余分组无线电只能使用单一频率的信道，饱受隐藏终端和暴露终端问题的困扰。于是 Phil Karn 提出了 MACA 协议来减轻这些问题。同时 MACA 协议也可以加以扩展，使发射机能自动进行功率控制。

在当时业余分组无线电使用的 CSMA/CA 协议中，采用物理载波侦听(CSMA)信道与 RTS/CTS 握手来进行冲突避免(CA)。但是，当隐藏终端存在的时候，移动节点没有侦听到信道载波并不是总意味着发送没有问题。同样，当暴露终端存在的时候，也不总是表示此时不能发送。换句话说，载波侦听经常是不起作用的。所以 Karn 就提出了一个"激进"的建议：将 CSMA/CA 中的 CS 去除，就是说不采用物理载波侦听，将剩下的 MA/CA 称为 MACA，即带冲突避免的多址接入。MAC 冲突避免的核心就是 RTS/CTS 分组对信道上其他移动节点的影响。当一个移动节点"无意中听到"(Overhear，以下简称"听到")一个发送给其他节点的 RTS 分组的时候，就停止自己的发射机的发送，直到这个 RTS 分组的目的节点响应了 CTS 分组为止。当一个移动节点听到一个发送给其他节点的 CTS 分组的时候，就停止自己的发射机的发送，直到另外一个节点发送完数据为止。一个节点听到 RTS 或者 CTS 之后，即使没有听到对 RTS 或者 CTS 的响应分组(CTS 和 DATA)，这个节点也必须等待适当的时间。如图 5-11 所示为一个示例。其中，节点 C 不能收到 A 发送的分组，但能收到节点 B 发送的分组。如果节点 C 听到了节点 B 发给 A 的 CTS 分组，那么 C 就需要等待一段时间，直到 B 已经接收完来自 A 的数据为止。C 如何确定需要等待的时间？可以在发送者 A 的 RTS 分组中包含待发数据的长度，然后接收者 B 将这个长度数据复制到 CTS 中，C 通过计算即可以知道需要等待的时间。所以，只要网络中每一对链路都是对称的(即如果节点 A 能收到 B 的发送，而且节点 B 也能收到 A 的发送，那么 A、B 之间的链路就称为对称链路)，那么听到其他节点之间交互 CTS 的移动节点就知道邻节点要有数据分组传送，MACA 协议就扼止了其他移动节点发送分组的"企图"。这样，MACA 就减轻了隐藏终端问题。

相应地，一个移动节点如果听到了一个 RST(不是发给自己的)，但是没有听到这个 RTS 的应答，那么它就会假定 RTS 的接收者不在其接听范围以内，或者已经关机。例如，在图 5-12 中，节点 A 在 B 的发送范围之内，而在节点 C 的发送范围之外。当节点 B 向 C 发送 RTS 的时候，节点 A 可以听到，但是不能听到节点 C 的 CTS 应答。于是节点 A 就可以发送分组，而不必担心干扰节点 B 的数据发送。但在这种情况下，如果使用 CSMA 协议就会不必要地禁止节点 B 的发送，所以 MACA 协议减轻了暴露终端问题。但是 MACA 协议并没有完全消除分组之间的冲突。

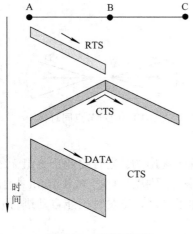

图 5-11　帧交互示例

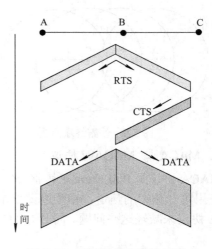

图 5-12　减轻暴露终端的问题

通过采用与 CSMA 相似的随机指数退避策略,可以将冲突的概率降低。因为 MACA 没有使用载波侦听,所以每一个节点都需要在原有的等待时间(由于听到了其他节点对的 RTS 或者 CTS)的基础上再加一段随机时间。这种机制可以尽量避免多个节点同时争用信道,使相互冲突的机会减少。

显然,如果数据分组的长度和 RTS 分组长度相当,那么 RTS/CTS 对话的开销就会很大。此时,移动节点可以省略 RTS/CTS 对话的过程,直接发送数据分组。当然,如果听到了 RTS 或者 CTS,这个移动节点还是需要推迟自己的发送。不过,这种机制中数据分组仍然存在冲突的风险,但是对于小分组来说,仍是一种不错的折衷。

如果对 MACA 协议进行扩展,可以增加发射机功率控制的功能。经过每一次 RTS/CTS 交互,发送者都会更新到达接收者需要的功率估计值,以后发送分组的时候(包括本次对话中的数据分组)就可以将其发射功率调节到最有效的发射功率值。在 MACAW 协议中, Bharghavan 建议使用 RTS—CTS—DS—DATA—ACK 的消息交换机制发送数据分组。相比 MACA 协议来说,MACAW 增加了 DS 和 ACK 两个控制分组。当一个节点收到目的节点发来的 CTS 分组的时候,就发送 DS 分组。这个分组用来通知收发节点的邻居:RTS/CTS 交互已经成功完成,马上要发送数据分组了。对于新增的 ACK 分组,则是希望通过使用 ACK 分组,尽量使节点在 MAC 层就快速重传冲突的分组,而不需要在传输层进行重传,提高了网络的性能。为了进一步改善上述退避策略的性能,学者们在 MACAW 中还引入一种新的退避机制——MILD 算法。这个算法提高了信道接入的公平性。

3. IEEE 802.11 MAC 协议(DCF)

IEEE 802.11 MAC 协议是 IEEE 802.11 无线局域网(WLAN)标准的一个部分(另一部分是物理层规范)。其主要功能是信道分配、协议数据单元(PDU)寻址、成帧、检错、分组分片和重组等。IEEE 802.11 MAC 协议有两种工作方式:一种是分布式控制功能(Distributed Coordination Function,DCF);另一种是中心控制功能(Point Coordination Function,PCF)。由于 DCF 采用竞争接入信道的方式,而且目前 IEEE 802.11 WLAN 有比较成熟的标准和产品,因此目前在移动 Ad hoc 网络研究领域中,很多的测试和仿真分析都基于这种方式。

DCF 是用于支持异步数据传输的基本接入方式,它以"尽力而为"(Best Effort)方式工作。DCF 实际上就是 CSMA/CA(带冲突避免的载波侦听多址接入)协议。为什么不用 CSMA/CD(带冲突检测的载波侦听多址接入)协议呢?因为冲突发生在接收节点,一个移动节点在传输的同时不能听到信道发生了冲突,自己发出的信号淹没了其他的信号,所以冲突检测无法工作。DCF 的载波侦听有两种实现方法:第一种实现是在空中接口,称为物理载波侦听;第二种实现是在 MAC 层,叫做虚拟载波侦听。物理载波侦听通过检测来自其他节点的信号强度,判别信道的忙碌状况。节点通过将 MAC 层协议数据单元(MPDU)的持续时间放到 RTS、CTS 和 DATA 帧头部来实现虚拟载波侦听。MPDU 是指从 MAC 层传到物理层的一个完整的数据单元,它包含头部、净荷和 32 bit 的 CRC(循环冗余校验)码。持续期字段表示目前的帧结束以后,信道用来成功完成数据发送的时间。移动节点通过这个字段调节网络分配矢量(Network Allocation Vector,NAV)。NAV 表示目前发送完成需要的时间。无论是物理载波侦听,还是虚拟载波侦听,只要其中一种方式表明信道忙碌,就将信道标注为"忙"。

接入无线信道优先级用帧之间的间隔表示，称做 IFS(Inter Frame Space)，它是传输信道强制的空闲时段。DCF 方式中的 IFS 有两种：一种为 SIFS(Short IFS)，另一种为 DIFS(DCF-IFS)，DIFS 大于 SIFS。一个移动节点如果只需要等待 SIFS 时间，就会比等待 DIFS 时间的节点优先接入信道，因为前者等待的时间更短。对于 DCF 基本接入方式(没有使用 RTS/CTS 交互)，如果移动节点侦听到信道空闲，它还需要等待 DIFS 时间，然后继续侦听信道。如果此时信道继续空闲，那么移动节点就可以开始 MPDU 的发送。接收节点计算校验和，确定收到的分组是否正确无误。一旦接收节点正确地接收到了分组，将等待 SIFS 时间后，将一个确认帧(ACK)回复给发送节点，以此表明已经成功接收到数据帧。如图 5-13 所示为在 DCF 基本接入方式中，成功发送一个数据帧的定时图。当一个数据帧发送出去的时候，其持续期字段让听到这个帧的节点(目的节点除外)知道信道的忙碌时间，然后调整各自的网络分配矢量(NAV)。这个 NAV 里也包含了一个 SIFS 时间和后续的 ACK 持续期。

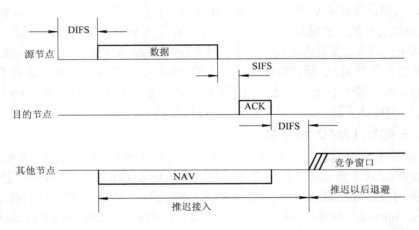

图 5-13　DCF 基本接入方式

一个节点无法知道自己的发送产生了冲突，所以即使冲突产生，也会将 MPDU 发送完。假如 MPDU 很大，就会浪费宝贵的信道带宽。解决的办法是在 MPDU 发送之前，采用 RTS/CTS 控制帧实现信道带宽的预留，减少冲突造成的带宽损耗。因为 RTS 为 20 字节，CTS 为 14 字节，而数据帧最大为 2346 字节，所以 RTS/CTS 相对较小。如果源节点要竞争信道，则首先发送 RTS 帧，周围听到 RTS 的节点从中解读出持续期字段，相应地设置它们的网络分配矢量(NAV)。经过 SIFS 时间以后，目的节点发送 CTS 帧。周围听到 CTS 的节点并从中解读出持续期字段，相应地更新它们的网络分配矢量(NAV)。一旦成功地收到 CTS，经过 SIFS 时间，源节点就会发送 MPDU。正像我们已经在 MACA 协议中提到的那样，周围节点通过 RTS 和 CTS 头部中的持续期字段更新自己的 NAV，可以缓解"隐藏终端"问题。如图 5-14 所示为 RTS/CTS 交互，然后发送 MPDU 的定时图。移动节点可以选择不使用 RTS/CTS，也可以要求只有在 MPDU 超过一定的大小时才使用 RTS/CTS，或者不管什么情况下均使用 RTS/CTS。一旦冲突发生在 RTS 或者 CTS，带宽的损失也是很小的。然而，对于低负荷的信道，RTS/CTS 的开销会增加时延。

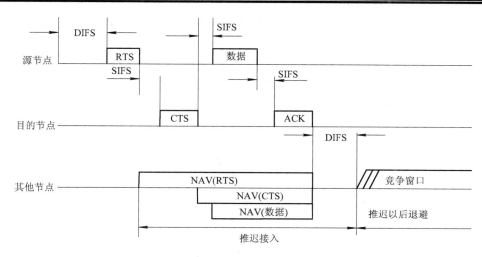

图 5-14 使用 RTS/CTS 的交互方式

在大的 MPDU 从逻辑链路层传到 MAC 层以后，为了增加传输的可靠性，会将其分片 (Fragment) 发送。那么怎样确定是否进行分片呢？用户可以设定一个分片门限 (Fragment_Threshold)，一旦 MPDU 超过这个门限就将其分成多个片段，片段的大小和分片门限相等，其中最后一个片段是变长的，一般小于分片门限。当一个 MPDU 被分片以后，所有的片段按顺序发送，如图 5-15 所示。信道只有在所有的片段传送完毕或者目的节点没有收到其中一个片段的确认(ACK)的时候才被释放。目的节点每接收到一个片段，都要向源节点回送一个 ACK。源节点每收到一个 ACK，经过 SIFS 时间，再发送另外一个数据帧片段。所以，在整个数据帧的传输过程中，源节点一直通过间隔 SIFS 时间产生的优先级来维持信道的控制。如果已经发送的数据帧片段没有得到确认，源节点就停止发送过程，重新开始竞争接入信道。一旦接入信道，源节点就从最后未得到确认的数据片段开始发送。如果分片发送数据的时候使用 RTS/CTS 交互，那么只有在第一个数据片段发送的时候才进行。RTS/CTS 头部中的持续期只到第一个片段的 ACK 被接收到为止。此后其他周围的节点从后续的片段中提取持续期，来更新自己的网络分配矢量(NAV)，CSMA/CA 的冲突避免的功能由随机指数退避过程实现。如果一个移动节点准备发送一个数据帧，并且侦听到信道忙，节点就一直等待，直到信道空闲了 DIFS 时间为止，接着计算随机退避时间。在 IEEE 802.11 标准中，时间用划分的时隙表示。在时隙 ALOHA 中，时隙和一个完整分组的传输时间相同。但是在 IEEE 802.11 中，时隙远比 MPDU 要小得多，与 SIF 时间相同，被用来定义退避时间。需要注意的是，时隙的大小和具体的硬件实现方式有关。我们将随机退避时间定义为时隙的整数倍。开始时，在[0,7]范围内选择一个整数，当信道空闲了 DIFS 时间以后，节点用定时器记录消耗的退避时间，一直到信道重新忙或者退避时间定时器超时为止。如果信道重新忙，并且退避时间定时器没有超时，节点就将冻结定时器。当定时器时间减到零时，节点就开始发送信息帧。假如两个邻近或者更多个邻近节点的定时器时间同时减到零，就会发生冲突。每个节点必须在 [0,15] 范围里面，再随机选择一个整数作为退避时间。对于每一次重传，退避时间按 2^{2+i} ranf()增长，其中 i 是节点连续尝试发送一个 MPDU 的次数，ranf()是(0，1)之间的随机数。经过 DIFS 空闲时间以后的退避时间称为竞争窗口 (Contention Windows，CW)，这种竞争信道方式的优点是提高了节点之间的公平性。一个节点每当发送 MPDU 的时候，都需要重新竞争信道。经过 DIFS 时间之后，每个节点都有同样的概率接入信道。

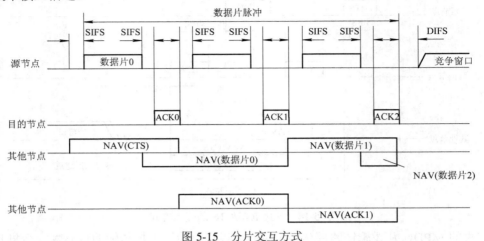

图 5-15　分片交互方式

4．带信令的功率感知多址协议(PAMAS)

在移动 Ad hoc 网中，一个节点不管是在发送、接收或者处于空闲模式都会消耗功率。一个节点处在发送的时候，其所有的邻节点都会听到它的发送。这样，即使不是发送的目的节点，这些邻节点也要消耗功率进行接收。基于这种现象，Raghavendra 等提出 PAMAS 协议。这个协议源于 MACA 协议，但是带有一个分离的信令信道。该协议的主要特点是当节点没有处于发送和接收状态时，智能地将节点关闭，以节省节点功率的消耗。

在 PAMAS 协议中，假定 RTS/CTS 信息交换在信令信道上进行，数据分组在数据信道上传送，两个信道之间是分离的。信令信道决定了节点什么时候关闭，以及关闭多长时间。如图 5-16 所示是 PAMAS 协议的状态转换图，比较详细地描述了协议的行为。

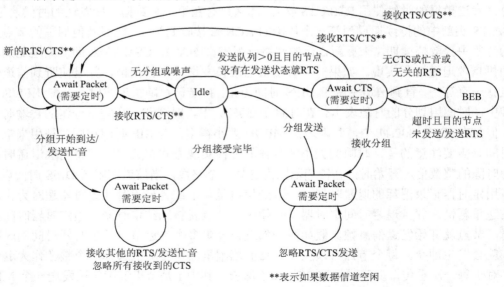

图 5-16　PAMAS 协议状态转换图

从图 5-16 中可以看到，一个节点可能处于 6 种状态，即 Idle(空闲)、AWait CTS(等待 CTS)、BEB(H 进制指数退避)、Await Packet(等待分组)、Receive Packet(分组接收)和 Transmit Packet(分组发送)状态。当一个节点没有处在发送、接收分组状态，或者没有分组要发送，或者有发送但不能发送(原因可能是一个邻节点正在接收)，则这个节点就处于 Idle 状态。当这个节点有分组需要发送时，就发送 RTS，接着进入 Await CTS 状态。假如等待的 CTS 没有到达，节点就跳转到 BEB 状态。要是等待的 CTS 到达了，节点就开始发送分组，进入 Transmit Packet 状态。目的节点一旦发出 CTS，就跳转到 Await Packet 状态。假如数据分组在一个往返时间(加上处理时间)内没有到达目的节点，目的节点就回到 Idle 状态。

当一个节点在 Idle 状态收到一个 RTS，如果没有邻节点处于 Transmit Packet 状态或者 Await CTS 状态时，就用 CTS 应答。对一个节点来说，很容易确定它的邻节点是否处于 Transmit Packet 状态。但是，很难确定是否它的邻节点处于 Await CTS 状态。在 PAMAS 协议中，假如节点在 RTS 到来的时间里在信令信道上听到了噪声，就不应答 CTS。然而如果在下一个时间周期里没有听到一个分组开始传输，就假定没有邻居处于 Await CTS 状态。现在考虑一个处于 Idle 状态的节点有一个分组要发送的情形。在一个节点发送了一个 RTS 后，进入 AWait CTS 状态。然而，如果一个邻节点正在接收，并发出一个忙音(2 倍的 RTS/CTS 长度)，则会和这个节点接收的 CTS 冲突，导致节点被强制转入 BEB 状态，并且不能发送分组。如果没有邻节点发送忙音，且 CTS 正确接收，则可以发送分组，节点跳转到 Transmit Packet 状态。

若是一个节点发出 RTS，但没有收到 CTS，则进入 BEB 状态，并等待 RTS 重传。然而，如果某个其他邻节点发送一个 RTS 给这个节点，它就离开 BEB 状态，发送 CTS(假设没有邻节点在发送分组或者处于 Await CTS 状态)，并进入 AWait Packet 状态(如等待一个分组的到来)。当分组到达时，节点进入 Receive Packet 状态。若在期望的时间(到发射机的往返时间＋很短的接收机处理延迟)里没有收到分组，它就返回 Idle 状态。

当一个节点开始接收分组的时候，进入 Receive Packet 状态，并立即发送一个忙音(比 CTS 的两倍要长)。若一个节点在接收一个分组的时候听到一个 RTS 的传输(来自其他节点)或噪声在控制信道上传输的时候，这个节点就发送一个忙音。它就会确保发送 RTS 的节点不能收到 CTS 应答，阻塞其发送。

为了节省移动节点的能量消耗，延长工作时间，PAMAS 协议要求一个节点在听到信息传输时关闭。节点可以在下列两种条件下关机：

(1) 若一个节点的邻节点开始发送，且这个节点无分组发送，那么这个节点就关机。

(2) 若一个节点至少有一个邻居在发送，还有一个邻居在接收，则节点应该关闭。因为此时这个节点既不能发送，也不能接收(即使其发送队列不为空)。系统中的每个节点都是独立地决定是否关闭。节点知道一个邻居是否正在发送，因为它可以在数据信道上听到发送。同样，一个节点(其发送队列不为空时)知道一个或者多个它的邻居是否在接收，因为当它(或它们)开始接收的时候会发送一个忙音，这样节点会很容易地决定什么时候关机。不过，问题是关机多长时间呢？若一个邻居要向一个已经关闭的节点发送分组，则必须等待这个节点重新开启。因为如果提前开启，就会在这个节点处发生分组冲突。对于关机时间，在 PAMAS 协议中有如下规定：

① 当一个节点的周围发生了一次分组发送，它会知道传输的持续期(如 1)，如果此时节

点的发送队列为空，就关闭 1 时间。

② 可能存在这样一种情况，一个节点在关闭的时候，周围可能开始新的数据传输。当这个节点的电源恢复的时候，会听到周围数据信道的传输。PAMAS 协议使用探测(Probe)分组的交互，通过折半查找的方法，决定节点继续关闭多长时间。应当提到的是，探测分组在控制信道上可能发生冲突。因为存在多个节点同时重新开启的可能。在这种情况下，可以使用 P-坚持型 CSMA 来解决。

PAMAS 协议也提出了一种简化的探测方式。其假设是节点仅仅关闭数据接口，但一直将信令接口开启，这使得节点一直能够了解新的分组发送的长度，在适当的时候关闭数据接口。如图 5-17 所示为 PAMAS 协议控制框图。在这里，信令接口侦听所有的 RTSICTSI 忙音发送，以及每个发送和接收分组长度的记录。这些信息(包括发送队列的长度)被传送给功率感知逻辑，它会决定数据接口的开启和关闭。

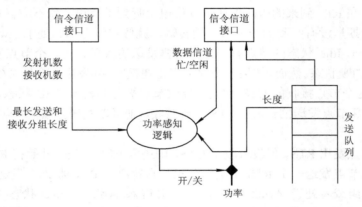

图 5-17　PAMAS 协议控制框图

5. 基于移动 Ad hoc 网络的其他 MAC 协议

前面已经介绍了很多移动 Ad hoc 网的 MAC 协议，包括单信道协议、控制和数据信道分离的协议、功率控制和定向 MAC 协议。这些协议都在一定程度上解决了无线链路接入的问题。但是，随着用户各种业务的需求越来越广泛，对移动 Ad hoc 网的性能要求也越来越高，因此，移动 Ad hoc 网的 MAC 协议也在不断发展。目前 MAC 协议主要的发展方向集中于以下几个方面：支持多信道(指数据信道)、支持 QoS、支持多种速率等。

移动 Ad hoc 网多信道 MAC 协议一般支持多个数据信道，节点根据周围的情况，自己选择发送的信道，这就类似于蜂窝网络中频率在空间上复用的概念，使得网络中能够有多对相邻的节点同时进行数据传输，提高了网络的吞吐量，降低了网络的延迟。某些使用多波束智能天线的移动 Ad hoc 网 MAC 协议，也可以划分到多信道 MAC 协议里面。

目前，由于网络技术的进步，很多用户开始使用多媒体传输业务，如语音和视频等。但是，目前很多的 MAC 协议不支持 QoS，所以就不能提供多媒体业务。目前 MAC 的 QoS 的主要研究集中在信道接入的公平性和支持多媒体业务上。QoS 主要通过 Intserv 与 DiffServ 机制实现。比如在 MACA/PR(带搭载预留的多址冲突避免)协议中，对于非实时的分组，一个节点首先应等待一个预留表(RT)，然后才能按照 RTS/CTS/DATA/CK 的方式进行收发。对于实时的分组，首先进行 RTS/CTS 交互，再进行 DATA/CK 交互。对于以后的分组则不再进行 RTS/CTS 交互，只进行 DATA/ACK 交互。在 DATA 和 ACK 分组的头部搭载了实时调度的信息，用来进行资源的预留。IEEE 802.11b MAC 协议中的 PCF 模式也采用了类似的 QoS 机制。

由于通信设备的飞速发展，要求很多不同设备能够相互通信，而不同的通信设备采用的发送和接收的速率也不尽相同。为了支持它们之间的通信，要求 MAC 协议必须支持多种速率的信道。这样，用户就可以手工或者由节点自动进行速率的转换，有利于多种设备之间的通信。但是也应该看到，很多新的 MAC 机制都或多或少地提高了对硬件的要求。相信随着技术的发展，硬件成本会降低，这样，很多复杂但性能更好的 MAC 协议将会得到应用。

5.2.2　移动 Ad hoc 网络路由协议

移动 Ad hoc 网是一种分布式的无线通信网，其最大的特点是没有网络基础设施，完全由一些移动节点临时构成网络，并且在节点移动、网络拓扑结构发生变化后能够迅速地建立新的传输通道，即能重建路由。移动 Ad hoc 网为小范围内的移动或无线主机互连提供了灵活的解决方案。由于移动 Ad hoc 网络本身特殊的拓扑结构，因而其路由问题就显得尤为重要，路由方案的好坏直接关系到整个网络性能的优劣。目前对移动 Ad hoc 网络路由的研究已经成为无线通信网的热点之一，对这种网络路由方法的讨论也越来越深入，并且已经提出了多种针对移动 Ad hoc 网的路由方案。本节对目前一些主流的移动 Ad hoc 网络路由协议进行介绍，包括其主要原理和思想，并且简单地对各种路由协议的性能进行比较，分析各种路由协议的优点和不足。

在过去的 10 年间，无线通信以令人难以想象的速度发展，在很短的时间内普及到了世界上几乎所有的角落，也深刻地改变着人们的生活，其中非常重要的一点就是无线网络被赋予了移动性，即人们可以在移动中相互通信，发送、接收语音和数据，真正实现了在任何时间、任何地点与任何人通信的这一人类长期向往的目标。这种网络就是我们通常所说的移动无线网络。

移动无线网络有两种基本结构。第一种是有基础设施的移动无线网络(Infrastructured Network)，即整个网络中有一些固定的节点，其位置不会变化，充当网关和中继的作用，负责该节点所在区域内的所有移动节点的管理和通信等任务。这种结构的实质就是把整个网络区域分成若干个小的区域，每个小的区域内由一个固定的节点充当管理者，负责该区域内的移动节点之间以及该区域和其他区域的移动节点之间的相互通信。这样做的好处是网络的结构比较清楚，容易实现。因而节点位置固定，所以管理起来也较为简单，特别是路由的管理，更可以借鉴原来计算机网络(固定节点网络)的一些方法，即整个大的网络区域可以看成是类似于计算机网络的固定节点相互连接在一起，而在每一个小的自治区域内却是一个移动的无线网络。移动节点(如手机)可以在该小区内自由移动，还可以从一个固定节点覆盖的区域移动到另一个固定节点覆盖的区域，并且还能通话。这样就从真正意义上实现了移动性，所以这种网络可以算是一种移动无线网络，虽然它的基础设施是有线和固定的。

第二种移动无线网络可以说是一种真正意义上的移动网，因为它最大的一个特点就是没有基础设施，事先不需要任何的架设、布线、安放基站等措施。整个网络只由移动节点构成，网络中所有的元素都是移动的。这些移动节点可以临时构成一个网络。当网络中的一部分节点撤出该网络、有新的节点加入该网络或者网络中的节点变化了自己的位置(这些变化是随机的，事先无法估计的)时，网络中的各个节点可以按照 MAC 层的媒体接入协议与网络层的路由协议等发现网络的变化，及时得知新的网络状态，以便继续与网络中的其他节点通信。这就是我们通常所说的移动 Ad hoc 网。

由于移动 Ad hoc 网本身的特殊性，网络中所有的节点都会移动，可能会不断地生成新的网络，因此每个节点都必须具有路由的功能，即每个节点都能充当路由器，能够发现和识别相邻节点，转发其他节点发来的数据，并能与其他节点交换路由信息。

从以上描述可以看出，移动 Ad hoc 网是一种非常特殊、具有高度灵活性和智能化的移动无线网络。正是由于移动 Ad hoc 网本身的特殊性，因而这种网络的路由问题就显得尤为重要和复杂，路由问题解决的好坏直接关系到移动 Ad hoc 网的性能。因为移动 Ad hoc 网是无基础设施的移动网络，所以它所涉及的路由问题也比有线固定网络复杂得多。

因为移动 Ad hoc 网络中没有基础设施，所以网络中备节点之间的通信只能由网络中的各移动节点来代为转发。此时，这些节点都充当了路由器的功能。与此同时，这些节点又都是可移动的，在某一时间段位于某一位置，而过了一段时间后又可能移动到新的位置，而且这些节点的移动应该是随机的，事先无法估计。所以两节点之间为传输数据而建立起来的路由并不像有线网络中那样是一成不变的，而是随时可能会断开，同时新的路由又可能会随时形成。因为整个路由上某一个或某几个节点可能已经移开，并且移动到了一个新的位置。当建立起来的路由已经变得不可用时，必须有一种方法来快速而准确地找到新的中继节点来代替原来的节点，即找到一条新的路由来继续传输数据，路由恢复的时间越短越好，但这也跟网络中节点的移动速度有关。若节点移动速度非常快，以至于新建的路由无法存在一段稳定的时间，那么，就只能是用泛洪(Flooding)的方法来传输数据。当然，这样做的代价是很大的，而且整个网络的性能很差。当网络中节点的移动速度较快(如 20 m/s)时，应该采用临时建立路由的方法，即按需建立路由法，因为每条路由都只具备很短的时效性，没有必要在每个节点的内存中建立庞大的路由缓存库；而当网络中各节点的移动速度较慢(如 5m/s)时，应该采用事先建立一定量的路由缓存方式，即网络中的各节点周期性地对整个网络的路由状态作出测试，了解整个网络中各节点的位置状态，然后建立一定量的路由信息存于自己的缓存中。当需要发送数据时，可以先在自己的缓存中查找有无目的节点的路由信息。如果有，则直接将数据发送至路由表中下一个节点处；如果没有，则再建立路由。这种方法在计算机网络中普遍采用，这是因为计算机网络由一些固定节点来构成，是一个静态网络。所以这种方案对于移动性较小的网络比较适用，因为每条路由维持的时间较长，事先存储一定量的路由信息在自己的缓存中可以减少因为要发送数据而寻找路由的时间，提高了整个网络的性能。

目前，随着移动 Ad hoc 网路由协议研究的深入，人们对临时建立路由的方法进行了改进，主要就是加入事先建立缓存信息的思想，并且对其中的每条路由信息加上生存期(TTL)。发送数据时，首先查找路由表，看是否有可用信息，如果有就直接用；如果没有，就从源节点发起路由请求，并且中间节点收到请求后，首先查看自己的缓存中是否有到目的节点的路由，如果有，则直接返回其路由，如果没有再继续转发。这种改进的算法明显比原始的按需建立路由法要好得多。不但路由建立的时间可大大缩短，而且整个网络的控制信息的开销也会少得多，不会轻易使用泛洪策略，有利于减轻网络的负担。然而，这样做惟一的缺点是会增加网络的建立成本，因为我们不得不为每个节点增加更多的内存。但是，随着半导体工业的发展和存储器价格的不断下降，其成本问题将会变得无足轻重。

总的来说，不同的移动性环境下应该采用不同的路由策略，以便能达到最好的网络使用效率。

1．移动 Ad hoc 网络路由协议的分类

传统的路由建立及维护方法是靠周期性地发送控制信息来更新网络节点的路由表(主要是表驱动类型)。这种方法对于静态网络节点位置不发生变化或变化很慢的网络结构非常适用，但对于像移动 Ad hoc 网络这样具有特殊要求的移动无线网络来说，这样的做法无疑会消耗很多的资源，因为其中很大一部分路由信息都是很少使用甚至无用的，即很多信息由于节点的移动已经过期，从而造成很大的资源浪费。

及至目前，人们已经提出多达 10～20 种移动 Ad hoc 网络路由协议，但最基本的、具有原创性的也不过几种，如 DSR、TORA、AODV、DSDV、CGSR 和 ABR 等。这其中有的是根据移动 Ad hoc 网络的特点所创建的与传统路由协议完全不同的方法，如 DSR；有的则是根据原来已存在的路由方法进行的改进，使之适应移动 Ad hoc 网络对路由的要求，如 DSDV；有的则是把前面两者的优点结合在一起而形成的新的路由协议，如 AODV。图 5-18 所示是对移动 Ad hoc 网络路由协议的一个简单分类。

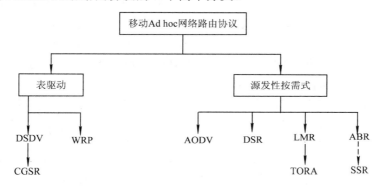

图 5-18　移动 Ad hoc 网络路由协议分类

2．目的排序距离矢量(DSDV)协议

DSDV(Destination Sequenced Distance Vector)协议对 Bellman-Ford 路由算法即距离矢量 (Distance Vector，DV)算法进行了改进。在传统的 DV 算法中，每个节点同时保存两个矢量表，一个是该节点到网络中其他节点的距离 $D(i)$(可以是跳数，也可以是时延)；另一个保存的是要到此目的节点需要经过的下一跳节点，即 $N(i)$。每个节点周期性地发送自己的 DV 表，即 $D(i)$，其他节点根据自己的 DV 表和从相邻节点收到的 DV 表来更新自己的路由表，即对任意一个节点 k，$d_{ki}=Min[d_{kj}+d_{ji}]$，$j\in A$，$A$ 为节点收到的相邻节点的 DV。

在 DV 路由中，每个节点周期性地将以它为起点的到其他目的节点的最短距离广播给它的邻节点，收到该信息的邻节点将计算出的到某个目的节点的最短距离与自己已知的距离相比较，若比已知的小，则更新路由表。与链路状态比较起来，DV 算法在计算上是非常有效的，更容易实现，所需的存储空间也大大减少。然而，我们知道，DV 算法既会形成暂时性的路由环，也会形成长期的路由环。

而 DSDV 则是在 DV 算法中加入了目的节点序列号，此序列号由目的节点产生。目的

节点每次因位置发生改变而与某相邻节点的连接断开后会把其序列号加 1,而该邻节点也会把其序列号加工,并设其到目的节点的距离为 ∞。当节点收到多个不同的矢量表数据包时,采用序列号较大的,即较新的来计算;如果序列号相同,则看谁的路径更短。目的节点序列号可以区别新旧路由,避免了环路的产生。图 5-19 所示为 DSDV 路由协议示意图。

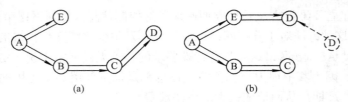

图 5-19　DSDV 路由协议示意图

如图 5-19(a)所示,节点 A 和节点 B 的路由表中到节点 D 的入口分别如下:

节点 A 的路由表		
目的节点	下一跳	跳计数
D	B	3

节点 B 的路由表		
目的节点	下一跳	跳计数
D	C	2

但是,如图 5-19(b)所示,如果当节点 D 移动到了新的位置,节点 C 到节点 D 的连接不存在了,那么,如果按照传统的 DV 算法,节点 A 和节点 B 相互交换各自的路由信息。此时,节点 B 已经收到节点 C 的更新消息,把到节点 D 的距离设为无穷。当与节点 A 互相交换路由信息后,按照传统的 DV 算法,就会把到节点 D 的距离设为节点 A 到节点 D 的距离加上节点 B 到节点 A 的距离,如下所示:

更新前节点 B 的路由表		
目的节点	下一跳	跳计数
D		∞

更新后节点 B 的路由表		
目的节点	下一跳	跳计数
D	A	4

这样就造成了路由环的现象,即节点 A 或节点 B 想要向节点 D 发送的数据会在节点 A 和节点 B 之间来回地转发,根本发不出去。显然,这是我们不愿看到的。解决这一问题的方法就是在每条路由记录中加入序列号。序列号由目的节点产生,并且每次当目的节点的链路发生改变时,目的节点便会把自己的序列号加 1,如图 5-19(b)所示,当节点 D 与节点 E 建立新的连接时,节点 E 到节点 D 的路由便会采用新的序列号值,说明此路由比原来的路由新。与其相连的节点就会产生路由更新,在更新路由的同时,会把这条更新的路由记录的序列号加 1。节点之间相互交换路由信息时,如果需要更新,首先要检查序列号的大小,如果收到的更新数据的序列号比本节点上该路由记录的序列号大,则马上更新;如果相同,则比较路由的距离,像传统的路由矢量一样;如果小于自己的路由记录的序列号,则拒绝更新。因为被更新的路由已经是旧的路由,已无效。在 DSDV 中,路由表的表项除了包括目的节点、跳计数外,还有目的节点的序列号。当网络拓扑如图 5-19(a)所示时,原节点 A、B 的路由表分别如下:

节点 A 的路由表			
目的节点	下一跳	跳计数	序列号
D	B	3	1000

节点 B 的路由表			
目的节点	下一跳	跳计数	序列号
D	C	2	1000

当节点 D 移走，节点 C 和节点 D 的连接中断时，节点 C 到节点 D 的路由会被更新，在路由更新时，序列号也被加 1。更新前后的路由表如下：

节点 C 更新前的路由表			
目的节点	下一跳	跳计数	序列号
D	D	1	1000

节点 C 更新后的路由表			
目的节点	下一跳	跳计数	序列号
D		∞	1001

当节点 B 收到节点 C 的路由更新后，其相应的路由信息也会被更新。更新前后的路由表如下：

节点 B 更新前的路由表			
目的节点	下一跳	跳计数	序列号
D	B	1	1000

节点 B 更新后的路由表			
目的节点	下一跳	跳计数	序列号
D		∞	100

当节点 B 收到节点 A 的交换路由信息后，由于其序列号小于当前序列号，因此不更新。这样就避免了路由环路的产生，也不会造成死锁。同理，节点 A 的相应路由也会被更新，因为其序列号较小，表明已经过期。更新前后的路由表如下：

节点 A 更新前的路由表			
目的节点	下一跳	跳计数	序列号
D	B	3	1000

节点 A 更新后的路由表			
目的节点	下一跳	跳计数	序列号
D		∞	1001

当节点 E 与移动到新位置的节点 D 建立连接以后，也会更新路由表，假设原序列号也为 1000(由节点 A 得知)，更新前后的路由表如下：

节点 E 更新前的路由表			
目的节点	下一跳	跳计数	序列号
D	A	4	1000

节点 E 更新后的路由表			
目的节点	下一跳	跳计数	序列号
D	D	1	1001

由于节点 A 和节点 E 会周期性地交换路由信息，当节点 A 收到节点 E 的路由更新后，在序列号相同时，则会根据 DV 算法来判断是否更新路由，显然，节点 A 会更新路由。更新前后的路由表如下：

节点 A 更新前的路由表			
目的节点	下一跳	跳计数	序列号
D		∞	1001

节点 A 更新后的路由表			
目的节点	下一跳	跳计数	序列号
D	E	2	1001

以上是 DSDV 建立路由的基本过程，其主要思想就是在 DV 基础上加上目的节点的序列号，用于防止由于节点移动而产生的路由环和死锁等问题。但因为相邻节点之间必须周期性地交换路由表信息，所以会占据很大一部分网络资源，开销过大。当然也可以根据路由表的改变来触发路由更新。路由表更新有两种方式：一种是全部更新，即拓扑更新消息中将包括整个路由表，这种方式主要应用于网络拓扑变化较快的情况；另一种方式是部分更新，即更新消息中仅包含变化的路由部分，通常适用于网络变化较慢的情况。

在 DSDV 中，只使用序列号最高的路由，如果两个路由具有相同的序列号，那么将选择最优(如跳数最少)的路由。

3. Ad hoc 按需距离矢量(AODV)协议

AODV(Ad hoc On Demand Distance Vector)路由算法是专为移动 Ad hoc 网设计的一种路由协议，它可以说是按需式和表驱动式的一种结合，具备了两种方式的优点。它的处理过程简单，存储开销很小，能对链路状态的变化做出快速反应。AODV 通过引入序列号的方法解决了传统 DV 协议中的一些问题，如"计算到无穷"，确保了在任何时候都不会形成路由环，这一点与 DSDV 很相似。

AODV 路由算法属于按需路由算法，即仅当有源节点需要向某目的节点通信时，才在节点间建立路由，路由信息不会一直被保存，具有一定的生命期(TTL)，这是由移动 Ad hoc 网本身的特点所决定的。若某条路由已不需要，则会被删除。通过使用序列号，AODV 可以保证不会形成路由环，原理在前面的 DSDV 中已做说明，这里不再赘述。

AODV 支持单播、多播和广播通信，在相邻节点之间只使用对称链路。通过使用特殊的路由错误信息，可以快速删除非法路由。AODV 能及时对影响动态路由的拓扑变化做出反应。

另外，在建立路由时，除了路由控制分组外，没有其他的网络开销，路由开销也很小。

在实现上，AODV 包括七大部分：路由的发现、扩展环搜索、路由表的维护、本地连接性管理、节点重启后的动作、AODV 对广播的支持、AODV 协议的特点。以下分别加以介绍。

1) 路由的发现

AODV 中的路由搜索完全是按需进行的，是通过路由请求—回复过程实现的，其中 RREQ(Route Request Packet，路由请求分组)消息用于建立路由的请求信息，RREP(Route Reply Packet，路由回复分组)消息用于返回建立的路由信息。路由发现的基本过程可以归纳如下：

(1) 当一个节点需要一个到某一个目的节点的路由时，就广播一条 RREQ 消息。

(2) 任何具有到当前目的节点路由的节点(包括目的节点本身)都可以向源节点单播一条 RREP 消息。

(3) 由路由表中的每个节点来维护路由信息。

(4) 通过 RREQ 和 RREP 消息所获得的信息与路由表中的其他路由信息保存在一起。

(5) 序列号用于减少过期的路由。

(6) 含过时序列号的路由从系统中去除。

当一个源节点想向某一目的节点发送分组，而又不存在已知路由时，它就会启动路由发现过程来寻找到目的节点的路由。为了开始搜索过程，源节点首先创建一个 RREQ，其中含有源节点的 IP 地址、源节点的序列号、广播 ID、源节点知道的到目的节点的最新序列号(该序列号对应的路由是不可用的)；然后，源节点将 RREQ 广播给它的相邻节点，邻节点收到该分组后，又将它转发给它们自己的邻节点，如此循环，直到找到目的节点，或有到目的节点的足够新的路由(目的节点序列号足够大)的节点；最后设置定时器，等待回复。所有节点都保存着 RREQ 的源 IP 地址和广播 ID，当它们收到已经接收过的分组时，就不再重发。如图 5-20(a)所示为路由请求分组的传播过程(广播形式)。

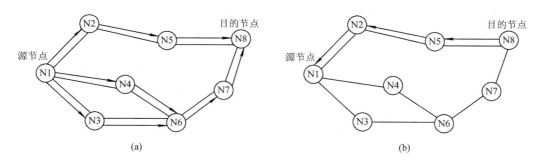

图 5-20　AODV 路由建立过程

(a) RREQ 的传播过程；(b) RREP 按选定的路径返回

中继节点在转发 RREQ 的同时，会在其路由表中为源节点建立反向路由入口，即记录下相邻节点的地址，以及源节点的相关信息。其中包括源节点的 IP 地址、序列号、到源节点所需的跳数、接收到的 RREQ 上游节点的 IP 地址。每个节点在建立路由入口的同时，会设置一个路由定时器，若该路由入口在定时器设定的计时周期内从未使用过该入口，则该路由就会被删除。

若收到 RREQ 的节点就是目的节点，或该节点已有到目的节点的路由，并且该路由的序列号要比 RREQ 所包含的序列号大或者相同，则该节点就用单播方式向源节点发送一个 RREP；否则，它会继续广播接收到的 RREQ 消息。

当 RREQ 到达一个拥有到目的节点路由的中继节点时，该节点首先会检查该 RREQ 分组是否是从双向链路上接收到的，因为 AODV 只支持对称链路。若一个中间节点有到目的节点的路由入口，则它需要判定该路由是否是最新的。其方法是将其路由表中存储的该路由的序列号与 RREQ 分组中的序列号相比较，若后者大于前者，说明该中继节点的路由信息已陈旧，则该中间节点就不能利用它所记录的路由来对 RREQ 做出回答，而是继续转发 RREQ 分组；仅当中间节点的序列号大于或等于 RREQ 中的序列号时，才对 RREQ 做出回复，即对源节点发送 RREP 分组。

当 RREQ 到达一个能提供到目的节点路由的节点时，一条到源节点的反向路径就会被建立。随着 RREP 向源节点的反向传输，每一个该路径上的节点都会设置一个指向上一个节点的前向指针和到目的节点的路由入口，更新到源节点和目的节点的路由入口的超时时间，并且记录到目的节点的最新的序列号。如图 5-20(b)所示为随着 RREP 从目的节点向源节点传输，反向路径的建立过程。其他不在返口路径上的转发节点上的路由信息会在经过 ACTIVE_ROUTE_TIMEOUT(如 3000 ms)时间之后，由于超时而被删除。

若一个节点收到多个 RREP 分组，则按照先到优先的原则进行选择。但是，如果新到的 RREP 分组比原来的 RREP 分组具有更大的目的地序列号，或虽然两者的序列号相等，但新到的 RREP 的跳数比原来的小，则源节点会增加一条到目的节点的新的路由。

2) 扩展环搜索

每当一个节点启动路由发现过程来发现新的路由时，它都会在网络中广播 RREQ 分组。这种广播方式对于小型网络的影响较小，但对于规模较大的网络，广播发送 RREQ 分组就会对网络性能造成很大的影响，严重时可能会造成整个网络的瘫痪，即节点发送的 RREQ 占用了所有网络资源，而真正需要传送的数据却根本发送不出去。为了控制网络中的消息泛洪，源节点可以使用一种被称为扩展环搜索(Expanding Ring Search)的方法，其工作原理如下：开始时，源节点通过设置 ttl_start 值来为 RREQ 设置初始 TTL 值，此时的 TTL 值较小。若未收到 RREP 消息，则源节点会广播一个 TTL 更大的 RREQ，如此反复，直到找到路由或 TTL 已达到门限值。若 TTL 已达门限值，则说明不存在到达目的节点的路由。

3) 路由表的维护

AODV 需要为每个路由表入口保存以下信息：

(1) Destination IP Address：目的节点的 IP 地址。

(2) Destination Sequence Number：目的节点的序列号。

(3) Hop Count：到达目的节点所需的跳数。

(4) Next HoP：下一跳邻节点，对于路由表入口，该节点被设计用于向目的节点转发分组。

(5) Life Time：生命期，即路由的有效期。

(6) Active Neighbour：活动邻节点。

(7) Request Buffer：请求缓冲区。

在 AODV 中，一条已经建立起来的路由会一直被维护，直到源节点不再需要它为止。移动 Ad hoc 网中节点的移动仅仅影响含有该节点的路由，这样的路径被称为活动路径。不在活动路径上的节点的移动不会使协议产生任何动作，因为它不会对路由产生任何影响。如果是源节点移动了，就可以重新启动路由发现过程，来建立到目的节点的新的路由。当目的节点或某些中间节点移动时，受影响的源节点就会收到一个连接失败 RERR(Route Error packet)消息，即到目的节点的跳数为无穷大的 RREP 消息。该 RERR 是由已经移走节点的上游节点发起的，该上游节点会将此连接失败的信息继续向它的上游节点转发(因为可能有多条路由需要该上游节点和已经移走的节点作为中继节点)。然后，收到信息的那些上游节点以同样的方式向它们的上游节点再转发，这样层层向上转发。最终，源节点会收到该信息，于是，源节点会重新发起路由建立过程，来建立一条通向目标节点的新路径。

如图 5-21 所示为 AODV 的路由维护过程。图 5-21(a)是最初的路由，图 5-21(b)是变化后的路由。在图 5-21(a)中，从源节点到目的节点的最初路由要经过节点 N2、N3 和 N4，当节点 N4 移动到位置 N4 后，节点 N3 与 N4 之间的连接就被破坏掉了。节点 N3 观察到这种情况后，将向节点 N2 发送一条 RERR 消息，节点 N2 在收到该 RERR 消息后会将该路由标记为非法路由，同时将 RERR 转发给源节点。源节点在收到 RERR 后，认为它仍需要该路由，将重新启动路由发现过程。如图 5-21(b)所示是通过节点 N8 发现的新的路由。

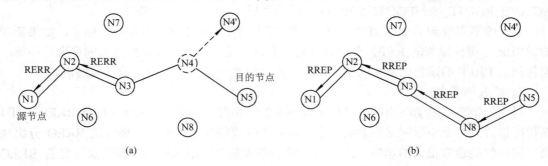

图 5-21　AODV 路由维护过程

4) 本地连接性管理

一个节点通过接收周围节点的广播消息(Hello 消息)来获得它周围邻节点的信息。当一个节点收到来自邻节点的广播消息之后，就会更新它的本地连接信息，以确保它的本地连接中包含了该相邻节点。若在它的路由表中，没有邻节点的入口，则它会为邻节点创建一个入口。若一个节点在 hello_interval(握手间隔)时间内未向下游节点发送任何数据分组，则它会向其邻节点广播一个 hello_message(握手消息)，其中包含了它的身份信息和它最新的序列号，hello_message 的跳数为 1，这样就可以防止该分组被广播到邻节点以外的节点。如果在几个 hello_message 的传输时间里仍未收到邻节点的回复，则认为该邻节点已经移开，或此连接已经断开，则对于该邻节点的路由信息应更新，把到该节点的距离设为无穷大。

5) 节点重启后的动作

由于一些突发性的事故(如死机或者更换电池等因素)，一个节点在重启后会丢失先前的序列号，以及丢失到不同目的节点的最新序列号。由于相邻节点可能正将当前节点作为处于活动状态的下一跳，这样就会形成路由环。为了防止路由环的形成，重启后的节点会等待一段时间，该段时间被称为 delete_period(删除期)，在此期间，它对任何路由分组都不作反应。然而，如果它收到的是数据分组，就会广播一个 RERR 消息，并且重置等待定时器(生命期)，其方法是在当前时间上加上一个 delete_period。

6) AODV 对广播的支持

AODV 支持以广播方式传播分组，当一个节点欲广播一个数据分组时，它将数据分组送向一个众所周知的广播地址 255.255.255.255。

当一个节点收到一个地址为 255.255.255.255 的数据分组之后，会检查源节点的 IP 地址，以及分组的 IP 报头的段偏移，然后检查它的广播列表入口，以确定是否曾接收过该分组，从而判定该分组是否已被重传过。若无匹配的入口，则该节点将重传该广播分组；否则，不对该分组做出任何反应。

7) AODV 协议的特点

AODV 能高效地利用带宽(将控制和数据业务的网络负荷最小化)，能对网络拓扑的变化做出快速反应，规模可变，不会形成路由环。

4. 动态源路由(DSR)协议

动态源路由协议(Dynamic Source Routing，DSR)也是一种按需路由协议，它允许节点动态地发现到达目的节点的多跳路由。所谓源路由，是指在每个数据分组的头部携带有在到达目的节点之前所有分组必须经过的节点的列表，即分组中含有到达目的节点的完整路由。这一点与 AODV 不同，在 AODV 中，分组中仅包含下一跳节点和目的节点的地址。在 DSR 中，不用周期性地广播路由控制信息，这样就能减少网络的带宽开销，节约了电池能量消耗，避免了移动 Ad hoc 网中大范围的路由更新。

1) 路由的建立

DSR 协议主要包括路由发现和路由维护两大部分。为实现路由发现，源节点发送一个含有自己的源路由列表的路由请求(Route Request)分组，此时，路由列表中只有源节点。收到此分组的节点继续向前传送此请求分组，并在已记录了源节点的路由列表中加入自己的地址。此过程一直重复，直到目的节点收到请求分组，或某中间节点收到分组并且能够提供到达目的节点的有效路径。如果一个节点不是目的节点或者路由中的某一跳，它就会一直向前传送路由请求分组。

每个节点都有一个用于保存最近收到的路由请求的缓存区，以实现不重复转发已收到的请求分组。每个节点都会将已获得的源路由表存储下来，这样可以减少路由开销。当节点收到请求分组时，首先查看路由存储器中有没有合适的路由，如果有，就不再转发，而是回传一个路由应答(Route Reply)分组到源节点，其中包含了源节点到目的节点的路由；如果请求分组被一直转发到了目的节点，那么，目的节点就回传一个路由应答，其中也包含了从源节点到目的节点的路由，因为沿途经过的节点把自己的地址加入到此分组请求中，这样就完成了整个路由发现的过程。如图 5-22(a)和 5-22(b)所示为整个路由发现的过程。

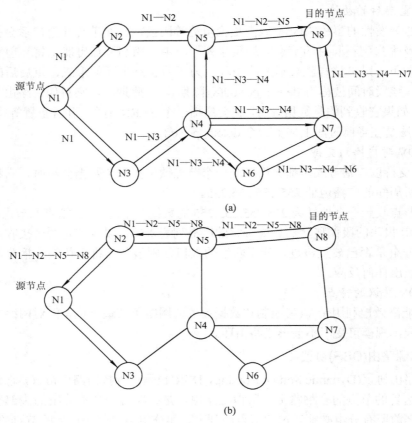

图 5-22　DSR 路由建立过程

当一个节点 S 希望与目的节点 D 通信时，S 就会依赖路由发现机制来获得到达 D 的路由。为了建立一条路由，S 首先广播一个具有惟一请求 ID 的 RREQ 消息，该分组被所有处于 S 传输范围内(一跳范围内)的节点收到。当该 RREQ 消息被目的节点或一个具有到 D 的路由信息的中间节点收到之后，就会发送一条含有到 D 的路由信息的 RREP 消息给 S。每一个节点的"路由缓存"(Route Cache)都会记录该节点所侦听到的路由信息。

当一个节点收到一个 RREQ 消息时，它按以下步骤对该 RREQ 消息进行处理：

(1) 如果在节点最近的请求分组列表中有该 RREQ 消息(请求节点的地址、数据分 ID)，则不会受理该请求，直接将其丢弃。

（2）否则，若 RREQ 的路由记录中已经包含当前节点的地址，则不对该 RREQ 作进一步的处理。

（3）否则，若当前节点就是目的节点 D，则意味着路由记录已完成，发送一个 RREP 给源节点。

（4）否则，当前节点会在 RREQ 中加入它自己的地址，然后重新广播接收到的 RREQ。

2) 路由的维护

源节点 S 通过路由维护机制可以检测出网络拓扑的变化，从而知道到目的节点的路由是否已不可用。当路由列表中的一个节点移出无线传输范围或已关机时，就会导致路由不可用。当上游节点通过 MAC 层协议发现连接不可用时，就会向使用这条路由的上游的所有节点(包括源节点)发送一个 RERR。源节点 S 在收到该 RERR 后，就会从它的路由缓存中删除所有包含有该无效节点的路由。如果需要，源节点会重新发起路由发现过程，来建立到原目标节点的新路由。

3) DSR 协议的特点

DSR 协议的优点包括以下几点：

（1）DSR 使用源路由，中间节点无须为转发分组而保持最新的路由。在 DSR 中，也不需要周期性地与邻节点交换路由信息，这样可以减少网络开销和带宽的占用，特别是在节点的移动性很小时；由于不用周期性地发送和接收路由广播，节点可以进入休眠模式，这样就可以节省电池能量。

（2）由于 DSR 的数据分组中携带有完整的路由，一个节点可以通过扫描收到的数据分组来获取整个完整路由中需要的某一部分路由信息。如有一条从节点 A 经节点 B 到 C 的路由，意味着 A 节点在知道到节点 C 的路由的同时，也能知道节点 A 到 B 的路由。同时也意味着节点 B 可以知道到节点 A 和 C 的路由，节点 C 可以知道到节点 A 和 B 的路由。这样就可以减少发现路由所需的网络开销。

（3）对于链路的对称性无要求。

（4）比链路状态协议或 DV 协议反应更快。

DSR 协议也存在以下不足：若使用 DSR 协议，网络规模不能太大，否则，由于分组携带了完整的路由，随着网络的增大，分组的头部就会变得很长，路由分组也会很长。对于带宽受限的移动 Ad hoc 网来说，带宽利用率就会很低。

5.3　Ad hoc 网络的 TCP 协议

Internet 中的传输控制协议(TCP)是目前端到端传输中最流行的协议之一。TCP 与路由协议不同，在路由协议中，分组按跳逐步转发，一直传输到目的节点；而在 TCP 中，它提供的是传输层数据段的一种可靠的端到端的传输。传输数据段按顺序到达端点，并能够恢复丢失的段。TCP 除了提供可靠的数据传输以外，还可以提供流控制和拥塞控制。

在移动 Ad hoc 网络中，若采用 TCP，势必引发一系列问题，因为 TCP 原本是针对有线固定网络的，在流控制和拥塞控制等策略中并未考虑到无线链路与有线链路传输时延上的差距，以及由于移动 Ad hoc 网络的移动性对网络性能所带来的影响，所以传统的 TCP 协议不能直接用于移动 Ad hoc 网络。本节简要介绍 TCP 在移动 Ad hoc 网络中遇到的新问题及解决办法。

5.3.1　TCP 在移动 Ad hoc 网络中遇到的问题

在移动 Ad hoc 网络中，由于其特有的属性，TCP 性能会受到以下因素的影响：

(1) 无线传输错误：无线链路要经受多径、多普勒频移、阴影衰落、同频和邻频干扰等，这些问题最终都将导致产生分组丢失等错误。此外，还会影响所估计的 TCP ACK 分组的往返时间或到达时间。

(2) 在共享无线媒体中实现多跳路由：因为共享媒体(信道)，所以竞争难以避免，由此会带来传输时延的增加及变化。例如，相邻的两个及以上的节点就不能同时发送数据。

(3) 由于移动性而造成链路失效：路由重建或重新配置过程也会导致大量的时延。

若传输过程中出现的错误较少，一般在传输层以下就可以通过编码等方法加以解决。若出现的错误较多，很可能导致错误无法纠正而丢弃分组。这时，错误信息就会反映到传输层，在传输层中通过重传等纠错机制来纠错。

如图 5-23 所示，移动 Ad hoc 网络常见的随机错误可能会导致快速重传。图中的数字为分组序号。

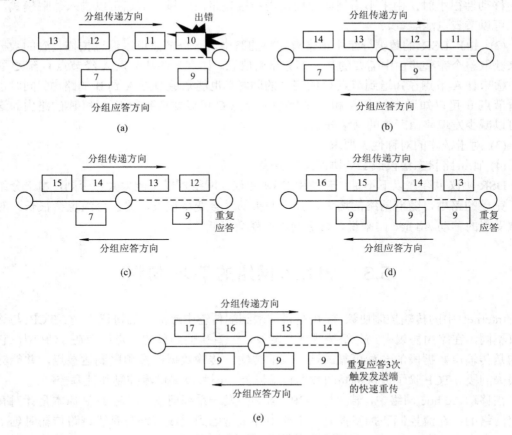

图 5-23　随机错误导致快速重传

按传统的 TCP，它无法辨别以上错误是一种无线链路不可靠而导致的随机错误，只能以快速重传机制重发被丢失的分组，误将这种错误作为网络拥塞所造成的结果，因而，启动控制拥塞的措施：增加 RTT(往返时间)、减少拥塞窗口大小、初始化 SS(慢启动)。然而，这样的控制是完全没有必要的，结果是降低了系统的吞吐量。

有时候，由于无线链路产生突发错误，一个窗口的数据均丢失，定时时间到引发慢启动，拥塞窗口的大小减到最小值。

5.3.2　移动 Ad hoc 网络中 TCP 的方案

根据移动 Ad hoc 网络所出现的错误，人们研究了一些能够改进传统 TCP 性能的技术。

按所采用的措施，可分为以下类型：

(1) 从发送端隐藏丢失错误：如果发送端不知道由于错误而导致分组丢失，就不会减小拥塞窗口。

(2) 让发送端知道或确定发生错误的原因：如果发送端知道是由于什么错误而导致的分组丢失，也不会减小拥塞窗口。

按所要修改的位置，可分为以下类型：

(1) 只在发送端修改。

(2) 只在接收端修改。

(3) 只在中间节点修改。

(4) 以上类型的组合。

针对移动 Ad hoc 网络的特点，以及传统 TCP 的执行机制，能使系统性能最优的理想模式应该具有以下功能：

(1) 理想的 TCP 行为：对于传输错误，TCP 发送端只需要简单地重传分组即可，而不需要采取任何拥塞窗口的控制措施。不过，这种完全理想的 TCP 是难以实现的。

(2) 理想的网络行为：必须对发送端隐藏传输错误，即错误必须以透明和有效的方式来恢复。

一般的基于移动 Ad hoc 网络运行环境的 TCP 只能近似地实现以上两种理想行为中的一种。基于移动 Ad hoc 网络的 TCP 方案主要有以下几种。

1. 链路层机制

前向纠错(FEC)方案可以纠正少量错误，但 FEC 会增加额外的开销，即使没有错误发生，这种开销也是必不可少的。不过，最近有些学者提出了一些自适应 FEC 方案，可以有效地减少额外开销。链路层的重传机制与 FEC 不同，它只是在检测到错误之后才重发，即额外开销之事发生在出现错误之后。如果链路层重传机制能够提供近似按需传递的话，而且 TCP 的定时重传时间足够大，那么 TCP 就能够承受链路层重传所带来的延时，从而改善传统的 TCP 性能。而且这种方案对 TCP 发送端来说是透明的，TCP 本身不需作任何修改。不过，这种方案对收发两端的链路层均需要修改。如图 5-24 所示为链路层重传机制与网络层次之间的关系。

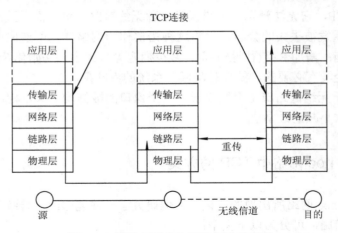

图 5-24　链路层重传与网络层次的关系

2. 分裂连接方案

分裂连接方案将端到端的 TCP 连接分裂成两部分：有线连接部分和无线连接部分。如果无线连接部分不是最后一跳的话，那么整个 TCP 连接就会超过两个。

该方案的一个局限性是固定终端(FH)与移动终端(MH)之间需要借助一个基站(BS)(非典型移动 Ad hoc 网络)实现连接。一个 FH—MH 连接实际上就意味着一个 FH—BS 和一个 BS—MH 连接，如图 5-25 所示。

图 5-25　链路层传输机制

连接的分裂导致了两个独立不同的流控制部分，两者在流控制、错误控制、分组大小、定时等方面均有较大的差异。如图 5-26 所示为分裂连接方案与网络层次之间的关系。

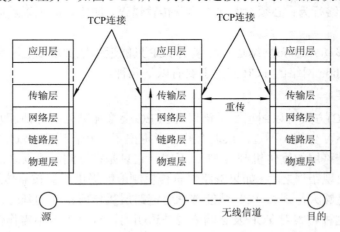

图 5-26　分裂连接方案与网络层次的关系

在具体实现分裂连接时，有多种方案，其中包括选择性重传协议(SRP)和多种其他变体。对于 SRP，FH—BS 的连接选择的是标准 TCP(这一点很自然)，而 BS—MH 的连接选择是在

UDP 之上的选择性重传协议，显然，在考虑到无线链路的特征之后，在 BS—MS 部分采用选择性重传的情况下，TCP 的性能势必得到改善。

一种变体为非对称传输协议(移动 TCP)。这种方案在无线部分采用较小的分组头(头压缩)、通/断方式的简单流控制，MH 只作错误检测，无线部分不实施拥塞控制等。

另一种变体为移动端传输协议，与选择性重传方案类似，BS 充当移动终端角色，向 MH 提供可靠的、按序的分组传输。

分裂连接具有以下优点：

(1) BS—MH 连接可以独立于 FH—BS 连接单独优化，如采用不同的流控制和错误控制措施。

(2) 可以实施局部的错误恢复，在 BS—MH 部分，由于采用较短的 RTT，可以实现快速错误恢复。

(3) 在 BS—MH 部分实施适当的协议，可以取得更好的 TCP 性能。例如，若采用标准 TCP，当一个窗口出现多个分组丢失时，BS—MH 部分的 TCP 性能较差；若选择性地应答分组，就可以改善 TCP 性能。

分裂连接方案也有以下缺点：

(1) 违背了端到端的概念，如有可能在数据分组到达接收端之前，应答分组就已经到达发送端，这对于有些应用是不能接受的，如图 5-27(a)所示。

(2) BS 对分组传输影响较大，BS 的故障可能导致数据分组丢失，例如，当 BS 已经对分组 12 做出应答之后 BS 出现故障，但此时分组 12 尚未从 BS 发出，也未在缓冲区内缓存，则分组 12 必然丢失。此外，由于 MH 切换时 BS 也要进行状态转换，所以切换延时要增加，其过程如图 5-27(b)所示。

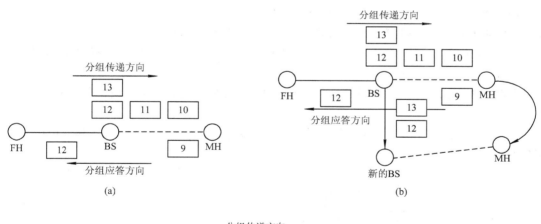

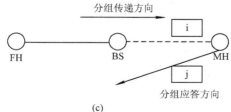

图 5-27　分裂连接的缺点

(3) 在 BS 端，必须为每一个连接建立一个缓冲区，当连接速度减慢时，缓冲区会溢出。

(4) 对于出现错误，BS—MH 连接窗口的大小会减小。

(5) 在 BS 端，从 FH—BS 套接字缓冲区向 BS—MH 套接字缓冲区拷贝需要额外的时间及空间开销。

(6) 如果数据分组和应答分组经不同的路经传输，则数据分组可能无用，其过程如图 5-27(c)所示。

分裂连接方案的另一个致命弱点：它依赖基站(BS)这一点不适用于典型的移动 Ad hoc 网络结构。

3. TCP 关联的链路层

基于分裂连接方案的这类协议保留了链路层重传和分裂 TCP 连接的双重特性。"偷看"协议(Snoop Protocol)是一种 TCP 关联的链路层协议。在该协议中，在 BS 端，数据分组被缓存，以便在链路层进行数据重传。如果 BS 接收到 BS—MH 连接部分重传的应答分组，BS 就会从缓冲区中再次提取相关的数据分组进行重发。通过在 BS 中丢弃重复应答分组，来避免 TCP 发送端 FH 的快速重传。如图 5-28(a)~(i)所示为以上协议的一种工作过程。在图 5-28(a)中，假定分组 10 出错。

在图 5-28(b)和(c)中，FH 接收到分组 9 的应答之后，BS 清除掉分组 8 和 9，随后的分组不断进入缓冲区。由于 MH 没有收到分组 10，因此它对所收到的分组 11 不作应答，仍以分组 9 应答，即重复发出应答分组 9。重复分组不采用延时应答方式，而采用逐次应答。

在图 5-28(d)中，由于 MH 没有收到分组 10，MH 不对所接收到的分组 12 和 13 作出应答，所以分组 9 的重复应答仍然不断发出。在图 5-28(e)中，此时重复应答触发 BS 对分组 10 的重传，BS 开始丢弃所收到的重复应答分组 9。

在图 5-28(f)中，在 MH 未接收到重传的分组 10 之前，BS 继续缓存所接收到的分组，MH 不断地重复发出应答分组 9，BS 均将重复地应答分组丢弃。

在图 5-28(g)中，在 MH 成功地接收到重传的分组 10 之后，MH 以应答分组 14 对所接收到的分组 10~14 一并作出应答响应。

在图 5-28(h)中，FH、BS 继续后续的分组发送，BS 继续丢弃重复应答分组 9。 MH 接收到新的分组 15。

在图 5-28(i)中，BS 接收到应答分组，于是清除掉缓冲区中的分组 10~14。FH—BS—MH 恢复到正常的操作流程。

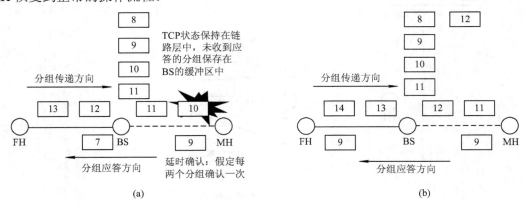

(a)　　　　　　　　　　　　　　　　　(b)

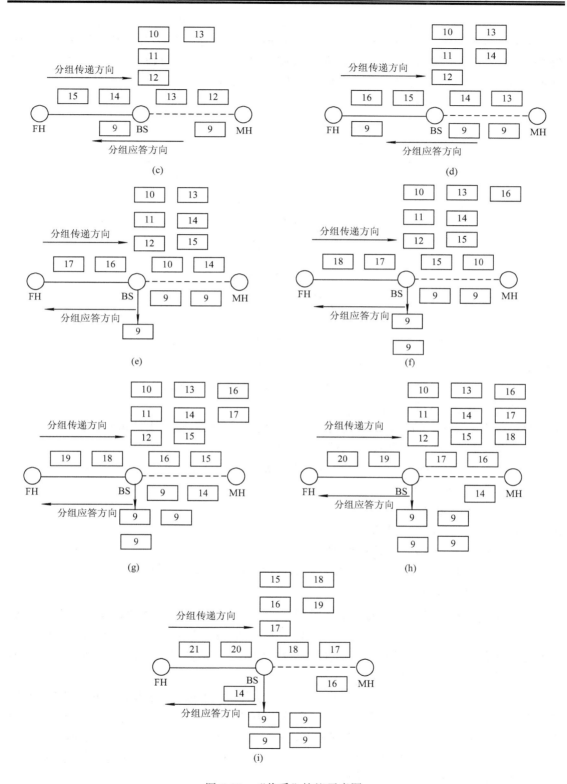

图 5-28 "偷看"协议示意图

从以上示例可以看出，由于 BS 的缓冲作用，避免了 FH 端不必要的快速重传，削弱了 FH—BS 有线链路部分与 BS—MH 无线链路部分在 TCP 控制上的差异，从而最终改善了传统 TCP 在含无线信道环境下的总体性能。如图 5-29 所示为基本 TCP 协议与"偷看"协议下系统吞吐量的比较，其中无线链路的数据传输率为 2 Mb/s。

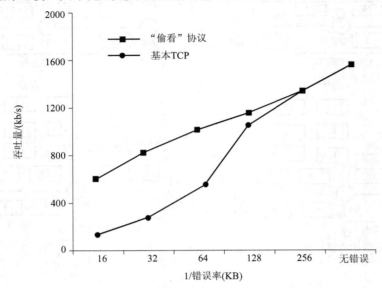

图 5-29　基本 TCP 协议与"偷看"协议的性能比较

"偷看"协议具有以下优点：

(1) 吞吐量有较大的提高，特别是在错误率较高时，这种性能上的提高尤其明显。

(2) 无线链路的错误可以在无线链路段局部恢复。

(3) 除非是分组传输乱序，否则不会激发发送端的快速重传。

(4) 端到端保持对称。

"偷看"协议也存在以下缺点：

(1) 基站链路层必须是 TCP 关联的。

(2) 如果 TCP 层加密，则本协议无效。

(3) 如果 TCP 数据与 TCP 应答在不同的路径上传输，则本协议也无效。

4. 延迟重传分组协议

延迟重传分组协议与"偷看"协议类似，但它可以使基站不关联 TCP。延迟重传分组协议与"偷看"协议的主要区别在于：在 BS 中，当它收到重传的应答分组时，不是丢弃，而是延迟重传分组。这里仍沿用"偷看"协议中的示例。从图 5-28(e)开始，两种协议出现差异，具体策略如图 5-30(a)～(c)所示。

在图 5-30(a)中，由于 BS 收到了重传的应答分组 9，因而重发分组 10，并向 FH 转发重传应答分组 9，分组 11 从 BS 中去除，但在分组 10 未被 MH 正确接收之前，不从 BS 的缓冲区中去除。同时，MH 不再向 BS 继续发送重复应答分组 9，而是在本节点延迟缓冲。

在图 5-30(b)中，BS 继续向 FH 转发重复应答分组 9，而 MH 继续延迟缓存重复应答分组 9。分组 12 从 BS 的缓冲区中去除。

在图 5-30(c)中，如果在延迟定时时间到来之前，MH 成功地接收到重发的数据分组回答，则 MH 丢弃原来在 MH 中延迟缓存的重复应答分组 9，恢复正常的操作流程。

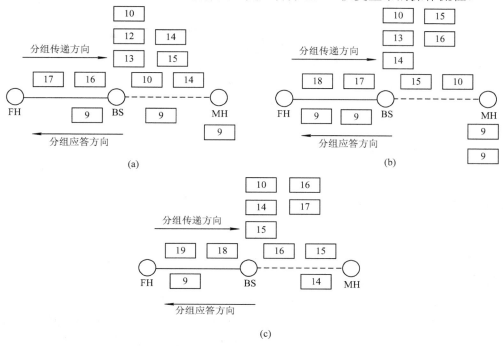

图 5-30　延迟分组协议示意图

如图 5-31 和 5-32 所示为基本 TCP、延迟分组协议和仅链路层重传的 TCP 下系统吞吐量的分析，假定 FH 与 BS 之间的数据传输速率为 10 Mb/s，延时为 20 ms，BS 与 MH 之间数据传输速率为 2 Mb/s，延时也为 20 ms。在错误率较高时，特别是在无拥塞而导致分组丢失的情况下，延迟重传分组协议吞吐量性能占明显的优势；但在错误率较低时，系统吞吐量性能无特别优势，有时甚至不如其他两种协议，包括基本 TCP。

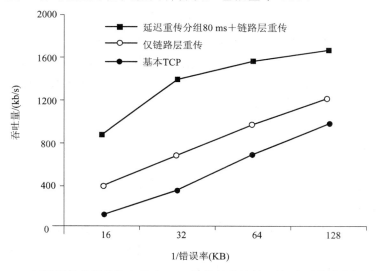

图 5-31　延迟重传分组协议与基本 TCP 协议性能比较(无拥塞而导致分组丢失)

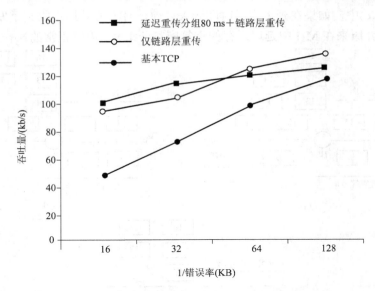

图 5-32　延迟重传分组协议与基本 TCP 协议性能比较(由于拥塞而导致 5%分组丢失)

5. TCP 反馈(TCP-F)方案

当由于网络节点发生移动而导致路由中断时，TCP-F 方案设法通知数据发送端。当某一个路由的一个链路中断时，检测到中断的节点的上游节点将发送一条路由故障通知(RFN)消息给发送端源节点。在收到该消息之后，源节点进入到"瞌睡"状态，这是 TCP 状态机中引入的新的状态，如图 5-33 所示。

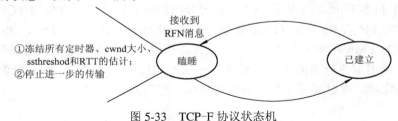

图 5-33　TCP-F 协议状态机

当 TCP 源节点进入到"瞌睡"状态时，将执行以下操作：

(1) 源节点停止传输所有的数据分组，包括新的数据分组或重传的数据分组。

(2) 源节点冻结所有的定时器、当前的 cwnd 大小，以及其他所有的状态变量，如重传定时器的值等，然后源节点初始化一个路由定时器，其定时值取决于最坏情况下的路由修复时间。

(3) 当接收到路由修复完成消息之后，数据传输重新开始，同时，所有的定时器和状态变量将恢复。

TCP-F 方案避免了基本 TCP 中不必要的数据丢失和重传，从而改善了 TCP 的性能。

6. 基于接收器的方案

在基于接收器的方案中，接收终端 MH 采用启发式方法来判断分组丢失的原因，如果 MH 确信分组丢失是由于出错造成的，则向发送终端 FH 发送一个通知。FH 在收到通知后，重发出错的分组，但不减小拥塞窗口的大小。

例如，MH 可以通过两个连续分组到达接收器的时间差来判断分组丢失的原因。如果是拥塞导致的组丢失，则往往各分组连续到达，分组之间没有较长的等待时间，而如果是无线信道出错导致分组丢失，往往在丢失的分组前后留下一定的时间间隙，典型的情况是该间隙超过两个分组的长度。

一旦确认分组丢失是由于出错造成的，则接收端 MH 即在应答分组中做出标记，或直接向发送端 FH 发送一个显式通知。

该方案的特点是不需要对基站 BS 作任何修改，也不受数据加密等的影响，但在 BS 中可能要对分组进行排队，排队本身增加了分组数据的传输延时。

7．基于发送器的方案

与基于接收器的方案相反，在基于发送器的方案中，发送器 FH 可以试图判断分组丢失的原因。一旦确定分组丢失是由于出错造成的，则发送端不减小拥塞窗口的大小。发送端判断出错原因的依据是一些参数的统计结果，如 RTT、窗口大小和分组丢失模型等。

例如，我们可以定义判决条件是拥塞窗口大小和所观察到的 RTT 的函数。由于统计结果具有一定的局限性，因而结果并不是很理想，但它的优点是只需要修改发送端的 TCP。

第6章　NS 无线网络仿真及应用

随着仿真技术快速发展，应用领域越来越广，作为仿真领域的一个分支——网络仿真技术也获得了快速发展。国外网络仿真技术已经相当成熟，已经由小型网络仿真器向大型混合网络仿真器发展，甚至有的发达国家已经实现了联合网络仿真平台。但国内相对比较落后，主要是对一些小型网络进行仿真，仿真方法主要还是停留在经验、实验和计算基础上，对网络仿真技术还没有进行系统的研究。这与国内信息网络技术快速发展的趋势相矛盾，为此有必要对网络仿真技术进行研究。

目前对通信网络仿真主要有两种途径:第一种是采用通用计算机语言或专门用于离散事件仿真的计算机语言，通过编程，实现对通信网络仿真;第二种是借助已有的网络仿真工具进行仿真，它提供了一种新的网络设计和优化的方法。采用第一种仿真方法的难度大且通用性不好，而借助专用网络仿真工具不需要大量编程，通用性好，很容易实现通信网络仿真，是通信网络仿真的发展方向。

国外研制出了一系列高质量的网络仿真工具，主要包括两种类型:一是基于大型网络开发的网络仿真工具，例如 OPNET、G1o2MoSim 等;二是基于小型网络开发的网络仿真工具，例如 NS2、COMNET III 等。大多数网络仿真工具的价格十分昂贵，对科研院所、大学来说都是一笔巨大投资。这里主要探讨 NS2。

NS2 是当前进行网络模拟和仿真的主要工具，由于其具有开放源代码、功能强大和高度的灵活性等优点，因而在业界受到一致好评和广泛使用。NS 针对有线、无线网络(也包括局域网、卫星网络)上 TCP、路由、数据链路、组播协议，以及网络 QoS、各种队列等的仿真提供了大量的支持。同时提供了跟踪和显示仿真结果以及网络拓扑生成等很多工具。用一句话概括这个软件的功能就是: 它可以在一台计算机上动态仿真一个网络的运行。

6.1　NS2 简介

6.1.1　NS2 的起源

NS 起源于 1989 年的 REAL 网络模拟器。在过去的几年中，NS 发生了实质性的演变。1995 年，NS 的开发获得了 DVRPA 的支持而通过 VINT 项目，由 LBL、Xerox PARC、UCB 和 USC/IST 合作进行。目前 NS 的开发得到了 DARPA 的 SAMAN 项目和 NSF 的 CONSER 项目的支持。NS 具有开放性的结构和良好的可扩充性。NS 已经从其他研究者那里吸收了丰富的模块，包括 UCB Daedelus 和 CMU Monarch 计划以及 SUN 微系统公司获得的无线代码。

　　REAL 模拟器起先是为了研究分组交换数据网络中的流量控制和拥塞方案的动态性的。它提供给用户一种方法来描述这些网络并观察它们的行为。REAL 模拟器使用的是 C++语言编写的一种模拟器,它提供源代码给用户,以便使感兴趣的用户可以根据他们自己的需要修改模拟器,从而达到特定要求。在此基础上,Lawrence Berkeley National Laboratory 的网络模拟研究组开发了 NS 的第一个版本。NS1 继承了 REAL 模拟器的工作,包括几种风格的 TCP(包括 SACK、Tahoe 和 Reno)和路由器调度算法等,并形成了一个可扩展容易配置的事件驱动器引擎。NS1 所使用的模拟描述语言是工具命令语言 Tcl 的扩展。一个模拟由一个 Tcl 程序来描述。通过 NS 的命令可以定义网络的拓扑、配置业务源和会聚点、收集和统计信息并调用模拟执行命令。通过建立这样一个通用的语言,NS 具有很强大的模拟配置描述能力。

　　在对 NS1 改进的基础上,UC Berkeley 发布了 NS 第二个版本——NS2。NS2 相对 NS1 来说有了重大的改变。例如,NS2 重新定义了对象结构,使用 MIT 的面向对象的 Tcl(Otcl) 代替了 Tcl 作为模拟配置的接口,Otcl 解释器的接口代码和主模拟器分离等。

　　NS2 经历了不断的改进,已经发布了更多更新的版本。现在已经出现了 NS2.31。目前 NS 还在发展,还不是一个完善的产品。虽然 NS 所包含的组件库已经相当丰富,但是不可能包括所有特定用户所需要的模块。而且,软件中的 bug 还在不断地发现和改正。NS 还在不断地继续发展。

　　在最新的 NS 发行版本中,包括了许多模拟所需要的组件,如模拟器、节点和分组转发、链路和延迟、队列管理与分组调度、代理、时钟、分组头及其格式、错误模型、局域网、地址结构(平面型和层次型)、移动网络、卫星网络、无线传播模型、能量模型等;提供了丰富的数学支持,如随机数产生等;提供了追踪和监视方法等;提供了完整的路由支持,如单播/组播路由、动态/静态路由、层次路由等。

6.1.2　NS2 的安装与运行

　　NS2 软件在 Unix 系统上开发,因此 FreeBSD、Linux、SunOS、Solaris 等 Unix 和类 Unix 系统是安装 NS2 的最佳平台。当然,NS2 也可以安装并运行在 Windows 9x/2000/XP 平台上,但需要安装 cygwin 插件。由于在 Unix 上有很多 NS2 的辅助工具软件和用户提供的源代码资源,因此推荐大家在 Unix 平台上使用 NS2。我们以 Red Hat Linux 9.0 平台为基础,介绍 NS2 的安装。

　　NS2 的主要模块包括 Tcl、Tk、Otcl、TclCL、ns、TclDebug、nam 和 Xgraph 等,其中前五个为必选模块,其余的模块则是可选择的。NS2 的用户可以使用两种方式从其主页上下载安装:一种方式是单个模块下载,然后逐个编译、安装。这种安装方式下,各个模块的安装是有顺序的,用户应该按照主页上模块排列的顺序依次编译、安装。

　　另一种方式称为"all-in-one",NS2 的开发者已经将用户可能需要的模块都组成一个安装包,并且准备好了编译文件。这种方式对于初学者来说是非常方便的。下面就说明怎样以"all-in-one"的方式安装 NS2。假定安装的 NS2 版本是 2.30,安装文件 ns-allinone-2.30.tar.gz 已经存在于/home/nsuser 目录下,nsuser 是用户自己的目录名。

安装时，用户输入如下代码：

```
cd /home/nsuser
tar xzvf ns-allinone-2.30.tar.gz
cd ns-allinone-2.30
```
./install

安装结束后，系统会提示用户进行配置路径文件和环境变量：

```
gedit  .bashrc
export PATH="$PATH:/home/nsuser/ns-allinone-2.30/bin:/home/nsuser/ns-allinone-2.30/
tcl8.4.5/unix:/home/nsuser/ns-allinone-2.30/tk8.4.5/unix"
export LD_LIBRARY_PATH="$LD_LIBRARY:/home/nsuser/ns-allinone-2.30/otcl-1.9:/
ho me/nsuser/ns-allinone-2.30/lib"
export CL_LIBRARY="$TCL_LIBRARY:/home/nsuser/ns-allinone-2.30/tcl8.4.5/library "
```

上面的目录需改为用户自己的目录。

到这一步 NS 已经安装成功了，新建一个终端，输入 NS 并回车，如果出现%，那么 NS 就安装成功。

NS2 的运行方法有以下两种：

(1) 命令行方式，输入“ns”，进入 NS2 的命令行环境，然后直接输入各种指令来交互运行 NS2。

(2) 脚本方式，指定一个脚本文件(*.tcl 文件)，让 NS2 执行。如：

```
ns <example.tcl>
```

因为脚本文件定义了整个模拟的过程，可以对网络的拓扑结构、数据的收发过程等事件作细致的描述，所以我们通常使用方法(2)来运行 NS2。

6.1.3　NS2 的目录结构

使用 all-in-one 方式安装 NS2 非常简单，安装完成后，有以下几个目录：

(1) Tcl8.xTcl 的安装目录。

(2) Tk8.x、Tk 的安装目录。

(3) Tclcl1.x 的安装目录。

(4) nam1.x.nam 的安装目录，用于模拟结果的动画演示和分析。

(5) Xgraph1.x.Xgraph 的安装目录，用于绘制模拟结果的曲线。

(6) NS2.2x 的安装目录，其中包含 NS2.2x 的 C++和 Tcl 代码，最终编译生成的可执行文件就位于该目录的根目录下。NS2.2x 中包含有几个很重要的目录。其中，Tcl 目录包含了需要编译的 Tcl 代码，以及 ex 目录，其中包含了很多例子脚本，可以供学习和研究参考。lib 目录中包含了 NS2 需要的很多库文件，比如 ns-default、tcl、ns-lib.tcl 等，是模拟中经常需要阅读和改写的代码。如图 6-1 所示为 NS2.2x 的目录结构。

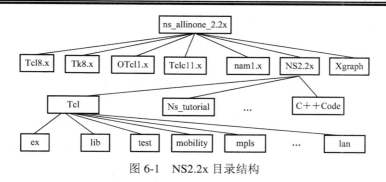

图 6-1　NS2.2x 目录结构

6.1.4　NS2 的特点

NS2 是一个包括 12 个小软件的软件包，其中 Tcl、Tk、Otcl、TclCL、NS 为必选软件，TclDebug、nam、Xgraph、Gt-itm、SGB、Cweb、zlib 为可选软件，它支持一般的网络仿真。

NS2 具有如下的一些特点：

(1) 仿真采用两种语言。NS2 仿真的一个显著特点是采用两种语言——C++和 Otcl，以满足仿真的特殊需要。C++是一种相对运行速度较快但是改变比较慢的语言，程序的运行时间很短，但转换时间很长，比较适合具体协议描述。Otcl 运行速度较慢，但可以快速转变脚本语言，正好和 C++互补，用来进行仿真参数的配置是最适合不过的。另外，TclCL 模块能够将两种语言中的变量和对象连接起来。

(2) 支持各种业务模型和多种通信协议。NS2 内置了各种常用的业务模型，包括 FTP 业务模型、CBR 业务模型、On/Off 业务模型等。同时它还支持 TCP 和 UDP 两种传输协议以及多种路由协议，包括分级路由、广播路由、多播路由、静态路由、动态路由等，这极大方便了用户的使用。另外，NS2 支持通过 C++二次开发用户自己需要的协议。

(3) 采用面向对象技术。NS2 采用面向对象技术，这就保证了软件的可扩充性和重用性，提高了程序开发的效率。对象的属性能够很容易地配置，每个对象属于相应的行为和功能的类。类也可以继承其他类，也可以通过 C++来定义新的类来满足用户自己特定的需求。

(4) 很强的结果处理能力。为了分析仿真结果，仿真结果的数据必须能够完整收集。NS2 提供了两种基本数据追踪能力：跟踪和监控。跟踪能够将每个数据包在任何时刻的状态记录到指定文件中，例如包在队列或链路中丢弃、到达、离开的行为都可以记录下来；而监视则可有选择地记录自己需要的数据，例如统计发送包、接收包、丢弃包的总数量，并且监控也可用来对所有包或者指定单一数据流的监测。

(5) NS2 可以运行在 Linux、UNIX、Windows 等多种操作系统平台上。在 Windows 平台上安装 Cygwin 后再安装 NS2，也是一个非常合适的方案。

同时 NS2 还提供了动态显示仿真过程的 nam 观察器和 Xgraph 图形显示工具。用户从 nam 观察器中可以直观了解数据包的传递过程，而 Xgraph 工具可以很方便地将仿真结果转换成图表形式。

6.1.5　使用 NS 进行网络模拟的方法和一般过程

进行网络模拟前，首先要分析模拟涉及哪个层次。NS 模拟分两个层次：一个是基于

Otcl 编程的层次，利用 NS 已有的网络元素实现模拟，无须对 NS 本身进行任何修改，只要编写 Otcl 脚本；另一个层次是基于 C++和 Otcl 编程的层次，如果 NS 中没有所需的网络元素，就需要首先对 NS 扩展，添加需要的网络元素。这就要利用分裂对象模型，添加新的 C++类和 Otcl 类，然后再编写 Otcl 脚本。整个模拟的过程如图 6-2 所示。

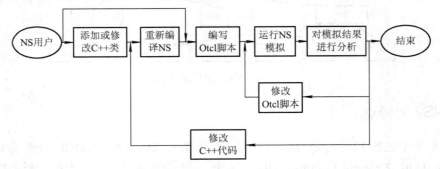

图 6-2　利用 NS 进行网络模拟的过程

假设用户已经完成了对 NS 的扩展，或者 NS 所包含的构件已经满足了要求，那么进行一次模拟的步骤大致如下：

(1) 开始编写 Otcl 脚本。首先配置模拟网络拓扑结构，此时可以确定链路的基本特性，如延迟、带宽和丢失策略等。

(2) 建立协议代理，包括端设备的协议绑定和通信业务量模型的建立。

(3) 配置业务量模型的参数，从而确定网络上的业务量分布。

(4) 设置 trace 对象。trace 对象能够把模拟过程中发生的特定类型的事件记录在 trace 文件中。NS 通过 trace 文件来保存整个模拟过程。仿真完成后，用户可以对 trace 文件进行分析研究。

(5) 编写其他的辅助过程，设定模拟结束时间，至此 Otcl 脚本编写完成。

(6) 用 NS 解释并执行刚才编写的 Otcl 脚本。

(7) 对 trace 文件进行分析，得出有用的数据。也可以用 nam 等工具观看网络模拟的运行过程。

(8) 调整配置拓扑结构和业务量模型，重新进行上述模拟过程。

NS2 的模拟脚本由 Otcl 语言写成，格式固定，以下是一个非常简单的 NS2 模拟脚本的例子，它模拟局域网中两个节点相互发送 UDP 数据流的过程。其模拟过程具体如下：

第一步，创建一个 Simulator object：

```
set ns [new Simulator]
```

第二步，创建跟踪分析文件：

```
set f [open out.tr w]
$ns trace-all $f
set nf [open out.nam w]
$ns namtrace-all $nf
```

第三步，撰写一个 finish 函数，用于在模拟结束中调用，以及关闭跟踪文件等：

```
proc finish{}{
    global ns f nf
```

```
        $ns flush-trace
        close $f
        close Snf
        exec nam out.nam&
        exit 0
    }
```
第四步，创建网络拓扑：
```
    set n0 [$ns node]
    set n1 [$ns node]
    $ns duplex-link $n0 $n1 1Mb l0ms DropTail
```
第五步，创建 Agent、Application 及 Traffic，加载 UDP 数据流：
```
    #Create a UDP agent and attach it to node n0 set udp0 [new Agent/UDP]
    $ns attach-agent
    $n0 $udp0
    #Create a CBR traffic source and attach it to udp0
    set cbr0 [new Application/Traffic/CBR]
    $cbr0 set packetSize_ 500
    $cbr0 set interval_ 0.005
    $cbr0 attach-agent $udp0
```
第六步，将创建的 Agent 连接起来：
```
    set null0 [new Agent/Null]
    $ns attach-agent $n1 $null0
    $ns connect $udp0 $null0
```
第七步，开始数据传输：
```
    $ns at 0.5 "$cbr0 :start"
    $ns at 4.5 "$cbr0 stop"
```
第八步，运行模拟：
```
    $ns run
```
第九步，停止模拟：
```
    $ns at 5.0 "finish"
```

6.2　NS 基本原理及其运行机制

6.2.1　NS 原理概述

NS 的原理主要有以下几点。

1. 离散事件模拟器

NS 是一个离散事件模拟器。离散事件模拟是几种常用的系统模拟模型之一。简单地说，事件规定了系统状态的改变，状态的修改仅在事件发生时进行。在一个网络模拟器中，典型的事件包括分组到达、时钟超时等。模拟时钟的推进由事件发生的事件量确定。模拟处理过程的速率不直接对应着实际事件。一个事件的处理可能又会产生后续的事件，例如对一个接收到的分组的处理触发了更多的分组的发送。模拟器所做的就是不停地处理一个个事件，直到所有的事件都被处理完或者某一特定的事件发生为止。

NS 的核心部分是一个离散事件模拟引擎。NS 中有一个"调度器"(Scheduler)类，负责记录当前事件，调度网络事件队列中的事件，并提供函数产生新事件，指定事件发生的时间。NS 的事件调度机制是实现仿真事件与物理事件同步的关键。

2. 丰富的构件库

有了离散事件模拟引擎，原则上用户可以对任何系统进行模拟，而不限于通信网络系统。用户可以自己完成对所要研究的系统的建模工作，编写各种事件的处理代码，然后利用这个离散事件模拟器来完成这个模型的模拟。然而，这样做既不能发挥 NS 的优势，也不符合 NS 设计者的本意。针对网络模拟，NS 已经预先做了大量的模型化工作。NS 对网络系统中一些通用的实体已经进行了建模，例如链路、队列、分组、节点等，并利用对象来实现了这些实体的特性和功能，这就是 NS 的构件库。相对于一般的离散事件模拟器来说，NS 的优势就在于它有非常丰富的构件库，而且这些对象易于组合、易于扩展。用户可以充分利用这些已有的对象进行少量的扩展，组合出所要研究的网络系统模型，然后进行模拟。这样就大大减轻了进行网络模拟研究的工作量，提高了效率。图 6-3 中给出了 NS 构件库的部分类层次结构。实时仿真平台的各组件，也是基于这个层次结构扩展而来的。

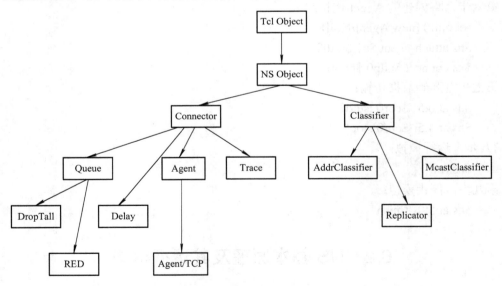

图 6-3　NS 构件库(部分)

NS 的构件库所支持的网络类型包括广域网、局域网、移动通信网、卫星通信网等，所支持的路由方式包括层次路由、动态路由、多播路由等。NS 还提供了跟踪和监测的对象，可以把网络系统中的状态和事件记录下来以便分析。另外，NS 的构件库中还提供了大量的数学方面的支持，包括随机数产生、随机变量、积分等。

3. 分裂对象模型

NS 的构件库是用两种面向对象的语言编写的：C++和 Otcl。NS 中的构件通常都作为一个 C++类来实现，同时有一个 Otcl 类与之对应。用户通过编写 Otcl 脚本来对这些对象进行配置、组合，描述模拟过程，最后调用 NS 完成模拟。这种方式被称为分裂对象模型。

NS 使用这种分裂对象模型，是出于兼顾模型性能和灵活性两方面的考虑。一方面 C++是高效的编译执行语言，使用 C++实现功能的模拟，可使模拟过程的执行获得比较好的性能。另一方面，Otcl 是解释执行的，用 Otcl 进行模拟配置，可以在不必重新编译的情况下随意修改模拟参数和模拟过程，提高了模拟的效率。同时，这种分裂对象模型增强了构件库的可扩展性和可组合性，用户通常只需要编写 Otcl 脚本就可以把一些构件组合起来，成为一个"宏对象"。用户通过 Otcl 进行模拟配置，很多情况下只需要了解构件的使用和配置接口就可以了，而不需要了解这些构件的功能是如何实现的。

4. 开放的源码

NS 中所体现的这些先进的设计思想使得 NS 成为了一种实用的网络模拟器。同时，NS 是免费的，并且开放源码。这使得利用 NS 进行网络模拟的研究者可以很方便地扩展 NS 的功能，也可以很方便地共享和交流彼此的研究成果。

6.2.2　NS 的离散事件模拟机制

要理解 NS2 的离散事件模拟机制，首先应该理解离散事件模拟的基本概念和基本要素。在此基础上，对 NS2 中的离散模拟事件机制加深理解，有助于掌握 NS2 模拟工具。

1. 离散事件模拟的基本概念和基本要素

要理解什么是离散事件模拟，首先应该理解离散事件系统。简单地说，离散事件系统就是事件规定了系统状态的改变，状态的修改仅在事件发生时进行。

模拟是一种通过为实际系统或假想的系统建立模型，以研究该系统在各种条件下的行为的技术。模拟一般注重系统随系统时间变化的行为。离散事件模拟是一种常用的模拟方法。离散事件模拟用于研究系统随时间变化而发生的行为。

事件和模拟时间是离散事件模拟的基本要素。因此，理解一个离散事件方针系统，就应该抓住事件和模拟时间这两个基本概念。模拟的过程，可以看做是模拟时间从 0 增加到模拟终止时间的过程。而对离散事件模拟来说，模拟时间的推进就是由事件的发生来推进的。

2. 系统、模型与模拟

1) 系统

系统是处于一定的环境中相互联系和相互作用的、若干组成部分结合而成的具有特定功能的有机整体。系统具有"三要素"，即实体、属性和活动。实体确定了系统构成，也就确定了系统的边界；属性也称为描述变量，描述每一个实体的特征；活动定义了系统内部实体之间的相互作用，从而确定了系统内部发生变化的过程。系统一般由边界、输入、输出、控制、处理、反馈等六个部分组成。

2) 模型

为了研究、分析、设计和实现一个系统，需要进行实验。实验方法大体可分为两大类：

一类是直接在真实系统上进行，另一类是先构造模型，通过对模型的实验来代替或部分代替真实系统的实验。在真实系统上实验有如下缺陷：首先，在真实系统上进行实验可能会引起系统破坏，或发生故障，或发生伤亡事故；其次，需要进行多次实验时，难以保证每次实验的条件相同；再次，实验时间太长或费用昂贵；最后，系统还处于设计阶段，真实的系统尚未建立，人们需要准确地了解未来的系统性能。因此，在模型上试验越来越受到青睐，建模技术也随之发展起来了。所谓模型，指的是按一定的研究目的对所研究的系统准确的描述和表现。模型对系统的描述应是准确和恰到好处的，是建立在一定的研究目的之上的。

3) 模拟

1961 年，G.W.Morgenthater 首次对"模拟"进行了技术性定义，即"模拟意指在实际系统尚不存在的情况下对于系统或活动本质的实现"。另一个对"模拟"进行技术性定义的是 Ken，他在 1978 年的著作《连续系统模拟》中将模拟定义为"用能代表所研究的系统的模型作实验"。1982 年，Spriet 进一步将模拟的内涵加以扩充，定义为"所有支持模型建立与模型分析的活动即为模拟活动"。1984 年，Oren 在给出了模拟的基本框架"建模—实验—分析"的基础上，提出了"模拟是一种基于模型的活动"的定义，这个定义被认为是现代模拟技术的一个重要概念。

3. 离散事件模拟

离散事件系统的模拟问题，是指随机时刻点上发生的事件引起系统中实体的状态变化。而通信系统正是这样的系统。描述这类系统的模型一般不是一组数学表达式，而是一幅表示数量关系和逻辑关系的流程图。离散事件系统的算法体现在其建模框架和模拟策略中。在离散事件的模拟中有以下三类基本模拟策略：

(1) 事件调度法：按这种方法建立模型时，所有事件均放在事件表中，模型中设置一个时间控制成分，该成分从事件表中选择具有最早发生时间的事件，并将模拟时钟修改到该事件发生的时间，再调用与该事件相应的事件处理模块，该事件处理完后返回时间控制成分。这样，事件的选择与处理不断地进行，直到模拟终止的条件产生为止。

(2) 活动扫描法：在此方法中，系统由部件组成，而部件包含着运动，这些活动的发生应当满足规定事件发生的条件。每一个成分均有一个激活条件，如条件满足，则激活该成分的活动例程。模拟过程中，活动的发生时间也作为条件之一，而且较之其他条件具有更高的优先权。即在判断激活条件时首先判断该活动发生的时间是否满足，然后再判断其他条件。对活动的扫描循环进行，直到模拟终止为止。

(3) 进程交互法：这种方法的特点是系统模拟时钟的控制程序采用两张事件表，其一是当前事件表(Current Events List，CEL)，它包含了从当前时间点开始有资格执行的事件记录，但是该事件是否发生的条件尚未判断。其二是将来事件表(Future Events List，FEL)，它包含在将来某个模拟时刻发生的事件记录。每一个事件记录中包含该事件的若干属性，其中必有一个属性，说明该事件在过程中所处位置的指针。

进程交互法首先按一定的分布产生到达实体并置于 FEL 中，实体进入排队等待，然后对当前事件表进行扫描，判断各种条件是否满足，再对满足条件的活动进行处理，模拟时钟推进到服务结束并将该实体从系统中清除，最后将 FEL 作为当前事件的实体移到当前事件表中。

4．NS 中的离散事件模拟机制简述

在 NS 中，整个模拟过程是由一个名为 Simulator 的 Tcl 类来定义和控制的，Simulator 类提供了一系列对模拟进行配置的接口，这其中包括选择"事件调度器(Event Scheduler)"接口。进行模拟通常要首先创建一个 Simulator 类的实例对象，并调用该对象的一系列方法来创建节点(Node)、拓扑(Topology)等模拟所必需的对象。Simulator 类提供了一些与建立模拟有关的方法，分为如下三类：

(1) 创建和管理拓扑结构，即管理 Node 和 Link。

(2) 与 tracing 有关的方法。

(3) 与事件调度器(Event Scheduler)有关的方法。

模拟开始以后，Simulator 对象会完成一系列初始化的工作，这其中包括：

(1) 通过调用 create_packetformat 来初始化 packet 的结构。

(2) 创建一个"事件调度器(scheduler，缺省时为 calendar scheduler)"。

(3) 创建一个"null agent"。

NS 是一个事件(Event)驱动的模拟器，目前 NS 支持两种类型的事件调度器：非实时的(None Real-time)和实时的(Real-time)。非实时的调度器又分为三种：linked-list、heap、calendar(这是缺省的 scheduler)；从逻辑上说这三种 scheduler 是相同的，但它们所采用的数据结构不同。之所以要保留三种 scheduler，主要是为了使 NS 能够向前兼容，因此我们在使用非实时的 scheduler 时，一般只需要用缺省的 calendar scheduler 就可以了。scheduler 的主要功能是处理分组(Packet)的延迟以及充当定时器。一个 scheduler 的执行过程是这样的：从所有事件中选择发生时刻最早的事件，调用它的 handler 函数，把该事件执行完毕，然后从剩余的所有事件中选择发生时刻最早的事件执行，如此反复执行。NS 只支持单线程，故在某一时刻只能有一个事件在执行，如果有多于一个事件被安排在同一时刻，那么会按照事件代码插入的先后次序执行。图 6-4 所示为事件调度器(Event Scheduler)工作过程的示意图。

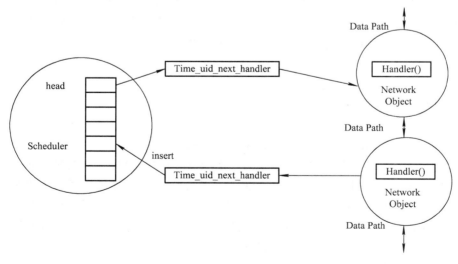

图 6-4　NS 的时间调度示意图

在 NS 中，事件被不断地插入到事件列表，然后又一个个被调度和执行，直到事件列表为空的时候，模拟才会结束。

6.2.3　NS 基于无线网络仿真实现原理

最初，NS2 中无线网络仿真模型是在 CMU 的 Monarch group 的基础上发展起来的。无线网络仿真模型主要包括移动节点、路由结构和用以构建移动节点网络栈的网络组件。其中网络组件主要包括信道(Channel)、网络接口(Network Interface)、无线电传播模型(Radio Propagation Model)、MAC 协议、接口队列(Interface Queue)、链路层(Link Layer)和地址解析协议 ARP(Address Resolution Protocol)等。

由 CMU/Monarch 引入的无线模块可以进行纯无线网络(包括无线局域网 Wireless LAN)，原始 NS2 无线网络仿真仅支持纯无线局域网和 Ad hoc 网，目前在此基础上又作了进一步发展，以适应有线与无线互连网络和移动 IP 网仿真。无线网络仿真模型本质上是由位于核心的移动节点组成的，并附加了一些辅助特性，以满足 Ad hoc 移动节点类的实现原理。

1. 节点类的实现原理

移动节点类是无线网络仿真实现的核心，也是建立无线拓扑结构的基础，它是一个组合体对象，C++移动节点类由父类节点类派生。移动节点类可以看成是在基本节点类的基础上添加了无线和移动的功能，如在给定拓扑结构中的移动能力或在信道上传送和接收数据的能力，以用于建立移动、无线网络仿真环境。移动节点和基本节点的主要区别是移动节点不是通过链路的方式把节点相连。移动特性主要包括节点的移动、定期的位置更新以及网络拓扑结构的边界等等，这些都是由 C++实现的；而基本节点的内部网络组件则是由脚本语言 Otcl 实现的。

2. 移动的实现原理

NS2 中移动节点按设计可在三维拓扑结构中运行，但目前第三维坐标(Z)没有被使用。也就是说，移动节点可被假定为始终在一个平面上移动，即 Z 的值始终固定，默认为 0。实现节点的运动主要有两种方法:第一种方法在一开始就明确地指定节点开始的位置、目的位置和节点移动的速度。可以通过如下命令实现，这些命令通常是放在一个单独的场景文件中。

```
$node set x _<x1>
$node set y_ <y1>
$node set z_ <z1>
$ns at $time $node setdest   <x2><y2><speed>
```

在这种方法中，每当需要知道节点在某一给定时刻的位置时，节点的运动就会更新。节点运动的更新是由于相邻的节点询问间距变化产生的，或是使用上述命令改变了节点的方向和速度。第二种方法在一个随机位置启动移动节点，通过编制程序来更新节点的速度和方向。目的地址和速度的值均采用随机函数生成。第二种方法相对第一种方法来说更灵活，用户可根据需要灵活选用。其使用命令如下:

```
$mobilenode start
```

另外，不管采用哪种方法，在产生移动节点之前，都需要在创建移动节点之前定义移动节点的移动范围，通常使用下面的方法定义平面拓扑的长和宽：

```
set topo [new Topography]
$topo load_flatgrid $opt(x) $opt(y)
```

3．移动节点的组成

在进行移动节点的模拟时，首先要了解移动节点的基本工作机制，也就是移动节点的组成。

移动节点是由一系列网络构件构成的，这些构件包括链路层(Link Layer, LL}、连接到 LL 上的 ARP 模块、接口队列(Interface Queue, IFQ)、MAC 层(MAC)、网络接口(Network Interface)。移动节点通过网络接口连接到无线信道(Channel)上。移动节点的各个网络构件是在 Otcl 中创建并组合在一起的。

下面简单介绍移动节点的各个网络构件以及无线信道：

(1) Link Layer。移动节点使用的 LL 连接了一个 ARP 模块，用来把 IP 地址解析成物理(MAC)地址。通常，对于所有发出的分组，路由 Agent 会把分组传递给 LL。LL 把分组传递给接口队列(Interface Queue)。对于所有接收到的分组，MAC 层将分组传递给 LL，LL 再将分组传递给 node_entry_。

(2) ARP。地址解析协议模块从 LL 接收请求。如果 ARP 已经知道目标节点的物理(MAC)地址，它就把该物理地址写入分组的 MAC 头中；否则，它就广播一个 ARP 请求并暂时缓存当前的分组。对于每一个未知的目标物理地址，都有一个可以存放一个分组的缓冲区。当更多的传送给同一个目标节点的分组被送到 ARP 模块时，前面被缓冲的分组就被丢弃掉。一旦 ARP 知道了分组的下一跳目标节点的物理地址，该分组就被放入接口队列中。

(3) Interface Queue。接口队列是由 PriQueue 类实现的，PriQueue 类是一个优先级队列，它优先处理路由协议分组。它可以对所有队列中的分组进行过滤，删除那些具有特定目标地址的分组。

(4) MAC 层。MAC 层实现了 IEEE 802.11 的 DCF MAC 协议。

(5) Network Interface。网络接口是移动节点访问信道的接口。这个接口通过碰撞和无线传输模块来接收其他节点发送到信道上的分组。它将波长、传输功率等信息写入分组头，接收节点的无线传输模块通过分组头中的这些信息来判断分组在到达时的功率是否足够，只有功率大于某临界值时分组才能被正确接收。

(6) Antenna。移动节点使用单一增益的全向天线。

(7) Radio Propagation Model。无线信号传输模型，这个模型用来计算每个分组在到达接收节点时的信号强度(功率)。在移动节点的网络接口层有一个接收功率阈值，当收到的分组的信号强度(功率)小于该阈值时，这个分组就被标记为 error 并被 MAC 层丢弃掉。NS 中包含了三个无线信号传输模型：Free-space 模型、Two-ray ground reflection 模型和 Shadowing 模型。

(8) Channel。无线信道的功能是将分组复制给所有连接到本信道上的移动节点(除了分组的源节点)。所有收到分组的节点需要自己根据无线信号传输模型来判断是否能正确接收到分组。每一个 Channel 对象都会维护一个网络接口对象的列表,列表中包含了所有连到这个 Channel 上的网络接口对象,Channel 只保存这个列表的头结点指针 ifhead_。通过 ifhead_,Channel 可以遍历整个列表,这样 Channel 就能实现从一个网络接口对象收到 packet,然后复制 n 份给其他的 n 个网络接口对象。

6.2.4　模拟环境的搭建

首先我们要先搭建一个无线场景。假设这个场景中包含 node_(0),node_(1),node_(2),…,node_(n)。由于我们要用到 n 个移动节点,因此在生成的命令中用到 node 数组变量,需提前建立它们。在 NS 运行的 Tcl 文件里使用如下代码:

```
for {set i 0} {$i<$val(nn)} {incr i}{
    set node_($i) [$ns node]
}
```

在创建节点之前还应定义它的各种属性,就是配置节点。函数 Simulator::node-config {} 就是用来配置节点的属性的。节点的属性包括节点的地址类型、移动节点的各个网络构件的类型、Ad hoc 网络中移动节点的路由协议类型、是否打开各层(Agent,Router,MAC)的 trace 功能等等。

我们在这里对这些功能的定义如下:

(1) addressType:设定节点的地址类型。在 NS2 中,节点的地址有两种类型,即 def(也称 flat)和 hierarchical。def(flat)是缺省类型,用一个 32 bit 的数表示节点的地址。hierarchical 是分层的地址,可以把 32 bit 的地址分为几层(缺省是 3 层),这种地址结构在模拟组播业务时比较方便,可以按照组播树来设置节点的地址。在这里我们就采用 def 缺省类型。

(2) adhocRouting:设定自组网(Ad hoc network)中的移动节点(Mobile Node)所使用的路由协议。

(3) llType:设定移动节点的逻辑链路层(Logic Link Layer)。

(4) macType:设定移动节点的 MAC 层(Media Access Control layer)类型。

(5) Type:设定移动节点的队列类型。

(6) ifqLen:设定移动节点的队列长度。

(7) antType:设定移动节点的天线类型。

(8) propType:设定移动节点的无线信号传输模型。这里我们设置的传输模型为 TwoRayGround 方式。

(9) phyType:设定移动节点的物理层类型。

(10) channelType:设定移动节点的无线信道类型。

(11) topoInstance:设定移动节点的拓扑对象。

(12) agentTrace:是否打开应用层的 Trace。

(13) routerTrace:是否打开路由的 Trace。

(14) macTrace:是否打开 MAC 层的 Trace。

(15) movementTrace:是否打开节点位置和移动信息的 Trace。

6.2.5　分裂对象模型的基本概念

前面我们已经简单介绍了 Tcl 和 Otcl。Tcl 是一种解释执行的简单的脚本语言。其解释器是用 C 语言编写的，具有很强的可扩展性。只要用户增加相应的解释执行模块的程序，就可扩展出新的命令。

Otcl 是对 Tcl 的扩展，增加了面向对象的概念。在 Otcl 中，可以定义类和对象，类可以包括数据成员和类似成员函数的实例过程，也可以继承，这些特点使得 Otcl 的逻辑描述能力大大增强了。然而这些还不够，为了进一步增强编程的灵活性，提高程序的效率，我们需要把 Otcl 和 C++结合起来。为了能充分发挥 Otcl 和 C++这两种面向对象语言的强大能力，我们需要一种机制，使得在 C++中能直接调用 Otcl 解释器的功能，Otcl 和 C++能够互相直接操作对方定义的数据，并且 C++中的类可以和 Otcl 中的类对应起来。这种机制就是 TclCL。这种方式被称为分裂对象模型，组件的主要功能通常在 C++中实现，Otcl 中类主要提供 C++对象面向用户的接口。用户可以通过 Otcl 来访问对应的 C++对象成员变量和函数。C++对象和 Otcl 对象之间通过 TclCL 的机制来关联，这样使 NS 模拟性能更强更灵活。

作为面向对象的网络模拟器，NS2 由编译和解释两个层次组成，编译层次包括 C++类库，而解释层次包括对应的 Otcl 类，用户以 Otcl 解释器作为前台来使用 NS。NS 内大部分类是 TclObject 的子类，用户在解释器环境创建新模拟对象，然后映像到对应的编译层次对象。NS2 的编译和解释层次有着紧密的联系，从用户的观点来看，在编译和解释层次中的类是一一对应的。NS2 使用两种语言是因为模拟器有两种不同的任务：C++执行速度快，但重新修改并编译慢，可用于协议细节的实现；Otcl 虽然运行缓慢，但修改起来很快而且是交互的，便于多次模拟配置。

NS2 采用了 Otcl/C++分裂架构，其中 Otcl 处于主动位置，C++实际上是一个被 Otcl 调用的库。C++用来实现复杂的类与对象属性及其行为，Otcl 用来操纵对象。

在分裂对象模型的框架下，一次模拟过程实际上是这样完成的：

(1) 执行模拟脚本。

(2) NS2 执行一些初始化操作，然后实例化脚本中描述的各个组件，并将这些模拟元素连接起来，共同组织到一个 Simulator 的实例中。

(3) 启动事件，开始执行模拟的过程。作为一个离散事件模拟器，事件的发生推进着模拟的进行，比如包到达定时器超时等。同时，在模拟的过程中要记录信息，这些信息包括每个组件对事件的处理。这些信息要存储在跟踪文件中，在模拟结束后进行分析。

(4) 所有事件完成后，模拟结束。通过对跟踪文件进行提取，来分析模拟的结果。

6.2.6　C++和 Otcl 的实现原因

模拟器有两方面的事情需要做。一方面，具体协议的模拟和实现需要一种程序设计语言，它需要较高效率的处理字节(Byte)、报头(Packet Header)等信息，以及应用合适的算法在大量的数据集合上进行操作。为了实现这个任务，程序内部模块的运行速度(Run-time Speed)是非常重要的，而运行模拟环境的时间、寻找和修复 bug 的时间，重新编译和运行的时间(Run-around Time)就显得不是很重要了。另一方面，许多网络中的研究工作都围绕着网络组件和环境的具体参数的设置和改变而进行，需要在短时间内快速地开发和模拟出所需要的网络环境(Scenarios)，并且方便修改和发现、修复程序中的 bug。在这种任务中，运行时间(Run-around Time)就显得很重要了，因为模拟环境的建立和参数信息的配置只需要运行一次。

为了满足以上两种不同任务的需要，NS 的设计实现使用了两种程序设计语言，C++和Otcl。这两种程序设计语言都是面向对象(Object Oriented)的程序设计语言。

C++程序模块的运行速度非常快，是强制类型的程序设计语言(变量严格定义整型，浮点型和字符、字符串类型)，容易实现精确的、复杂的算法，但是修改和发现、修正 bug 所花费的时间要长一些，这是因为它比较复杂。该特性正好用于解决第一个方面的问题。

Otcl 是脚本程序编写语言，是无强制类型的，比较简单，容易实现和修改，也容易发现和修正 bug，尽管它的运行速度和 C++的模块相比要慢很多。该特性正好用于解决第二方面的问题。

在做模拟以及对 NS 进行扩展时，针对不同的任务选择语言来实现的一般规则包括：

(1) 以下情况使用 Otcl：对模拟环境的配置、建立和在模拟中只需要运行一次的程序；如果通过 Otcl 脚本已经存在的 C++对象就能够很方便地达到目的。

(2) 以下情况使用 C++：需要对一个数据流的每个分组进行处理的任何工作；如果必须修改已存在的 C++类的行为。

NS 通过 TclCL 把两种语言中的对象和变量联系起来。NS 的构件库是一个层次结构。其中的构件通常都是由相互关联的两个类来实现的，一个在 C++中，一个在 Otcl 中。因此，NS 中就包含了一个 C++类的层次结构和一个 Otcl 类的层次结构，如图 6-5 所示。构件的主要功能通常在 C++程序中实现，Otcl 中的类则主要提供 C++对象面向用户的配置接口。

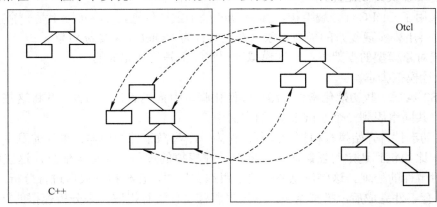

图 6-5　分裂对象模型

因此，在 NS 中 C++中的类和 Otcl 中的类通常具有对应关系，两边的类的继承关系也通常是一致的。每当实例化一个构件时，都会同时创建一个 Otcl 中的对象和一个对应的 C++对象，并且这两个对象可以互操作。例如图 6-6 给出了一对相关联的 Otcl 对象和 C++对象的例子。在这个例子中，当用户在 Otcl 脚本中通过"new Agent/TCP"创建了一个 Otcl 对象_o123 时，也相应地在 C++中创建了一个对象*tcp。通过 Otcl 对象_o123，我们可以直接访问 C++对象*tcp 的数据成员以实现参数配置；而 TCP 的协议处理、数据传输和流控算法则是由 C++对象*tcp 的函数实现的。

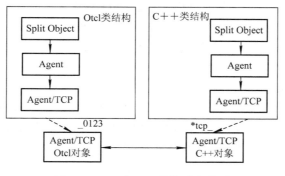

图 6-6　Otcl 和 C++类的对应关系

6.3　NS 相关工具介绍

本节主要介绍与 NS 相关的几个常用工具，包括图形绘制工具 gnuplot、数据处理工具 gawk、生成传输负载工具 cbrgen、节点运动工具 setdest、功率阈值工具 threshold、动画显示工具 nam 等。

6.3.1　gnuplot

gnuplot 是一个命令导向的交谈式绘图程序(Command-driven Interactive Function Plotting Program)，在 1986 年由 Colin Kelley 和 Thomas Williams 开发。gnuplot 的功能就是把数据资料和数学函数转换成容易观察的平面或立体的图形,帮助研究者进行数据分析。因此 gnuplot 并不是一般常见的美工绘图软件，它最适合的是在科学研究的过程中，帮助研究人员完成数据资料绘制与理论模型比较等机械化的工作，来加速研究的进行，这也正是我们在这里讲解 gnuplot 的原因。

科学研究也有自己的流程，通常都通过实验来收集数据，并对数据进行观察分析，从中找出一些规律或问题，并反过来指导以后的研究。而观察大量数据的最好方式，自然是绘图。gnuplot 就是为科学研究而开发的自动化绘图软件，可以把数据资料和数学函数转换成容易观察的平面或立体的图形。它可以让使用者很容易地读入外部的数据结果，在屏幕上立即显示图形，并且可以选择和修改图形的画法，明显地表现出数据的特性。通过图形，研究者可以寻找数据的规律，或者验证模型的正确性等。而在实验完成后，同样可以利用 gnuplot 把结果记录下来，可以将图形打印出来或者输出成通用的图形格式，为记录实验结果或以后撰写论文所用。

现在 gnuplot 在 Unix、Linux 和 Windows 等平台下都能实现，然而它在各种平台上的使用方法特别是提供的命令和函数基本上相同。下面，我们就以 Linux 下的 gnuplot 为例进行讲解。

gnuplot 有两种工作方式：交互式方式或批处理方式。在命令行下，直接输入 gnuplot 就可以进入交互式方式。使用者可以在文字界面下输入命令，并及时察看反馈。退出 gnuplot 时，只需要使用 quit 命令或 exit 命令。

　　若在 gnuplot 后面的参数中带有文件名，gnuplot 将进入批处理模式。在批处理模式下，gnuplot 实际是采用 load 函数按顺序把所有文件调入并批处理执行其中的命令，完成后自动退出。文件中的命令和交互方式下使用的命令完全一样。特别地，文件名 "-" 表示标准输入。如下例，gnuplot 就会按顺序执行 file1 和 file2 中的命令：

　　　　gnuplot filel file2

　　gnuplot 中的命令和函数名都区分大小写。所有的命令名都可以使用特定的简写名，并且不会发生混淆(但 load 和 call 例外，必须使用全名)。在一行中的命令数量不限，采用 "；" 分割开。字符串必须用单引号或双引号括起来，例如 load "filename" 或 cd "dir"。

　　我们如果要把做好的图保存下来，以便让其他文件使用，那么需要做两件事：第一是要设定输出格式，第二是告诉 gnuplot 要存成什么文档。Gnuplot 支持 ps、pdf、png、jpg 等多种格式。比方说，我们现在要保存为 png 格式，名叫 mygraph.png，就输入这样的指令：

　　　　set output "mygraph.png"

　　　　set term png

　　　　replot

　　当然，如果要输出为 pdf 格式，就是 set term pdf，其他格式也都是类似的方式。这是告诉 gnuplot，以后图形不要出现在屏幕上，换成用户要求的格式输出。可是如何再让图出现在屏幕上呢？那就是设回原有的输出，这里各个平台的设置方式不同，我们分别说明如下：

　　　　Linux 的 X-Windows 系统: set tem x11

　　　　Mac OS X: set term aqua

　　　　Windows: set term windows

　　其实 gnuplot 还支持更多的格式，可以用下面的指令查到详细情形：

　　　　help term

6.3.2　gawk

　　在 NS2 中，模拟产生的 trace 文件往往非常大，一般情况下，必须借助相应的处理工具才能够提取相应的数据信息。比如，要统计一次模拟中的丢包率，必须计算出发送的包的数量和接收到的包的数量；要计算平均时延，必须计算出每个数据包的发送时间和接收时间，从而得出每个包的时延并进行统计。类似这样的工作，可以用 C 语言编写文本处理程序来完成，也可以使用 Perl 语言来完成，但 gawk 相对来说非常方便，本小节介绍 gawk 语言的使用。

1. gawk 简介

　　gawk 是一种程序语言。它具有一般程序语言常见的功能。因为 gawk 语言具有某些特点，如：使用直译器(Interpreter)，不需先行编译；变量无型别之分(Typeless)，可使用文字当数组的注标(Associative Array)等特色。因此，使用 gawk 撰写程序比起使用其他语言更简洁便利且节省时间。gawk 还具有一些内建功能，使得 gawk 擅于处理具有数据列(Record)、字段(Field)型态的数据；此外，gawk 内建有 pipe 的功能，可将处理中的数据传送给外部的 Shell 命令加以处理，再将 Shell 命令处理后的数据传回 gawk 程序，这个特点也使得 gawk 程序很容易使用系统资源。

2. gawk 的原理

以下对 gawk 程序架构以及相关的术语加以介绍。

1) 名词定义

资料列：gawk 从数据文件上读取的基本单位，gawk 读入的第一笔资料列为：

"＋　0.1　1　2　cbr　1000　…　2　1.0　3.1　0　0"

第二笔资料列为：

"－　0.1　1　2　cbr　1000　…　2　1.0　3.1　0　0"

一般而言，一笔数据列相当于数据文件上的一行资料。

字段(Field)：数据列上被分隔开的子字符串。

以资料列"＋　0.1　1　2　cbr　1000　…　2　1.0　3.1　0　0"为例，其各字段内容结构如下：

一	二	三	四	五	六	七	八	九	十	十一	十二
＋	0.1	1	2	cbr	1000	…	2	1.0	3.1	0	0

一般而言是以空格符来分隔相邻的字段的。

当 gawk 读入数据列后，会把每个字段的值存入字段变量。

字段变量	意　义
$0	为一字符串，其内容为目前 gawk 所读入的资料列
$1	代表 $0 上第一个字段的数据
$2	代表 $0 上第二栏个位的资料
…	…

2) 程序主要结构

Pattern1　　　　{Actions1}

Pattern2　　　　{Actions2}

Pattern3　　　　{Actions3}

一般常用"关系判断式"来当成 Pattern。例如：

x > 3　　　　用来判断变量 x 是否大于 3

x == 5　　　　用来判断变量 x 是否等于 5

gawk 提供 C 语言常见的关系操作数，如：>、<、>=、<=、==、!= 等等。Actions 由许多 gawk 指令所构成，而 gawk 的指令与 C 语言中的指令非常类似。

I/O 指令：print、printf()、getline …

流程控制指令：if (…) {…} else {…}、while(…){…} ……

gawk 程序的流程为先判断 Pattern 的结果，若为真(True)则执行相对应的 Actions，若为假(False)则不执行相应的 Actions。若是处理的过程中没有 Pattern，gawk 会无条件地去执行 Actions。

3) 工作流程

执行 gawk 时，它会反复进行下列四个步骤：

(1) 自动从指定的数据文件中读取一笔数据列。

(2) 自动更新(Update)相关的内建变量之值。

(3) 逐次执行程序中所有的 Pattern{Actions}指令。

(4) 当执行完程序中所有的 Pattern{Actions}时，若数据文件中还有未读取的数据，则反复执行步骤(1)～(4)。

gawk 会自动重复进行上述的四个步骤，所以使用者无须在程序中编写这个循环。

6.3.3　cbrgen

cbrgen 工具用来生成传输负载(Traffic Overload)，可以产生 TCP 流或者 CBR 流(Contant Bytes Rate Stream)。它所在目录为 ~ns/indep-utils/cmu-scen-gen，只有 cbrgen.tcl 文件。cbrgen 的使用方式如下：

```
ns cbrgen.tcl [-type cbr|tcp] [-nn nodes] [-seed seed] [-mc connections] [-rate rate]
```

其中各参数说明如下：

type：该参数指定了产生的是 TCP 流还是 CBR 流。

nn：通过 nodes 的值指定了有多少个节点。

mc：指定了这些节点间的最大连接数。

rate：通过 rate 值指定了每个连接间的流的负载量。如果产生的是 CBR 流，则包长固定为 512 字节，rate 值指定的是每秒发送多少个包。

seed：指定了随机数种子。

例如，共有 4 个节点，最多有 1 条连接，在某个随机时刻启动一个 CBR 流，每秒发送 1 个长度为 512 字节的包。

```
ns cbrgen.tcl -type cbr -nn 4 -seed 1 -mc 1 -rate 1.0
```

输出结果如下，可以使用管道命令输出到某个文件中去。

```
#nodes：4，max conn：1，send rate：1.0　seed：1
#
#
#1 connecting to 2 at time　25568388786897245
#
set udp_(0) [new Agent/UDP]
$ns_ attach-agent $node_(1) $udp_(0)
set null_(0) [new Agent/Null]
$ns_ attach-agent $node_(2) $null_(0)
set cbr_(0) [new Application/Traffic/CBR]
$cbr_(0) set packetSize_ 512
$cbr_(0) set interval_ 1.0
$cbr_(0) set random_ 1
$cbr_(0) set maxpkts_ 1000
$cbr_(0) attach-agent $udp_(0)
$ns_ connect $udp_(0) $null_(0)
```

$ns_ at 2.5568388786897245 "$cbr_(0) start"

\#

\#Total xoreces/connection: 1/1

\#

6.3.4　setdest

　　setdest 是 CMU 大学在 NS 中推出无线网模拟模块时提供的一个工具，可以用来随机生成无线网所需要的节点运动场景，即一定数量的节点在某个固定大小的矩形区域中随机朝某个目的节点运动，在到达该目的地后做一段时间的停留(也可以不停留)后，选择另一个目的地随机地以一个速度继续运动。

　　setaest 工具在 ~ns/indep-utils/cmu-scen-gen/setdest 目录下，使用前需要进行 make。setdest 的命令格式如下：

　　　　./setdest　-n <num_of_nodes> -p <pausetime> -s <maxspeed> -t <simtime>

　　　　　　　　-x <maxx> -y <maxy> > <outdir>/<scenario-file>

　　它使用到的参数定义如下：

　　n：num_of_nodes 的值指定了场景中总共有多少个节点。

　　p：pausetime 指定了节点在运动到一个目的地后停留的时间，如果设为 0，则节点不停留。

　　s：maxspeed 指定了节点随机运动速度的最大值，单位是 m/s，节点的运动速度将在［0，maxspeed］中随机选择。

　　t：simtime 指定了模拟场景的持续时间(单位为 s)。

　　x：maxx 指定节点运动区域的长度(x 轴方向，单位为 m)。

　　y：maxy 指定节点运动区域的宽度(y 轴方向，单位为 m)。

　　最后 outdir/scenario-file 指定了生成场景的输出文件。下面的例子中，在生成的场景中，3 个节点在 300 m × 500 m 的矩形中不停地运动，最大速度为 2 m/s，平均速度为 1 m/s。场景的模拟时间为 10 s。

　　　　./setdest -n 3 -p 0 -s 2 -t 10 -x 300 -y 500 > scen-3n-0p-10t-2s-300-500

　　使用 setdest 生成的场景，可以在 NS 控制台或者运行脚本中使用 source 命令调入。此外，由于生成的命令中用到了 node_数组变量和 god_变量，需要提前建立这些对象。例如我们在 NS 运行的 tcl 文件里一般会这样使用下面的代码：

```
#
# Create God
#
set god_ [create-god $val(nn)]
for {set i 0} {$i<3} {incr i} {
    set node_($i) [$ns_ node]
    $node_($i) random-motion 0
}
puts "Loading scenario file..."
source scen-3n-0p-10t-2s-300-500
```

6.3.5　threshold

在无线网络中，传输信号的强度一般随着距离的增加而迅速降低，采用不同的传播模型则信号衰减的公式有所不同。在 NS 中提供了三种传输模型：Freespace、TwoRayGround和 Shadowing 模型。一个数据包如果要在接收者方能正确接收，接收功率必须大于某一个接收功率阈值(threshold)。threshold 工具就是用来计算在某种传播模型下，如何设定接收功率阈值来控制无线传输的范围。

threshold 工具所在目录为 ~ns/indep-utils。先采用下面的命令编译得到可执行文件：

g++ threshold.cc -o threshold

threshold 的命令格式如下：

threshold -m <propagation-model> [other-options] distance

其中 propagation-model 指定了传播模型，必须是 Freespace、TwoRayGround 和 Shadowing中的某一种。distance 指定了传输范围。other-options 指定了一些参数，其中部分参数是三种模型都包括的，如：

Pt <transmit-power>　　　　　　发送者的发送功率
fr <frequency>　　　　　　　　发送者的发送频率
Gt <transmit-antenna-gain>　　　发送天线的放大率
Gr <receive-antenna-gain>　　　接收天线的放大率
L <system-loss>　　　　　　　系统丢失率，$L \geqslant 1$

有些参数是 TwoRayGround 模型特有的，如：

ht <transmit-antenna-height>　　发送天线的高度
hr <receive-antenna-height>　　　接收天线的高度

下面的例子计算出在默认的情况下，设定什么样的接收功率阈值可以使得采用TwoRayGround 模型下的无线传输范围为 400 m。

./threshold -m TwoRayGround 300

输出结果如下：

distance = 300

propagation model:TwoRayGround

Selected parameters:

Transmit power: 0.281838

Frequency: 2.472e+9

Transmit antenna gain:1

Receive antenna gain:1

System loss:1

Transmit antenna height:1.5

Receive antenna height:1.5

Receiving threshold RXThresh_ is : 1.76149e-10

前面列出的都是目前的参数选择,最后给出结果,接收功率阈值应该为:1.76149e−10。这样,我们只需要在 NS 运行时使用下面的命令来设定该阈值,就可以使得无线通信距离变为 400 m。

　　　　Phy/WirelessPhy　set RXThresh_　5.57346e-11

如果我们更具体一点,改变不同节点的接收阈值,那么就可以得到有单向链路的场景。当然,更合理的做法可以是改变不同发送者的发送功率。

6.3.6　nam

nam 是 network animater 的缩写,经常与 NS 模拟器配合使用,通过动画演示来向人们展示网络运行情况。

1.nam 简介

nam 是基于 Tcl/Tk 的动画显示工具,用于演示网络运行动画,例如网络拓扑、包传输和队列管理等。nam 最初在 1990 年由 Steven McCanne 开发,用于在网络研究中利用动画演示包的传输过程。后来这项工具渐渐流行开,并且得到其他个人和组织的继续改进和完善。

nam 的功能是根据网络模拟软件或真实环境里的特定格式的 trace 输出文件来运行动画,例如 Trace 文件常常来自 NS 模拟器或者 Tcpdump 软件的输出。当然,任何其他软件只要按照 nam 要求的数据格式输出,同样可以利用 nam 来进行动画演示。在这里,我们主要介绍 nam 如何与 NS 配合,即依靠 NS 模拟器来获得 nam 需要的输入文件。

2.nam 用户界面

图 6-7 是 nam 的界面,这里我们使用的是 Red Hat Linux 环境下的 nam-1.11 版。点击菜单 File 下的 Open 菜单项,可以打开 nam 所需要的输入文件进行动画放映。当然,也可以使用简单的命令行命令:nam path/tracefile.nam 来打开指定的输入文件。nam 的动画放映界面使用非常简单,主要是动画播放的一些基本操作,如停止、开始、快返、快进等,另外就是注意调控放映时间和放映速度。

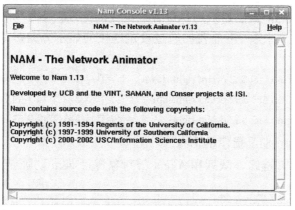

图 6-7　nam 界面

3.nam 入门

我们通过一个简单的例子来演示一下如何使用 nam 和 NS 模拟器来演示动画。其实 nam

本身的使用非常简单，主要在于如何生成 nam 需要的动画输入文件。

我们使用一个包含 5 个网络节点的简单场景，0、1、2、3、4 这 5 个节点构成线性拓扑，程序代码就是下面 6.4 节给出的例子。

下面我们来详细介绍与 nam 相关的部分。首先，我们需要打开一个输出 nam 动画格式的输出文件，并且告诉 NS 将动画输出部分写入该文件。下面两行代码设定 out.nam 为输出文件，通过 namtrace-all 成员函数将该文件与动画输出联系在一起。

```
set nf [open out.nam w]
$ns namtrace-all $nf
```

实际上，现在增添下面这几行必要的运行代码，我们就可以看到 NS 将这次运行的动画输出都写入到 out.nam 中去了。

```
#在模拟时间的第 5 s 调用 finish 过程
$ns at 5.0 "finish"
#定义 finish 过程，在 NS 运行结束时做必要的处理
proc finish {} {
        #清空输出缓存，关闭 nam 输出文件
        global ns nf
        $ns flush-trace
        close $nf
        #直接调用 nam 来打开 out.nam 进行动画播放
        exec nam out.nam &
        exit 0
}
#运行 NS 模拟器
$ns run
```

当然，上述例子只是最简单的，其实通过 NS 还可以设定 nam 很多显示细节。例如，现在这几个节点是由 nam 自己随机选择位置的，我们可以在 NS 中设定网络拓扑的某些特性，从而控制动画显示情况。下面我们通过设定连接的显示方向，使上面节点显示成星形的形状。

```
$ns duplex-link-op $n0 $n2 orient right-down；    #节点 2 在节点 0 的右下方
$ns duplex-link-op $n1 $n2 orient right-up；      #节点 2 在节点 1 的右上方
$ns duplex-link-op $n2 $n3 orient right；         #节点 3 在节点 2 的右方
```

4. NS 中控制 nam 动画显示的命令

NS 中可以对节点、链路、队列和 Agent 等对象进行 nam 动画显示方面的控制。

1) 节点

对于节点对象，NS 可以设定动画显示时节点的形状、颜色、表示名称和注释等。下面例举了常用的命令：

```
$node color [color]                    ；#设定节点的颜色
$node shape [shape]                    ；#设定节点的形状
```

```
$node label [label]                    ；#设定节点的名称
$node label-color [color]              ；#设定节点显示名称的颜色
$node label-at [ldirection]            ；#设定名称的显示位置
$node add-mark [name] [color][shape]   ；#增加注释
$node delete-mark [name]               ；#删除注释
```

2) 链路和队列

NS 中一般通过下面这个命令来指定链路和队列的显示属性：

$ns duplex-link-op <attribute> <value>

其中 attribute 可以是这些值：orient、color、queuePos 和 lable。orient 指定了链路的方向，可以用角度(与水平线的夹角)或者文字来定义，例如文字定义有：right(向右，和选取角度 0 一样)、right-up(右上，相当于 45°)、right-down(右下，相当于 −45°)、left(向左，相当于 180°)、left-up(左上，相当于 135°)、left-down(左下，相当于 −135°)、up(向上，相当于 90°)和 down(向下，相当于 −90°)。Label 定义链路显示的名称。队列只有在节点缓存了包的时候才会出现，通过 queuePos 来定义显示方向。

下面例举几个常用例子：

```
$ns duplex-link-op orient right        ；#链路方向向右
$ns duplex-link-op color "green"       ；#链路颜色为绿
$ns duplex-link-op queuePos            ；#队列显示为向上
$ns duplex-link-op label "A"
```

3) Agent

在 NS 中，Agent 都是绑定在节点上的，在 nam 中可以显示出某个节点上绑定了哪些 Agent。使用下面的命令就可以使想要显示的 Agent 以 Agent/Name 出现在节点附件的方框内：

```
$ns attach-agent $node $Agent ；#将 Agent 和节点绑定
$ns add-agent-trace $Agent Agent/Name ；# nam 中$node 节点附近将出现 Agent/Narne
```

6.4 例程及其分析

本小节中我们将给出一个使用 Wi-Fi 宽带无线技术建立煤矿井下宽带无线通信信道的实例，Wi-Fi 技术使用的是 IEEE 802.11 标准，该标准在目前 NS 模拟中被广泛应用。如 Ad hoc、Mobile IP 等无线网络均采用 IEEE 802.11 标准。

首先简单介绍一下例程的应用环境。随着无线通信技术的发展和煤矿信息化的要求，无线通信技术包括短距离无线通信(Short Distance Radio，SDR)等技术也开始在煤矿安全生产中得到了广泛的应用。我们就煤矿事故的应急救援，提出了一种基于 SDR 技术的应急救援无线通信系统。此应急救援系统采用有线和无线通信技术相结合，以及嵌入式技术来实现灾害发生后的井下环境信息的采集，为救援工作提供科学的决策依据。

煤矿事故发生后，井下电源供应中断，原有通信系统瘫痪，快速建立应急救援通信系统，包括有线通信信道和基于射频技术的宽带无线通信信道，可以为救援及减少进一步损失提供通信及信息保证。

可以用于应急通信快速信道建立的射频技术主要有蓝牙技术、Wi-Fi 技术和 ZigBee 技术。由于 Wi-Fi 技术有传输速率高、可靠性高、建网快速、便捷、可移动性好等特点，本节选择使用 Wi-Fi 宽带无线技术建立煤矿井下宽带无线通信信道。

基于 Wi-Fi 宽带无线技术的应急救援系统包括三部分：地面指挥调度中心、井下救援基地和灾变现场救护队。井下无线链路由井下救援基地、无线传输链路部分、采集前端及运输小车几部分组成，如图 6-8 所示。

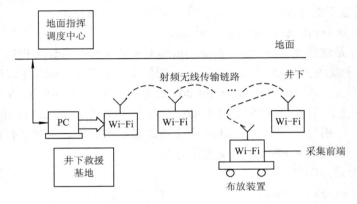

图 6-8　井下无线链路示意图

图中，地面指挥调度中心和井下救援基地之间采用有线连接的方式传输数据。应急救援开始后，地面救援指挥调度中心完成相关救援预案论证，确定救援方案，进行有线电缆的快速铺设和相关设备的快速架设，迅速建立起井下救援基地与地面救援指挥调度中心的信息联系，完成井下救援基地平台的搭建。

井下救援基地和 Wi-Fi 射频模块之间采用无线连接方式。为了保证人员安全，在靠近灾变现场的情况不明区域，通过自动布放装置快速建立无线通信信道，并采用基于 Wi-Fi 技术的无线接力方式实现通信信道向灾变现场的逐渐延伸，直至到达救援灾变现场，快速建立起采用有线加无线射频的混合组网的煤矿应急救援信息传输通道。

由于 Wi-Fi 技术的自组网功能，当两个节点通信距离超过其通信范围后，新投放的节点会自动加入 Wi-Fi 网络成为中间路由节点，使通信链路长度延伸，保证通信的正常进行。其余节点依次进行投放。链路建立过程中，采集前端同时也送回救援前端的各种环境参数，救援人员和救援指挥调度中心分析和处理各种采集到的环境参数后，作出进一步的救援工作安排。安全可靠时，救援人员可以直接进入已探测到的区域，然后作进一步的深入探测或是救援；否则，进行必要的排险工作，排除险情，为下一步救援工作做准备。同时，救援人员随身装配的数据设备，依靠已经搭建的 Wi-Fi 网络，可完成救援人员之间或是救援人员与地面指挥调度中心之间的语音联系和救援人员定位功能。

仿真环境的设置如下：在 Linux 系统下安装 ns-2.30 版本，频率为 2.4GHZ，物理层使用直接序列扩频(DSSS)，速率为 2 Mb/s。使用了 802.11 MAC 协议，路由层使用 DSDV(目的序列距离矢量路由)。

试验中，每个结点表示一个布放装置，在矿难发生后，该系统会由布放装置在救援中心站的遥控下自动搭建，并将数据传输到井下救援基地。该系统由 5 个移动节点(节点 0、1、2、3 和 4)构成，在 1000 m×1000 m 的范围内固定传输数据。在节点 0 和节点 4 之间建立固定比特率(CBR)业务流，CBR 的分组大小为 512 字节，发送间隔为 4 s。Tcl 代码如下：

```
1  set val(chan)      Channel/WirelessChannel     ;#Channel Type
2  set val(prop)      Propagation/TwoRayGround     ;# radio-propagation model
3  set val(netif)     Phy/WirelessPhy              ;# network interface type
4  set val(mac)       Mac/802_11                   ;# MAC type
5  set val(ifq)       Queue/DropTail/PriQueue      ;# interface queue type
6  set val(ll)        LL                           ;# link layer type
7  set val(ant)       Antenna/OmniAntenna          ;# antenna model
8  set val(ifqlen)    100                          ;# max packet in ifq
9  set val(nn)        5                            ;# number of mobilenodes
10 set val(rp)        DSDV                         ;# routing protocol
11 set val(x)         1000                         ;# X dimension of the topography
12 set val(y)         1000                         ;# Y dimension of the topography
13 set val(stop)      200.0                        ;# simulator times

14 set ns_           [new Simulator]

15 set tracefd       [open example.tr w]
16 $ns_ trace-all $tracefd
17 set namtrace [open example.nam w]
18 $ns_   namtrace-all-wireless  $namtrace  $val(x)  $val(y)

19 proc stop {} {
20     global ns_ tracefd   namtrace
21     $ns_ flush-trace
22     close $tracefd
23     close $namtrace
24     exec nam wireless_channel.nam &
25     exit 0
26 }

# set up topography object
27 set topo [new Topography]
28 $topo load_flatgrid $val(x) $val(y)

# Create God
29 create-god $val(nn)

# configure node, please note the change below.
```

```
30 $ns_ node-config –addressType flat \
31        -adhocRouting $val(rp) \
32        -llType $val(ll) \
33        -macType $val(mac) \
34        -ifqType $val(ifq) \
35        -ifqLen $val(ifqlen) \
36        -antType $val(ant) \
37        -propType $val(prop) \
38        -phyType $val(netif) \
39        -channelType $val(chan) \
40        -topoInstance $topo \
41        -agentTrace ON \
42        -routerTrace ON \
43        -macTrace OFF \
44        -movementTrace OFF \

44 for {set i 0} {$i < $val(nn)} {incr i} {
45        set node_($i) [$ns node]
46        $node_($i) random-motion 0      ;#disable random motion
47 }

48 $node_(0) set X_ 50.0
49 $node_(0) set Y_ 200.0
50 $node_(0) set Z_ 0.0

51 $node_(1) set X_ 250.0
52 $node_(1) set Y_ 200.0
53 $node_(1) set Z_ 0.0

54 $node_(2) set X_ 450.0
55 $node_(2) set Y_ 200.0
56 $node_(2) set Z_ 0.0

57 $node_(3) set X_ 700.0
58 $node_(3) set Y_ 200.0
59 $node_(3) set Z_ 0.0

60 $node_(4) set X_ 900.0
61 $node_(4) set Y_ 200.0
```

```
62 $node_(4) set Z_ 0.0

63 set udp_(0) [new Agent/UDP]
64 $udp_(0) set prio_ 0                    ;# Set Its priority to 0
65 set sink [new Agent/LossMonitor]        ;# Create Loss Monitor Sink in order to be able to trace the
66                                              number obytes received
67 $ns_ attach-agent $node_(0) $udp_(0)    ;# Attach Agent to source node
68 $ns_ attach-agent $node_(4) $sink       ;# Attach Agent to sink node
69 $ns_ connect $udp_(0) $sink             ;# Connect the nodes
70 set cbr_(0) [new Application/Traffic/CBR]
71 $cbr_(0) attach-agent $udp_(0)

72 $cbr_(0) set packetSize_ 512
73 $cbr_(0) set interval_ 2.0
74 $cbr_(0) set random_ 1
75 $cbr_(0) set maxpkts_ 100

76 $ns_ at 10.0 "$cbr_(0) start"
77 $ns_ at 200.0 "stop"

78 for {set i 0} {$i < $val(nn) } {incr i} {
79       $ns_ at 200.0 "$node_($i) reset";
80 }

81 puts "Starting Simulation..."

82 $ns_ run
```

1～13：设定模拟需要的一些属性，比如 mobilenode 的 Channel、MAC、LL 层的类型，天线(Antenna)类型，节点的数目，场景的长宽尺寸等。

14：建立一个 Simulator 对象的实例并把它赋值给变量 ns。

15～18：打开一个名为 exmple.tr 的文件，用来记录模拟过程的 trace 数据，变量 tracefd 指向该文件；打开一个名为 example.nam 的文件，用来记录 nam 的 trace 数据，变量 namtracefd 指向该文件。

19～26：建立一个名为 finish 的过程(Procedure)，用来关闭两个 trace 文件，并调用 nam 程序演示模拟过程的动画。

27：建立一个 Topography 对象，该对象会保证节点在拓扑边界范围内运动。

28：设定模拟所采用的场景的长宽尺寸。

29：建立一个 God 对象。God 对象主要用来对路由协议做性能评价，它存储了节点 (Mobilenode)的总数、各个节点间最短路径表等信息，这些信息通常是在模拟开始前就计算好的。节点的 MAC 对象会调用 God 对象，因此即使我们在这里并不使用 God 对象，仍然需要建立一个 God 对象。

　　30～44：在建立节点之前，先配置节点的一些参数。agentTrace 表示应用层的 trace，在 trace 文件中用 AGT 表示；routerTrace 表示路由的 trace，在 trace 文件中用 RTR 表示；macTrace 表示 MAC 层的 trace，在 trace 文件中用 MAC 表示；movementTrace 表示记录节点移动命令的 trace，在 trace 文件中用 M 表示。

　　44～47：建立两个节点，关闭节点的随机运动功能，即节点的运动完全由用户指定。

　　48～62：设定节点的初始位置。

　　63～71：建立一个由 node_(0)～node_(4) 的 UDP 连接，并在其上建立一个 CBR 数据流。

　　72～75：定义数据包的大小、间隔和允许发送包的最大数等。

　　76～77：告知 Simulator 对象的开始时间和结束时间。

　　78～80：在模拟结束前调用各个节点的 reset 函数。

　　82：开始模拟。

我们可以通过命令"ns example.tcl"来运行这个模拟。模拟结束后，程序会自动调用 nam 来演示模拟的过程，应该能看到与图 6-9 类似的内容。

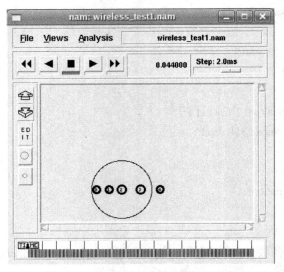

图 6-9　nam 播放 ns 运行过程的动画

我们还可以看到 trace 结果的输出文件 example.tr。结果示例如下：

```
D 61.927413375 _0_ RTR    CBK 66 cbr 552 [0 0 0 800] ------- [0:0 4:0 32 1] [25] 0 0
s 61.927413375 _0_ RTR    --- 68 cbr 552 [0 0 0 0] ------- [0:0 4:0 32 1] [26] 0 0
r 61.927413375 _2_ RTR    --- 69 message 80 [0 ffffffff 1 800] ------- [1:255 -1:255 32 0]
r 61.939026041 _1_ RTR    --- 68 cbr 552 [13a 1 0 800] ------- [0:0 4:0 32 1] [26] 1 0
f 61.939026041 _1_ RTR    --- 68 cbr 552 [13a 1 0 800] ------- [0:0 4:0 31 2] [26] 1 0
r 61.951963041 _2_ RTR    --- 68 cbr 552 [13a 2 1 800] ------- [0:0 4:0 31 2] [26] 2 0
f 61.951963041 _2_ RTR    --- 68 cbr 552 [13a 2 1 800] ------- [0:0 4:0 30 3] [26] 2 0
r 61.961015875 _3_ RTR    --- 68 cbr 552 [13a 3 2 800] ------- [0:0 4:0 30 3] [26] 3 0
```

上面每一行以 r、s、f 或 D 开头，分别表示收到、发送、转发和丢弃一个包。第 2 个字段表示当前的时间(NS 模拟时间);第 3 个字段格式为_n_,其中 n 表示处理这个包的节点 ID 号;第 6 个字段(这个例子中都是 68)表示 CBR 包的序列号,用来区分不同的数据包;第 14、15 个字段中的"0:0　4:0",分别表示了"源地址:源端口　目的地址:目的端口"。每次运行 NS 生成 trace 结果输出文件,这个文件可能非常巨大,依靠人去一行行读取几乎是不可能的,如何分析这么大的数据量往往是一个难题。下面我们主要通过 trace 文件分析数据包在传输过程中的吞吐量、延时、抖动率等。

6.4.1　吞吐量分析

例如对上面的 5 个节点 example.tcl 文件运行的数据结果 example.tr 进行分析,首先判断一下节点 0 发出的包,经过节点 1、2、3 转发后,是否全部被节点 4 接收?这只需要统计一下节点 0 发送的数据量和节点 4 接收的数据量。我们可以采用下面的 Linux 命令来统计。

```
grep  "r.*AGT"  example.tr>g_r
grep  "s.*AGT"  example.tr>g_s
grep  "f.*AGT"  example.tr>g_f
wc g_?
    204    4080    17637    g_f
     68    1360     5879    g_r
     94    1880     7701    g_s
    366    7320    31217    总用量
```

当 trace 输出文件很大时,采用 grep 命令来收集需要的信息时间会较长,而且也不够灵活。我们常常采用编写并运行 gawk 脚本,功能强大而且处理速度快。下面是 getRatio.awk 中的代码,用来统计接收和发送的数据。

```
#初始化设定
BEGIN {
    sendLine=0;
    recvLine=0;
    dropLine=0;
    fowardLine=0;
    if(mseq==0)                          #如果没有指定最大序列号,则默认值为 10000
        mseq=10000;
    for(i=0;i<mseq;i++) {                #初始化重复包判断的缓存数组
        rseq[i]=-1;
        sseq[i]=-1;
    }
}
#应用层收到包
$0~/^s.*AGT/ {
    if(sseq[$6]==-1)    {                #$6 在 trace 格式中的意义为 CBR 数据的序列号
        sendLine++;
```

```
                sseq[$6]=$6;
        }
}
#应用层发送包自治
$0~/^r.*AGT/ {
        if(rseq[$6]==-1)   {
                recvLine++;
                rseq[$6]=$6;
        }
}
#路由层转发包
$0~/^f.*RTR/ {
        fowardLine++;
}
#最后输出结果
END {
        dropLine=sendLine-recvLine;
                pdf=(dropLine/sendLine)*100;
     printf "cbr s:%d r:%d, r/s Ratio:%.4f, f:%d  \n",sendLine,recvLine,(recvLine/sendLine),fowardLine;
        printf "dropLine:%d       drop/send:%f\n",dropLine,pdf;
}
```

使用 gawk 工具运行该脚本，我们就可以看到统计结果：

```
gawk  -f  getRatio.awk  example.tr
cbr s:94  r:68  r/s  Ratio: 0.7234  f: 204
       dropLine:26  drop/send:27.659574
```

上面的吞吐量分析是非常粗糙的，只能反映出一个统计上的最终结果，并不能从中了解到许多过程信息。我们利用 gawk 和 gnuplot 工具，可以对整个运行的 200 s 时间，按时间段进行统计并最后画出随时间变化节点间的通信速率，可以很清楚地展现不同流的传输情况。我们首先编写一个 gawk 脚本，它分时间段对 trace 中的结果进行统计，将每个时间段的传输速率写到一个输出文件中去。这个 gawk 脚本文件命名为 getNoderecv.awk，内容如下：

```
#getNoderecv.awk
BEGIN {
        step=5;                 #每过 5 s 统计一次
        base=0;                 #一个时间段的结束时间
        start=$2;               #开始统计数据接收的时间，以第一个数据包发送时为起点
        bytes=0;                #记录一个时间段里收到的数据量
        total_bytes=0;          #记录总共收到的数据量
        max=0;                  #记录一个时间段里收到的数据量的最大值
        calc=0;                 #是否已经开始统计的标志位

}
```

```awk
#获得统计数据接收的开始时间,以第一个数据包发送时为起点
$0~/^s.*AGT/ {
        if(base==0&&$3==("_"src"_")) {
            base=$2;
            start=$2;       #开始统计的时间
            calc=1;         #开始统计的标志位
        }
    }

#处理接收数据的记录
$0~/^r.*AGT/&&calc==1 {
        time=$2;
        if(time>base)  {    #这个时间段结束,进入下一个时间段
            bw=bytes/(step*1000.0);                 #上个时间段的传输速率
            if(max<bw) max=bw;                      #最大传输速率
            printf "%.9f %.9f   ",base,bw>>outfile; #输出上个时段的速率
            printf "%.9f\n",bytes>>outfile;         #下一个时间段的结束时间
            base+=step;
            bytes=0;
        }
        if($3== ("_"dst"_"&&match($14, "." src":")>=) {
            #dst 收到 src 发送的数据
            total_bytes+=$8;        #增加总的数据接收量
            bytes+=$8;              #增加当前时间段的数据接收量
        }
    }
END {
    if(total_bytes)
        printf "# AvgB/w=%.3fKB/s\n",((total_bytes/1000.0)/(time-start))>>outfile;
        #输出整个运行时间平均传输速率
    else
        printf "# Avg B/w=0.0KB/s\n";
        printf "# Max B/w=%.3fKB/s\n",max>>outfile;
}
```

在 getNoderecv.awk 中,许多参数需要在运行脚本时指定,其中包括 src(发送源的地址)、dst(接收者的地址)和 outfile(结果输出文件)。其他参数也可以在 getNoderecv.awk 脚本中指定。脚本的运行命令如下:

```
gawk -v src=0 -v dist=4 -v outfile=example.data -f getNoderecv.awk example.tr
```

结果输出文件放在 example.data,这里不再具体列举,大家可以自己调试。由 example.data 的内容可以看出,节点 0 和节点 4 间的平均传输速率为 0.183 KB/s,最大速率为 0.319 KB/s。

　　下面我们用 gnuplot 工具来画图显示节点 0、4 间的传输情况。首先编写 gnuplot 用到的 plot 脚本文件 example.plot，内容如下：

```
set term png color
set output "example.png"
set ylabel "Transmission Speed(KB/s)"
set xlabel "Time(s)"
set key left top
set title "Throughput Analysis"
plot "example.data" title "0->4" with linespoints
```

输出结果存在 example.png 中，如图 6-10 所示。

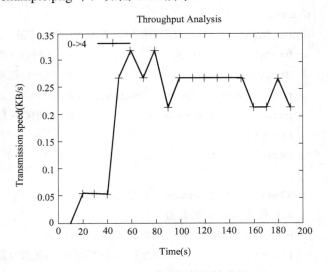

图 6-10　　0、4 节点间的传输结果

6.4.2　延时(Delay)

　　我们把测量 CBR 封包端点到端点间延迟时间的 gawk 程序写在脚本文件 measure_delay.awk 中，大家可以参考下面的代码，修改成符合自己需求的程序。

```
BEGIN {
        highest_packet_id =0;
}
{
    action = $1;
    time = $2;
    packet_id = $6;
#记录目前最高的 packet ID
    if ( packet_id > highest_packet_id )
            highest_packet_id = packet_id;
```

```
#记录封包的传送时间
    if ( start_time[packet_id] == 0)
            start_time[packet_id] = time;
    if ( action != "D" ) {
        if ( action == "r" ) {
            end_time[packet_id] = time;
        }
    } else {
#把不是 flow_id=2 的封包或者是 flow_id=2 但此封包被 drop 的时间设为−1
        end_time[packet_id] = -1;
    }
}
END {
#当数据列全部读取完后，开始计算有效封包的端点到端点延迟时间
    for ( packet_id = 0; packet_id <= highest_packet_id; packet_id++ ) {
        start = start_time[packet_id];
        end = end_time[packet_id];
        packet_duration = end - start;
#只把接收时间大于传送时间的记录列出来
            printf "%f %f\n", start, packet_duration>>outfile;
    }
}
```

　　用 gnuplot 工具画图的脚本和上面分析吞吐量时的代码基本上相同，只是最后一行的 data 文件不同，输出结果如图 6-11 所示。

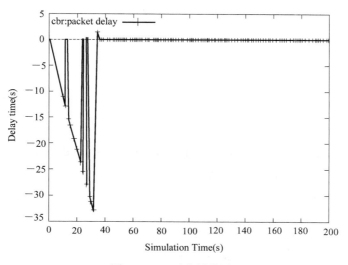

图 6-11　延时分析结果

6.4.3　抖动率(Jitter)

Jitter 就是延迟时间变化量(Delay Variance)。由于网络的状态随时都在变化，有时候流量大，有时候流量小，当流量大的时候，许多封包就必须在节点的队列中等待被传送，因此每个封包从传送端到目的地端的时间不一定会相同，而这个不同的差异就是所谓的 Jitter。Jitter 越大，则表示网络越不稳定。我们把测量 CBR flow 的 Jitter 的 gawk 程序写在脚本文件 measure_jitter.awk 中。

```
BEGIN {
        highest_packet_id = 0;
        jitter=0.0;
}
{
    action = $1;
    time = $2;
    packet_id = $6;
    if ( packet_id > highest_packet_id ) {
            highest_packet_id = packet_id;
    }
    if ( start_time[packet_id] == 0 )    {
            start_time[packet_id] = time;
    }
    #记录 CBR 的接收时间
    if (action != "D" ) {
    if ( action == "r" ) {
        end_time[packet_id] = time;
      }
    } else {
        end_time[packet_id] = -1;
    }
}
END {
    for ( packet_id = 2; packet_id <= highest_packet_id; packet_id++ ) {
        start = start_time[packet_id];
        end = end_time[packet_id];
        packet_duration = end - start;
                start1=start_time[packet_id-1];
                end1=end_time[packet_id-1];
                packet_duration1=end1-start1;
                jitter=((packet_duration)-(packet_duration1))/(packet_id-1);
```

```
#把接收时间大于传送时间的记录列出来
        if ( start < end )
                printf "%f %f\n", start,jitter>>outfile;
    }
}
```

用 gnuplot 工具画图，如图 6-12 所示。

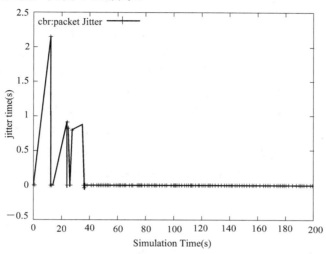

图 6-12　抖动率分析结果

6.4.4　丢包率(Loss)

把测量 CBR Packet Loss 的情况写在脚本文件 measure_drop.awk 中。

```
BEGIN {
#程序初始化,设定一变量记录 packet 被 drop 的数目
        fsDrops = 0;
        pdf=0.0;
        numFs = 0;
}
{
    action=$1;
#统计从 n1 送出多少 packets
        if (($3=="_0_") && ($4=="AGT") && action == "s")
                numFs++;
#统计 flow_id 为 2,且被 drop 的封包
        if (action == "D")
fsDrops++;
}
END {
```

```
                    pdf=(fsDrops/numFs)*100;
                    printf("number of packets sent:%d lost:%d    百分比：%f\n", numFs, fsDrops,pdf);
       }
```

使用 gawk 工具运行该脚本，就可以看到统计结果：

```
       gawk    -f    measure_drop.awk    example.tr
       =〉number of packets send:94    lost:26    百分比:27.659574
```

本章主要从四个部分简单介绍了 NS 网络仿真器，首先介绍了 NS 的起源、特点、网络模拟的一般方法和过程；NS 的基本原理及其运行机制；NS 相关工具；最后结合实际应用给出了 NS 的一个例程，并对其进行了详细的分析。NS 是当前进行网络模拟和仿真的主要工具，由于其具有开放源代码、功能强大和高度的灵活性等优点，在业界受到了一致好评和广泛使用。然而 NS 本身源代码非常庞大，学习和使用 NS 非常困难，特别是在 NS 中增添新的协议时，需要充分了解 NS 的体系结构、系统框架以及其中各构件库的功能和关系，然后按照规定的步骤逐步完成。最后通过一个实际例程分析了 NS 的一些常用参数，这对于初学者有很大的帮助，大家可以根据自己的需要做出相应的修改。

参 考 文 献

[1]   喻宗泉. 蓝牙技术基础. 北京：机械工业出版社，2006.

[2]   朱刚, 谈振辉, 周贤伟. 蓝牙技术原理与协议. 北京：北方交通大学出版社，2002.

[3]   金纯, 许光辰, 孙睿. 蓝牙技术. 北京：电子工业出版社，2001.

[4]   钱志鸿, 杨帆, 周求湛. 蓝牙技术原理、开发与应用. 北京：北京航空航天大学出版社，2006.

[5]   马建仓, 罗亚军, 赵玉亭. 蓝牙核心技术及应用. 北京：科学出版社，2003.

[6]   (美) Mark Ciampa. 无线局域网设计与实现. 北京：科学出版社，2003.

[7]   钱进. 无线局域网技术与应用. 北京：电子工业出版社，2004.

[8]   钟章队. 无线局域网. 北京：科学出版社，2004.

[9]   王金龙, 等. 无线超宽带(UWB)通信原理与应用. 北京：人民邮电出版社，2005.

[10]   郑相全, 等. 无线自组网技术实用教程. 北京：清华大学出版社，2004.

[11]   牛伟, 郭世泽, 吴志军. 无线局域网. 北京：人民邮电出版社，2003.

[12]   http://www.meshnetworks.com

[13]   http://www.spanworks.com

[14]   http://www.multispectral.com

[15]   http://www.pulselink.net

[16]   (美)Nathan J. Muller. 蓝牙揭密. 北京：人民邮电出版社，2001.

[17]   蒋挺, 赵成林. 紫蜂技术及其应用. 北京：北京邮电大学出版社，2006.

[18]   方旭明, 何蓉, 等. 短距离无线与移动通信网络. 北京：人民邮电出版社，2004.

[19]   孙利民, 等. 无线传感器网络. 北京：清华大学出版社，2005.

[20]   严紫建, 刘元安, 等. 蓝牙技术. 北京：北京邮电大学出版社，2001.

[21]   田方, 刘福杰, 常义林. 无线 Ad Hoc 网络关键技术研究. 计算机与网络，2002.

[22]   赵志峰, 郑少仁. Ad Hoc 网络. 中国数据通信，2002.

[23]   王建新, 邓曙光. 基于移动自组网络的研究及进展.电信快报，2001.

[24]   Jeo Mitola.Software Radio.IEEE Communications Magazine，1995.

[25]   蒋志红, 徐俊. 无线 Ad Hoc 的关键技术及应用.山东通信技术，2002.

[26]   刘涛, 黄本雄. 移动多跳自组网多播路由协议的比较与分析. 计算机工程，2002.

[27]   史美林, 英春. 自组网路由协议综述[J]. 通信学报，2001, 22.

[28]   孙荷琨, 郑家玲, 张云峰. Ad hoc 网路由协议设计及性能评估问题. 中国数据通信，2002.

[29]   李洪刚, 周洲. Ad Hoc 网络中的路由机制. 信息技术，2002.

[30]   彭伟刚. Ad hoc 网络中的路由技术. 江苏通信技术，2002.

[31]   全武, 宋瀚涛, 江宇宏. Ad hoc 无线网络及其路由选择协议. 计算机应用，2002.

[32]   臧婉瑜, 于动, 谢立, 等. 按需式 Ad hoc 移动网络路由协议的研究进展. 计算机学报，2002.

[33]   张禄林, 李承恕.MANET 路由选择协议的比较分析研究. 电子学报，2000.

[34]　周佩玲，杨庚.基于 Ad hoc 模式的网络组播路由协议的分析研究. 南京邮电学院学报(自然科学版)，2001.9.

[35]　董建平. 即时无线移动网络及相关路由协议. 世界电信, 2001.

[36]　舒炙泰，高德云，王雷. 无线 Ad hoc 网络中的多径源路由. 电子学报，2002 .

[37]　胡提，薛质. 无线移动自组网络的动态源路由策略. 电信快报，2002.

[38]　姜海，叶猛，何永明，等. 一种节省能量的移动 Ad Hoc 网络组播选路协议. 电路与系统学报，2002.

[39]　王海涛，郑少仁. 移动 Ad hoc 网络的路由协议及其性能比较. 数据通信，2003, 1.

[40]　刘卫国，宋瀚涛. 移动分组无线网路由协议设计和优化方法的研究. 计算机工程与应用，2002.

[41]　马聪，李建东. 移动分组无线网网络层技术的研究与实现. 通信技术，2001，8.

[42]　王海涛，郑少仁. 自组网的路由协议及其 QoS 保障. 现代电信科技，2001.

[43]　钟玲，郭虹，于宏毅. 自组织网中的多播路由协议. 通信技术，2003，1.

[44]　J.Landford.HomeRF(TM)/SWAP: a wireless voice and data system for the home.2000 IEEE International Conference on Acoustics,Speech,and Signal Processing, ICASSP'00, vol.6, 5-9 June 2000.3718-3721.

[45]　Jennifer Bray,Charles F Sturman.Bluetooth Connect-Without Cables.Prentice Hall PTR, 2001.

[46]　Pravin Bhagwat.Bluetooth, Technology for Short-Range Wireless Applications.IEEE INTERNET COMPUTING, MAY-JUNE 2001.96-103.

[47]　specification 1.1 of the Bluetooth System.http://www.bluetooth.com

[48]　Robert J Fontana.A brief History of UWB Communications. http://www.multispectral.com/history.html

[49]　C.KToh.Ad Hoc Mobile Wireless Networks-protocols and systems.Prentice Hall PTR, 2002.

[50]　Brent A.Miller,Chatschik Bisdikian. 蓝牙核心技术. 侯春萍，宋梅，蔡淘，等，译. 北京：机械工业出版社，2001.

[51]　P.Ferrari,A,Flammini,D.Marioli,E.Sisini,A.Taroni.A Bluetooth-based Sensor Network with Web Interface. IMTC 2003-Instrumenttation and Measurment Technology Conference, Vail, CO, USA, 20-22 MAY 2003.

[52]　http://www.ZigBee.org

[53]　http://www.freescale.com

[54]　http://IEEE.IEEE standards 802.15.4,2003

[55]　http://ZigBee alliance.ZigBee[TM] alliance Network specification version 1.0,2004

[56]　http://www.ericsson.com

[57]　http://www.csr.com

[58]　http://www.ti.com

[59]　http://www.siliconwave.com

[60]　http://www.national.com

[61]　http://www.broadcom.com/satellite-bluetooth.html

[62]　http://nile.wpi.edu/NS/